高校核心课程学习指导丛书

微积分学习指导

下册

CALCULUS STUDY GUIDE

第2版

陈祖墀 / 主审

段雅丽　叶　盛　顾新身 / 编著

中国科学技术大学出版社

内 容 简 介

本书基本上按照《微积分学导论》(下册)和《微积分》(下)的章节对应编写,包括多变量函数的微分学、多变量函数的积分学等.每节包括知识要点、精选例题和小结三部分,尤其对基本概念和基本定理给出详细的注记,是微积分学课程教学内容的补充、延伸、拓展和深入,对教师在教学中不易展开的问题和学生学习、复习中的疑难问题进行了一定的探讨.

本书可作为理工科院校本科生学习微积分的辅导书及习题课的参考书,也可作为考研的复习指南.

图书在版编目(CIP)数据

微积分学习指导.下册/段雅丽,叶盛,顾新身编著.—2版.—合肥:中国科学技术大学出版社,2023.7

(高校核心课程学习指导丛书)

ISBN 978-7-312-05688-8

Ⅰ.微… Ⅱ.①段… ②叶… ③顾… Ⅲ.微积分—高等学校—教学参考资料 Ⅳ.O172

中国国家版本馆CIP数据核字(2023)第091224号

微积分学习指导(下册)

WEI-JIFEN XUEXI ZHIDAO(XIA CE)

出版 中国科学技术大学出版社
安徽省合肥市金寨路96号,230026
http://press.ustc.edu.cn
https://zgkxjsdxcbs.tmall.com

印刷 安徽省瑞隆印务有限公司

发行 中国科学技术大学出版社

开本 710 mm×1000 mm 1/16

印张 18.75

字数 378千

版次 2015年2月第1版 2023年7月第2版

印次 2023年7月第6次印刷

定价 59.00元

序

微积分课程是大学生, 特别是理工科大学生最重要的基础课程之一, 它对后续课程有直接的影响. 学好微积分对刚入学的大学生有至关重要的作用.

数学大师陈省身先生说过, 数学是做出来的, 不是读出来的. 也就是说, 做数学题是提高数学素质的关键一步. 如何做题? 怎样把题目做好? 做题的思想是如何想出来的? 等等, 由段雅丽副教授、叶盛副教授和顾新身教授撰写的这本《微积分学习指导》全面地回答了这些问题. 他们在中国科学技术大学从事微积分课程的教学工作十余年, 具有丰富的教学经验, 对学生的要求有具体的了解, 从而写出的这本书深刻、生动、翔实, 贴近学生诉求, 解答了学生在解题中的诸多困惑. 特别是对很多题目给出了解题的思路和适用的方法, 让学生不但知其然, 还知其所以然. 另外, 紧扣微积分教材各章节内容, 对很多典型的题目给出多思多解, 还收编或改编了中国科学技术大学多年来的期末或期中考试题目, 并对其作了分析与解答.

我深信这本书将成为学生学习微积分过程中的良师益友.

陈祖墀

2014 年 4 月

中国科学技术大学数学科学学院

写在中国科学技术大学校园樱花盛开的季节

第 2 版前言

《微积分学习指导》作为中国科学技术大学非数学专业的基础课“单变量微积分”“多变量微积分”“数学分析 B”的辅导教材，自 2014 年推出以来，受到广大师生的欢迎，并得到了读者的积极反馈.

鉴于目前非数学专业的基础课“微积分”选用教材《微积分学导论》、“数学分析 B”选用教材《数学分析讲义》，为了兼顾适用这两种教材，现对《微积分学习指导》(上、下册) 进行修订.

本版将部分较简单的习题更换为偏分析性的例题，增加一些具有一般推广结论性和知识点综合性例题及分析类的例题，把以前相应的例题编为思考题. 在相应章节增加一些大学生数学竞赛试题、考研试题及“数学分析 B”的期中和期末试题. 对于所提出的小的勘误，我们已经在这几年的新的印刷批次中逐一校正.

另外，在新的教育环境和社会大背景下，会有更多的本科生需要了解研究生入学考试及大学生数学竞赛，并为其做好准备. 所以有必要在修订版里增加这方面的例题，更有针对性地为不同层次的学生提供帮助. 相信这也同样会受到校外读者的大力欢迎.

编著者

2023 年 4 月

前　言

微积分是一门非常重要的基础课, 为了帮助广大学生学好微积分这门课程, 我们根据多年的教学经验, 编写了这本与教材相配套的辅导书, 基本上按照《微积分学导论》(下册)和《微积分》(下)的章节对应编写. 每节包括知识要点、精选例题和小结三部分. 知识要点部分对基本概念和基本定理作了简述和分析, 给出详细的注记, 包括举反例、作对比等, 对有些定理作了相应拓展. 在精选例题部分, 选择了有代表性的典型例题, 阐述了解题方法、解题思路与运算技巧, 几乎每道题都以"分析"或"注记"的形式给出解题思路或拓展性的解读; 注记中给出了题型归类、方法指导或题目延伸等, 有的是一题多解, 有的是一题在不同条件下的解读, 有的综合多个知识点, 涉及多个章节的内容, 由简到难, 多方面分析, 意在培养学生分析问题、解决问题的能力; 同时, 有的例题后面还有相关的思考题, 以培养学生的独立思考能力, 更好地巩固所学知识, 提高实际解题能力. 小结部分对每节题型或知识点作提纲性的总结.

本书是微积分教学的重要辅导书, 对教师教学中不易展开的问题和学生学习中的疑难问题进行了一定的探讨. 例题中选编或改编了一些中国科学技术大学非数学专业本科生期中或期末试题及全国硕士研究生入学考试数学试题, 进行归纳分类, 给出分析与解答, 开阔思路, 使学生所学知识融会贯通. 另外, 整本书的例题序号按自然数编排, 这样视觉上直观、简洁, 并且便于老师与学生或读者之间的交流.

本书可作为理工科院校本科生学习微积分的辅导书及习题课的参考书, 也可作为考研的复习指南.

对在编写过程中所有给予帮助的同事们和朋友们表示由衷的感谢, 特别感谢陈祖墀教授, 他为我们编写此书提供了指导性建议和意见, 并给予了鼓励与帮助.

由于水平有限, 本书错漏和不当之处在所难免, 还望读者指正.

编著者
2014 年 4 月
中国科学技术大学数学科学学院

目　次

序 .... (i)

第 2 版前言 .... (iii)

前言 .... (v)

第 5 章　多变量函数的微分学 .... (1)

5.1　多变量函数的极限与连续 .... (1)

5.2　多变量函数的微分与偏导数 .... (9)

5.3　复合函数的偏导数 .... (22)

5.4　隐函数与反函数的微分法 .... (38)

5.5　多元函数的泰勒公式与极值 .... (46)

5.6　空间中的曲线与曲面 .... (63)

第 6 章　多变量函数的积分学 .... (71)

6.1　二重积分 .... (71)

6.2　三重积分 .... (100)

6.3　第一型曲线和曲面积分 .... (121)

6.4　第二型曲线积分与格林公式 .... (142)

6.5　第二型曲面积分, 高斯公式和斯托克斯公式 .... (157)

6.6　场论初步 .... (174)

第 7 章　无穷级数 .... (190)
7.1　数项级数 .... (190)
7.2　函数项级数 .... (218)
7.3　幂级数与泰勒级数展开 .... (228)

第 8 章　含参变量积分 .... (245)
8.1　广义积分收敛的判别法则 .... (245)
8.2　含参变量常义积分 .... (252)
8.3　含参变量广义积分 .... (258)
8.4　含参变量积分的应用 .... (266)

第 9 章　傅里叶分析 .... (273)
9.1　周期函数的傅里叶级数 .... (273)
9.2　傅里叶积分与傅里叶变换 .... (285)

第 5 章　多变量函数的微分学

5.1　多变量函数的极限与连续

知识要点

◇ **平面点集的一些基本概念**

(1) 平面上两点 $M_1(x_1,y_1),M_2(x_2,y_2)$ 间的**距离**定义为

$$\rho(M_1,M_2)=\sqrt{(x_1-x_2)^2+(y_1-y_2)^2},$$

它满足距离的三个要素:

正定性　$\rho(M_1,M_2)\geqslant 0$ 且等号成立当且仅当 $M_1=M_2$;

对称性　$\rho(M_1,M_2)=\rho(M_2,M_1)$;

三角不等式　$\rho(M_1,M_3)\leqslant\rho(M_1,M_2)+\rho(M_2,M_3)$.

(2) 设 M_0 为平面中一个点, $\varepsilon>0$, $\boldsymbol{M_0}$ **的** ε**-邻域**定义为

$$B(M_0,\varepsilon)=\{M\in\mathbb{R}^2|\rho(M,M_0)<\varepsilon\};$$

$\boldsymbol{M_0}$ **的** ε**- 去心邻域**定义为

$$B_-(M_0,\varepsilon)=\{M\in\mathbb{R}^2|0<\rho(M,M_0)<\varepsilon\}.$$

(3) 设 E 为平面点集, M 为平面上一点.

① 如果存在 $\varepsilon>0$, 使得 $B(M,\varepsilon)\subset E$, 称点 M 为 E 的**内点**. E 的全部内点记为 E°, 称为 E 的**内部**. 显然, $E^\circ\subseteq E$.

② 如果存在 $\varepsilon>0$, 使得 $B(M,\varepsilon)\subset E^c$($E^c$ 表示 E 的补集), 称点 M 为 E 的**外点**.

③ 如果对任意 $\varepsilon>0$, $B(M,\varepsilon)$ 中既有 E 中的点, 也有 E^c 中的点, 称点 M 为 E 的**边界点**. E 的边界点可能属于 E, 也可能不属于 E. E 的所有边界点的集合称为 E 的**边界**, 记为 ∂E. 显然 $\partial E=\partial E^c$.

④ 如果对任意 $\varepsilon>0$, $B_-(M,\varepsilon)\cap E\neq\varnothing$, 即 M 的任意邻域中都含有不同于 M 的 E 中的点, 称点 M 为 E 的**聚点**.

⑤ 如果存在 $\varepsilon>0$, 使得 $B(M,\varepsilon)\cap E=\{M\}$, 则称点 M 为 E 的**孤立点**.

注记 (1) 边界点或是孤立点, 或是聚点.

(2) 聚点包括点集的内点和非孤立的边界点.

(4) 设 E 为平面点集, 如果存在常数 $K>0$, 使得 $E\subset B(O,K)$ (这里 O 表示坐标原点), 称 E 为**有界集**.

(5) 设 E 为平面点集, 如果 E 中每个点都是内点, 即对 E 中任意一点 M, 都存在 $\varepsilon>0$, 使得 $B(M,\varepsilon)\subset E$, 则称 E 为**开集**; 如果 E 的补集 E^c 为开集, 则称 E 为**闭集**.

(6) 设 $x(t),y(t)$ 为区间 $[\alpha,\beta]$ 上的连续函数, 称点集

$$L=\{(x(t),y(t)|\alpha\leqslant t\leqslant\beta\}$$

为一条连接 $(x(\alpha),y(\alpha))$ 和 $(x(\beta),y(\beta))$ 的平面曲线. 如果 $x'(t),y'(t)$ 都在 $[\alpha,\beta]$ 上连续并且不同时为零, 则称 L 为一条**光滑曲线**. 如果曲线无自交点, 即对任意 $\alpha\leqslant t_1<t_2<\beta$, 都有 $(x(t_1),y(t_1))\neq(x(t_2),y(t_2))$, 则称 L 为一条**简单曲线或若当** (Jordan) **曲线**. 如果 $(x(\alpha),y(\alpha))=(x(\beta),y(\beta))$, 则称 L 为一条**闭曲线**.

(7) 设 E 为平面点集, 如果对于 E 中任意两点都可以用 E 中的一条曲线连接起来, 称 E 为 (道路) **连通集**. 按定义, 独点集也是连通集.

(8) 连通的开集称为**区域**, 一个区域和它的边界的并集称为**闭区域**.

(9) 若平面区域 G 内任一条简单闭曲线的内部还在 G 内, 则称 G 为**单连通域**. 否则, 称 G 为**多连通域**.

(10) 设 $\{M_n\}$ 为平面点列, 如果存在点 $M_0\in\mathbb{R}^2$, 使得

$$\lim_{n\to\infty}\rho(M_n,M_0)=0,$$

即对任意 $\varepsilon>0$, 存在 $N>0$, 当 $n>N$ 时, 有不等式 $\rho(M_n,M_0)<\varepsilon$ 成立, 称 $\{M_n\}$ 为**收敛点列**, 并称 M_0 为点列 $\{M_n\}$ 的极限, 记为 $\lim\limits_{n\to\infty}M_n=M_0$.

(11) 设 $\{M_n\}$ 为平面点列, 如果对任意 $\varepsilon>0$, 存在 $N>0$, 当 $n,m>N$ 时, $\rho(M_n,M_m)<\varepsilon$, 称 $\{M_n\}$ 为**柯西 (Cauchy) 点列**.

◇ **非空平面点集的主要定理**

1. 闭集的聚点刻画

平面子集 E 为闭集当且仅当 E 的每个聚点都属于 E.

2. 开集和闭集的边界刻画

设 E 为平面点集, 则有:

(1) E 为开集 $\Longleftrightarrow \partial E\cap E=\varnothing$.

(2) E 为闭集 $\Longleftrightarrow \partial E\subset E$.

3. 柯西收敛准则

点列 $\{M_n\}$ 收敛的充分必要条件是 $\{M_n\}$ 为柯西点列.

◇ **多元函数的一些概念**

1. 二元函数的极限

设 $D\subset\mathbb{R}^2$, $f:D\to\mathbb{R}$ 为二元函数, M_0 为 D 的聚点, 如果存在常数 a, 对任意 $\varepsilon>0$, 存在 $\delta>0$, 当 $M\in D$ 且 $0<\rho(M,M_0)<\delta$ 时, $|f(M)-a|<\varepsilon$, 则称 M 趋于 M_0 时, $f(M)$ 的极限存在且为 a, 又称为**二重极限**. 记为

$$\lim_{M\to M_0}f(M)=a.$$

如果用 (x_0,y_0), (x,y) 分别表示点 M_0,M 的坐标, 此二重极限也可记为

$$\lim_{(x,y)\to(x_0,y_0)}f(x,y)=a \quad 或 \quad \lim_{\substack{x\to x_0\\ y\to y_0}}f(x,y)=a.$$

注记 (1) 累次极限 (以二元函数为例): 设二元函数 $f(x,y)$ 在 (x_0,y_0) 的某一去心邻域中有定义. 如果对任意固定的 y $(y\neq y_0)$, 极限 $\lim\limits_{x\to x_0}f(x,y)$ 存在, 令

$\varphi(y)=\lim\limits_{x\to x_0}f(x,y)$, 它是定义在 y_0 去心邻域的函数. 如果 $\lim\limits_{y\to y_0}\varphi(y)$ 存在, 则令

$$\lim_{y\to y_0}\lim_{x\to x_0}f(x,y)=\lim_{y\to y_0}\varphi(y),$$

称之为函数 $f(x,y)$ 在 (x_0,y_0) 处的一个累次极限 (先 x 后 y). 类似地, 可以定义另一个累次极限 (先 y 后 x)

$$\lim_{x\to x_0}\lim_{y\to y_0}f(x,y).$$

从定义看, 累次极限实质上是先后两次取一元函数的极限. 这样两个累次极限可能不等, 或者可能有一个不存在. 如函数

$$f(x,y)=\frac{x^2-y^2}{x^2+y^2}$$

在 (0,0) 点处的两个累次极限

$$\lim_{x\to 0}\lim_{y\to 0}f(x,y)=1,\quad \lim_{y\to 0}\lim_{x\to 0}f(x,y)=-1.$$

又如, 函数 $f(x,y)=x\sin\dfrac{1}{xy}$ 在 (0,0) 点处的累次极限 $\lim\limits_{y\to 0}\lim\limits_{x\to 0}f(x,y)=0$, 但另一个累次极限不存在.

(2) 重极限与累次极限是两个不同的概念, 它们之间没有必然联系. 可参看后面的例题.

(3) 重极限与累次极限对应后面的重积分与累次积分, 所以它们也不同, 但在一定条件下, 重积分可化为累次积分计算.

2. 二元函数的连续性

(1) 设 $D\subset\mathbb{R}^2$, $f:D\to\mathbb{R}$ 为二元函数, $M_0\in D$, 如果对任意 $\varepsilon>0$, 存在 $\delta>0$, 当 $M\in D$ 且 $\rho(M,M_0)<\delta$ 时, $|f(M)-f(M_0)|<\varepsilon$, 则称 f 在 M_0 处**连续**.

(2) 若 M_0 为 D 的聚点, 则 f 在 M_0 处连续 $\Longleftrightarrow \lim\limits_{M\to M_0}f(M)=f(M_0)=f(\lim\limits_{M\to M_0}M)$. 由连续的定义可知, 当 M_0 为 D 中孤立点时, 则 f 在 M_0 处连续.

(3) 如果 f 在 D 中每一点都连续, 则称 f 在 D 上连续.

(4) 设 $D\subset\mathbb{R}^2$, $f:D\to\mathbb{R}$ 为二元函数, 如果对任意 $\varepsilon>0$, 存在 $\delta>0$, 当 $M,M'\in D$ 且 $\rho(M,M')<\delta$ 时, $|f(M)-f(M')|<\varepsilon$, 则称 f 在 D 中**一致连续**.

◇ 连续函数的性质

1. 介值定理

设 f 为连通集 D 上的连续函数, $M_1, M_2 \in D$, 则 f 可以取到介于 $f(M_1)$ 和 $f(M_2)$ 之间的所有值.

2. 最值定理

设 f 为有界闭集 D 上的连续函数, 则 f 可以在 D 上取到最大值和最小值.

3. 一致连续性

设 f 为有界闭集 D 上的连续函数, 则 f 在 D 上一致连续.

注记　(1) 多元函数的极限仍具有极限值的唯一性、局部保号性、局部有界性、夹逼性以及极限的四则运算等.

(2) 多元连续函数仍具有局部有界性、保号性, 以及连续函数的四则运算, 复合函数的连续性等. 初等多元函数在其定义域内连续.

精 选 例 题

例 1　证明函数

$$f(x,y)=\frac{x^2y^2}{x^2y^2+(x-y)^2}$$

在 (0,0) 点处的极限不存在, 但两个累次极限存在且为 0.

证明　显然, 两个累次极限

$$\lim_{x\to 0}\lim_{y\to 0}f(x,y)=\lim_{y\to 0}\lim_{x\to 0}f(x,y)=0$$

可证明重极限不存在, 我们分别沿直线 $y=x$ 和 $y=2x$ 趋于 (0,0) 点,

$$\lim_{\substack{y=x\\x\to 0}}f(x,y)=\lim_{x\to 0}\frac{x^4}{x^4}=1,$$

$$\lim_{\substack{y=2x\\x\to 0}}f(x,y)=\lim_{x\to 0}\frac{4x^4}{4x^4+x^2}=0.$$

此极限值依赖于趋于 (0,0) 点的方式, 故函数在 (0,0) 点处的极限不存在.

例 2 证明函数

$$f(x,y)=x\sin\frac{1}{y}+y\sin\frac{1}{x}$$

在 (0,0) 点处的极限存在, 但两个累次极限都不存在.

证明 对 $\forall\varepsilon>0$, 取 $\delta=\frac{\varepsilon}{2}$, 当 $0<\sqrt{x^2+y^2}<\delta$ 时, 有

$$|f(x,y)-f(0,0)|=\left|x\sin\frac{1}{y}+y\sin\frac{1}{x}\right|\leqslant|x|+|y|\leqslant 2\sqrt{x^2+y^2}<2\delta=\varepsilon,$$

故由极限的定义得

$$\lim_{\substack{x\to 0\\ y\to 0}}\left(x\sin\frac{1}{y}+y\sin\frac{1}{x}\right)=0.$$

因为 $\lim\limits_{y\to 0}\sin\frac{1}{y}$, $\lim\limits_{x\to 0}\sin\frac{1}{x}$ 不存在, 所以两个累次极限

$$\lim_{x\to 0}\lim_{y\to 0}\left(x\sin\frac{1}{y}+y\sin\frac{1}{x}\right),\quad \lim_{y\to 0}\lim_{x\to 0}\left(x\sin\frac{1}{y}+y\sin\frac{1}{x}\right)$$

都不存在.

注记 (1) 重极限的存在性与累次极限的存在性没有必然的联系. 重极限存在, 未必两个累次极限存在; 两个累次极限存在, 重极限未必存在. 当重极限与累次极限都存在时, 极限值一定相等.

(2) 证明重极限不存在时, 可以选取不同的方式趋于点 (x_0,y_0), 使得函数趋于不同的极限; 或者按某种方式趋于点 (x_0,y_0), 使得极限不存在.

例 3 求下列函数的极限:

(1) $\lim\limits_{\substack{x\to 0\\ y\to 0}}\dfrac{\sin(x^3+y^3)}{x^2+y^2}$; (2) $\lim\limits_{\substack{x\to 0\\ y\to 0}}\dfrac{\ln(1+xy)}{xy\cos(x^2+y^2)}$; (3) $\lim\limits_{\substack{x\to\infty\\ y\to a}}\left(1+\dfrac{1}{x}\right)^{\frac{x^2}{x+y}}$.

解 (1) **分析** 当 $(x,y)\to(0,0)$ 时, $\sin(x^3+y^3)$ 是与 x^3+y^3 等价的无穷小量, 而 x^3+y^3 是比 x^2+y^2 高阶的无穷小量, 所以猜想极限应该为 0.

因为

$$\lim_{\substack{x\to 0\\ y\to 0}}\frac{\sin(x^3+y^3)}{x^3+y^3}=\lim_{u\to 0}\frac{\sin u}{u}=1\quad(令x^3+y^3=u),$$

而 $0 \leqslant \left|\dfrac{x^3+y^3}{x^2+y^2}\right| \leqslant (|x|+|y|)\left(1+\dfrac{|xy|}{x^2+y^2}\right) \leqslant \dfrac{3}{2}(|x|+|y|) \to 0\ (x \to 0, y \to 0)$. 由夹逼定理得

$$\lim_{\substack{x\to 0\\ y\to 0}} \frac{x^3+y^3}{x^2+y^2} = 0,$$

故

$$\lim_{\substack{x\to 0\\ y\to 0}} \frac{\sin(x^3+y^3)}{x^2+y^2} = \lim_{\substack{x\to 0\\ y\to 0}} \frac{\sin(x^3+y^3)}{x^3+y^3} \cdot \lim_{\substack{x\to 0\\ y\to 0}} \frac{x^3+y^3}{x^2+y^2} = 0.$$

(2) **分析**　当 $(x,y) \to (0,0)$ 时, $\ln(1+xy)$ 是与 xy 等价的无穷小量, 而 $\cos(x^2+y^2)$ 极限应为 1, 所以猜想极限应该为 1.

因为

$$\lim_{\substack{x\to 0\\ y\to 0}} \frac{\ln(1+xy)}{xy} = \lim_{u\to 0} \frac{\ln(1+u)}{u} = 1 \quad (令 xy = u),$$

由函数的连续性得

$$\lim_{\substack{x\to 0\\ y\to 0}} \frac{1}{\cos(x^2+y^2)} = \frac{1}{\cos 0} = 1,$$

故

$$\lim_{\substack{x\to 0\\ y\to 0}} \frac{\ln(1+xy)}{xy\cos(x^2+y^2)} = \lim_{\substack{x\to 0\\ y\to 0}} \frac{\ln(1+xy)}{xy} \cdot \lim_{\substack{x\to 0\\ y\to 0}} \frac{1}{\cos(x^2+y^2)} = 1.$$

(3) 这是幂指函数, 因为

$$\lim_{\substack{x\to \infty\\ y\to a}} \left(1+\frac{1}{x}\right)^x = \mathrm{e}, \quad \lim_{\substack{x\to \infty\\ y\to a}} \frac{x}{x+y} = 1,$$

故

$$\lim_{\substack{x\to \infty\\ y\to a}} \left(1+\frac{1}{x}\right)^{\frac{x^2}{x+y}} = \lim_{\substack{x\to \infty\\ y\to a}} \left(1+\frac{1}{x}\right)^{x\cdot\frac{x}{x+y}} = \mathrm{e}.$$

注记　证明多变量函数极限存在并求其极限的方法:

(1) 利用定义.

(2) 利用夹逼定理.

(3) 利用四则运算性质.

(4) 作变量代换或利用不等式化为一元函数的极限问题.

(5) 利用初等函数的连续性.

例 4 证明函数

$$f(x,y)=\begin{cases}\dfrac{x^2y}{x^4+y^2} & (x^2+y^2>0),\\ 0 & (x^2+y^2=0),\end{cases}$$

在点 (0,0) 处沿着过此点的每一条射线

$$x=t\cos\alpha,\quad y=t\sin\alpha\quad(0\leqslant t<+\infty),$$

连续, 即

$$\lim_{t\to 0}f(t\cos\alpha,t\sin\alpha)=f(0,0),$$

但此函数在点 (0,0) 处并不连续.

证明 因为

$$\lim_{t\to 0}f(t\cos\alpha,t\sin\alpha)=\lim_{t\to 0}\frac{t^3\cos^2\alpha\sin\alpha}{t^4\cos^4\alpha+t^2\sin^2\alpha}=\lim_{t\to 0}\frac{t\cos^2\alpha\sin\alpha}{t^2\cos^4\alpha+\sin^2\alpha}=0,$$

故

$$\lim_{t\to 0}f(t\cos\alpha,t\sin\alpha)=0=f(0,0).$$

即函数 $f(x,y)$ 在点 (0,0) 处沿着过此点的每一射线连续.

但令 $y=kx^2$, 有

$$\lim_{\substack{y=kx^2\\ x\to 0}}f(x,y)=\lim_{x\to 0}\frac{kx^4}{x^4+k^2x^4}=\frac{k}{1+k^2},$$

故极限 $\lim\limits_{\substack{x\to 0\\ y\to 0}}f(x,y)$ 不存在, 函数在点 (0,0) 处不连续.

例 5 设函数 $f(x,y)=\begin{cases}\dfrac{e^{x-y}-1}{x-y} & (x>y),\\ 1 & (x=y),\\ \dfrac{\sin x-\sin y}{x-y} & (x<y),\end{cases}$ 讨论 $f(x,y)$ 的连续性.

解 显然, 当 $x\neq y$ 时, $f(x,y)$ 连续.

下面讨论在 $x=y$ 上 $f(x,y)$ 的连续性. 在 $x=y$ 上任取一点 (t_0,t_0), 则 $f(t_0,t_0)=1$.

当 $x>y$ 时, 有

$$\lim_{\substack{x\to t_0\\ y\to t_0}}f(x,y)=\lim_{\substack{x\to t_0\\ y\to t_0}}\frac{e^{x-y}-1}{x-y}=\lim_{u\to 0}\frac{e^u-1}{u}=1=f(t_0,t_0)\quad(令x-y=u),$$

即 $f(x,y)$ 在直线 $x=y$ 上任一点沿 $x>y$ 一侧的半平面连续.

当 $x<y$ 时, 有

$$\begin{aligned}\lim_{\substack{x\to t_0\\y\to t_0}} f(x,y)&=\lim_{\substack{x\to t_0\\y\to t_0}}\frac{\sin x-\sin y}{x-y}=\lim_{\substack{x\to t_0\\y\to t_0}}\frac{2\cos\dfrac{x+y}{2}\sin\dfrac{x-y}{2}}{x-y}\\&=\lim_{\substack{x\to t_0\\y\to t_0}}\frac{\sin\dfrac{x-y}{2}}{\dfrac{x-y}{2}}\cdot\lim_{\substack{x\to t_0\\y\to t_0}}\cos\frac{x+y}{2}\\&=\cos t_0.\end{aligned}$$

综上, 当 $x\neq y$ 或 $x=y=2k\pi\ (k=0,\pm1,\cdots)$ 时, $f(x,y)$ 连续; 当 $x=y\neq 2k\pi$ 时, $f(x,y)$ 间断.

小　结

1. 证明二元函数极限的存在性, 并求其极限值.
2. 研究二元函数的连续性.

5.2　多变量函数的微分与偏导数

知识要点

◇ **基本概念**

1. 偏导数

设 $z=f(x,y)$ 为区域 $D\subset\mathbb{R}^2$ 上的二元函数, $(x_0,y_0)\in D$. 如果极限

$$\lim_{\Delta x\to 0}\frac{f(x_0+\Delta x,y_0)-f(x_0,y_0)}{\Delta x}$$

存在, 则称它为 $z=f(x,y)$ 在 (x_0,y_0) 处关于 x 的偏导数 (或偏微商), 记作 $\dfrac{\partial f}{\partial x}(x_0,y_0)$, $\dfrac{\partial z}{\partial x}(x_0,y_0)$, $f'_x(x_0,y_0)$, $\left.\dfrac{\partial f}{\partial x}\right|_{(x_0,y_0)}$ 等.

类似地, $z=f(x,y)$ 在 (x_0,y_0) 处关于 y 的偏导数为

$$\frac{\partial f}{\partial y}(x_0,y_0)=\frac{\partial z}{\partial y}(x_0,y_0)=f'_y(x_0,y_0)=\lim_{\Delta y\to 0}\frac{f(x_0,y_0+\Delta y)-f(x_0,y_0)}{\Delta y}.$$

注记 (1) 偏导数的计算:

偏导数 $f'_x(x_0,y_0)$ 实质上是一元函数 $f(x,y_0)$ 在点 x_0 处的导数. 同理, $f'_y(x_0,y_0)$ 是一元函数 $f(x_0,y)$ 在点 y_0 处的导数. 求多元函数对某个自变量的偏导数, 只要把其他自变量都当成常数, 把该函数当成此自变量的一元函数求导即可.

(2) 由此可得到如下结论:

若 $\dfrac{\partial f}{\partial x}\equiv 0$, 则 $f(x,y)=\varphi(y)$; 若 $\dfrac{\partial f}{\partial y}\equiv 0$, 则 $f(x,y)=\psi(x)$.

(3) 偏导数的几何意义:

$f'_x(x_0,y_0)$ 表示曲面 $z=f(x,y)$ 与平面 $y=y_0$ 的交线 $z=f(x,y_0)$ 在点 (x_0,y_0) 处的切线对 x 轴的斜率; $f'_y(x_0,y_0)$ 表示曲面 $z=f(x,y)$ 与平面 $x=x_0$ 的交线 $z=f(x_0,y)$ 在点 (x_0,y_0) 处的切线对 y 轴的斜率.

(4) 高阶偏导可由低阶偏导逐阶归纳定义.

2. 二元函数的可微性

设 $z=f(x,y)$ 为区域 $D\subset\mathbb{R}^2$ 上的二元函数, $(x_0,y_0)\in D$, 记

$$\rho=\sqrt{(\Delta x)^2+(\Delta y)^2}.$$

如果存在常数 A,B, 使得当 $\rho\to 0$ 时,

$$f(x_0+\Delta x,y_0+\Delta y)-f(x_0,y_0)=A\Delta x+B\Delta y+o(\rho),$$

则称 f 在点 (x_0,y_0) 处可微, 且称 $A\Delta x+B\Delta y$ 为 f 在 (x_0,y_0) 处的微分, 记为 $\mathrm{d}f(x_0,y_0)$.

注记 (1) 若函数在点 (x_0,y_0) 处可微, 那么 (参见下面可微的必要条件 (2))

$$\begin{aligned}&\lim_{\substack{\Delta x\to 0\\ \Delta y\to 0}}\frac{\Delta z-\mathrm{d}z}{\rho}\\ &=\lim_{\substack{\Delta x\to 0\\ \Delta y\to 0}}\frac{f(x_0+\Delta x,y_0+\Delta y)-f(x_0,y_0)-f'_x(x_0,y_0)\Delta x-f'_y(x_0,y_0)\Delta y}{\sqrt{(\Delta x)^2+(\Delta y)^2}}\\ &=0.\end{aligned}$$

(2) $f(x,y)$ 在点 (x_0,y_0) 处的全微分

$$\begin{aligned} \mathrm{d}z &= \frac{\partial f}{\partial x}(x_0,y_0)\Delta x + \frac{\partial f}{\partial y}(x_0,y_0)\Delta y = \frac{\partial f}{\partial x}(x_0,y_0)\mathrm{d}x + \frac{\partial f}{\partial y}(x_0,y_0)\mathrm{d}y \\ &= \frac{\partial z}{\partial x}(x_0,y_0)\mathrm{d}x + \frac{\partial z}{\partial y}(x_0,y_0)\mathrm{d}y. \end{aligned}$$

(3) 全微分的几何意义:

$z=f(x,y)$ 在点 (x_0,y_0) 处的全微分在几何上表示曲面 $z=f(x,y)$ 在点 $(x_0,y_0,f(x_0,y_0))$ 处切平面上点的 z 坐标的增量.

(4) 微分概念产生的原始思想来自于局部用平面代替曲面, 或局部线性逼近.

◇ 主要定理

1. 可微的必要条件

设 $z=f(x,y)$ 为区域 $D\subset\mathbb{R}^2$ 上的二元函数, $(x_0,y_0)\in D$.

(1) 若 $f(x,y)$ 在 (x_0,y_0) 处可微, 则 $f(x,y)$ 在 (x_0,y_0) 处连续.

函数可微 $\Longrightarrow$ 函数连续　或　函数不连续 $\Longrightarrow$ 函数不可微.

(2) 若 $f(x,y)$ 在 (x_0,y_0) 处可微, 则 $f(x,y)$ 在 (x_0,y_0) 处的两个偏导数存在. 且

$$\mathrm{d}f(x_0,y_0) = \frac{\partial f}{\partial x}(x_0,y_0)\mathrm{d}x + \frac{\partial f}{\partial y}(x_0,y_0)\mathrm{d}y,$$

函数可微 $\Longrightarrow$ 函数的各偏导数存在　或　偏导数不存在 $\Longrightarrow$ 函数不可微.

2. 可微的充分条件

若二元函数 $f(x,y)$ 的两个偏导数 $\dfrac{\partial f}{\partial x}$ 和 $\dfrac{\partial f}{\partial y}$ 都在 (x_0,y_0) 的某邻域内存在且在该点连续, 则 $f(x,y)$ 在 (x_0,y_0) 处可微.

函数的各偏导数存在且连续 $\Longrightarrow$ 函数可微.

3. 设 $f(x,y)$ 在域 D 中有定义, 如果 $\dfrac{\partial^2 f}{\partial x\partial y}$ 和 $\dfrac{\partial^2 f}{\partial y\partial x}$ 在域 D 中连续, 则

$$\frac{\partial^2 f}{\partial x\partial y} = \frac{\partial^2 f}{\partial y\partial x}.$$

即混合偏导数连续, 则其偏导数与求导的次序无关. 一般地, 若多元函数 $f\in C^n(D)$, 则 f 的 n 阶偏导与求导次序无关 $(n\in\mathbb{N})$.

◇ 函数可微、连续及偏导数的关系

函数可微、连续及偏导数的关系如图 5.1 所示.

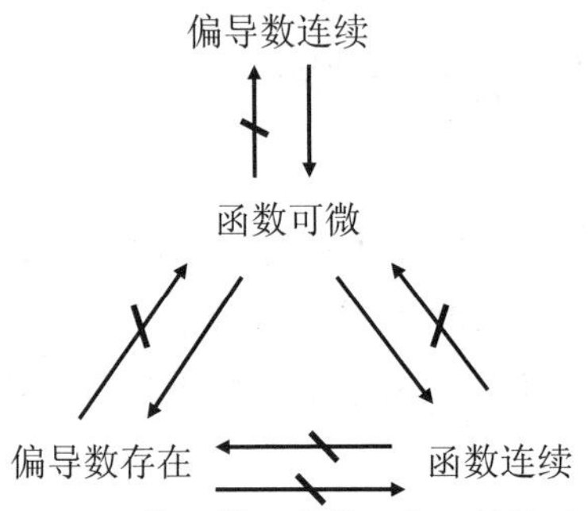

图 5.1 函数可微、连续及偏导数的关系

注记 多变量函数的连续与偏导数存在之间的关系如下:

(1) 函数连续未必偏导数存在: 如函数 $f(x,y)=\sqrt{x^2+y^2}$ 在 (0,0) 点显然连续, 但它在 (0,0) 点的两个偏导数 $f'_x(0,0)$ 和 $f'_y(0,0)$ 都不存在.

(2) 函数偏导数存在未必连续: 如函数 $f(x,y)=\begin{cases}x^2+y^2 & (xy=0),\\ 1 & (xy\neq 0),\end{cases}$ 在 (0,0) 点的两个偏导数都存在, 且

$$f'_x(0,0)=\lim_{\Delta x\to 0}\frac{f(0+\Delta x,0)-f(0,0)}{\Delta x}=0,$$

$$f'_y(0,0)=\lim_{\Delta y\to 0}\frac{f(0,0+\Delta y)-f(0,0)}{\Delta y}=0.$$

但当 $(x,y)\to(0,0)$ 时, 考虑沿直线 $y=kx$, $k=0$ 及 $k=1$ 两种情况, 有

$$\lim_{\substack{y=0\\ x\to 0}}f(x,y)=\lim_{x\to 0}x^2=0,\quad \lim_{\substack{y=x\\ x\to 0}}f(x,y)=\lim_{x\to 0}1=1,$$

则函数 $f(x,y)$ 在 (0,0) 点的极限不存在, 所以 $f(x,y)$ 在 (0,0) 点不连续.

(3) 函数 $f(x,y)$ 在点 $M_0=(x_0,y_0)$ 存在偏导数 $f'_x(x_0,y_0)$ 只能得到函数 $f(x,y_0)$ 在点 $x=x_0$ 处连续; 同理, 偏导数 $f'_y(x_0,y_0)$ 存在只能得到函数 $f(x_0,y)$ 在点 $y=y_0$ 处连续. 这不能保证动点 $M(x,y)$ 以任意方式趋向于 M_0 时, 使函数 $f(x,y)$ 都趋于 $f(x_0,y_0)$.

(4) 如果函数的各偏导数在某点的邻域内存在且有界, 则函数在该点连续 (实际上, 用微分中值定理可以证明, 函数在该邻域中一致连续, 参看后面证明).

精选例题

例 6　设函数 $f(x,y)=x^2+(y-1)\arcsin\sqrt{\dfrac{y}{x}}$, 求 $f'_x(2,1)$, $f'_y(2,1)$.

解　解法 1　(在 $x>0,y>0$ 的范围内) 先求偏导函数, 得

$$f'_x(x,y)=2x-\frac{\sqrt{y}(y-1)}{2x\sqrt{x-y}},\quad f'_y(x,y)=\arcsin\sqrt{\frac{y}{x}}+\frac{y-1}{2\sqrt{y(x-y)}},$$

把点 (2,1) 代入得

$$f'_x(2,1)=4,\quad f'_y(2,1)=\arcsin\sqrt{\frac{1}{2}}.$$

解法 2　由定义得

$$\begin{aligned}f'_x(2,1)&=\frac{\mathrm{d}}{\mathrm{d}x}f(x,1)\Big|_{x=2}=\frac{\mathrm{d}(x^2)}{\mathrm{d}x}\Big|_{x=2}=4,\\ f'_y(2,1)&=\frac{\mathrm{d}}{\mathrm{d}y}f(2,y)\Big|_{y=1}=\frac{\mathrm{d}}{\mathrm{d}y}\left(4+(y-1)\arcsin\sqrt{\frac{y}{2}}\right)\Big|_{y=1}\\ &=\left(\arcsin\sqrt{\frac{y}{2}}+\frac{y-1}{2\sqrt{y(2-y)}}\right)\Big|_{y=1}=\arcsin\sqrt{\frac{1}{2}}.\end{aligned}$$

解法 3　显然, $f(2,1)=4$. 由偏导数的定义得

$$\begin{aligned}f'_x(2,1)&=\lim_{x\to2}\frac{f(x,1)-f(2,1)}{x-2}=\lim_{x\to2}\frac{x^2-4}{x-2}=\lim_{x\to2}(x+2)=4,\\ f'_y(2,1)&=\lim_{y\to1}\frac{f(2,y)-f(2,1)}{y-1}=\lim_{y\to1}\frac{(y-1)\arcsin\sqrt{\dfrac{y}{2}}}{y-1}\\ &=\lim_{y\to1}\arcsin\sqrt{\frac{y}{2}}=\arcsin\sqrt{\frac{1}{2}}.\end{aligned}$$

注记　求多元函数在一点处的偏导数, 本例给出三种解法, 可以看到解法 1 计算上麻烦, 而且由于多个变量容易出错. 其实点 (x_0,y_0) 给定, 可先代入 $x=x_0$ 或 $y=y_0$, 然后求一元函数的导数会更简单, 且不易出错. 按偏导数的定义, 求相应的极限值也会比较简单.

例 7　设函数 $f(x,y)$ 满足 $\begin{cases}\dfrac{\partial f}{\partial x}=-\sin y+\dfrac{1}{1-xy},\\ f(1,y)=\sin y,\end{cases}$ 求 $f(x,y)$.

分析 由已知, 要求 $f(x,y)$, 必须对第一个等式两边关于 x 求积分, 但要注意的是, 求关于 x 的偏导数时, 把自变量 y 当作常数, 所以积分后要加上含有 y 的任意函数 (不是任意常数 C). 由 $f(1,y)$ 定出这个任意函数. 此题实质为一元函数的积分问题, 当 y 给定时, 它是 x 的一元函数的积分.

解 将第一个等式两边对 x 求积分得

$$f(x,y)=-x\sin y-\frac{1}{y}\ln|1-xy|+\varphi(y),$$

其中 $\varphi(y)$ 为待定函数. 上面的等式中令 $x=1$, 并由已知条件得

$$-\sin y-\frac{1}{y}\ln|1-y|+\varphi(y)=\sin y,$$

则

$$\varphi(y)=2\sin y+\frac{1}{y}\ln|1-y|.$$

故

$$f(x,y)=(2-x)\sin y+\frac{1}{y}\ln\left|\frac{1-y}{1-xy}\right|.$$

例 8 设函数 $f(x,y)=\sqrt{|xy|}$, 证明:

(1) $f(x,y)$ 在点 $(0,0)$ 处连续.

(2) $f(x,y)$ 在点 $(0,0)$ 处的各一阶偏导数存在, 即 $f'_x(0,0)$ 和 $f'_y(0,0)$ 都存在.

(3) $f(x,y)$ 在点 $(0,0)$ 处不可微.

证明 (1) 由连续函数的复合函数在其定义域内仍连续, 则 $f(x,y)=\sqrt{|xy|}$ 在点 $(0,0)$ 处连续. 也可用定义, $\forall\varepsilon>0$, 取 $\delta=\varepsilon$, 使得当 $|x|<\delta,|y|<\delta$ 时, 有

$$|f(x,y)-f(0,0)|=|\sqrt{|xy|}-0|=\sqrt{|xy|}<\sqrt{\delta^2}=\delta=\varepsilon,$$

即

$$\lim_{\substack{x\to0\\y\to0}}f(x,y)=f(0,0).$$

(2) 由偏导数的定义得

$$f'_x(0,0)=\lim_{x\to0}\frac{f(x,0)-f(0,0)}{x}=0,\quad f'_y(0,0)=\lim_{y\to0}\frac{f(0,y)-f(0,0)}{y}=0.$$

(3) 因为

$$\lim_{\substack{x\to0\\y\to0}}\frac{f(x,y)-f(0,0)-f'_x(0,0)x-f'_y(0,0)y}{\sqrt{x^2+y^2}}=\lim_{\substack{x\to0\\y\to0}}\frac{\sqrt{|xy|}}{\sqrt{x^2+y^2}},$$

而

$$\lim_{\substack{x\to 0\\ y=kx}}\frac{\sqrt{|xy|}}{\sqrt{x^2+y^2}}=\sqrt{\frac{|k|}{1+k^2}},$$

由于常数 k 可取不同值, 可知 $\lim\limits_{\substack{x\to 0\\ y\to 0}}\dfrac{\sqrt{|xy|}}{\sqrt{x^2+y^2}}$ 不存在. 由微分定义知, $f(x,y)$ 在点 $(0,0)$ 处不可微.

注记　此例说明函数连续, 偏导数存在, 但函数未必可微.

例 9　设函数 $f(x,y)$ 的两个偏导数 f'_x, f'_y 在区域 D 内存在且有界, 则函数 $f(x,y)$ 在 D 内一致连续.

证明　设 (x_0,y_0), $(x_0+\Delta x,y_0+\Delta y)\in D$, 记 $\rho=\sqrt{(\Delta x)^2+(\Delta y)^2}$, 有

$$\begin{aligned}\Delta f&=f(x_0+\Delta x,y_0+\Delta y)-f(x_0,y_0)\\&=f(x_0+\Delta x,y_0+\Delta y)-f(x_0,y_0+\Delta y)+f(x_0,y_0+\Delta y)-f(x_0,y_0),\end{aligned}$$

由一元函数的微分中值定理知

$$\Delta f=f'_x(x_0+\theta_1\Delta x,y_0+\Delta y)\Delta x+f'_y(x_0,y_0+\theta_2\Delta y)\Delta y\quad(0<\theta_1,\ \theta_2<1),$$

由已知 f'_x, f'_y 在区域 D 内存在且有界, 即存在 $M>0$, 使 $|f'_x|\leqslant M$, $|f'_y|\leqslant M$, 因而

$$|\Delta f|\leqslant 2M\rho.$$

由一致连续的定义知, 函数 $f(x,y)$ 在 D 内一致连续.

例 10　设函数 $f(x,y)$ 在点 $(0,0)$ 邻域内有定义, $f'_y(0,0)$ 存在, $f'_x(x,y)$ 在点 $(0,0)$ 邻域内存在, 且 $f'_x(x,y)$ 在点 $(0,0)$ 处连续. 试证: $f(x,y)$ 在点 $(0,0)$ 处可微.

证明　由拉格朗日中值定理, 存在 $\theta\in(0,1)$, 使得

$$\begin{aligned}f(x,y)-f(0,0)&=f(x,y)-f(0,y)+f(0,y)-f(0,0)\\&=f'_x(\theta x,y)x+\frac{f(0,y)-f(0,0)}{y}y\\&=f'_x(0,0)x+f'_y(0,0)y+R_1,\end{aligned}$$

其中 $R_1=[f'_x(\theta x,y)-f'_x(0,0)]x+\left[\dfrac{f(0,y)-f(0,0)}{y}-f'_y(0,0)\right]y$, 由已知 $f'_y(0,0)$ 存在, 且 $f'_x(x,y)$ 在点 $(0,0)$ 处连续. 则 $R_1=o(\rho)$ $(\rho=\sqrt{x^2+y^2}\to 0)$, 从而 $f(x,y)$ 在点 $(0,0)$ 处可微.

例 11 设函数 $f(x,y)=\begin{cases}(x^2+y^2)\sin\dfrac{1}{\sqrt{x^2+y^2}} & (x^2+y^2\neq 0),\\ 0 & (x^2+y^2=0),\end{cases}$ 证明:

(1) $f(x,y)$ 在点 $(0,0)$ 处连续.

(2) $f(x,y)$ 在点 $(0,0)$ 处的偏导数存在, 即 $f'_x(0,0)$ 和 $f'_y(0,0)$ 都存在.

(3) $f(x,y)$ 在点 $(0,0)$ 处可微.

(4) $f'_x(x,y)$ 和 $f'_y(x,y)$ 在点 $(0,0)$ 处不连续.

证明 (1) 因为

$$0<\left|(x^2+y^2)\sin\frac{1}{\sqrt{x^2+y^2}}\right|\leqslant x^2+y^2\to 0\quad (x\to 0,y\to 0),$$

故

$$\lim_{\substack{y\to 0\\ x\to 0}} f(x,y)=\lim_{\substack{y\to 0\\ x\to 0}}(x^2+y^2)\sin\frac{1}{\sqrt{x^2+y^2}}=0=f(0,0),$$

即 $f(x,y)$ 在点 $(0,0)$ 处连续.

(2) 由偏导数的定义得

$$f'_x(0,0)=\lim_{x\to 0}\frac{f(x,0)-f(0,0)}{x}=\lim_{x\to 0}\frac{x^2\sin\frac{1}{\sqrt{x^2}}}{x}=0,$$

$$f'_y(0,0)=\lim_{y\to 0}\frac{f(0,y)-f(0,0)}{y}=\lim_{y\to 0}\frac{y^2\sin\frac{1}{\sqrt{y^2}}}{y}=0.$$

(3) 因为 $f(0,0)=0$, $f'_x(0,0)=f'_y(0,0)=0$, 且

$$\lim_{\substack{x\to 0\\ y\to 0}}\frac{f(x,y)}{\sqrt{x^2+y^2}}=\lim_{\substack{x\to 0\\ y\to 0}}\sqrt{x^2+y^2}\sin\frac{1}{\sqrt{x^2+y^2}}=0.$$

即 $f(x,y)-f(0,0)=f'_x(0,0)x+f'_y(0,0)y+o(\sqrt{x^2+y^2})$ $(x\to 0,y\to 0)$, 由可微的定义知, $f(x,y)$ 在点 $(0,0)$ 处可微.

(4) 因为

$$f'_x(x,y)=\begin{cases}2x\sin\dfrac{1}{\sqrt{x^2+y^2}}-\dfrac{x}{\sqrt{x^2+y^2}}\cos\dfrac{1}{\sqrt{x^2+y^2}} & (x^2+y^2\neq 0),\\ 0 & (x^2+y^2=0),\end{cases}$$

而 $\lim\limits_{\substack{x\to 0\\ y\to 0}}\dfrac{x}{\sqrt{x^2+y^2}}\cos\dfrac{1}{\sqrt{x^2+y^2}}$ 不存在, 故 $\lim\limits_{\substack{x\to 0\\ y\to 0}}f'_x(x,y)$ 不存在, 因而 $f'_x(x,y)$ 在点 $(0,0)$ 处不连续.

同理可得

$$f_y'(x,y)=\begin{cases}2y\sin\dfrac{1}{\sqrt{x^2+y^2}}-\dfrac{y}{\sqrt{x^2+y^2}}\cos\dfrac{1}{\sqrt{x^2+y^2}} & (x^2+y^2\neq 0),\\ 0 & (x^2+y^2=0),\end{cases}$$

在点 (0,0) 处也不连续.

注记　(1) 对于分段函数求偏导数, 在区域的分界处 (点或线) 要用定义单独求.

(2) 函数可微只保证偏导数存在, 而偏导数连续只是函数可微的一个充分条件.

例 12　设函数 $u=xy\mathrm{e}^{x+y}$, 求 $\dfrac{\partial^{p+q}u}{\partial x^p\partial y^q}$, 其中 p, q 为正整数.

解　由于函数 $u=xy\mathrm{e}^{x+y}=x\mathrm{e}^x\cdot y\mathrm{e}^y$ 在全平面上无穷次连续可微, 因此, 有

$$\frac{\partial^{p+q}u}{\partial x^p\partial y^q}=\frac{\mathrm{d}^p(x\mathrm{e}^x)}{\mathrm{d}x^p}\cdot\frac{\mathrm{d}^q(y\mathrm{e}^y)}{\mathrm{d}y^q},$$

当 $p=1$ 时, 直接求导, 得

$$\frac{\mathrm{d}(x\mathrm{e}^x)}{\mathrm{d}x}=(x+1)\mathrm{e}^x,$$

对上式再求导, 即当 $p=2$ 时,

$$\frac{\mathrm{d}^2(x\mathrm{e}^x)}{\mathrm{d}x^2}=(x+2)\mathrm{e}^x.$$

由归纳法可得

$$\frac{\mathrm{d}^p(x\mathrm{e}^x)}{\mathrm{d}x^p}=(x+p)\mathrm{e}^x.$$

同理可得

$$\frac{\mathrm{d}^q(y\mathrm{e}^y)}{\mathrm{d}y^q}=(y+q)\mathrm{e}^y.$$

因此, $\dfrac{\partial^{p+q}u}{\partial x^p\partial y^q}=(x+p)(y+q)\mathrm{e}^{x+y}$.

例 13　设函数 $f(x,y)=\begin{cases}xy\dfrac{x^2-y^2}{x^2+y^2} & (x^2+y^2\neq 0),\\ 0 & (x^2+y^2=0),\end{cases}$ 证明:

(1) 函数的二阶偏导数存在, 且 $f''_{xy}(0,0)\neq f''_{yx}(0,0)$.

(2) 所有二阶偏导数在点 (0,0) 处不连续.

证明　(1) 显然, $f(0,0)=0$, $f(x,0)=f(0,y)=0$, 由偏导数定义, 有

$$f_x'(0,0)=\lim_{x\to 0}\frac{f(x,0)-f(0,0)}{x}=0,\quad f_y'(0,0)=\lim_{y\to 0}\frac{f(0,y)-f(0,0)}{y}=0,$$

当 $x^2+y^2\neq 0$ 时, 有

$$f'_x(x,y)=y\frac{x^2-y^2}{x^2+y^2}+\frac{4x^2y^3}{(x^2+y^2)^2},\quad f'_y(x,y)=x\frac{x^2-y^2}{x^2+y^2}-\frac{4x^3y^2}{(x^2+y^2)^2},$$

$$f''_{xx}(x,y)=\frac{12xy^5-4x^3y^3}{(x^2+y^2)^3},\quad f''_{yy}(x,y)=\frac{4x^3y^3-12x^5y}{(x^2+y^2)^3},$$

$$f''_{xy}(x,y)=f''_{yx}(x,y)=\frac{(x^2-y^2)(x^4+10x^2y^2+y^4)}{(x^2+y^2)^3}.$$

则 $f'_x(0,y)=-y$, $f'_y(x,0)=x$, $f'_x(x,0)=f'_y(0,y)=0$. 从而有

$$f''_{xx}(0,0)=\lim_{x\to 0}\frac{f'_x(x,0)-f'_x(0,0)}{x}=0,\quad f''_{yy}(0,0)=\lim_{x\to 0}\frac{f'_y(0,y)-f'_y(0,0)}{y}=0,$$

$$f''_{xy}(0,0)=\lim_{y\to 0}\frac{f'_x(0,y)-f'_x(0,0)}{y}=-1,\quad f''_{yx}(0,0)=\lim_{x\to 0}\frac{f'_y(x,0)-f'_x(0,0)}{x}=1.$$

所以函数 $f(x,y)$ 的二阶偏导数为

$$f''_{xx}(x,y)=\begin{cases}\dfrac{12xy^5-4x^3y^3}{(x^2+y^2)^3} & (x^2+y^2\neq 0),\\ 0 & (x^2+y^2=0),\end{cases}$$

$$f''_{yy}(x,y)=\begin{cases}\dfrac{4x^3y^3-12x^5y}{(x^2+y^2)^3} & (x^2+y^2\neq 0),\\ 0 & (x^2+y^2=0),\end{cases}$$

$$f''_{xy}(x,y)=\begin{cases}\dfrac{(x^2-y^2)(x^4+10x^2y^2+y^4)}{(x^2+y^2)^3} & (x^2+y^2\neq 0),\\ -1 & (x^2+y^2=0),\end{cases}$$

$$f''_{yx}(x,y)=\begin{cases}\dfrac{(x^2-y^2)(x^4+10x^2y^2+y^4)}{(x^2+y^2)^3} & (x^2+y^2\neq 0),\\ 1 & (x^2+y^2=0),\end{cases}$$

且 $f''_{xy}(0,0)\neq f''_{yx}(0,0)$.

(2) 因为

$$\lim_{\substack{y=kx\\ x\to 0}}f''_{xx}(x,y)=\frac{12k^5-4k^3}{(1+k^2)^3},\quad \lim_{\substack{y=kx\\ x\to 0}}f''_{yy}(x,y)=\frac{4k^3-12k}{(1+k^2)^3},$$

上述两个极限值依赖于参数 k, 故函数 $f''_{xx}(x,y)$ 与 $f''_{yy}(x,y)$ 在 $(0,0)$ 点的极限不存在, 从而在 $(0,0)$ 点不连续.

由于

$$\lim_{\substack{y=x\\x\to 0}} f''_{xy}(x,y)=\lim_{\substack{y=x\\x\to 0}} f''_{yx}(x,y)=0,\quad \lim_{\substack{y=0\\x\to 0}} f''_{xy}(x,y)=\lim_{\substack{y=0\\x\to 0}} f''_{yx}(x,y)=1,$$

则函数 $f''_{xy}(x,y)$ 与 $f''_{yx}(x,y)$ 在 $(0,0)$ 点的极限不存在, 故它们在 $(0,0)$ 点也不连续.

注记　由 $f''_{xy}(0,0)\neq f''_{yx}(0,0)$, 可知函数 $f''_{xy}(x,y)$ 与 $f''_{yx}(x,y)$ 在 $(0,0)$ 点至少有一个不连续.

例 14　设二元函数

$$f(x,y)=\begin{cases}(a\sqrt{|x|}+x^2+y^2+b)\dfrac{\sin(xy^2)}{x^2+y^4} & (x^2+y^2\neq 0),\\ 0 & (x^2+y^2=0).\end{cases}$$

试问:

(1) 当 a,b 取何值时, 函数 $f(x,y)$ 在原点连续.

(2) 当 a,b 取何值时, 函数 $f(x,y)$ 在原点可微.

解　(1) 要使函数 $f(x,y)$ 在原点连续, 即证

$$\lim_{(x,y)\to(0,0)} f(x,y)=f(0,0)=0.$$

特别地, 沿抛物线 $x=y^2$ 趋近于原点时, 有

$$0=\lim_{\substack{x=y^2\\y\to 0}}(a\sqrt{|x|}+x^2+y^2+b)\frac{\sin(xy^2)}{x^2+y^4}=\frac{1}{2}b,$$

即得 $b=0$. 由于当 $x^2+y^2\neq 0$ 时, 有

$$\left|\frac{xy^2}{x^2+y^4}\right|\leqslant\frac{1}{2},$$

而当 $b=0$ 时, 有极限

$$\begin{aligned}\lim_{(x,y)\to(0,0)}(a\sqrt{|x|}+x^2+y^2)\frac{\sin(xy^2)}{x^2+y^4}&=\lim_{(x,y)\to(0,0)}(a\sqrt{|x|}+x^2+y^2)\frac{xy^2}{x^2+y^4}\\&=0=f(0,0).\end{aligned}$$

所以, 当 $b=0$ 时, 函数 $f(x,y)$ 在原点连续.

(2) 若函数 $f(x,y)$ 在原点可微, 则在原点一定连续, 且偏导数存在. 因此, 要使函数 $f(x,y)$ 在原点可微, 必有 $b=0$. 当 $b=0$ 时, 计算偏导数, 有

$$\begin{cases} f'_x(0,0)=\lim\limits_{x\to 0}\dfrac{f(x,0)-f(0,0)}{x}=0, \\ f'_y(0,0)=\lim\limits_{y\to 0}\dfrac{f(0,y)-f(0,0)}{y}=0. \end{cases}$$

因而, $f(x,y)$ 在原点可微当且仅当

$$\begin{aligned} &\lim_{(x,y)\to(0,0)}\frac{f(x,y)-f'_x(0,0)x-f'_y(0,0)y}{\sqrt{x^2+y^2}} \\ &=\lim_{(x,y)\to(0,0)}\frac{(a\sqrt{|x|}+x^2+y^2)\sin(xy^2)}{(x^2+y^4)\sqrt{x^2+y^2}} \\ &=\lim_{(x,y)\to(0,0)}\frac{(a\sqrt{|x|}+x^2+y^2)(xy^2)}{(x^2+y^4)\sqrt{x^2+y^2}} \\ &=0. \end{aligned}$$

又因为

$$\lim_{(x,y)\to(0,0)}\sqrt{x^2+y^2}\frac{xy^2}{x^2+y^4}=0,$$

所以只需

$$\lim_{(x,y)\to(0,0)}\frac{a\sqrt{|x|}\cdot(xy^2)}{(x^2+y^4)\sqrt{x^2+y^2}}=0.$$

特别地, 沿抛物线 $x=ky^2$ 趋近于原点时, 有

$$\lim_{(x,y)\to(0,0)}\frac{a\sqrt{|x|}\cdot(xy^2)}{(x^2+y^4)\sqrt{x^2+y^2}}=\frac{a\sqrt{|k|}\cdot k}{k^2+1},$$

因此, 要使

$$\lim_{(x,y)\to(0,0)}\frac{f(x,y)-f'_x(0,0)x-f'_y(0,0)y}{\sqrt{x^2+y^2}}=\lim_{(x,y)\to(0,0)}\frac{(a\sqrt{|x|}+x^2+y^2)(xy^2)}{(x^2+y^4)\sqrt{x^2+y^2}}=0,$$

当且仅当 $a=0$.

所以, 当 $a=b=0$ 时, 函数 $f(x,y)$ 在原点可微.

例 15 设函数 $f(x,y)=|x-y|g(x,y)$, 其中函数 $g(x,y)$ 在点 $(0,0)$ 的邻域内连续.

(1) 求偏导数 $f'_x(0,0)$ 与 $f'_y(0,0)$ 存在时, $g(x,y)$ 应满足的条件.

(2) 在上述确定的条件下, 讨论函数 $f(x,y)$ 在点 $(0,0)$ 处的可微性.

解 (1) 由偏导数的定义知

$$f'_x(0,0)=\lim_{x\to 0}\frac{f(x,0)-f(0,0)}{x}=\lim_{x\to 0}\frac{|x|g(x,0)}{x},$$

因为函数 $g(x,y)$ 在点 $(0,0)$ 处的邻域内连续, 要使 $f_x'(0,0)$ 存在, 则必须满足

$$\lim_{x\to 0^+}\frac{|x|g(x,0)}{x}=g(0,0)=\lim_{x\to 0^-}\frac{|x|g(x,0)}{x}=-g(0,0),$$

故 $g(0,0)=0$, 即当函数 $g(x,y)$ 满足 $g(0,0)=0$ 时, 偏导数 $f_x'(0,0)$ 存在, 且 $f_x'(0,0)=0$. 同理, 当 $g(0,0)=0$ 时, 偏导数 $f_y'(0,0)$ 存在, 且 $f_y'(0,0)=0$.

(2) 由已知条件及 $g(0,0)=0$, 有

$$f_x'(0,0)=f_y'(0,0)=0,\quad \lim_{\substack{x\to 0\\ y\to 0}}g(x,y)=g(0,0)=0.$$

进而有

$$\begin{aligned}&\lim_{\substack{x\to 0\\ y\to 0}}\frac{f(x,y)-f(0,0)-(f_x'(0,0)x+f_y'(0,0)y)}{\sqrt{x^2+y^2}}\\ &=\lim_{\substack{x\to 0\\ y\to 0}}\frac{|x-y|}{\sqrt{x^2+y^2}}g(x,y)=0,\end{aligned}$$

其中用到

$$0\leqslant\frac{|x-y|}{x^2+y^2}\leqslant\frac{|x|}{\sqrt{x^2+y^2}}+\frac{|y|}{\sqrt{x^2+y^2}}\leqslant 2,$$

故由可微的定义知, 函数 $f(x,y)$ 在点 $(0,0)$ 处可微.

小　　结

1. 由偏导数的定义知, 求多元函数对某个变量的偏导数, 只要把其他变量都当成常数, 把该函数当成此自变量的一元函数求导即可. 如偏导数 $f_x'(x_0,y_0)$ 实质上是一元函数 $f(x,y_0)$ 在点 x_0 处的导数. 利用一元函数的求导公式及运算法则就可求得.

2. 分段函数在分界点处的偏导数一般用偏导数的定义求.

3. 研究函数的连续性、可微性及偏导数的存在性和连续性, 辨析它们之间的关系.

5.3 复合函数的偏导数

知识要点

◇ 复合函数偏导数的链式法则

1. 多元函数与一元函数的复合

设 $u=\varphi(x)$, $v=\psi(x)$ 在点 x 处可导, $z=f(u,v)$ 在对应点 (u,v) 处可微, 则复合函数 $z=f(\varphi(x),\psi(x))$ 在点 x 处可导, 且

$$\frac{\mathrm{d}z}{\mathrm{d}x}=\frac{\partial z}{\partial u}\frac{\mathrm{d}u}{\mathrm{d}x}+\frac{\partial z}{\partial v}\frac{\mathrm{d}v}{\mathrm{d}x}=\frac{\partial f}{\partial u}\varphi'(x)+\frac{\partial f}{\partial v}\psi'(x).$$

注记 (1) $z=f(\varphi(x),\psi(x))$ 是通过两个中间变量 u, v 复合而得到的关于一个自变量 x 的复合函数.

(2) $z=f(\varphi(x),\psi(x))$ 是关于 x 的一元复合函数, $\dfrac{\mathrm{d}z}{\mathrm{d}x}$ 称为 z 对 x 的**全导数**.

2. 多元函数与多元函数的复合

(1) 设 $u=\varphi(x,y)$, $v=\psi(x,y)$ 在点 (x,y) 处存在偏导数, $z=f(u,v)$ 在对应点 (u,v) 处可微, 则复合函数 $z=f(\varphi(x,y),\psi(x,y))$ 在点 (x,y) 处存在偏导数, 且

$$\frac{\partial z}{\partial x}=\frac{\partial z}{\partial u}\frac{\partial u}{\partial x}+\frac{\partial z}{\partial v}\frac{\partial v}{\partial x}=\frac{\partial f}{\partial u}\frac{\partial \varphi}{\partial x}+\frac{\partial f}{\partial v}\frac{\partial \psi}{\partial x}=f_1'\frac{\partial \varphi}{\partial x}+f_2'\frac{\partial \psi}{\partial x},$$

$$\frac{\partial z}{\partial y}=\frac{\partial z}{\partial u}\frac{\partial u}{\partial y}+\frac{\partial z}{\partial v}\frac{\partial v}{\partial y}=\frac{\partial f}{\partial u}\frac{\partial \varphi}{\partial y}+\frac{\partial f}{\partial v}\frac{\partial \psi}{\partial y}=f_1'\frac{\partial \varphi}{\partial y}+f_2'\frac{\partial \psi}{\partial y}.$$

注记 $z=f(\varphi(x,y),\psi(x,y))$ 是通过两个中间变量 u, v 复合得到的关于两个自变量 x, y 的复合函数.

(2) 设 $u=\varphi(x,y)$, $v=\psi(x,y)$ 在点 (x,y) 处存在偏导数, $z=f(x,u,v)$ 在对应点 (x,u,v) 处可微, 则复合函数 $z=f(x,\varphi(x,y),\psi(x,y))$ 在点 (x,y) 处存在偏

导数, 且

$$\frac{\partial z}{\partial x}=\frac{\partial f}{\partial x}+\frac{\partial f}{\partial u}\frac{\partial u}{\partial x}+\frac{\partial f}{\partial v}\frac{\partial v}{\partial x}=f_1'+f_2'\frac{\partial u}{\partial x}+f_3'\frac{\partial v}{\partial x},$$

$$\frac{\partial z}{\partial y}=\frac{\partial f}{\partial u}\frac{\partial u}{\partial y}+\frac{\partial f}{\partial v}\frac{\partial v}{\partial y}=f_2'\frac{\partial u}{\partial y}+f_3'\frac{\partial v}{\partial y}.$$

注记　(1) $z=f(x,\varphi(x,y),\psi(x,y))$ 是通过三个中间变量 x, u 及 v 复合而成的关于两个自变量 x, y 的复合函数, x 既是自变量又是中间变量.

(2) 偏导数等式左边的 $\dfrac{\partial z}{\partial x}$ 与右边的 $\dfrac{\partial f}{\partial x}$ 具有不同的意义！左边的 $\dfrac{\partial z}{\partial x}$ 是复合函数 $z=f(x,\varphi(x,y),\psi(x,y))$ 对自变量 x 的偏导数; 右边的 $\dfrac{\partial f}{\partial x}$ 是 $z=f(x,u,v)$ 对中间变量 x 的偏导数. 为区分它们的不同, 通常把 $\dfrac{\partial f}{\partial x}$ 记为 f_1'.

◇ 一阶微分形式不变性

可微函数 $z=f(x,y)$, 不管 x,y 是自变量还是可微的中间变量, 总有

$$\mathrm{d}z=\frac{\partial z}{\partial x}\mathrm{d}x+\frac{\partial z}{\partial y}\mathrm{d}y=\frac{\partial f}{\partial x}\mathrm{d}x+\frac{\partial f}{\partial y}\mathrm{d}y.$$

这就是一阶微分形式不变性, 也称为一阶全微分形式不变性.

全微分四则运算法则　设 $u=u(x,y)$, $v=v(x,y)$ 为可微的多元函数, 则有:

(1) $\mathrm{d}(u+v)=\mathrm{d}u+\mathrm{d}v$.

(2) $\mathrm{d}(uv)=u\mathrm{d}v+v\mathrm{d}u$.

(3) $\mathrm{d}\left(\dfrac{u}{v}\right)=\dfrac{v\mathrm{d}u-u\mathrm{d}v}{v^2}\ (v\neq 0)$.

◇ 微分中值定理

设 $f(x,y)$ 在区域 D 中可微, 若连接 (x_0,y_0) 和 (x_0+h,y_0+k) 的线段包含在 D 中, 则存在 $0<\theta<1$, 使得

$$\begin{aligned}f(x_0+h,y_0+k)=f(x_0,y_0)&+f_x'(x_0+\theta h,y_0+\theta k)h\\&+f_y'(x_0+\theta h,y_0+\theta k)k.\end{aligned}$$

推论　设 $f(x,y)$ 在区域 D 中可微, 且 $\dfrac{\partial f}{\partial x}=\dfrac{\partial f}{\partial y}=0$, 则 $f(x,y)=C$ (C 为常数).

◇ **方向导数与梯度**

1. 方向导数

设 V 是 $\mathbb{R}^3$ 中的一个区域, $u=f(x,y,z)$ 是定义在 V 上的函数, $\boldsymbol{l}=(\cos\alpha,\cos\beta,\cos\gamma)$ 是单位向量, $M_0(x_0,y_0,z_0)\in V$, 过 M_0 且以 $\boldsymbol{l}$ 为方向的射线 L 的参数方程:

$$x=x_0+t\cos\alpha,\quad y=y_0+t\cos\beta,\quad z=z_0+t\cos\gamma,\quad t>0.$$

其中, α,β,γ 分别为 $\boldsymbol{l}$ 与 x 轴, y 轴及 z 轴的正向夹角. 若极限

$$\lim_{t\to0^+}\frac{f(M_0+t\boldsymbol{l})-f(M_0)}{t}=\lim_{t\to0^+}\frac{f(x_0+t\cos\alpha,y_0+t\cos\beta,z_0+t\cos\gamma)-f(x_0,y_0,z_0)}{t}$$

存在, 称它为 $f(x,y,z)$ 在点 M_0 处沿方向 $\boldsymbol{l}$ 的**方向导数**, 记为 $\left.\dfrac{\partial f}{\partial \boldsymbol{l}}\right|_{M_0}$. 它表示 $f(x,y,z)$ 在点 M_0 处沿方向 $\boldsymbol{l}$ 的变化率.

2. 方向导数的计算

设 $u=f(x,y,z)$ 在点 $M_0=(x_0,y_0,z_0)$ 处可微, 则 $f(x,y,z)$ 在点 M_0 处沿任何方向 $\boldsymbol{l}=(\cos\alpha,\cos\beta,\cos\gamma)$ 的方向导数都存在, 且有

$$\left.\frac{\partial f}{\partial \boldsymbol{l}}\right|_{M_0}=\left.\left(\frac{\partial f}{\partial x}\cos\alpha+\frac{\partial f}{\partial y}\cos\beta+\frac{\partial f}{\partial z}\cos\gamma\right)\right|_{M_0}.$$

注记 (1) $f(x,y,z)$ 可微, 则 $f(x,y,z)$ 沿任何方向的方向导数都存在.

(2) 但方向导数存在, $f(x,y,z)$ 未必可微. 例如 $u=\sqrt{x^2+y^2+z^2}$ 在点 $(0,0,0)$ 处沿任意方向 $\boldsymbol{l}$ 的方向导数 $\dfrac{\partial u}{\partial \boldsymbol{l}}=1$, 但偏导数不存在, 当然更不可微.

(3) 若 $f(x,y,z)$ 在 M_0 存在偏导数 $\dfrac{\partial f}{\partial x}$, $\boldsymbol{l}_1=(1,0,0)$, $\boldsymbol{l}_2=(-1,0,0)$, 则

$$\left.\frac{\partial f}{\partial \boldsymbol{l}_1}\right|_{M_0}=\left.\frac{\partial f}{\partial x}\right|_{M_0},\quad \left.\frac{\partial f}{\partial \boldsymbol{l}_2}\right|_{M_0}=-\left.\frac{\partial f}{\partial x}\right|_{M_0}.$$

即偏导数 $\dfrac{\partial f}{\partial x}$ 存在, 只能说明沿 x 轴正向、负向的方向导数存在, 不能说明其他方向的方向导数存在.

3. 梯度

在场论中, 称向量 $\left(\dfrac{\partial f}{\partial x},\dfrac{\partial f}{\partial y},\dfrac{\partial f}{\partial z}\right)$ 为可微的数量场 $u=f(x,y,z)$ 的**梯度**, 记为 $\operatorname{grad} f$ 或 $\operatorname{grad} u$.

4. 方向导数与梯度的关系

若 $f(x,y,z)$ 可微, 则

$$\frac{\partial f}{\partial \boldsymbol{l}}=\left(\frac{\partial f}{\partial x},\frac{\partial f}{\partial y},\frac{\partial f}{\partial z}\right)\cdot(\cos\alpha,\cos\beta,\cos\gamma)=\operatorname{grad} f\cdot\boldsymbol{l}\ ,$$

即方向导数 $\dfrac{\partial f}{\partial \boldsymbol{l}}$ 为梯度 $\operatorname{grad} f$ 在方向 $\boldsymbol{l}$ 上的投影. 沿正梯度方向, 方向导数取得最大值 $|\operatorname{grad} f|$, 沿负梯度方向, 方向导数取得最小值 $-|\operatorname{grad} f|$.

5. 梯度的运算法则

(1) $\operatorname{grad}(c_1u_1+c_2u_2)=c_1\operatorname{grad} u_1+c_2\operatorname{grad} u_2$, 其中 c_1, c_2 是任意常数.

(2) $\operatorname{grad}(u_1u_2)=u_1\operatorname{grad} u_2+u_2\operatorname{grad} u_1$.

(3) $\operatorname{grad} f(u)=f'(u)\operatorname{grad} u$.

精选例题

例 16　设函数 $z=(x^2-y^2)\mathrm{e}^{\frac{x}{y}}$, 求 $\dfrac{\partial z}{\partial x}$, $\dfrac{\partial z}{\partial y}$.

解　解法 1　引入中间变量 $u=x^2-y^2$, $v=\dfrac{x}{y}$, 则 $z=u\mathrm{e}^v$. 由复合函数的求导法则得

$$\frac{\partial z}{\partial x}=\frac{\partial z}{\partial u}\frac{\partial u}{\partial x}+\frac{\partial z}{\partial v}\frac{\partial v}{\partial x}=2x\mathrm{e}^v+\frac{u}{y}\mathrm{e}^v=\frac{2xy+x^2-y^2}{y}\mathrm{e}^{\frac{x}{y}},$$

$$\frac{\partial z}{\partial y}=\frac{\partial z}{\partial u}\frac{\partial u}{\partial y}+\frac{\partial z}{\partial v}\frac{\partial v}{\partial y}=-\frac{2y^3+ux}{y^2}\mathrm{e}^v=-\frac{2y^3+x^3-xy^2}{y^2}\mathrm{e}^{\frac{x}{y}}.$$

解法 2　由复合函数的求导法则, 直接求偏导数

$$\frac{\partial z}{\partial x}=\left(2x+\frac{x^2-y^2}{y}\right)\mathrm{e}^{\frac{x}{y}}=\frac{2xy+x^2-y^2}{y}\mathrm{e}^{\frac{x}{y}},$$

$$\frac{\partial z}{\partial y}=-\left(2y+\frac{(x^2-y^2)x}{y^2}\right)\mathrm{e}^{\frac{x}{y}}=-\frac{2y^3+x^3-xy^2}{y^2}\mathrm{e}^{\frac{x}{y}}.$$

解法 3 利用一阶微分形式不变性, 对等式两边微分得

$$\begin{aligned}\mathrm{d}z&=\mathrm{e}^{\frac{x}{y}}\mathrm{d}(x^2-y^2)+(x^2-y^2)\mathrm{d}(\mathrm{e}^{\frac{x}{y}})\\&=\mathrm{e}^{\frac{x}{y}}\left[2x\mathrm{d}x-2y\mathrm{d}y+(x^2-y^2)\left(\frac{y\mathrm{d}x-x\mathrm{d}y}{y^2}\right)\right]\\&=\mathrm{e}^{\frac{x}{y}}\left(\frac{2xy+x^2-y^2}{y}\mathrm{d}x-\frac{2y^3+x^3-xy^2}{y^2}\mathrm{d}y\right).\end{aligned}$$

将上式对照全微分 $\mathrm{d}z=\frac{\partial z}{\partial x}\mathrm{d}x+\frac{\partial z}{\partial y}\mathrm{d}y$, 得偏导数 $\frac{\partial z}{\partial x}$, $\frac{\partial z}{\partial y}$.

注记 解法 3 的最大的优点是: 在微分运算时, 不必先区分变量是因变量还是自变量, 而把所有的变量看成同等地位, 最终把 $\mathrm{d}z$ 表达成自变量微分 $\mathrm{d}x$, $\mathrm{d}y$ 的线性和, 其系数便是对应的偏导数. 这样, 可以同时得到所有的一阶偏导数.

例 17 设函数 $z=\frac{1}{x}f(xy)+yg(x+y)$, 其中 f, g 具有二阶连续导数, 求 $\frac{\partial^2 z}{\partial x^2}$, $\frac{\partial^2 z}{\partial y^2}$, $\frac{\partial^2 z}{\partial x\partial y}$.

解

$$\frac{\partial z}{\partial x}=-\frac{1}{x^2}f(xy)+\frac{y}{x}f'(xy)+yg'(x+y),$$

$$\frac{\partial z}{\partial y}=f'(xy)+g(x+y)+yg'(x+y),$$

$$\frac{\partial^2 z}{\partial x^2}=\frac{2}{x^3}f(xy)-\frac{2y}{x^2}f'(xy)+\frac{y^2}{x}f''(xy)+yg''(x+y),$$

$$\frac{\partial^2 z}{\partial y^2}=xf''(xy)+2g'(x+y)+yg''(x+y),$$

$$\frac{\partial^2 z}{\partial x\partial y}=\frac{\partial^2 z}{\partial y\partial x}=yf''(xy)+g'(x+y)+yg''(x+y).$$

注记 (1) f, g 分别是 $u=xy$, $v=x+y$ 的单变量函数, 其导数应写为 $f'(xy)$, $g'(x+y)$, 不可写为 $f'_x(xy)$, $g'_x(x+y)$. 若对 x 或 y 求导, 则按复合函数求导的链式法则进行.

(2) 因为 f, g 具有二阶连续导数, 则二阶混合偏导数连续且 $\dfrac{\partial^2 z}{\partial x\partial y}=\dfrac{\partial^2 z}{\partial y\partial x}$. 但不同的求导次序可能影响计算的繁简程度.

例 18 设函数 $z=f(x^2-y,g(xy))$, 其中 f 具有二阶连续偏导数, g 二阶可导, 求 $\dfrac{\partial z}{\partial x}, \dfrac{\partial^2 z}{\partial y\partial x}$.

解 所给函数是含有两个中间变量和两个自变量 x, y 的复合函数, 由复合函数的求导法则得

$$\begin{aligned}
&\frac{\partial z}{\partial x}=2xf_1'+yf_2'g',\\
&\frac{\partial^2 z}{\partial y\partial x}=\frac{\partial}{\partial y}(2xf_1'+yf_2'g')\\
&\qquad=2x(-f_{11}''+xg'f_{12}'')+g'f_2'+xyg''f_2'+yg'(-f_{21}''+xg'f_{22}'')\\
&\qquad=(g'+xyg'')f_2'-2xf_{11}''+(2x^2-y)g'f_{12}''+xy(g')^2f_{22}''.
\end{aligned}$$

例 19 设函数 $u=f\left(\dfrac{x}{y},\dfrac{y}{z}\right)$, 其中 f 具有二阶连续偏导数, 求 $\mathrm{d}u$ 及 $\dfrac{\partial^2 u}{\partial z\partial y}$.

解 由一阶微分形式不变性及全微分的四则运算法则, 得

$$\begin{aligned}
\mathrm{d}u&=f_1'\mathrm{d}\left(\frac{x}{y}\right)+f_2'\mathrm{d}\left(\frac{y}{z}\right)=f_1'\frac{y\mathrm{d}x-x\mathrm{d}y}{y^2}+f_2'\frac{z\mathrm{d}y-y\mathrm{d}z}{z^2}\\
&=\frac{1}{y}f_1'\mathrm{d}x+\left(\frac{1}{z}f_2'-\frac{x}{y^2}f_1'\right)\mathrm{d}y-\frac{y}{z^2}f_2'\mathrm{d}z.
\end{aligned}$$

所以有

$$\frac{\partial u}{\partial y}=\frac{1}{z}f_2'-\frac{x}{y^2}f_1',$$

则

$$\begin{aligned}
\frac{\partial^2 u}{\partial z\partial y}&=\frac{\partial}{\partial z}\left(\frac{\partial u}{\partial y}\right)=-\frac{1}{z^2}f_2'+\frac{1}{z}f_{22}''\frac{\partial}{\partial z}\left(\frac{y}{z}\right)-\frac{x}{y^2}f_{12}''\frac{\partial}{\partial z}\left(\frac{y}{z}\right)\\
&=\frac{x}{yz^2}f_{12}''-\frac{y}{z^3}f_{22}''-\frac{1}{z^2}f_2'.
\end{aligned}$$

注记 (1) f_1' 与 f_2' 中的第一个变量是 $\dfrac{x}{y}$, 与 z 无关, 所以求 $\dfrac{\partial}{\partial z}\left(\dfrac{\partial u}{\partial y}\right)=\dfrac{\partial}{\partial z}\left(\dfrac{1}{z}f_2'-\dfrac{x}{y^2}f_1'\right)$ 时, f_{11}'' 与 f_{21}'' 的系数都为 0, 即这两项在式中不出现.

(2) 求 $\mathrm{d}u$ 也可由全微分公式及复合函数的求导法则求出.

(3) 读者易验证 $\dfrac{\partial^2 u}{\partial y\partial z}=\dfrac{\partial}{\partial y}\left(\dfrac{\partial u}{\partial z}\right)=\dfrac{\partial^2 u}{\partial z\partial y}$.

例 20 设函数 $z=f\left(\dfrac{x}{g(y)},y\right)=xg(y)$, f,g 都是可微函数, 且 $g(y)\neq 0$, 求 $\dfrac{\partial f}{\partial x}(x,y)$, $\dfrac{\partial f}{\partial y}(x,y)$ 及 $\dfrac{\partial^2 f}{\partial x\partial y}(x,y)$.

解法 1 令 $\dfrac{x}{g(y)}=u,y=v$, 则 $f(u,v)=ug^2(v)$, 或 $f(x,y)=xg^2(y)$. 则

$$\frac{\partial f}{\partial x}=g^2(y),\quad \frac{\partial f}{\partial y}=2xg(y)g'(y),\quad \frac{\partial^2 f}{\partial x\partial y}=2g(y)g'(y).$$

注记 这里 z 是关于 x,y 二元复合函数, 所以要求的 $\dfrac{\partial f}{\partial x}$, $\dfrac{\partial f}{\partial y}$ 不是题中的 x,y, 实质是函数关系 f 对其第一个变量和第二个变量求导, 即 u 和 v.

解法 2 对等式两边分别关于 x, y 求偏导, 得

$$\frac{\partial z}{\partial x}=f_1'\left(\frac{x}{g(y)},y\right)\cdot\frac{1}{g(y)}=g(y),\ \frac{\partial z}{\partial y}=f_1'\left(\frac{x}{g(y)},y\right)\cdot\frac{-xg'(y)}{g^2(y)}+f_2'\left(\frac{x}{g(y)},y\right)=xg'(y)$$

则

$$f_1'\left(\frac{x}{g(y)},y\right)=f_1'(u,v)=g^2(y)=g^2(v),$$

$$f_2'\left(\frac{x}{g(y)},y\right)=f_2'(u,v)=xg'(y)+\frac{xg'(y)f_1'\left(\frac{x}{g(y)},y\right)}{g^2(y)}=2xg'(y)=2ug(v)g'(v),$$

即有

$$\frac{\partial f}{\partial x}=g^2(y),\quad \frac{\partial f}{\partial y}=2xg(y)g'(y),\quad \frac{\partial^2 f}{\partial x\partial y}=2g(y)g'(y).$$

注记 这里对等式两边关于 x, y 求偏导后, 得到的是关于 $f_1'\left(\dfrac{x}{g(y)},y\right)=f_1'(u,v)$ 和 $f_2'\left(\dfrac{x}{g(y)},y\right)=f_2'(u,v)$ 的等式, 必须换为 u,v 函数的等式. 当然这里 $\dfrac{\partial f}{\partial x}\neq\dfrac{\partial z}{\partial x}$.

例 21 设函数 $z(x,y)=x^y+\displaystyle\int_0^x x\mathrm{e}^{-(t+y)^2}\mathrm{d}t\ (x>0)$, 求 $\dfrac{\partial z}{\partial x}$, $\dfrac{\partial z}{\partial y}$ 及 $\dfrac{\partial^2 z}{\partial x\partial y}$.

解　对变限定积分作变量代换得

$$z(x,y)=x^y+\int_0^x x\mathrm{e}^{-(t+y)^2}\mathrm{d}t=x^y+x\int_y^{x+y}\mathrm{e}^{-u^2}\mathrm{d}u,$$

由变限定积分的求导公式及复合函数的求导法则得

$$\frac{\partial z}{\partial x}=yx^{y-1}+x\mathrm{e}^{-(x+y)^2}+\int_y^{x+y}\mathrm{e}^{-u^2}\mathrm{d}u,$$

$$\frac{\partial z}{\partial y}=x^y\ln x+x(\mathrm{e}^{-(x+y)^2}-\mathrm{e}^{-y^2}),$$

$$\frac{\partial^2 z}{\partial x\partial y}=x^{y-1}+yx^{y-1}\ln x-2x(x+y)\mathrm{e}^{-(x+y)^2}+\mathrm{e}^{-(x+y)^2}-\mathrm{e}^{-y^2}.$$

例 22　设由方程 $\int_y^x \frac{\mathrm{e}^t}{t}\mathrm{d}t-\int_0^{\frac{1}{z}}\sqrt{1+t^2}\mathrm{d}t=0$ 确定的函数为 $z=z(x,y)$, 求 $\mathrm{d}z$, $\frac{\partial z}{\partial x}$ 及 $\frac{\partial z}{\partial y}$.

解　对方程两边微分得

$$\frac{\mathrm{e}^x}{x}\mathrm{d}x-\frac{\mathrm{e}^y}{y}\mathrm{d}y+\frac{1}{z^2}\sqrt{1+z^{-2}}\mathrm{d}z=0,$$

故

$$\mathrm{d}z=\frac{z^2\mathrm{e}^y}{y\sqrt{1+z^{-2}}}\mathrm{d}y-\frac{z^2\mathrm{e}^x}{x\sqrt{1+z^{-2}}}\mathrm{d}x,$$

由全微分公式得

$$\frac{\partial z}{\partial x}=-\frac{z^2\mathrm{e}^x}{x\sqrt{1+z^{-2}}},\quad \frac{\partial z}{\partial y}=\frac{z^2\mathrm{e}^y}{y\sqrt{1+z^{-2}}}.$$

例 23　试证方程

$$u''_{xx}+2u''_{xy}\cos x-u''_{yy}\sin^2 x-u'_y\sin x=0$$

经变换

$$\begin{cases}\xi=x-\sin x+y,\\ \eta=x+\sin x-y\end{cases}$$

后变为方程 $u''_{\xi\eta}=0$.

证明　证法 1　把 x, y 作为中间变量, ξ, η 作为自变量, 它们之间的关系如图 5.2 所示. 由复合函数的求导法则直接计算 $u''_{\xi\eta}$, 从而用关于 x, y 的偏导数表示 $u''_{\xi\eta}$. 故由

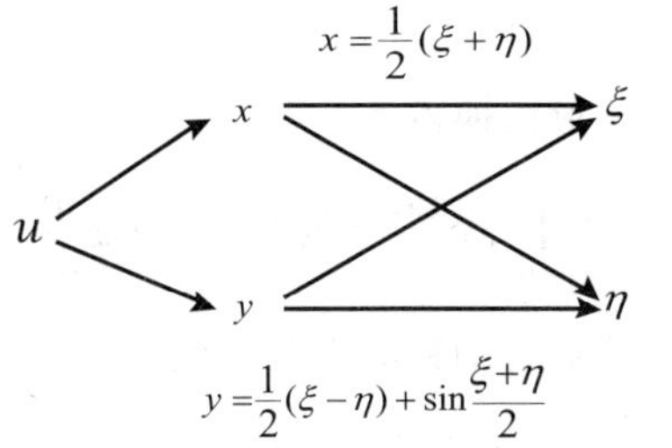

图 5.2 证法 1 中变量之间的关系

$$\begin{cases}\xi=x-\sin x+y,\\ \eta=x+\sin x-y,\end{cases}$$

可得

$$\begin{cases}x=\dfrac{1}{2}(\xi+\eta),\\ y=\dfrac{1}{2}(\xi-\eta)+\sin\dfrac{\xi+\eta}{2},\end{cases}$$

于是

$$u'_\xi=u'_x\cdot x'_\xi+u'_y\cdot y'_\xi=\frac{1}{2}u'_x+\left(\frac{1}{2}+\frac{1}{2}\cos\frac{\xi+\eta}{2}\right)u'_y,$$

$$\begin{aligned}u''_{\xi\eta}&=\frac{1}{2}(u''_{xx}\cdot x'_\eta+u''_{xy}\cdot y'_\eta)-\frac{1}{4}\sin\frac{\xi+\eta}{2}u'_y+\left(\frac{1}{2}\cos\frac{\xi+\eta}{2}+\frac{1}{2}\right)(u''_{yx}\cdot x'_\eta+u''_{yy}\cdot y'_\eta)\\&=\frac{1}{2}\left[\frac{1}{2}u''_{xx}+\left(\frac{1}{2}\cos\frac{\xi+\eta}{2}-\frac{1}{2}\right)u''_{xy}\right]-\frac{1}{4}\sin\frac{\xi+\eta}{2}u'_y\\&\quad+\left(\frac{1}{2}\cos\frac{\xi+\eta}{2}+\frac{1}{2}\right)\left[\frac{1}{2}u''_{xy}+\left(\frac{1}{2}\cos\frac{\xi+\eta}{2}-\frac{1}{2}\right)u''_{yy}\right]\\&=\frac{1}{4}(u''_{xx}+2u''_{xy}\cos x-u''_{yy}\sin^2 x-u'_y\sin x)=0.\end{aligned}$$

证法 2 把 ξ,η 作为中间变量, x, y 作为自变量, 它们之间的关系如图 5.3 所示. 将 $u''_{xx}, u''_{xy}, u''_{yy}, u'_y$ 用关于 ξ,η 的偏导数表示, 再代入原方程化简. 由复合函数的求导法则可得

$$\begin{aligned}&u'_x=u'_\xi\cdot\xi'_x+u'_\eta\cdot\eta'_x=(1-\cos x)u'_\xi+(1+\cos x)u'_\eta,\\&u''_{xx}=u'_\xi\sin x+(1-\cos x)[(1-\cos x)u''_{\xi\xi}+(1+\cos x)u''_{\xi\eta}]\\&\qquad-u'_\eta\sin x+(1+\cos x)[(1-\cos x)u''_{\xi\eta}+(1+\cos x)u''_{\eta\eta}]\end{aligned}$$

$$= \sin x(u'_\xi - u'_\eta) + (1-\cos x)^2 u''_{\xi\xi} + 2(1-\cos^2 x)u''_{\xi\eta} + (1+\cos x)^2 u''_{\eta\eta},$$

$$u''_{xy} = (1-\cos x)(u''_{\xi\xi} - u''_{\xi\eta}) + (1+\cos x)(u''_{\xi\eta} - u''_{\eta\eta})$$
$$= (1-\cos x)u''_{\xi\xi} + 2\cos x u''_{\xi\eta} - (1+\cos x)u''_{\eta\eta},$$

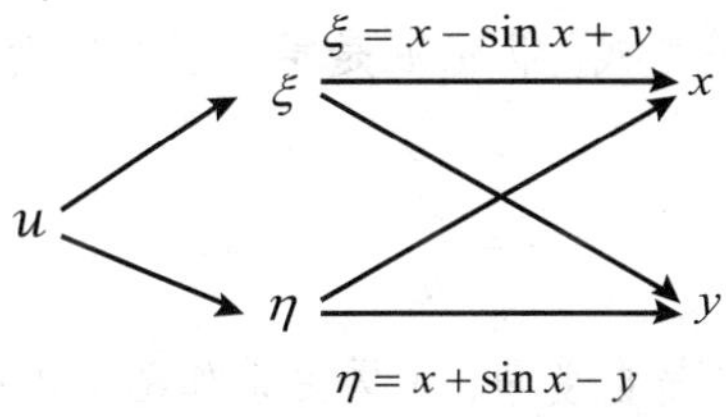

图 5.3　证法 2 中变量之间的关系

又

$$u'_y = u'_\xi - u'_\eta,$$

则

$$u''_{yy} = u''_{\xi\xi} - 2u''_{\xi\eta} + u''_{\eta\eta}.$$

将这些表达式代入原方程, 经化简即得 $u''_{\xi\eta} = 0$.

思考题　1. 设函数 $f(u)$ 具有二阶连续导数, 函数 $z = f(e^x \sin y)$ 满足方程

$$\frac{\partial^2 z}{\partial x^2} + \frac{\partial^2 z}{\partial y^2} = (z+1)e^{2x},$$

求 $f(u)$ 所满足的常微分方程.

2. 设 $z = z(x,y)$ 具有二阶连续偏导数, 令 $u = x + ay$, $v = x + by$, 则方程

$$\frac{\partial^2 z}{\partial x^2} + 4\frac{\partial^2 z}{\partial x \partial y} + 3\frac{\partial^2 z}{\partial y^2} = 0$$

变为 $\dfrac{\partial^2 z}{\partial u \partial v} = 0$, 求常数 a, b 的值.

例 24　变量代换

$$u = \frac{x}{y}, \quad v = x, \quad w = xz - y,$$

把函数 $z = z(x,y)$(具有二阶连续偏导数) 的方程

$$y\frac{\partial^2 z}{\partial y^2} + x\frac{\partial^2 z}{\partial x \partial y} + 2\frac{\partial z}{\partial y} = \frac{1}{x} - \frac{x}{y}$$

化为函数 $w=w(u,v)$ 的方程, 求 $w=w(u,v)$ 所满足的方程.

分析 此题中涉及 x, y, z, u, v 及 w 六个变量, 所以必须理清它们之间的关系. 从方程和变换式知 z 是函数变量, w, x, y 是第一层中间变量, 它们的关系为

$$z=\frac{w}{x}+\frac{y}{x},$$

而 $w=w(u,v)$ 是要求的关系式, 即 u, v 是第二层中间变量, 它们最后联结自变量 x, y, 关系式为

$$u=\frac{x}{y}, \quad v=x,$$

所以 x, y 既是中间变量又是自变量, 变量关系如图 5.4 所示. 按照如上分析的变量关系求出方程中所需要的偏导数, 代入方程化简即可.

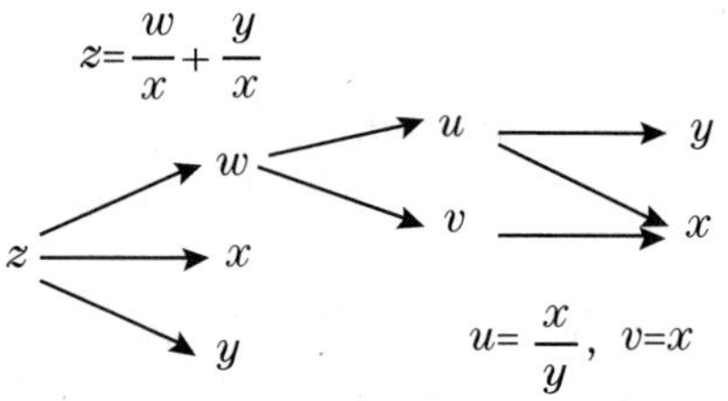

图 5.4 六个变量之间的关系

解 由已知得

$$z=\frac{w}{x}+\frac{y}{x},$$

则有

$$\frac{\partial z}{\partial y}=\frac{1}{x}+\frac{1}{x}\frac{\partial w}{\partial y}=\frac{1}{x}+\frac{1}{x}\frac{\partial w}{\partial u}\frac{\partial u}{\partial y}=\frac{1}{x}-\frac{1}{y^2}\frac{\partial w}{\partial u},$$

$$\frac{\partial^2 z}{\partial y^2}=\frac{2}{y^3}\frac{\partial w}{\partial u}-\frac{1}{y^2}\frac{\partial^2 w}{\partial u^2}\frac{\partial u}{\partial y}=\frac{2}{y^3}\frac{\partial w}{\partial u}+\frac{x}{y^4}\frac{\partial^2 w}{\partial u^2},$$

$$\begin{aligned}\frac{\partial^2 z}{\partial x\partial y}=\frac{\partial^2 z}{\partial y\partial x}&=-\frac{1}{x^2}-\frac{1}{y^2}\left(\frac{\partial^2 w}{\partial u^2}\frac{\partial u}{\partial x}+\frac{\partial^2 w}{\partial u\partial v}\frac{\partial v}{\partial x}\right)\\&=-\frac{1}{x^2}-\frac{1}{y^3}\frac{\partial^2 w}{\partial u^2}-\frac{1}{y^2}\frac{\partial^2 w}{\partial u\partial v}.\end{aligned}$$

把它们代入已知方程化简得

$$\frac{\partial^2 w}{\partial u\partial v}=y=\frac{x}{u}=\frac{v}{u}.$$

例 25 设函数 $u=u(x,y)$ 具有二阶连续偏导数, 且满足方程 $\dfrac{\partial^2 u}{\partial x^2}-\dfrac{\partial^2 u}{\partial y^2}=0$ 及条件 $u(x,2x)=x$, $u'_x(x,2x)=x^2$, 求 $u''_{xx}(x,2x)$, $u''_{xy}(x,2x)$, $u''_{yy}(x,2x)$.

分析 这里 $u(x,2x)$ 实质是函数 $u=u(x,y)$ 与 $y=2x$ 的复合函数 $u=u(x,2x)$.

解 $u(x,2x)=x$ 两边关于 x 求导得

$$u'_x(x,2x)+2u'_y(x,2x)=1,$$

再由题意知

$$u'_x(x,2x)=x^2,$$

则

$$u'_y(x,2x)=\frac{1-x^2}{2},$$

上面两式关于 x 求导得

$$\begin{cases}u''_{xx}(x,2x)+2u''_{xy}(x,2x)=2x,\\ u''_{yx}(x,2x)+2u''_{yy}(x,2x)=-x,\end{cases}$$

由已知条件又有

$$u''_{xx}=u''_{yy},\quad u''_{xy}=u''_{yx},$$

联立解得

$$u''_{xx}(x,2x)=u''_{yy}(x,2x)=-\frac{4x}{3},\quad u''_{xy}(x,2x)=\frac{5x}{3}.$$

注记 (1) 从 $u(x,2x)=x$ 可知

$$\frac{\mathrm{d}u(x,2x)}{\mathrm{d}x}=u'_x(x,2x)+2u'_y(x,2x)=1.$$

(2) 从几何上来看, 此例题是在讨论二元函数 $u(x,y)$ 及其一阶、二阶偏导数在直线 $y=2x$ 上的函数值.

例 26 设函数 $f(x,y)$ 具有连续偏导数, 且 $f(x,x^2)\equiv 1$.

(1) 若 $f'_x(x,x^2)=x$, 求 $f'_y(x,x^2)$.

(2) 若 $f'_y(x,y)=x^2+2y$, 求 $f(x,y)$.

解 (1) $f(x,x^2)\equiv 1$ 两边求导得

$$f'_x(x,x^2)+2xf'_y(x,x^2)=0,$$

由条件 $f'_x(x,x^2)=x$ 得

$$x+2xf'_y(x,x^2)=0,$$

所以当 $x\neq 0$ 时, $f'_y(x,x^2)=-\dfrac{1}{2}$; 由于 $f(x,y)$ 的偏导数连续, 则当 $x=0$ 时, 也有 $f'_y(x,x^2)=-\dfrac{1}{2}$.

(2) 对 $f'_y(x,y)=x^2+2y$ 两边关于 y 求不定积分得

$$f(x,y)=x^2y+y^2+g(x),$$

$g(x)$ 为待定函数. 由已知 $f(x,x^2)\equiv 1$, 则

$$g(x)=1-2x^4,$$

所以

$$f(x,y)=x^2y+y^2+1-2x^4.$$

例 27 若函数 $u=f(x,y,z)$ 满足恒等式 $f(tx,ty,tz)=t^kf(x,y,z)$ $(t>0)$, 则称 $f(x,y,z)$ 为 k 次齐次函数. 试证下述关于齐次函数的欧拉定理: 可微函数 $f(x,y,z)$ 为 k 次齐次函数的充要条件是

$$xf'_x(x,y,z)+yf'_y(x,y,z)+zf'_z(x,y,z)=kf(x,y,z).$$

证明 $(\Rightarrow)$ 因为 $f(x,y,z)$ 为 k 次齐次函数, 故满足

$$f(tx,ty,tz)=t^kf(x,y,z)\quad (t>0),$$

令 $tx=u$, $ty=v$, $tz=w$, 且方程两边分别对 x, y, z 和 t 求偏导得

$$\begin{aligned}
&tf'_u(u,v,w)=t^kf'_x(x,y,z),\\
&tf'_v(u,v,w)=t^kf'_y(x,y,z),\\
&tf'_w(u,v,w)=t^kf'_z(x,y,z),\\
&xf'_u(u,v,w)+yf'_v(u,v,w)+zf'_w(u,v,w)=kt^{k-1}f(x,y,z).
\end{aligned}$$

把前三式代入最后一式中, 又有 $t>0$, 即得

$$xf'_x(x,y,z)+yf'_y(x,y,z)+zf'_z(x,y,z)=kf(x,y,z).$$

$(\Leftarrow)$ 令

$$F(t,x,y,z)=\frac{f(tx,ty,tz)}{t^k}\quad (t>0),$$

则

$$\begin{aligned}\frac{\partial F}{\partial t}&=\frac{1}{t^{2k}}[t^k(xf'_u(u,v,w)+yf'_v(u,v,w)+zf'_w(u,v,w))-kt^{k-1}f(u,v,w)]\\&=\frac{1}{t^{k+1}}[uf'_u(u,v,w)+vf'_v(u,v,w)+wf'_w(u,v,w)-kf(u,v,w)]=0.\end{aligned}$$

所以

$$F(t,x,y,z)=F(1,x,y,z)=f(x,y,z),$$

即

$$f(tx,ty,tz)=t^kf(x,y,z).$$

由定义知, $f(x,y,z)$ 为 k 次齐次函数.

例 28 若 $\mathbb{R}^2$ 上的可微函数 $f(x,y)$ 满足

$$xf'_x(x,y)+yf'_y(x,y)=0,$$

则 $f(x,y)$ 恒为常数.

证明 证法 1 由已知

$$xf'_x(x,y)+yf'_y(x,y)=0=0\cdot f(x,y),$$

所以 $f(x,y)$ 为零次齐次函数, 于是对 $\forall t>0$, 有

$$f(tx,ty)=t^0f(x,y)=f(x,y),$$

令 $t\to 0^+$, 得

$$f(x,y)=f(0,0).$$

证法 2 对任意给定的 $(x,y)\in\mathbb{R}^2$, 定义一元函数

$$\varphi(t)=f(tx,ty)\quad(t>0).$$

则

$$\varphi'(t)=xf'_x(tx,ty)+yf'_y(tx,ty).$$

由已知等式得

$$\varphi'(t)=\frac{1}{t}[txf'_x(tx,ty)+tyf'_y(tx,ty)]=0,$$

故 $\varphi(t)$ 为常数. 取 $t=1$, 则 $\varphi(t)\equiv\varphi(1)$, 即

$$f(tx,ty)=f(x,y).$$

令 $t\to 0^+$, 得

$$f(x,y)=f(0,0).$$

证法 3　令 $x=r\cos\theta$, $y=r\sin\theta$, 再由已知等式得

$$\frac{\partial f}{\partial r}=f'_x(x,y)\cos\theta+f'_y(x,y)\sin\theta=\frac{1}{r}[xf'_x(x,y)+yf'_y(x,y)]=0,$$

即 $f(r\cos\theta,r\sin\theta)$ 与 r 无关. 对任意固定的 θ, 令 $r\to 0^+$, 得

$$f(x,y)=\lim_{r\to 0^+}f(r\cos\theta,r\sin\theta)=f(0,0).$$

证法 4　设 $x=r\cos\theta$, $y=r\sin\theta$, 取 $\boldsymbol{l}=(\cos\theta,\sin\theta)$, 再由已知等式得

$$\frac{\partial f}{\partial \boldsymbol{l}}=f'_x(x,y)\cos\theta+f'_y(x,y)\sin\theta=0,$$

即从原点出发的任意射线上的方向导数 $\dfrac{\partial f}{\partial \boldsymbol{l}}=0$, 因此 $f(x,y)$ 在该射线上为常数, 则有

$$f(x,y)=f(0,0).$$

例 29　设 $f(x,y)$ 为 $\mathbb{R}^2$ 上的可微函数, $f(1,1)=0$, 且对任意的 $(x,y)\in\mathbb{R}^2$, 都有

$$\left|\frac{\partial f}{\partial x}(x,y)\right|\leqslant|x-y|,\quad \left|\frac{\partial f}{\partial y}(x,y)\right|\leqslant|x-y|,$$

证明: $|f(2,0)|\leqslant 2$.

证明　由已知的不等式可知

$$\frac{\partial f}{\partial x}(x,x)=\frac{\partial f}{\partial y}(x,x)=0,$$

则由微分中值定理的推论得

$$f(x,x)=f(1,1)=0\quad(x\in\mathbb{R}).$$

故有

$$|f(2,0)|=|f(2,0)-f(0,0)|\leqslant\int_0^2\left|\frac{\partial f}{\partial x}(x,0)\right|\mathrm{d}x\leqslant\int_0^2 x\mathrm{d}x=2,$$

或

$$|f(2,0)|=|f(2,2)-f(2,0)|\leqslant\int_0^2\left|\frac{\partial f}{\partial y}(2,y)\right|\mathrm{d}y\leqslant\int_0^2(2-y)\mathrm{d}y=2.$$

例 30　求函数 $u=\ln(x+\sqrt{y^2+z^2})$ 在点 $A(1,0,1)$ 的梯度及沿 A 指向 $B(3,-2,2)$ 的方向导数.

解

$$\operatorname{grad} u|_{(1,0,1)} = \left(\frac{\partial u}{\partial x},\frac{\partial u}{\partial y},\frac{\partial u}{\partial z}\right)\Big|_{(1,0,1)}$$

$$= \frac{1}{x+\sqrt{y^2+z^2}}\left(1,\frac{y}{\sqrt{y^2+z^2}},\frac{z}{\sqrt{y^2+z^2}}\right)\Big|_{(1,0,1)} = \left(\frac{1}{2},0,\frac{1}{2}\right).$$

因为 $\boldsymbol{AB}=(2,-2,1)$, 则 $\boldsymbol{AB}$ 方向的单位向量 $\boldsymbol{l}=\boldsymbol{AB}/|\boldsymbol{AB}|=\frac{1}{3}(2,-2,1)$. 于是

$$\frac{\partial u}{\partial \boldsymbol{l}}\Big|_{(1,0,1)} = \text{grad } u|_{(1,0,1)}\cdot \boldsymbol{l} = \frac{1}{2}\times\frac{2}{3}+\frac{1}{2}\times\frac{1}{3}=\frac{1}{2}.$$

例 31　求函数 $u=x+y+z$ 在沿单位球面 $x^2+y^2+z^2=1$ 上点的外法向的方向导数, 并求在球面上何点处该方向导数取:(1) 最大值; (2) 最小值; (3) 等于 0.

解　单位球面 $x^2+y^2+z^2=1$ 上任意一点 (x,y,z) 的单位外法向 $\boldsymbol{l}=(x,y,z)$, 函数 $u=x+y+z$ 沿 $\boldsymbol{l}$ 的方向导数为

$$\frac{\partial u}{\partial \boldsymbol{l}} = \text{grad } u\cdot \boldsymbol{l} = |\text{grad } u|\cos\theta = \sqrt{3}\cos\theta,$$

其中 θ 为 $\operatorname{grad} u=(1,1,1)$ 与 $\boldsymbol{l}$ 之间的夹角.

所以当 $\theta=0$ 时, $\boldsymbol{l}$ 与梯度同向, 即 $x=y=z>0$ 时, 该方向导数取得最大值 $\sqrt{3}$, 此时 $x=y=z=\frac{\sqrt{3}}{3}$, 该点为 $\left(\frac{\sqrt{3}}{3},\frac{\sqrt{3}}{3},\frac{\sqrt{3}}{3}\right)$.

当 $\theta=\pi$ 时, $\boldsymbol{l}$ 与梯度反向, 即 $x=y=z<0$ 时, 该方向导数取得最小值 $-\sqrt{3}$, 此时 $x=y=z=-\frac{\sqrt{3}}{3}$, 该点为 $\left(-\frac{\sqrt{3}}{3},-\frac{\sqrt{3}}{3},-\frac{\sqrt{3}}{3}\right)$. 又该方向导数

$$\frac{\partial u}{\partial \boldsymbol{l}} = \operatorname{grad} u\cdot \boldsymbol{l} = (1,1,1)\cdot(x,y,z) = x+y+z,$$

则当单位球面上的点满足 $x+y+z=0$ 时, 方向导数等于 0.

例 32　二元函数 $f(x,y)\in C^1(\mathbb{R}^2)$, 且 $f'_x(x,y)=f'_y(x,y)$ 恒成立. 试证:

(1) 对于满足 $x_1+y_1=x_2+y_2$ 的任意两点 (x_1,y_1) 与 (x_2,y_2), 都有 $f(x_1,y_1)=f(x_2,y_2)$.

(2) 存在一元函数 $g(x)\in C^1(\mathbb{R})$ 使得 $f(x,y)=g(x+y)((x,y)\in\mathbb{R}^2)$.

证明　(1) 任给满足 $x_1+y_1=x_2+y_2$ 两点 $M_1(x_1,y_1)$ 与 $M_2(x_2,y_2)$, 由二元函数的微分中值定理, 存在直线段 $\overline{M_1M_2}$ 上的一点 $\xi=(\xi_x,\xi_y)$ 使得

$$f(x_2,y_2)-f(x_1,y_1)=f'_x(\xi)(x_2-x_1)+f'_y(\xi)(y_2-y_1)=f'_x(\xi)(x_2-x_1+y_2-y_1)=0,$$

即得 $f(x_1,y_1)=f(x_2,y_2)$.

(2) 由 (1) 的结论知, 在任何一条直线 $x+y=C$ ($C\in\mathbb{R}$) 上二元函数 $f(x,y)$ 是一个常数. 因而存在一元函数 $g(x)$ 使得 $f(x,y)=g(x+y)((x,y)\in\mathbb{R}^2)$. 由于 $f(x,y)\in C^1(\mathbb{R}^2)$, 故 $g(x)\in C^1(\mathbb{R})$.

思考题 若函数 $u=f(x,y,z)$ 在凸的开区域 Ω 内可微 (开区域 Ω 中任意两点的连线段还在 Ω 内), 并且存在正数 $M>0$, 使 $|\text{grad}\ u|\leqslant M$. 证明对 Ω 中任意两点 A,B 都有

$$|f(A)-f(B)|\leqslant M\cdot\rho(A,B),$$

其中 $\rho(A,B)$ 是 A,B 两点间的距离.

小　结

1. 利用复合函数链式法则求偏导数, 注意各变量之间的关系, 区分导数和偏导数及它们的符号表达.

2. 利用一阶微分形式不变性计算多元函数的偏导数及全微分.

3. 通过变量代换化简微分方程或变量替换下的方程变形. 这也是复合函数求导法则的一个重要应用.

4. 利用多元函数的微分中值定理及其推论研究函数.

5. 计算多元函数的梯度与方向导数.

5.4　隐函数与反函数的微分法

知识要点

◇ 由方程式确定的隐函数求导法 (隐函数存在定理)

1. 设 $F(x,y)$ 在点 $M_0(x_0,y_0)$ 的某邻域内有连续的偏导数, 且

$$F(M_0)=0,\quad F'_y(M_0)\neq 0,$$

则方程 $F(x,y)=0$ 在点 M_0 的某邻域内确定唯一连续的隐函数 $y=y(x)$, 它满足

$$F(x,y(x))=0,\quad y_0=y(x_0),$$

且该隐函数 $y(x)$ 具有连续导数 $y'=-\dfrac{F'_x}{F'_y}$.

2. 设 $F(x,y,z)$ 在点 $M_0(x_0,y_0,z_0)$ 的某邻域内有连续的偏导数, 且 $F(M_0)=0, F'_z(M_0)\neq 0$, 则方程

$$F(x,y,z)=0.$$

在点 M_0 的某邻域内确定唯一连续的隐函数 $z=z(x,y)$, 它满足

$$F(x,y,z(x,y))=0,\quad z_0=z(x_0,y_0),$$

且有连续偏导数

$$\frac{\partial z}{\partial x}=-\frac{F'_x}{F'_z},\quad \frac{\partial z}{\partial y}=-\frac{F'_y}{F'_z}.$$

◇ 由方程组确定的隐函数求导法 (隐函数组存在定理)

1. 设由三个变量、两个方程构成的方程组

$$\begin{cases}F(x,u,v)=0,\\ G(x,u,v)=0,\end{cases}$$

其中 F, G 在点 $M_0(x_0,u_0,v_0)$ 的某邻域内有连续偏导数, 且

$$F(M_0)=G(M_0)=0,\quad \left.\frac{\partial(F,G)}{\partial(u,v)}\right|_{M_0}=\left|\begin{matrix}F'_u & F'_v\\ G'_u & G'_v\end{matrix}\right|_{M_0}\neq 0,$$

则该方程组在点 M_0 的某邻域内确定唯一的隐函数组 $u=u(x)$, $v=v(x)$, 它们满足

$$\begin{cases}F(x,u(x),v(x))=0,\\ G(x,u(x),v(x))=0,\end{cases}\qquad \begin{cases}u_0=u(x_0),\\ v_0=v(x_0),\end{cases}$$

且它们有连续导数

$$\frac{\mathrm{d}u}{\mathrm{d}x}=-\frac{\partial(F,G)}{\partial(x,v)}\Big/\frac{\partial(F,G)}{\partial(u,v)},\quad \frac{\mathrm{d}v}{\mathrm{d}x}=-\frac{\partial(F,G)}{\partial(u,x)}\Big/\frac{\partial(F,G)}{\partial(u,v)}.$$

2. 设由四个变量、两个方程构成的方程组

$$\begin{cases} F(x,y,u,v)=0, \\ G(x,y,u,v)=0, \end{cases}$$

其中 F, G 在点 $M_0(x_0,y_0,u_0,v_0)$ 的某邻域内有连续偏导数, 且

$$F(M_0)=G(M_0)=0, \quad \left.\frac{\partial(F,G)}{\partial(u,v)}\right|_{M_0}=\begin{vmatrix} F'_u & F'_v \\ G'_u & G'_v \end{vmatrix}_{M_0}\neq 0,$$

则该方程组在点 M_0 的某邻域内确定唯一的隐函数组

$$\begin{cases} u=u(x,y), \\ v=v(x,y), \end{cases}$$

它们满足

$$\begin{cases} F(x,y,u(x,y),v(x,y))=0, \\ G(x,y,u(x,y),v(x,y))=0, \end{cases} \qquad \begin{cases} u_0=u(x_0,y_0), \\ v_0=v(x_0,y_0), \end{cases}$$

且它们有连续的偏导数

$$\frac{\partial u}{\partial x}=-\frac{\partial(F,G)}{\partial(x,v)}\Big/\frac{\partial(F,G)}{\partial(u,v)}, \quad \frac{\partial v}{\partial x}=-\frac{\partial(F,G)}{\partial(u,x)}\Big/\frac{\partial(F,G)}{\partial(u,v)},$$

$$\frac{\partial u}{\partial y}=-\frac{\partial(F,G)}{\partial(y,v)}\Big/\frac{\partial(F,G)}{\partial(u,v)}, \quad \frac{\partial v}{\partial y}=-\frac{\partial(F,G)}{\partial(u,y)}\Big/\frac{\partial(F,G)}{\partial(u,v)}.$$

精选例题

例 33 设函数 $z=z(x,y)$ 是由方程 $\mathrm{e}^{-xy}-2z+\mathrm{e}^z=0$ 所确定的二元函数, 求 $\dfrac{\partial z}{\partial x}$, $\dfrac{\partial z}{\partial y}$ 及 $\dfrac{\partial^2 z}{\partial x^2}$.

解 解法 1 对方程两边求微分得

$$-\mathrm{e}^{-xy}(x\mathrm{d}y+y\mathrm{d}x)-2\mathrm{d}z+\mathrm{e}^z\mathrm{d}z=0,$$

整理得函数 $z(x,y)$ 的全微分

$$\mathrm{d}z=\frac{\mathrm{e}^{-xy}(x\mathrm{d}y+y\mathrm{d}x)}{\mathrm{e}^z-2}.$$

故

$$\frac{\partial z}{\partial x}=\frac{y\mathrm{e}^{-xy}}{\mathrm{e}^z-2},\quad \frac{\partial z}{\partial y}=\frac{x\mathrm{e}^{-xy}}{\mathrm{e}^z-2}.$$

由复合函数求导法则得

$$\begin{aligned}\frac{\partial^2 z}{\partial x^2}=\frac{\partial}{\partial x}\left(\frac{y\mathrm{e}^{-xy}}{\mathrm{e}^z-2}\right)&=\frac{y\left[-y\mathrm{e}^{-xy}(\mathrm{e}^z-2)-\mathrm{e}^{-xy}\mathrm{e}^z\dfrac{\partial z}{\partial x}\right]}{(\mathrm{e}^z-2)^2}\\&=\frac{-y^2\mathrm{e}^{-xy}}{(\mathrm{e}^z-2)^3}[(\mathrm{e}^z-2)^2+\mathrm{e}^{z-xy}].\end{aligned}$$

解法 2　对方程两边关于 x 求偏导, 得

$$-y\mathrm{e}^{-xy}-2\frac{\partial z}{\partial x}+\mathrm{e}^z\frac{\partial z}{\partial x}=0,$$

整理得

$$\frac{\partial z}{\partial x}=\frac{y\mathrm{e}^{-xy}}{\mathrm{e}^z-2},$$

由对称性得

$$\frac{\partial z}{\partial y}=\frac{x\mathrm{e}^{-xy}}{\mathrm{e}^z-2}.$$

$\dfrac{\partial^2 z}{\partial x^2}$ 的计算同解法 1.

注记　对于由方程 $F(x,y,z)=0$ 确定的隐函数 $z=z(x,y)$, 求偏导数的常用方法如下:

(1) 利用复合函数求导法则直接对方程 $F(x,y,z(x,y))=0$ 两边分别进行对 x, y 求偏导数的运算.

(2) 利用一阶微分形式不变性直接对方程 $F(x,y,z)=0$ 两边求微分, 得到相应的全微分公式, 以及相应的偏导数. 此方法的优点是: 在微分运算时, 不必先区分变量是因变量还是自变量, 而把所有的变量看成同等地位; 另外, 可以同时得到所有的一阶偏导数.

例 34　设 $u=f(x,y,z)$ 有连续的一阶偏导数, $y=y(x)$ 由方程 $\mathrm{e}^{xy}=xy+2$ 确定, $z=z(x)$ 由方程 $\mathrm{e}^x=\displaystyle\int_0^{x-z}\frac{\sin t}{t}\mathrm{d}t$ 确定, 求 $\dfrac{\mathrm{d}u}{\mathrm{d}x}$.

分析　由题意知复合函数 $u=f(x,y(x),z(x))$ 是关于 x, y, z 三个中间变量和一个自变量 x 的关系式. 由复合函数求导法则就可求得全导数 $\dfrac{\mathrm{d}u}{\mathrm{d}x}$.

解　对已知方程 $\mathrm{e}^{xy}=xy+2$ 两边关于 x 求导得

$$\left(y+x\frac{\mathrm{d}y}{\mathrm{d}x}\right)\mathrm{e}^{xy}=y+x\frac{\mathrm{d}y}{\mathrm{d}x},\quad 即\quad \frac{\mathrm{d}y}{\mathrm{d}x}=-\frac{y}{x},$$

方程 $\mathrm{e}^x=\int_0^{x-z}\frac{\sin t}{t}\mathrm{d}t$ 两边关于 x 求导得

$$\mathrm{e}^x=\frac{\sin(x-z)}{x-z}\left(1-\frac{\mathrm{d}z}{\mathrm{d}x}\right),\quad 即\quad \frac{\mathrm{d}z}{\mathrm{d}x}=1-\frac{(x-z)\mathrm{e}^x}{\sin(x-z)},$$

由复合函数求导法则知全导数

$$\frac{\mathrm{d}u}{\mathrm{d}x}=f_1'+f_2'\frac{\mathrm{d}y}{\mathrm{d}x}+f_3'\frac{\mathrm{d}z}{\mathrm{d}x}=f_1'-\frac{y}{x}f_2'+\left[1-\frac{(x-z)\mathrm{e}^x}{\sin(x-z)}\right]f_3'.$$

例 35 设 $u=f(x,y,z)$, $g(x^2,\mathrm{e}^y,z)=0$, $y=\sin x$, 其中 f,g 都具有一阶连续偏导数, 且 $\frac{\partial g}{\partial z}\neq 0$, 求 $\frac{\mathrm{d}u}{\mathrm{d}x}$.

解 由题意知复合函数 $u=f(x,y(x),z(x,y(x)))$ 是关于 x, y, z 三个中间变量和一个自变量 x 的关系式. 由 $y=\sin x$ 得

$$\mathrm{d}y=\cos x\mathrm{d}x,$$

对方程 $g(x^2,\mathrm{e}^y,z)=0$ 两边微分得

$$2xg_1'\mathrm{d}x+\mathrm{e}^yg_2'\mathrm{d}y+g_3'\mathrm{d}z=0,\quad 或\quad \mathrm{d}z=-\frac{2xg_1'\mathrm{d}x+\mathrm{e}^yg_2'\mathrm{d}y}{g_3'},$$

对函数 $u=f(x,y,z)$ 两边微分, 并把前两个微分式代入, 得

$$\mathrm{d}u=f_1'\mathrm{d}x+f_2'\mathrm{d}y+f_3'\mathrm{d}z=\left[f_1'+\cos xf_2'-\frac{f_3'}{g_3'}(2xg_1'+\mathrm{e}^y\cos xg_2')\right]\mathrm{d}x,$$

故

$$\frac{\mathrm{d}u}{\mathrm{d}x}=f_1'+\cos xf_2'-\frac{f_3'}{g_3'}(2xg_1'+\mathrm{e}^y\cos xg_2').$$

注记 此题也可对复合函数 $u=f(x,y(x),z(x,y(x)))$ 求导,

$$\frac{\mathrm{d}u}{\mathrm{d}x}=\frac{\partial f}{\partial x}+\frac{\partial f}{\partial y}\frac{\mathrm{d}y}{\mathrm{d}x}+\frac{\partial f}{\partial z}\frac{\mathrm{d}z}{\mathrm{d}x}=f_1'+f_2'\frac{\mathrm{d}y}{\mathrm{d}x}+f_3'\frac{\mathrm{d}z}{\mathrm{d}x}.$$

注意 $\frac{\mathrm{d}z}{\mathrm{d}x}$ 需从方程 $g(x^2,\mathrm{e}^y,z)=0$ 所确定的隐函数 $z=z(x,y(x))$ 求得.

例 36 设 $y=y(x)$, $z=z(x)$ 是由方程组 $\begin{cases}F(x,y,z)=0\\ z=xf(x+y)\end{cases}$ 所确定的函数, 其中 f 具有一阶连续导数, F 具有一阶连续偏导数, 求 $\frac{\mathrm{d}y}{\mathrm{d}x}$, $\frac{\mathrm{d}z}{\mathrm{d}x}$.

解　解法 1　由已知, 方程组 $\begin{cases} F(x,y,z)=0 \\ z=xf(x+y) \end{cases}$ 确定函数 $y=y(x)$, $z=z(x)$. 方程组的两个方程两边分别对 x 求导得

$$\begin{cases} F'_x+F'_y\dfrac{\mathrm{d}y}{\mathrm{d}x}+F'_z\dfrac{\mathrm{d}z}{\mathrm{d}x}=0, \\ \dfrac{\mathrm{d}z}{\mathrm{d}x}=f+x\left(1+\dfrac{\mathrm{d}y}{\mathrm{d}x}\right)f', \end{cases} \quad \text{即} \quad \begin{cases} F'_y\dfrac{\mathrm{d}y}{\mathrm{d}x}+F'_z\dfrac{\mathrm{d}z}{\mathrm{d}x}=-F'_x, \\ -xf'\dfrac{\mathrm{d}y}{\mathrm{d}x}+\dfrac{\mathrm{d}z}{\mathrm{d}x}=f+xf'. \end{cases}$$

解关于 $\dfrac{\mathrm{d}z}{\mathrm{d}x}$, $\dfrac{\mathrm{d}y}{\mathrm{d}x}$ 的线性方程组得

$$\frac{\mathrm{d}y}{\mathrm{d}x}=\frac{-F'_x-(f+xf')F'_z}{F'_y+xf'F'_z}, \quad \frac{\mathrm{d}z}{\mathrm{d}x}=\frac{(f+xf')F'_y-xf'F'_x}{F'_y+xf'F'_z}.$$

解法 2　方程组 $\begin{cases} F(x,y,z)=0 \\ z=xf(x+y) \end{cases}$ 的两个方程两边微分得

$$\begin{cases} F'_x\mathrm{d}x+F'_y\mathrm{d}y+F'_z\mathrm{d}z=0, \\ \mathrm{d}z=f\mathrm{d}x+xf'(\mathrm{d}x+\mathrm{d}y), \end{cases} \quad \text{即} \quad \begin{cases} F'_y\mathrm{d}y+F'_z\mathrm{d}z=-F'_x\mathrm{d}x, \\ -xf'\mathrm{d}y+\mathrm{d}z=(f+xf')\mathrm{d}x. \end{cases}$$

解关于微分 $\mathrm{d}y$, $\mathrm{d}z$ 的线性方程组得

$$\mathrm{d}y=-\frac{F'_x+(f+xf')F'_z}{F'_y+xf'F'_z}\mathrm{d}x, \quad \mathrm{d}z=\frac{(f+xf')F'_y-xf'F'_x}{F'_y+xf'F'_z}\mathrm{d}x.$$

故

$$\frac{\mathrm{d}y}{\mathrm{d}x}=\frac{-F'_x-(f+xf')F'_z}{F'_y+xf'F'_z}, \quad \frac{\mathrm{d}z}{\mathrm{d}x}=\frac{(f+xf')F'_y-xf'F'_x}{F'_y+xf'F'_z}.$$

注记　一般, 对由方程组所确定的隐函数组求导数 (或偏导数) 的常用方法如下:

(1) 利用复合函数求导法则, 对每个方程的两边关于相应的自变量求导数 (或偏导数), 得到一个关于隐函数相应导数 (或偏导数) 的线性代数方程组, 解此方程组, 得所求隐函数的导数 (或偏导数).

(2) 利用一阶微分形式不变性直接对所给方程组的各个方程两边求微分, 得到关于各变量微分的一个方程组, 再解此方程组, 得到所求隐函数的相应全微分公式, 从而得到所求隐函数的导数 (或偏导数).

例 37 设 $\begin{cases} u=u(x,y) \\ v=v(x,y) \end{cases}$ 是由方程组 $\begin{cases} u=f(ux,v+y) \\ v=g(u-x,v^2y) \end{cases}$ 所确定的隐函数组, 其中 f 和 g 均有连续的偏导数, 且 $(1-xf_1')(1-2vyg_2')\neq f_2'g_1'$, 求 $\dfrac{\partial u}{\partial x}, \dfrac{\partial u}{\partial y}, \dfrac{\partial v}{\partial x}, \dfrac{\partial v}{\partial y}$.

解 解法 1 对方程组的每个方程两边求微分得

$$\begin{cases} \mathrm{d}u=(u\mathrm{d}x+x\mathrm{d}u)f_1'+(\mathrm{d}v+\mathrm{d}y)f_2', \\ \mathrm{d}v=(\mathrm{d}u-\mathrm{d}x)g_1'+(v^2\mathrm{d}y+2vy\mathrm{d}v)g_2', \end{cases}$$

把因变量微分 $\mathrm{d}u,\mathrm{d}v$ 放在等式左边, 自变量的微分 $\mathrm{d}x,\mathrm{d}y$ 放在等式右边, 整理得

$$\begin{cases} (1-xf_1')\mathrm{d}u-f_2'\mathrm{d}v=uf_1'\mathrm{d}x+f_2'\mathrm{d}y, \\ -g_1'\mathrm{d}u+(1-2yvg_2')\mathrm{d}v=-g_1'\mathrm{d}x+v^2g_2'\mathrm{d}y, \end{cases}$$

解得

$$\mathrm{d}u=\frac{uf_1'(1-2yvg_2')-f_2'g_1'}{(1-xf_1')(1-2vyg_2')-f_2'g_1'}\mathrm{d}x+\frac{f_2'(1-2yvg_2')+v^2f_2'g_2'}{(1-xf_1')(1-2vyg_2')-f_2'g_1'}\mathrm{d}y,$$

$$\mathrm{d}v=\frac{uf_1'g_1'-(1-xf_1')g_1'}{(1-xf_1')(1-2vyg_2')-f_2'g_1'}\mathrm{d}x+\frac{f_2'g_1'+v^2g_2'(1-xf_1')}{(1-xf_1')(1-2vyg_2')-f_2'g_1'}\mathrm{d}y,$$

则由全微分的公式得

$$\frac{\partial u}{\partial x}=\frac{uf_1'(1-2yvg_2')-f_2'g_1'}{(1-xf_1')(1-2vyg_2')-f_2'g_1'},\quad \frac{\partial u}{\partial y}=\frac{f_2'(1-2yvg_2')+v^2f_2'g_2'}{(1-xf_1')(1-2vyg_2')-f_2'g_1'},$$

$$\frac{\partial v}{\partial x}=\frac{uf_1'g_1'-(1-xf_1')g_1'}{(1-xf_1')(1-2vyg_2')-f_2'g_1'},\quad \frac{\partial v}{\partial y}=\frac{f_2'g_1'+v^2g_2'(1-xf_1')}{(1-xf_1')(1-2vyg_2')-f_2'g_1'}.$$

解法 2 由已知 u, v 为因变量, x, y 为自变量, 对方程组的每个方程两边关于 x 求偏导数得

$$\begin{cases} \dfrac{\partial u}{\partial x}=\left(u+x\dfrac{\partial u}{\partial x}\right)f_1'+f_2'\dfrac{\partial v}{\partial x}, \\ \dfrac{\partial v}{\partial x}=\left(\dfrac{\partial u}{\partial x}-1\right)g_1'+2vyg_2'\dfrac{\partial v}{\partial x}, \end{cases}$$

即

$$\begin{cases} (1-xf_1')\dfrac{\partial u}{\partial x}-f_2'\dfrac{\partial v}{\partial x}=uf_1', \\ -g_1'\dfrac{\partial u}{\partial x}+(1-2vyg_2')\dfrac{\partial v}{\partial x}=-g_1', \end{cases}$$

解得

$$\frac{\partial u}{\partial x}=\frac{uf_1'(1-2yvg_2')-f_2'g_1'}{(1-xf_1')(1-2vyg_2')-f_2'g_1'},\quad \frac{\partial v}{\partial x}=\frac{uf_1'g_1'-(1-xf_1')g_1'}{(1-xf_1')(1-2vyg_2')-f_2'g_1'}.$$

同理, 对方程组的每个方程两边关于 y 求偏导数解得 $\dfrac{\partial u}{\partial y},\dfrac{\partial v}{\partial y}$.

例 38　求由方程组 $\begin{cases}x=f(u,v)\\y=g(u,v)\end{cases}$ 所确定的反函数 $\begin{cases}u=u(x,y)\\v=v(x,y)\end{cases}$ 的偏导数 u_x', u_y', v_x', v_y'.

解　对方程组两边微分得

$$\begin{cases}\mathrm{d}x=f_u'\mathrm{d}u+f_v'\mathrm{d}v,\\ \mathrm{d}y=g_u'\mathrm{d}u+g_v'\mathrm{d}v,\end{cases}$$

将 $\mathrm{d}u$, $\mathrm{d}v$ 看作未知数, 解此方程组得

$$\mathrm{d}u=g_v'\Big/\frac{\partial(x,y)}{\partial(u,v)}\cdot\mathrm{d}x-f_v'\Big/\frac{\partial(x,y)}{\partial(u,v)}\cdot\mathrm{d}y,$$
$$\mathrm{d}v=-g_u'\Big/\frac{\partial(x,y)}{\partial(u,v)}\cdot\mathrm{d}x+f_u'\Big/\frac{\partial(x,y)}{\partial(u,v)}\cdot\mathrm{d}y.$$

故

$$u_x'=g_v'\Big/\frac{\partial(x,y)}{\partial(u,v)},\quad u_y'=-f_v'\Big/\frac{\partial(x,y)}{\partial(u,v)},$$

$$v_x'=-g_u'\Big/\frac{\partial(x,y)}{\partial(u,v)},\quad v_y'=f_u'\Big/\frac{\partial(x,y)}{\partial(u,v)}.$$

其中

$$\frac{\partial(x,y)}{\partial(u,v)}=\begin{vmatrix}x_u' & x_v'\\ y_u' & y_v'\end{vmatrix}=\begin{vmatrix}f_u' & f_v'\\ g_u' & g_v'\end{vmatrix}.$$

易证

$$\frac{\partial(x,y)}{\partial(u,v)}\cdot\frac{\partial(u,v)}{\partial(x,y)}=1.$$

注记　一般地, 定义在区域上的互为逆映射的两个 C^1 满秩 n 元 n 维单射的雅可比矩阵互逆. 这里满秩指相应的雅可比行列式不为零.

例 39　已知 $x=r\cos\theta$, $y=r\sin\theta$ $(r>0,0<\theta<2\pi)$, 求二阶偏导数 $\dfrac{\partial^2\theta}{\partial x^2},\dfrac{\partial^2\theta}{\partial x\partial y}$.

解 由逆映射定理

$$\begin{pmatrix} \dfrac{\partial r}{\partial x} & \dfrac{\partial r}{\partial y} \\ \dfrac{\partial \theta}{\partial x} & \dfrac{\partial \theta}{\partial y} \end{pmatrix} = \begin{pmatrix} \dfrac{\partial x}{\partial r} & \dfrac{\partial x}{\partial \theta} \\ \dfrac{\partial y}{\partial r} & \dfrac{\partial y}{\partial \theta} \end{pmatrix}^{-1} = \begin{pmatrix} \cos\theta & -r\sin\theta \\ \sin\theta & r\cos\theta \end{pmatrix}^{-1}$$

$$= \frac{1}{r}\begin{pmatrix} r\cos\theta & r\sin\theta \\ -\sin\theta & \cos\theta \end{pmatrix} = \begin{pmatrix} \cos\theta & \sin\theta \\ -\dfrac{\sin\theta}{r} & \dfrac{\cos\theta}{r} \end{pmatrix}$$

所以有

$$\frac{\partial^2\theta}{\partial x^2} = \frac{\partial}{\partial x}\left(-\frac{1}{r}\sin\theta\right) = \frac{1}{r^2}r'_x\sin\theta - \frac{1}{r}\theta'_x\cos\theta = \frac{\sin 2\theta}{r^2}.$$

$$\frac{\partial^2\theta}{\partial x\partial y} = \frac{\partial}{\partial x}\left(\frac{1}{r}\cos\theta\right) = -\frac{1}{r^2}r'_x\cos\theta - \frac{1}{r}\theta'_x\sin\theta = -\frac{\cos 2\theta}{r^2}.$$

小　结

1. 对由方程确定的隐函数求相应的导数或偏导数. 一般有两种方法: 求导 (或求偏导数) 法、微分法.

2. 对由方程组确定的隐函数组求相应的导数或偏导数. 一般有两种方法: 求导 (或求偏导数) 法、微分法.

以上各情形, 均假设隐函数 (组) 存在定理的条件成立. 隐函数 (组) 的求导也是复合函数求导法及一阶微分形式不变性的重要应用.

5.5　多元函数的泰勒公式与极值

知识要点

◇ 二元函数的泰勒 (Taylor) 公式

1. 带拉格朗日 (Lagrange) 型余项的泰勒公式

设 $D\subset\mathbb{R}^2$ 为凸区域, $f\in C^{n+1}(D)$, (x_0,y_0), $(x_0+h,y_0+k)\in D$, 则存在

$0<\theta<1$, 使得

$$f(x_0+h,y_0+k)=\sum_{m=0}^{n}\frac{1}{m!}\left(h\frac{\partial}{\partial x}+k\frac{\partial}{\partial y}\right)^m f(x_0,y_0)+R_n,$$

其中

$$R_n=\frac{1}{(n+1)!}\left(h\frac{\partial}{\partial x}+k\frac{\partial}{\partial y}\right)^{n+1} f(x_0+\theta h,y_0+\theta k)$$

称为**拉格朗日余项**; 在 (0,0) 处展开的泰勒公式也叫麦克劳林 (Maclaurin) 公式.

2. 带佩亚诺 (Peano) 型余项的泰勒公式

设 $D\subset\mathbb{R}^2$ 为凸区域, $f\in C^n(D)$, (x_0,y_0), $(x_0+h,y_0+k)\in D$, 则

$$f(x_0+h,y_0+k)=\sum_{m=0}^{n}\frac{1}{m!}\left(h\frac{\partial}{\partial x}+k\frac{\partial}{\partial y}\right)^m f(x_0,y_0)+R_n,$$

其中 $R_n=o(\rho^n)$ $(\rho=\sqrt{h^2+k^2}\to 0)$.

◇ 二元函数的极值与条件极值

1. 无条件极值

无条件极值是指函数在定义域的内点处取得的极值.

(1) 极值的必要条件:

若可微函数 $f(x,y)$ 在 (x_0,y_0) 处取到极值, 则

$$\frac{\partial f}{\partial x}(x_0,y_0)=0,\quad \frac{\partial f}{\partial y}(x_0,y_0)=0,$$

两个偏导数都为零的点称为**驻点**.

注记 具有偏导数的极值点必是驻点, 但驻点未必是极值点.

(2) 极值的充分条件 (极值判别法):

设 $f(x,y)$ 为域 D 上的 C^2 函数, $(x_0,y_0)\in D$ 为 $f(x,y)$ 的驻点. 记 $\Delta=AC-B^2$, 其中

$$A=\frac{\partial^2 f}{\partial x^2}(x_0,y_0),\quad B=\frac{\partial^2 f}{\partial x\partial y}(x_0,y_0),\quad C=\frac{\partial^2 f}{\partial y^2}(x_0,y_0).$$

那么:

① $\Delta>0$ 且 $A>0$ 时, (x_0,y_0) 为极小值点.

② $\Delta>0$ 且 $A<0$ 时, (x_0,y_0) 为极大值点.

③ $\Delta<0$ 时, (x_0,y_0) 不是极值点.

注记 $\Delta=0$ 时, 可能是极值点, 也可能不是, 即此判别法失效.

2. 条件极值

条件极值是指函数中的自变量除受定义域约束外, 还受其他条件限制的函数的极值.

求条件极值一般用拉格朗日乘数法. 比如, 求目标函数 $f(x,y)$ 在约束条件 $\varphi(x,y)=0$ 下的极值, (f 与 φ 皆是 C^1 的且雅可比向量 $(\varphi'_x,\varphi'_y)\neq\mathbf{0}$) 求解过程如下:

引进辅助函数

$$F(x,y,\lambda)=f(x,y)+\lambda\varphi(x,y),$$

则条件极值点应满足下列驻点方程组:

$$\begin{cases}F'_x(x,y)=f'_x(x,y)+\lambda\varphi'_x(x,y)=0,\\F'_y(x,y)=f'_y(x,y)+\lambda\varphi'_y(x,y)=0,\\F'_\lambda=\varphi(x,y)=0.\end{cases}$$

从上述方程组中解出驻点, 再根据题意判别哪些驻点是极值点, 此方法称为**拉格朗日乘数法**.

注记 (1) 在解驻点方程时, 往往先设法消除拉格朗日乘子 λ, 不必将其求出.

(2) 可根据问题本身的几何或物理意义判断驻点是否为极大值点或极小值点.

(3) 也可把条件极值转化为无条件极值, 借助无条件极值的判别法判断驻点是否为极值点.

(4) 拉格朗日乘数法可以推广到多个自变量和多个约束条件的情形.

考虑目标函数 $f(x_1,x_2,\cdots,x_n)$ 在 $m\ (<n)$ 个约束条件

$$\begin{cases}\varphi_1(x_1,x_2,\cdots,x_n)=0,\\\varphi_2(x_1,x_2,\cdots,x_n)=0,\\\cdots\cdots\\\varphi_m(x_1,x_2,\cdots,x_n)=0\end{cases}$$

下的极值问题. 作辅助函数

$$F(x_1,x_2,\cdots,x_n)=f+\lambda_1\varphi_1+\lambda_2\varphi_2+\cdots+\lambda_m\varphi_m,$$

其中 $\lambda_1,\lambda_2,\cdots,\lambda_m$ 是 m 个待定的常数. 并由此得到驻点方程组

$$\begin{cases}\dfrac{\partial F}{\partial x_1}=\dfrac{\partial f}{\partial x_1}+\lambda_1\dfrac{\partial \varphi_1}{\partial x_1}+\lambda_2\dfrac{\partial \varphi_2}{\partial x_1}+\cdots+\lambda_m\dfrac{\partial \varphi_m}{\partial x_1}=0,\\ \dfrac{\partial F}{\partial x_2}=\dfrac{\partial f}{\partial x_2}+\lambda_1\dfrac{\partial \varphi_1}{\partial x_2}+\lambda_2\dfrac{\partial \varphi_2}{\partial x_2}+\cdots+\lambda_m\dfrac{\partial \varphi_m}{\partial x_2}=0,\\ \cdots\cdots\\ \dfrac{\partial F}{\partial x_n}=\dfrac{\partial f}{\partial x_n}+\lambda_1\dfrac{\partial \varphi_1}{\partial x_n}+\lambda_2\dfrac{\partial \varphi_2}{\partial x_n}+\cdots+\lambda_m\dfrac{\partial \varphi_m}{\partial x_n}=0,\\ \varphi_1(x_1,x_2,\cdots,x_n)=0,\\ \varphi_2(x_1,x_2,\cdots,x_n)=0,\\ \cdots\cdots\\ \varphi_m(x_1,x_2,\cdots,x_n)=0.\end{cases}$$

从中可以解出 $m+n$ 个未知数 $x_1,x_2,\cdots,x_n$; $\lambda_1,\lambda_2,\cdots,\lambda_m$, 则 $(x_1,x_2,\cdots,x_n)$ 就有可能是条件极值点.

精选例题

例 40　求下列函数的麦克劳林展开式:

(1) $\sin(x^2+y^2)$;　(2) $\dfrac{1}{1-x-y+xy}$.

解　(1) $\sin t$ 在 $t=0$ 点的泰勒展开式为

$$\sin t=\sum_{k=0}^{n}(-1)^k\frac{t^{2k+1}}{(2k+1)!}+R_{2n+2},$$

故

$$\sin(x^2+y^2)=\sum_{k=0}^{n}(-1)^k\frac{(x^2+y^2)^{2k+1}}{(2k+1)!}+R_{4n+4}.$$

(2) 把函数作初等变形, 并利用单变量函数的泰勒公式展开, 得

$$\begin{aligned}\frac{1}{1-x-y+xy}&=\frac{1}{(1-x)(1-y)}\\&=(1+x+x^2+\cdots+x^n+R_n(x))\cdot(1+y+y^2+\cdots+y^n+R_n(y))\\&=1+(x+y)+(x^2+xy+y^2)+\cdots\end{aligned}$$

$$+(x^n+x^{n-1}y+\cdots+x^ky^{n-k}+\cdots+y^n)+R_n(x,y),$$

或

$$\begin{aligned}\frac{1}{1-x-y+xy}&=\frac{1}{x-y}\left(\frac{1}{1-x}-\frac{1}{1-y}\right)\\&=\frac{1}{x-y}[(1+x+x^2+\cdots+x^{n+1}+R_n(x))\\&\quad-(1+y+y^2+\cdots+y^{n+1}+R_n(y))]\\&=1+(x+y)+(x^2+xy+y^2)+\cdots+\frac{x^{n+1}-y^{n+1}}{x-y}+R_n(x,y).\end{aligned}$$

例 41 设函数

$$f(x,y)=\begin{cases}\dfrac{1-\mathrm{e}^{x(x^2+y^2)}}{x^2+y^2}, & (x,y)\neq(0,0),\\ 0, & (x,y)=(0,0).\end{cases}$$

求 $f(x,y)$ 在 $(0,0)$ 点的四阶泰勒展开式, 并求 $\dfrac{\partial^2 f}{\partial x\partial y}(0,0)$, $\dfrac{\partial^4 f}{\partial x^4}(0,0)$, $\dfrac{\partial^4 f}{\partial x^2\partial y^2}(0,0)$.

解 因为

$$\mathrm{e}^{x(x^2+y^2)}=1+x(x^2+y^2)+\frac{1}{2}x^2(x^2+y^2)^2+o(x^2(x^2+y^2)^2)\quad(\rho=\sqrt{x^2+y^2}\to 0),$$

则有 $f(x,y)$ 在 $(0,0)$ 点的四阶泰勒展开式

$$\frac{1-\mathrm{e}^{x(x^2+y^2)}}{x^2+y^2}=-x-\frac{1}{2}x^2(x^2+y^2)+o(x^2(x^2+y^2)).$$

由此得

$$\begin{aligned}&\frac{\partial^2 f}{\partial x\partial y}(0,0)=0,\quad \frac{\partial^4 f}{\partial x^4}(0,0)=-\frac{1}{2}\cdot 4!=-12,\\&\frac{\partial^4 f}{\partial x^2\partial y^2}(0,0)=-\frac{1}{2}\times 2!\times 2!=-2.\end{aligned}$$

注记 若 $f(x,y)$ 在 (x_0,y_0) 处的泰勒展开式中, 单项 $(x-x_0)^m\cdot(y-y_0)^n$ 的系数为 a, 那么偏导数

$$\frac{\partial^{m+n}f(x_0,y_0)}{\partial x^m\partial y^n}=m!\cdot n!\cdot a\quad(m,n=0,1,2,\cdots).$$

例 42　证明当 $|x|,|y|$ 充分小时, 有下面近似等式成立:

$$\frac{\cos x}{\cos y}\approx 1-\frac{1}{2}(x^2-y^2).$$

证明　设 $f(x,y)=\dfrac{\cos x}{\cos y}$, 则 $f(x,y)$ 在原点附近无穷次可微, 且

$$f(0,0)=1,\quad f'_x(0,0)=0,\quad f'_y(0,0)=0,$$
$$f''_{xx}(0,0)=-1,\quad f''_{xy}(0,0)=0,\quad f''_{yy}(0,0)=1.$$

因而有二阶泰勒展开式

$$\frac{\cos x}{\cos y}=1-\frac{1}{2}x^2+\frac{1}{2}y^2+o(x^2+y^2)\quad (\rho=\sqrt{x^2+y^2}\to 0),$$

即当 $|x|,|y|$ 充分小时, 有

$$\frac{\cos x}{\cos y}\approx 1-\frac{1}{2}(x^2-y^2).$$

例 43　设 $z=z(x,y)$ 是由方程 $x^3\mathrm{e}^{xz}=\sin(y^3+z)$ 在原点 $O(0,0,0)$ 的局部所确立的 C^∞ 隐函数, 试证它满足

$$z=x^3-y^3+o(\rho^6)\quad (\rho=\sqrt{x^2+y^2}\to 0).$$

证明　限制点 (x,y,z) 满足 $x^2+y^2+z^2<\dfrac{1}{2}$ 及题中方程. 令 $t=x^3\mathrm{e}^{xz}$, 则

$$t=O(\rho^3),\quad t^3=O(\rho^9)\ (\rho\to 0).$$

由题设方程有

$$y^3+z=\arcsin t=t+O(t^3)=t+O(\rho^9),$$

故

$$z=-y^3+t+O(\rho^9)=-y^3+t+o(\rho^6).\tag{1}$$

由于 y^3 与 t 均属 $O(\rho^3)$ 型变量, 从上式知 $z=O(\rho^3)$. 现在利用 e^u 的零阶麦克劳林带余展开式

$$\mathrm{e}^u=1+u\mathrm{e}^{\theta u}\quad (0<\theta<1),$$

得到

$$t=x^3\mathrm{e}^{xz}=x^3(1+xz\mathrm{e}^{\theta xz})=x^3+x^4z\mathrm{e}^{\theta xz}=x^3+O(\rho^7)=x^3+o(\rho^6),$$

其中用到 $x^4=O(\rho^4)$, $z=O(\rho^3)$, $x^4z=O(\rho^7)$ $(\rho\to 0)$.

将 $t=x^3+o(\rho^6)$ 代入式 (1), 则有

$$z=x^3-y^3+o(\rho^6)\quad (\rho=\sqrt{x^2+y^2}\to 0).$$

例 44 求下列函数的极值点与极值:

(1) $z=\frac{1}{2}x^2+xy+\frac{1}{2}y^2-2x-2y+5$.

(2) $z=(1+\mathrm{e}^y)\cos x-y\mathrm{e}^y$.

(3) $z=x^4+y^4-x^2-2xy-y^2$.

解 (1) 因为 $z'_x=z'_y=x+y-2$, 则直线 $x+y-2=0$ 上的点都是驻点. 又

$$A=z''_{xx}=1,\quad B=z''_{xy}=1,\quad C=z''_{yy}=1,\quad \Delta=AC-B^2=0,$$

故不能用定理判别这些驻点是否为极值点. 把函数作恒等变形, 有

$$z=\frac{1}{2}(x+y)^2-2(x+y)+5=\frac{1}{2}[(x+y)-2]^2+3,$$

显然, 直线 $x+y-2=0$ 上的全部点都是函数 $z(x,y)$ 的极小值点, 极小值为 3.

(2) 由驻点方程

$$\begin{cases} z'_x=-(1+\mathrm{e}^y)\sin x=0,\\ z'_y=\mathrm{e}^y(\cos x-1-y)=0, \end{cases}$$

解得驻点

$$(x,y)=(2n\pi,0)\quad 或\quad (x,y)=((2n+1)\pi,-2),\ n\in\mathbb{Z}.$$

二阶偏导数为

$$A=z''_{xx}=-(1+\mathrm{e}^y)\cos x,\quad B=z''_{xy}=-\mathrm{e}^y\sin x,\quad C=z''_{yy}=\mathrm{e}^y(\cos x-2-y).$$

当 $(x,y)=(2n\pi,0)$ 时,

$$AC-B^2=(-2)\times(-1)-0=2>0\quad (A=-2<0),$$

则 $(2n\pi,0)$ 是极大值点, 极大值为 $z(2n\pi,0)=2$.

当 $(x,y)=((2n+1)\pi,-2)$ 时,

$$AC-B^2=(1+\mathrm{e}^{-2})\times(-\mathrm{e}^{-2})-0=-\frac{\mathrm{e}^2+1}{\mathrm{e}^4}<0,$$

则 $((2n+1)\pi,0)$ 不是极值点.

(3) 由驻点方程组

$$\begin{cases} z'_x = 4x^3 - 2x - 2y = 0, & (1) \\ z'_y = 4y^3 - 2x - 2y = 0, & (2) \end{cases}$$

解得 $x=y$, 并代入式 (1) 或式 (2) 得驻点

$$M_0(0,0), \quad M_1(1,1), \quad M_2(-1,-1).$$

又由

$$z''_{xx} = 12x^2 - 2, \quad z''_{xy} = -2, \quad z''_{yy} = 12y^2 - 2,$$

知在点 M_1 和 M_2 皆有

$$A = z''_{xx} = 10 > 0, \quad B = z''_{xy} = -2, \quad C = z''_{yy} = 10, \quad AC - B^2 = 96 > 0.$$

故 $M_1(1,1)$, $M_2(-1,-1)$ 是极小值点, 极小值为 $z(M_1) = z(M_2) = -2$.

对于驻点 $M_0(0,0)$, 由于

$$A = B = C = -2, \quad AC - B^2 = 0,$$

判别法失效. 但 $z(M_0) = 0$, 而当 $x = y$, 且 $0 < |x| < 1$ 时, 有 $z = 2x^4 - 4x^2 < 0$; 当 $x = -y$, 且 $0 < |x| < 1$ 时, 有 $z = 2x^4 > 0$; 即在点 M_0 的任意邻域内, 函数 $z(x,y)$ 有正有负, 由极值的定义知点 M_0 不是极值点.

注记 (1) 例 44 的第 (1)、(2) 题说明, 对于多元函数, 即使它不是常值函数, 其驻点仍可以有无穷多个, 甚至可以构成曲线、曲面等 (称为驻点线、驻点面).

(2) 极值判别法只是判别极值的充分条件, 当条件不满足时, 并不能说明该点不是极值点, 只是不能用此法判断. 此时可用极值的定义, 或更高阶的偏导数情况来判断.

例 45 求由方程

$$2x^2 + y^2 + z^2 + 2xy - 2x - 2y - 4z + 4 = 0$$

所确定的函数 $z = z(x,y)$ 的极值.

解 解法 1 对方程两边分别关于 x 和 y 求偏导数, 得

$$4x + 2z\frac{\partial z}{\partial x} + 2y - 2 - 4\frac{\partial z}{\partial x} = 0,$$

$$2y+2z\frac{\partial z}{\partial y}+2x-2-4\frac{\partial z}{\partial y}=0.$$

令 $\frac{\partial z}{\partial x}=\frac{\partial z}{\partial y}=0$, 则

$$2x+y-1=0,\quad 且\quad x+y-1=0,$$

解得驻点为 $(0,1)$. 将其代入方程得

$$z^2-4z+3=0,$$

即 $z_1=1,\ z_2=3$.

下面讨论 $(0,1)$ 是否为极值点. 先对上面的两个偏导数关系式求偏导数得

$$4+2\left(\frac{\partial z}{\partial x}\right)^2+2z\frac{\partial^2 z}{\partial x^2}-4\frac{\partial^2 z}{\partial x^2}=0,$$

$$2\frac{\partial z}{\partial x}\frac{\partial z}{\partial y}+2z\frac{\partial^2 z}{\partial x\partial y}+2-4\frac{\partial^2 z}{\partial x\partial y}=0,$$

$$2+2\left(\frac{\partial z}{\partial y}\right)^2+2z\frac{\partial^2 z}{\partial y^2}-4\frac{\partial^2 z}{\partial y^2}=0.$$

当 $(x,y,z)=(0,1,1)$ 时, $\frac{\partial z}{\partial x}=\frac{\partial z}{\partial y}=0$, 并有

$$A=\frac{\partial^2 z}{\partial x^2}=2,\quad B=\frac{\partial^2 z}{\partial x\partial y}=1,\quad C=\frac{\partial^2 z}{\partial y^2}=1,$$

于是 $\Delta=AC-B^2=1>0,\ A>0$, 故 $z=1$ 为极小值.

当 $(x,y,z)=(0,1,3)$ 时, $\frac{\partial z}{\partial x}=\frac{\partial z}{\partial y}=0$, 并有

$$A=\frac{\partial^2 z}{\partial x^2}=-2,\quad B=\frac{\partial^2 z}{\partial x\partial y}=-1,\quad C=\frac{\partial^2 z}{\partial y^2}=-1,$$

于是 $\Delta=AC-B^2=1>0,\ A<0$, 故 $z=3$ 为极大值.

解法 2 (配方法) 原方程可变形为

$$x^2+(x+y-1)^2+(z-2)^2=1,$$

则

$$z=2\pm\sqrt{1-x^2-(x+y-1)^2}.$$

显然, 当 $x=0$, $y=1$ 时, 根号中的极大值为 1, 由此可知, $z=1$, $z=3$ 为极值, 即 $z=1$ 为极小值, $z=3$ 为极大值.

注记 (1) 此例是求隐函数的极值问题. 解法 1 是用隐函数求导解得驻点, 利用二元函数极值判别法判定驻点的极值情况. 解法 2 是初等方法, 简单明了. 尤其是在极值的充分条件失效 (比如例 44 的第 (1) 题) 或应用不方便时, 这将是非常好的方法.

(2) 比如讨论由方程

$$x^2+2y^2+z^2+8xy-z+8=0$$

所确定的隐函数 $z=z(x,y)$ 的极值, 解得驻点为 $(x,y)=(0,0)$, 代入方程得

$$z^2-z+8=0.$$

上式无实根, 即此时没有实数 z 与 $(x,y)=(0,0)$ 对应, 所以由此方程所确定的隐函数 $z=z(x,y)$ 没有极值.

例 46 求函数 $z=(2x+3y-6)^2$ 在椭圆 $x^2+4y^2\leqslant 4$ 中的最大值和最小值.

解 解法 1 (1) 先求函数 $z=(2x+3y-6)^2$ 的驻点. 直接求导得驻点方程组

$$\begin{cases}\dfrac{\partial z}{\partial x}=2(2x+3y-6)\cdot 2=0,\\ \dfrac{\partial z}{\partial y}=2(2x+3y-6)\cdot 3=0.\end{cases}\quad\Longrightarrow\quad 2x+3y-6=0.$$

直线 $2x+3y-6=0$ 上的点均不在椭圆 $x^2+4y^2\leqslant 4$ 内 $\left(\text{因为恒有}\left(3-\dfrac{3}{2}y\right)^2+4y^2=\left(\dfrac{5}{2}y-\dfrac{9}{5}\right)^2+9-\dfrac{81}{25}>4\right)$. 因此, 函数 $z=(2x+3y-6)^2$ 在椭圆 $x^2+4y^2\leqslant 4$ 内部取不到极值.

(2) 求函数 $z=(2x+3y-6)^2$ 在约束条件 $x^2+4y^2=4$ 下的条件极值. 作辅助函数

$$F(x,y,\lambda)=(2x+3y-6)^2+\lambda(x^2+4y^2-4),$$

则有驻点方程组

$$\begin{cases}F'_x=4(2x+3y-6)+2\lambda x=0, & (1)\\ F'_y=6(2x+3y-6)+8\lambda y=0, & (2)\\ F'_\lambda=x^2+4y^2-4=0. & (3)\end{cases}$$

由上述方程组中的式 (1)、式 (2) 可得

$$\frac{x}{y}=\frac{8}{3},$$

代入式 (3), 解得

$$\begin{cases}x=\dfrac{8}{5}, & y=\dfrac{3}{5},\\ x=-\dfrac{8}{5}, & y=-\dfrac{3}{5}.\end{cases}$$

直接计算可得

$$z\left(\frac{8}{5},\frac{3}{5}\right)=1,\quad z\left(-\frac{8}{5},-\frac{3}{5}\right)=121.$$

二元连续函数在有界闭域 $x^2+4y^2\leqslant 4$ 中一定存在最大值和最小值, 故

$$z_{\min}=1,\quad z_{\max}=121.$$

解法 2 由题意, 函数 $z=(2x+3y-6)^2$ 在椭圆 $x^2+4y^2\leqslant 4$ 中的最大值和最小值是在椭圆周 $x^2+4y^2=4$ 的那些切线平行于直线 $2x+3y-6=0$ 的点处取得.

计算 $2x+3y-6=0$ 的全微分有 $2\mathrm{d}x+3\mathrm{d}y=0$, 以及椭圆周 $x^2+4y^2=4$ 的全微分有 $2x\mathrm{d}x+8y\mathrm{d}y=0$, 因此, 有

$$\frac{2}{3}=\frac{x}{4y},\quad 即\quad \frac{x}{y}=\frac{8}{3}.$$

把 $x=\dfrac{8}{3}y$ 代入椭圆周方程 $x^2+4y^2=4$, 解得

$$\begin{cases}x=\dfrac{8}{5}, & y=\dfrac{3}{5},\\ x=-\dfrac{8}{5}, & y=-\dfrac{3}{5}.\end{cases}$$

直接计算可得最小值为 $z\left(\dfrac{8}{5},\dfrac{3}{5}\right)=1$, 最大值为 $z\left(-\dfrac{8}{5},-\dfrac{3}{5}\right)=121$.

思考题 1. 求函数 $f(x,y)=x^2+y^2-12x+16y$ 在 $x^2+y^2\leqslant 25$ 上的最大值和最小值.

2. 求函数 $f(x,y,z)=x+y-z$ 在 $x^2+y^2+z^2\leqslant 1$ 上的最大值和最小值.

例 47 求下列函数在指定条件下的极值:

(1) 求 $z=\sqrt{x^2+y^2}$ 在条件 $x^2-y^2=1$ 下的极值.

(2) 求 $u=\frac{1}{x}+\frac{1}{y}+\frac{1}{z}$ 在条件 $\frac{1}{x^2}+\frac{1}{y^2}+\frac{1}{z^2}=\frac{1}{a^2}$ 下的极值.

解　(1) 解法 1　为简化计算, 求 $u=x^2+y^2$ 在条件 $x^2-y^2=1$ 下的极值. 把 $x^2=1+y^2$ 代入 $u=x^2+y^2$, 化为无条件极值问题, 即求函数$u=1+2y^2$ ($y\in\mathbb{R}$)的极值.

显然, $u\geqslant 1$. 令 $\frac{\mathrm{d}u}{\mathrm{d}y}=4y=0$, 解得驻点为 $y=0$. 此时 $x=\pm1$, 而 $u(\pm1,0)=1$ 为 u 的最小值, 即 $z(\pm1,0)=1$ 为 z 的最小值, 也是极小值.

解法 2　用拉格朗日乘数法. 作辅助函数

$$F(x,y,\lambda)=x^2+y^2+\lambda(x^2-y^2-1),$$

则有驻点方程组

$$\begin{cases}F'_x=2x+2\lambda x=0, & (1)\\ F'_y=2y-2\lambda y=0, & (2)\\ F'_\lambda=x^2-y^2-1=0, & (3)\end{cases}$$

由式 (1) 得 $x=0$ (与式 (3) 矛盾) 或 $\lambda=-1$. 则必有 $\lambda=-1$, 从而得驻点

$$M_0(1,0),\quad M_1(-1,0),$$

由题意函数 x^2+y^2 在这两点的值为 1, 是条件极小值, 即 $z(\pm1,0)=1$ 为条件极小值.

注记　本题的几何意义是在平面上求原点 (0,0) 到双曲线 $x^2-y^2=1$ 的最短距离. 显然, 原点 (0,0) 到双曲线与 x 轴的交点 $(\pm1,0)$ 的距离最短, 即 $z(\pm1,0)=1$ 为条件最小值, 也是条件极小值.

(2) 为了简化计算, 令

$$\frac{1}{x}=r,\quad \frac{1}{y}=s,\quad \frac{1}{z}=t,$$

原问题化为求 $u=r+s+t$ 在 $r^2+s^2+t^2=\frac{1}{a^2}$ 下的极值. 作辅助函数

$$F(r,s,t,\lambda)=r+s+t+\lambda\Big(r^2+s^2+t^2-\frac{1}{a^2}\Big),$$

则有驻点方程组

$$\begin{cases}F'_r=1+2\lambda r=0,\\ F'_s=1+2\lambda s=0,\\ F'_t=1+2\lambda t=0,\\ F'_\lambda=r^2+s^2+t^2-\dfrac{1}{a^2}=0,\end{cases}$$

从前三个方程得 $r=s=t$, 代入最后一个方程解得驻点

$$M_1\Big(\frac{1}{\sqrt{3}a},\frac{1}{\sqrt{3}a},\frac{1}{\sqrt{3}a}\Big),\quad M_2\Big(-\frac{1}{\sqrt{3}a},-\frac{1}{\sqrt{3}a},-\frac{1}{\sqrt{3}a}\Big).$$

由题意知极值一定存在, 故 $u=\dfrac{1}{x}+\dfrac{1}{y}+\dfrac{1}{z}$ 在条件 $\dfrac{1}{x^2}+\dfrac{1}{y^2}+\dfrac{1}{z^2}=\dfrac{1}{a^2}$ 下的极大值和极小值分别为

$$u(\sqrt{3}a,\sqrt{3}a,\sqrt{3}a)=\frac{\sqrt{3}}{a},\quad u(-\sqrt{3}a,-\sqrt{3}a,-\sqrt{3}a)=-\frac{\sqrt{3}}{a}.$$

判断驻点是否为极值点，可借助非条件极值的判别法. 设函数 $u=r+s+t$ 中的 t 是由方程 $r^2+s^2+t^2=\dfrac{1}{a^2}$ 确定的关于 r, s 的函数, 即 $t=t(r,s)$, 则

$$\frac{\partial t}{\partial r}=-\frac{r}{t},\quad \frac{\partial t}{\partial s}=-\frac{s}{t},$$
$$A=u''_{rr}=-\frac{1}{t^3}(r^2+t^2),\quad B=u''_{rs}=-\frac{rs}{t^3},\quad C=u''_{ss}=-\frac{1}{t^3}(s^2+t^2).$$

对于驻点 $M_1\Big(\dfrac{1}{\sqrt{3}a},\dfrac{1}{\sqrt{3}a},\dfrac{1}{\sqrt{3}a}\Big)$, 有

$$AC-B^2>0\quad (A<0),$$

故 M_1 为极大值点; 对于驻点 $M_2\Big(-\dfrac{1}{\sqrt{3}a},-\dfrac{1}{\sqrt{3}a},-\dfrac{1}{\sqrt{3}a}\Big)$, 有

$$AC-B^2>0\quad (A>0),$$

故 M_2 为极小值点.

注记 对于条件极值问题的求解, 基本想法是把它化为无约束条件的极值问题, 主要方法有:

(1) 用拉格朗日乘数法. 实质是引入拉格朗日乘数后构造辅助函数, 把原目标函数在条件等式约束下的极值问题化为相应的辅助函数的无条件极值问题.

(2) 把条件等式直接代入目标函数化为无条件的极值问题来求解.

例 48　椭球面 $\dfrac{x^2}{3}+y^2+\dfrac{z^2}{2}=1$ 被通过原点的平面 $2x+y+z=0$ 截成一个椭圆, 求此椭圆盘的面积.

分析　此题实质上只要求出椭圆的长、短半轴即可, 也就是求椭圆上点到原点的距离的最大值和最小值. 即函数 $u^2=x^2+y^2+z^2$ 在限制条件 $\dfrac{x^2}{3}+y^2+\dfrac{z^2}{2}=1$ 与 $2x+y+z=0$ 下的极值问题.

解　作辅助函数

$$F(x,y,z,\lambda,\mu)=x^2+y^2+z^2+\lambda\left(\frac{x^2}{3}+y^2+\frac{z^2}{2}-1\right)+\mu(2x+y+z),$$

则有驻点方程组

$$\begin{cases}F'_x=2x+\dfrac{2}{3}\lambda x+2\mu=0, & (1)\\ F'_y=2y+2\lambda y+\mu=0, & (2)\\ F'_z=2z+\lambda z+\mu=0, & (3)\\ F'_\lambda=\dfrac{x^2}{3}+y^2+\dfrac{z^2}{2}-1=0, & (4)\\ F'_\mu=2x+y+z=0, & (5)\end{cases}$$

将式 (1)、式 (2)、式 (3) 分别乘 x, y, z, 然后相加, 利用式 (4)、式 (5) 得

$$\lambda=-u^2,$$

代入式 (1), 得

$$(u^2-3)x=3\mu.$$

若 $u^2=3$, 则 $\mu=0$. 将 $\mu=0$ 代入式 (1)、式 (2)、式 (3) 可知 x,y,z 三者至少有两个为 0, 显然不满足题意. 因此 $u^2-3\neq 0$, 并有

$$x=\frac{3\mu}{u^2-3}.$$

同理, 将 $\lambda=-u^2$ 分别代入式 (2)、式 (3) 得

$$y=\frac{\mu}{2(u^2-1)},\quad z=\frac{\mu}{u^2-2}.$$

把它们代入式 (5), 得

$$\frac{6\mu}{u^2-3}+\frac{\mu}{2(u^2-1)}+\frac{\mu}{u^2-2}=0.$$

由于 $\mu\neq 0$, 消去 μ, 得

$$15(u^2)^2-49u^2+36=0.$$

按题意知此方程的两根的平方 u_1^2, u_2^2 就是函数 u^2 的最大值与最小值, 即所求椭圆的长、短半轴的平方. 由韦达定理得

$$u_1^2\cdot u_2^2=\frac{36}{15}=\frac{12}{5}.$$

于是所求椭圆盘的面积为

$$\pi u_1u_2=\frac{2}{5}\pi\sqrt{15}.$$

注记 本题所用的解法也是条件极值或最值问题中常用的技巧, 不必求出条件驻点, 而直接求出所要求的条件最值.

思考题 抛物面 $z=x^2+y^2$ 被平面 $x+y+z=1$ 截成一椭圆, 求原点到这椭圆的最长与最短距离.

例 49 求 $f(x,y,z)=\ln x+2\ln y+3\ln z$ 的最大值, 其中

$$x^2+y^2+z^2=6r^2\ (r>0)\quad (x>0,\ y>0,\ z>0).$$

并证明对 $\forall\, a,b,c>0$, 有

$$ab^2c^3\leqslant 108\left(\frac{a+b+c}{6}\right)^6.$$

分析 原问题等价于求 $u=xy^2z^3$ 在条件 $x^2+y^2+z^2=6r^2$ 下的最大值. 因为函数 $u=xy^2z^3$ 在闭区域

$$D=\{(x,y,z)|\ x^2+y^2+z^2=6r^2\ (r>0),\ x\geqslant 0,\ y\geqslant 0,\ z\geqslant 0\}$$

上一定有最值. 注意到 u 在边界面 $x=0,y=0,z=0$ 上取最小值零, 故最大值一定在区域 D 内取得.

证明 作辅助函数

$$F(x,y,z,\lambda)=xy^2z^3+\lambda(x^2+y^2+z^2-6r^2),$$

则有驻点方程组

$$\begin{cases}F'_x=y^2z^3+2\lambda x=0, & (1)\\ F'_y=2xyz^3+2\lambda y=0, & (2)\\ F'_z=3xy^2z^2+2\lambda z=0, & (3)\\ F'_\lambda=x^2+y^2+z^2-6r^2=0, & (4)\end{cases}$$

将式 (1)、式 (2)、式 (3) 分别乘 x, y, z, 然后相加, 并利用式 (4) 得

$$xy^2z^3=-2\lambda r^2,$$

将其代入式 (1)、式 (2)、式 (3), 解得

$$x=r,\quad y=\sqrt{2}r,\quad z=\sqrt{3}r.$$

于是 $u=xy^2z^3$ 的最大值为 $6\sqrt{3}r^6$, 则函数 $f(x,y,z)$ 的最大值为 $\ln(6\sqrt{3}r^6)$.

由上面可知

$$xy^2z^3\leqslant 6\sqrt{3}r^6,$$

两边平方得

$$x^2y^4z^6\leqslant 108r^{12}.$$

令 $x^2=a$, $y^2=b$, $z^2=c$, 则 $r^2=\dfrac{a+b+c}{6}$, 从而有

$$ab^2c^3\leqslant 108\left(\frac{a+b+c}{6}\right)^6.$$

注记　本题证明不等式也可用算术-几何平均不等式, 即

$$ab^2c^3=2^23^3a\left(\frac{b}{2}\right)^2\left(\frac{c}{3}\right)^3\leqslant 108\left(\frac{a+b+c}{6}\right)^6.$$

思考题　1. 设 $x^2+y^2+z^2=8, x,y,z>0$, 证明: $x^3+y^3+z^3\geqslant\dfrac{16}{3}\sqrt{6}$.

2. 对于 a, b, $c>0$, 证明: $abc^3\leqslant 27\left(\dfrac{a+b+c}{5}\right)^5$.

例 50　设 $f(x,y)=(y-2x^2)(y-x^2)$, 证明: 沿着经过点 $(0,0)$ 的每一条直线, 点 $(0,0)$ 均是 $f(x,y)$ 在该直线上的极小值点, 但点 $(0,0)$ 不是 $f(x,y)$ 的极小值点.

证明　由已知, 在 $y=2x^2$ 和 $y=x^2$ 两条抛物线上, $f(x,y)=0$. 而这两条抛物线把整个平面区域分成四个区域, 在每个区域内 $f(x,y)$ 取确定的符号. 在 $(0,0)$ 附近且过点 $(0,0)$ 的每一条直线有

$$f(x,kx)=x^2(k^2-3kx+2x^2)>0,$$

$f(0,0)=0$, 所以点 $(0,0)$ 是 $f(x,y)$ 在该直线上的极小值点.

另一方面, 点 $(0,0)$ 在整个平面区域的任一小邻域内都包含着上述四个区域, 即 $f(x,y)$ 在这个小邻域内有正值, 也有负值, 故点 $(0,0)$ 不是 $f(x,y)$ 在整体上的极小值点.

例 51 设函数 $f(x,y)$ 在区域 D 内有直到二阶的所有连续偏导数, 且

$$\frac{\partial^2 f}{\partial x^2}+\frac{\partial^2 f}{\partial y^2}>0,$$

证明: $f(x,y)$ 不可能在 D 内取得极大值.

证明 用反证法. 假设 $f(x,y)$ 在 D 内某点 (x_0,y_0) 取得极大值, 则一元函数 $f(x,y_0)$ 在点 $x=x_0$ 处取得极大值, 同时一元函数 $f(x_0,y)$ 在点 $y=y_0$ 处也取得极大值. 因为函数 $f(x,y)$ 在区域 D 内有直到二阶的所有连续偏导数, 则由一元函数极值点的性质得

$$f''_{xx}(x_0,y_0)\leqslant 0,\quad f''_{yy}(x_0,y_0)\leqslant 0,$$

这与已知的 $\dfrac{\partial^2 f}{\partial x^2}+\dfrac{\partial^2 f}{\partial y^2}>0$ 矛盾. 故 $f(x,y)$ 不可能在 D 内取得极大值.

例 52 设函数 $f(x,y)$ 在有界闭区域 D 上连续, 偏导数存在, 且

$$\frac{\partial f}{\partial x}+\frac{\partial f}{\partial y}=f(x,y)\quad ((x,y)\in D).$$

试证: 如果在闭区域 D 的边界上 $f(x,y)=0$, 则在 D 上 $f(x,y)\equiv 0$.

证明 用反证法. 假设 $f(x,y)$ 在 D 上有正的最大值或负的最小值. 由于在闭区域 D 的边界上 $f(x,y)=0$, 则这样的最大值或最小值只能在 D 的内部取得. 不妨设 D 的内部存在点 (x_0,y_0), 满足

$$f(x_0,y_0)>0,\quad f(x_0,y_0)\geqslant f(x,y)\quad (\forall (x,y)\in D).$$

则 (x_0,y_0) 也是极大值点, 于是有

$$\frac{\partial f}{\partial x}(x_0,y_0)=\frac{\partial f}{\partial y}(x_0,y_0)=0,$$

即

$$\frac{\partial f}{\partial x}(x_0,y_0)+\frac{\partial f}{\partial y}(x_0,y_0)=0.$$

而由已知条件

$$\frac{\partial f}{\partial x}(x_0,y_0)+\frac{\partial f}{\partial y}(x_0,y_0)=f(x_0,y_0)>0,$$

矛盾! 故在 D 上 $f(x,y)\equiv 0$.

小　　结

1. 求二元函数的泰勒公式, 并利用泰勒公式对函数值作近似, 求一些形式复杂的函数在给定点处的偏导数值.

2. 求函数的非条件极值、最值.

3. 求函数的条件极值、最值.

4. 利用函数的极值证明不等式.

5.6　空间中的曲线与曲面

知 识 要 点

◇ **空间曲线的切线与法平面**

1. 用参数方程表示的空间曲线

若空间曲线 L 的参数方程为

$$\begin{cases} x = x(t) \\ y = y(t) \quad (t \in [\alpha, \beta]), \\ z = z(t) \end{cases}$$

等价于向量方程

$$\boldsymbol{r}(t) = (x(t), y(t), z(t)) \quad (t \in [\alpha, \beta]).$$

若 $x'(t), y'(t), z'(t)$ 在 $[\alpha, \beta]$ 上连续, 且不同时为零, 则曲线 L 在 $M_0 = \boldsymbol{r}(t_0) = (x(t_0), y(t_0), z(t_0))$ $(t_0 \in [\alpha, \beta])$ 处的**切向量**为

$$\boldsymbol{r}'(t_0) = (x'(t_0), y'(t_0), z'(t_0)),$$

切线方程为

$$\frac{x - x(t_0)}{x'(t_0)} = \frac{y - y(t_0)}{y'(t_0)} = \frac{z - z(t_0)}{z'(t_0)},$$

曲线 L 在 M_0 处的**法平面方程**为

$$x'(t_0)(x-x(t_0))+y'(t_0)(y-y(t_0))+z'(t_0)(z-z(t_0))=0.$$

2. 空间曲线为两曲面的交线

若空间曲线 L 的方程为

$$\begin{cases}F(x,y,z)=0,\\ G(x,y,z)=0,\end{cases}\quad (x,y,z)\in D\subset\mathbb{R}^3.$$

其中函数 $F(x,y,z)$ 与 $G(x,y,z)$ 在 D 上有连续偏导数, 且

$$\frac{\partial(F,G)}{\partial(y,z)},\quad \frac{\partial(F,G)}{\partial(z,x)},\quad \frac{\partial(F,G)}{\partial(x,y)}$$

不同时为 0, 则曲线 L 在其上一点 $M_0(x_0,y_0,z_0)$ 处的**切向量**为

$$\begin{aligned}&(F'_x(M_0),F'_y(M_0),F'_z(M_0))\times(G'_x(M_0),G'_y(M_0),G'_z(M_0))\\ =&\left(\frac{\partial(F,G)}{\partial(y,z)}\Big|_{M_0},\frac{\partial(F,G)}{\partial(z,x)}\Big|_{M_0},\frac{\partial(F,G)}{\partial(x,y)}\Big|_{M_0}\right),\end{aligned}$$

切线方程为

$$\frac{x-x_0}{\left.\dfrac{\partial(F,G)}{\partial(y,z)}\right|_{M_0}}=\frac{y-y_0}{\left.\dfrac{\partial(F,G)}{\partial(z,x)}\right|_{M_0}}=\frac{z-z_0}{\left.\dfrac{\partial(F,G)}{\partial(x,y)}\right|_{M_0}},$$

法平面方程为

$$\frac{\partial(F,G)}{\partial(y,z)}\Big|_{M_0}(x-x_0)+\frac{\partial(F,G)}{\partial(z,x)}\Big|_{M_0}(y-y_0)+\frac{\partial(F,G)}{\partial(x,y)}\Big|_{M_0}(z-z_0)=0.$$

◇ 空间曲面的切平面与法线

1. 用参数方程表示的空间曲面

若空间曲面 S 表示为参数方程

$$\begin{cases}x=x(u,v),\\ y=y(u,v),\quad (u,v)\in D,\\ z=z(u,v),\end{cases}$$

或表示为二元向量值函数

$$\boldsymbol{r}(u,v)=(x(u,v),y(u,v),z(u,v)),\quad (u,v)\in D,$$

其中 $\boldsymbol{r}(u,v)$ 对参数 u, v 有连续的偏导向量 $\boldsymbol{r}'_u$, $\boldsymbol{r}'_v$, 则当 $\boldsymbol{n}=\boldsymbol{r}'_u\times\boldsymbol{r}'_v\neq\boldsymbol{0}$ 时, $\boldsymbol{n}$ 即为 S 的**法向量**, 也可以表示为

$$\boldsymbol{n}=\left(\frac{\partial(y,z)}{\partial(u,v)},\frac{\partial(z,x)}{\partial(u,v)},\frac{\partial(x,y)}{\partial(u,v)}\right).$$

由二元函数 $z=f(x,y)\,((x,y)\in D)$ 所表示的显式曲面, 有如下的参数表示:

$$\boldsymbol{r}=\boldsymbol{r}(x,y)=(x,y,f(x,y)),\quad (x,y)\in D.$$

若 $f'_x(x,y)$ 和 $f'_y(x,y)$ 都在 D 中连续, 则

$$\boldsymbol{r}'_x=(1,0,f'_x),\quad \boldsymbol{r}'_y=(0,1,f'_y),$$

法向量

$$\boldsymbol{n}=\boldsymbol{r}'_x\times\boldsymbol{r}'_y=(-f'_x,-f'_y,1);$$

曲面 S 在其上一点 $M_0(x_0,y_0,f(x_0,y_0))$ 处的**切平面方程**为

$$z-f(x_0,y_0)=f'_x(x_0,y_0)(x-x_0)+f'_y(x_0,y_0)(y-y_0),$$

法线方程为

$$\frac{x-x_0}{f'_x(x_0,y_0)}=\frac{y-y_0}{f'_y(x_0,y_0)}=\frac{z-f(x_0,y_0)}{-1}.$$

2. 用隐式方程表示的曲面

若空间曲面 S 表示为方程

$$F(x,y,z)=0,$$

$M_0(x_0,y_0,z_0)$ 为其上一点, 且 F'_x, F'_y, F'_z 在该点连续且不同时为 0, 则 S 在 M_0 处的**法向量**

$$\boldsymbol{n}=(F'_x(M_0),F'_y(M_0),F'_z(M_0));$$

切平面方程为

$$F'_x(M_0)(x-x_0)+F'_y(M_0)(y-y_0)+F'_z(M_0)(z-z_0)=0,$$

曲面 S 在该点的**法线方程**为

$$\frac{x-x_0}{F'_x(M_0)}=\frac{y-y_0}{F'_y(M_0)}=\frac{z-z_0}{F'_z(M_0)}.$$

精选例题

例 53 求空间曲线 $x=t,\ y=-t^2,\ z=t^3$ 的所有切线中与平面 $x+2y+z=4$ 平行的切线.

解 取 $\forall t_0\in\mathbb{R}$, 曲线在点 $M_0(x(t_0),y(t_0),z(t_0))=(t_0,-t_0^2,t_0^3)$ 的切线方程为

$$\frac{x-x(t_0)}{x'(t_0)}=\frac{y-y(t_0)}{y'(t_0)}=\frac{z-z(t_0)}{z'(t_0)},\quad \text{即}\quad \frac{x-t_0}{1}=\frac{y+t_0^2}{-2t_0}=\frac{z-t_0^3}{3t_0^2}.$$

如果该切线与平面 $x+2y+z=4$ 平行, 即切线的切向量 $(1,-2t_0,3t_0^2)$ 与平面的法向量 $(1,2,1)$ 垂直, 也就是

$$(1,-2t_0,3t_0^2)\cdot(1,2,1)=1-4t_0+3t_0^2=0,$$

则 $t_0=\dfrac{1}{3}$ 或 $t_0=1$. 此时 M_0 为 $\left(\dfrac{1}{3},-\dfrac{1}{9},\dfrac{1}{27}\right)$ 或 $(1,-1,1)$, 相应的两条切线分别为

$$\frac{x-\frac{1}{3}}{1}=\frac{y+\frac{1}{9}}{-\frac{2}{3}}=\frac{z-\frac{1}{27}}{\frac{1}{3}}\quad \text{和}\quad \frac{x-1}{1}=\frac{y+1}{-2}=\frac{z-1}{3}.$$

例 54 求曲线

$$\begin{cases}2x^2+3y^2+z^2=47,\\ x^2+2y^2=z\end{cases}$$

在点 $(-2,1,6)$ 处的切线和法平面方程.

解 在点 $(-2,1,6)$ 处曲面 $2x^2+3y^2+z^2=47$ 的法向量为 $\boldsymbol{n}_1=(-4,3,6)$, 曲面 $x^2+2y^2=z$ 的法向量为 $\boldsymbol{n}_2=(-4,4,-1)$. 则曲线在该点的切向量为

$$\boldsymbol{n}_1\times\boldsymbol{n}_2=(-27,-28,-4),$$

故切线方程为

$$\frac{x+2}{27}=\frac{y-1}{28}=\frac{z-6}{4},$$

法平面方程为

$$27(x+2)+28(y-1)+4(z-6)=0,\quad \text{即}\quad 27x+28y+4z+2=0.$$

例 55　设曲线 L 在曲面 $z=x^2+y^2$ 上, L 在 Oxy 平面上投影曲线的极坐标方程为 $r=\mathrm{e}^{\theta}$, 求 L 上柱坐标为 $(r,\theta,z)=(1,0,1)$ 的点 M_0 处的切线的直角坐标方程.

解　曲线 L 的参数方程为

$$\begin{cases} x=r(\theta)\cos\theta=\mathrm{e}^{\theta}\cos\theta, \\ y=r(\theta)\sin\theta=\mathrm{e}^{\theta}\sin\theta, \\ z=x^2+y^2=r^2=\mathrm{e}^{2\theta}, \end{cases}$$

M_0 的直角坐标

$$(x_0,y_0,z_0)=(r\cos\theta,r\sin\theta,z)\Big|_{(r,\theta,z)=(1,0,1)}=(1,0,1),$$

曲线 L 在点 M_0 的切向量

$$(x'(0),\ y'(0),\ z'(0))=(\mathrm{e}^{\theta}(\cos\theta-\sin\theta),\ \mathrm{e}^{\theta}(\cos\theta+\sin\theta),\ 2\mathrm{e}^{2\theta})\Big|_{\theta=0}=(1,1,2).$$

故曲线 L 在点 M_0 处的切线方程为

$$\frac{x-1}{1}=\frac{y}{1}=\frac{z-1}{2}.$$

例 56　求曲线 $\begin{cases} 3x^2+2y^2=12 \\ z=0 \end{cases}$ 绕 y 轴旋转一周得到的旋转面在点 $M_0(0,\sqrt{3},\sqrt{2})$ 处的切平面方程与法线方程.

解　由题意知该旋转曲面方程为

$$3(x^2+z^2)+2y^2=12,$$

该曲面在点 $(0,\sqrt{3},\sqrt{2})$ 处的法向量为

$$\boldsymbol{n}=(6x,4y,6z)|_{M_0}=(0,4\sqrt{3},6\sqrt{2}),$$

切平面方程为

$$4\sqrt{3}(y-\sqrt{3})+6\sqrt{2}(z-\sqrt{2})=0,\quad 即\quad 2\sqrt{3}y+3\sqrt{2}z-12=0,$$

法线方程为

$$\begin{cases} x=0, \\ \dfrac{y-\sqrt{3}}{2\sqrt{3}}=\dfrac{z-\sqrt{2}}{3\sqrt{2}}. \end{cases}$$

例 57 设直线 L: $\begin{cases} x+y+b=0 \\ x+ay-z-3=0 \end{cases}$ 在平面 Π 上, 而平面 Π 与曲面 $z=x^2+y^2$ 相切于点 $(1,-2,5)$, 求 a, b 的值.

解 点 $(1,-2,5)$ 处曲面 $z=x^2+y^2$ 的法向量 $\boldsymbol{n}=(2,-4,-1)$, 则曲面在该点的切平面即平面 Π 的方程为

$$2(x-1)-4(y+2)-(z-5)=0, \quad 即 \quad 2x-4y-z-5=0.$$

因为直线 L: $\begin{cases} x+y+b=0 \\ x+ay-z-3=0 \end{cases}$ 在平面 Π 上, 则把

$$x=-y-b, \quad z=(-y-b)+ay-3$$

代入平面 Π 的方程得

$$-2(y+b)-4y+3-ay+(y+b)-5=0 \quad 或 \quad (a+5)y+(b+2)=0,$$

从而有 $a+5=0$, $b+2=0$, 即 $a=-5$, $b=-2$.

例 58 设 $F(x,y,z)$ 有连续偏导数, 求曲面 S: $F\left(\dfrac{z}{y},\dfrac{x}{z},\dfrac{y}{x}\right)=0$ 上任意点 $M_0(x_0,y_0,z_0)$ 处的切平面方程, 并证明切平面过定点.

证明 记 $G(x,y,z)=F\left(\dfrac{z}{y},\dfrac{x}{z},\dfrac{y}{x}\right)$, 则曲面 S 上任一点 $M_0(x_0,y_0,z_0)$ 处的法向量为

$$\boldsymbol{n}=\left(\frac{\partial G(M_0)}{\partial x},\frac{\partial G(M_0)}{\partial y},\frac{\partial G(M_0)}{\partial z}\right),$$

其中

$$\frac{\partial G}{\partial x}=\frac{1}{z}F_2'-\frac{y}{x^2}F_3', \quad \frac{\partial G}{\partial y}=\frac{1}{x}F_3'-\frac{z}{y^2}F_1', \quad \frac{\partial G}{\partial z}=\frac{1}{y}F_1'-\frac{x}{z^2}F_2'.$$

于是曲面 S 上点 M_0 处的切平面方程为

$$\frac{\partial G(M_0)}{\partial x}(x-x_0)+\frac{\partial G(M_0)}{\partial y}(y-y_0)+\frac{\partial G(M_0)}{\partial z}(z-z_0)=0,$$

即

$$\left(\frac{1}{z_0}F_2'(M_0)-\frac{y_0}{x_0^2}F_3'(M_0)\right)(x-x_0)+\left(\frac{1}{x_0}F_3'(M_0)-\frac{z_0}{y_0^2}F_1'(M_0)\right)(y-y_0)$$
$$+\left(\frac{1}{y_0}F_1'(M_0)-\frac{x_0}{z_0^2}F_2'(M_0)\right)(z-z_0)=0.$$

令 $x=y=z=0$, 得

$$-\frac{x_0}{z_0}F_2'(M_0)+\frac{y_0}{x_0}F_3'(M_0)-\frac{y_0}{x_0}F_3'(M_0)+\frac{z_0}{y_0}F_1'(M_0)-\frac{z_0}{y_0}F_1'(M_0)+\frac{x_0}{z_0}F_2'(M_0)=0,$$

故切平面过定点 $(0,0,0)$.

思考题　设函数 $f(u,v)$ 可微, 证明曲面 $f\left(\frac{y-b}{x-a},\frac{z-c}{x-a}\right)=0$ 的所有切平面都经过同一个定点.

例 59　设有曲面 S: $\frac{x^2}{2}+y^2+\frac{z^2}{4}=1$, 平面 Π: $2x+2y+z+5=0$.

(1) 求在曲面 S 上平行于平面 Π 的切平面方程.

(2) 求曲面 S 与平面 Π 之间的最长与最短距离.

解　(1) 设 $M_0(x_0,y_0,z_0)$ 为曲面 S

$$F(x,y,z)=\frac{x^2}{2}+y^2+\frac{z^2}{4}-1=0$$

上任意一点, 则 S 在 M_0 点的法向量为

$$(F_x'(M_0),F_y'(M_0),F_z'(M_0))=\left(x_0,2y_0,\frac{1}{2}z_0\right),$$

于是在 M_0 点的切平面方程为

$$x_0(x-x_0)+2y_0(y-y_0)+\frac{1}{2}z_0(z-z_0)=0.$$

平面 Π 的法向量为 $(2,2,1)$, 要使该切平面平行于平面 Π, 则它们的法向平行, 即

$$\frac{x_0}{2}=\frac{2y_0}{2}=\frac{\frac{1}{2}z_0}{1}=\lambda \quad 或 \quad x_0=2\lambda,\ y_0=\lambda,\ z_0=2\lambda.$$

因为 M_0 在 S 上, 则有

$$\frac{x_0^2}{2}+y_0^2+\frac{z_0^2}{4}=2\lambda^2+\lambda^2+\lambda^2=1,$$

即 $\lambda=\pm\frac{1}{2}$. 从而 $M_0=\pm\left(1,\frac{1}{2},1\right)$, 且不在平面 Π 上. 相应的切平面方程分别为

$$(x-1)+\left(y-\frac{1}{2}\right)+\frac{1}{2}\left(z-1\right)=0, \quad 即 \quad x+y+\frac{1}{2}z-2=0,$$

$$-(x+1)-\left(y+\frac{1}{2}\right)-\frac{1}{2}\left(z+1\right)=0, \quad 即 \quad x+y+\frac{1}{2}z+2=0.$$

(2) 解法 1　上述两个切平面平行于平面 Π, 而曲面 S 夹在这两个切平面之间, 所以曲面 S 上这两个切点到平面 Π 的距离为最长距离和最短距离, 即

$$d_1=\frac{\left|2\times 1+2\times\dfrac{1}{2}+1+5\right|}{\sqrt{2^2+2^2+1}}=3,\quad d_2=\frac{\left|2\times(-1)+2\times\left(-\dfrac{1}{2}\right)-1+5\right|}{\sqrt{2^2+2^2+1}}=\frac{1}{3}.$$

故曲面 S 与平面 Π 之间的最长距离为 3, 最短距离为 $\dfrac{1}{3}$.

解法 2　问题可看作是求 $d=\dfrac{1}{3}|2x+2y+z+5|$ 在条件 $\dfrac{x^2}{2}+y^2+\dfrac{z^2}{4}=1$ 下的最值. 为计算方便, 作辅助函数

$$F(x,y,z)=(2x+2y+z+5)^2+\lambda\left(\frac{x^2}{2}+y^2+\frac{z^2}{4}-1\right),$$

得驻点方程组

$$\begin{cases}4(2x+2y+z+5)+\lambda x=0,\\ 2(2x+2y+z+5)+\lambda y=0,\\ 4(2x+2y+z+5)+\lambda z=0,\\ \dfrac{x^2}{2}+y^2+\dfrac{z^2}{4}=1,\end{cases}$$

解得驻点为 $\left(1,\dfrac{1}{2},1\right)$ 和 $\left(-1,-\dfrac{1}{2},-1\right)$, 由题意知曲面 S 与平面 Π 的最长距离和最短距离为

$$d_{\max}=\frac{\left|2\times 1+2\times\dfrac{1}{2}+1+5\right|}{\sqrt{2^2+2^2+1}}=3,\quad d_{\min}=\frac{\left|2\times(-1)+2\times\left(-\dfrac{1}{2}\right)-1+5\right|}{\sqrt{2^2+2^2+1}}=\frac{1}{3}.$$

小　　结

1. 求空间曲线在其上给定点处的切向量、切线方程与法平面方程.
2. 求空间曲面在其上给定点处的法向量、切平面方程与法线方程.
3. 根据问题的几何特性求最值.

第 6 章　多变量函数的积分学

6.1　二重积分

知识要点

◇ 二重积分的概念

1. 二重积分的概念

设 D 为有面积的有界平面点集, $f(x,y)$ 为 D 上的函数. 将 D 分割为有限个内部互不相交的有面积的小块 $\{D_i\}_{i=1}^n$, 其中 D_i 的面积为 ΔD_i, 直径为 $\lambda_i = \sup|M_i - N_i|$ $(M_i, N_i \in D_i)$, 记分割宽度 $\lambda = \max\limits_{1\leqslant i\leqslant n} \lambda_i$, 对任意 $(x_i, y_i) \in D_i$ $(1 \leqslant i \leqslant n)$, 若极限

$$\lim_{\lambda\to 0}\sum_{i=1}^{n} f(x_i, y_i)\Delta D_i$$

存在, 即黎曼 (Riemann) 和的极限存在且极限值不依赖于 D 的分法与点 (x_i, y_i) 的取法. 则称 $f(x,y)$ 在 D 上 (黎曼) 可积, 并称其极限值为 $f(x,y)$ 在 D 上的二重积分, 记作

$$\iint\limits_D f(x,y)\mathrm{d}\sigma \quad 或 \quad \int_D f.$$

$f(x,y)$ 在 D 上可积且积分等于 $A \Longleftrightarrow$ 对 $\forall\varepsilon > 0$, $\exists\delta > 0$, 使对任意分割和

对应的任意取点 $(x_i, y_i) \in D_i$ $(1 \leqslant i \leqslant n)$, 只要分割宽度满足 $\lambda < \delta$, 就有

$$\left|\sum_{i=1}^{n} f(x_i, y_i)\Delta D_i - A\right| < \varepsilon.$$

2. 二重积分的几何意义

当连续函数 $z = f(x, y) \geqslant 0$ 时, 二重积分 $\iint\limits_D f(x, y)\mathrm{d}\sigma$ 表示以区域 D 为底, 曲面 $z = f(x, y)$ 为顶, 侧面是以 D 的边界为准线, 母线平行于 z 轴的柱面的曲顶柱体的体积.

一般情形,

$$\iint\limits_D f(x, y)\mathrm{d}\sigma = Oxy\text{平面上方的曲顶柱体体积} - Oxy\text{平面下方的曲顶柱体体积}.$$

特别, $f(x, y) \equiv 1$ 时, $\iint\limits_D 1\mathrm{d}\sigma = S_D$, 其中 S_D 表示 D 的面积.

◇ 函数可积的必要和充分条件

设 D 是由有限多条分段光滑曲线围成的有界区域, $f(x, y)$ 是 D 上的函数.

(1) 若 $f(x, y)$ 在 D 上可积, 则 $f(x, y)$ 为 D 上的有界函数.

(2) 若有界函数 $f(x, y)$ 的不连续点分布在 D 中有限条光滑曲线上, 则 $f(x, y)$ 在 D 上可积.

(3) 若 $f(x, y)$, $g(x, y)$ 是 D 上的有界函数, 且使 $f(x, y) \neq g(x, y)$ 的点分布在有限条光滑曲线上, 则 $f(x, y)$ 和 $g(x, y)$ 在 D 上有相同的可积性, 且可积时有

$$\int_D f = \int_D g.$$

注记 (1) 函数有界只是函数可积的必要条件, 所以有界函数未必可积. 如定义在二维区间 $D = [0, 1] \times [0, 1]$ 上的狄利克雷 (Dirichlet) 函数

$$D(x, y) = \begin{cases} 1, & x, y\text{皆为有理数}, \\ 0, & \text{其他}. \end{cases}$$

由定义易证 $D(x, y)$ 在 D 上不可积, 因为黎曼和的极限不存在.

(2) 讨论二元函数 $f(x, y)$ 的黎曼可积性, 要求积分区域有界、函数有界.

(3) 函数连续只是函数可积的充分条件, 所以函数可积未必连续.

(4) 任意改变函数在边界上的取值 (函数在边界上有界), 并不会改变函数的可积性和积分值. 因此在区域 D 上的积分和在闭域 $\bar{D}=D\cup\partial D$ 上的可积性与积分值是一样的.

◇ 二重积分的性质

设 D 是由有限多条分段光滑曲线围成的有界区域, $f(x,y),g(x,y)$ 在 D 上可积.

(1) 线性性:

对任意常数 c_1, c_2, c_1f+c_2g 在 D 上可积, 且

$$\int_D(c_1f+c_2g)=c_1\int_D f+c_2\int_D g.$$

(2) 乘积可积性:

$f(x,y)$ 和 $g(x,y)$ 的乘积 $f(x,y)g(x,y)$ 在 D 上可积.

(3) 保序性:

若在 D 上 $f(x,y)\geqslant g(x,y)$, 则 $\int_D f\geqslant\int_D g$.

(4) 绝对可积性:

绝对值函数 $|f(x,y)|$ 在 D 上可积, 且 $\left|\int_D f\right|\leqslant\int_D|f|$.

(5) 对区域的可加性:

设 D_1,D_2 是两个有面积的有界平面子集, 且 $D_1\cap D_2=\varnothing$, 若函数 $f(x,y)$ 在 D_1,D_2 上均可积, 则 $f(x,y)$ 在 $D_1\cup D_2$ 上可积, 且

$$\int_{D_1\cup D_2}f=\int_{D_1}f+\int_{D_2}f.$$

(6) 积分中值定理:

若 $f(x,y)$ 在有面积的有界闭域 D 中连续, 则存在 $(x_0,y_0)\in D^\circ$, 使得

$$\int_D f(x,y)\mathrm{d}x\mathrm{d}y=f(x_0,y_0)S_D,$$

其中 S_D 表示 D 的面积.

◇ 二重积分的累次积分法

1. 二维闭区间上的二重积分

富比尼定理 设函数 $f(x,y)$ 在闭区间 $I=[a,b]\times[c,d]$ 上可积.

(1) 如果对每个 $y\in[c,d]$, $f(x,y)$ 作为 x 的函数在 $[a,b]$ 上可积, 记 $\varphi(y)=\int_a^b f(x,y)\mathrm{d}x$, 则 $\varphi(y)$ 在 $[c,d]$ 上可积, 并且有

$$\int_c^d \varphi(y)\mathrm{d}y=\int_c^d\left[\int_a^b f(x,y)\mathrm{d}x\right]\mathrm{d}y=\iint_I f(x,y)\mathrm{d}x\mathrm{d}y.$$

(2) 如果对每个 $x\in[a,b]$, $f(x,y)$ 作为 y 的函数在 $[c,d]$ 上可积, 记 $\psi(x)=\int_c^d f(x,y)\mathrm{d}y$, 则 $\psi(x)$ 在 $[a,b]$ 上可积, 并且有

$$\int_a^b \psi(x)\mathrm{d}x=\int_a^b\left[\int_c^d f(x,y)\mathrm{d}y\right]\mathrm{d}x=\iint_I f(x,y)\mathrm{d}x\mathrm{d}y.$$

2. 有界区域 (I 型) 上的二重积分

设 $D=\{(x,y)|\varphi_1(x)\leqslant y\leqslant\varphi_2(x),a\leqslant x\leqslant b\}$, 其中 $\varphi_1(x),\varphi_2(x)$ 为连续函数. 函数 $f(x,y)$ 在 D 上可积, 且对于任意的 $x\in[a,b]$, 积分 $\int_{\varphi_1(x)}^{\varphi_2(x)} f(x,y)\mathrm{d}y$ 存在, 则

$$\iint_D f(x,y)\mathrm{d}x\mathrm{d}y=\int_a^b\left[\int_{\varphi_1(x)}^{\varphi_2(x)} f(x,y)\mathrm{d}y\right]\mathrm{d}x.$$

3. 有界区域 (Ⅱ 型) 上的二重积分

设 $D=\{(x,y)|\psi_1(y)\leqslant x\leqslant\psi_2(y),c\leqslant y\leqslant d\}$, 其中 $\psi_1(y),\psi_2(y)$ 为连续函数. 函数 $f(x,y)$ 在 D 上可积, 且对于任意的 $y\in[c,d]$, 积分 $\int_{\psi_1(y)}^{\psi_2(y)} f(x,y)\mathrm{d}y$ 存在, 则

$$\iint_D f(x,y)\mathrm{d}x\mathrm{d}y=\int_c^d\left[\int_{\psi_1(y)}^{\psi_2(y)} f(x,y)\mathrm{d}x\right]\mathrm{d}y.$$

注记 (1) 类似前面重极限与累次极限的关系, 重积分与累次积分也是不同的. 所以要注意重积分的计算能化为累次积分的条件. 在函数不满足可积或累次可积的条件时, 情况就比较复杂. 例如: 设 $f(x,y)$ 定义在 $D=[0,1]\times[0,1]$ 上,

$$f(x,y)=\begin{cases}1 & (x\text{是有理数}),\\ 2y & (x\text{是无理数}),\end{cases}$$

则 $f(x,y)$ 在 D 上不可积; $\int_0^1 \mathrm{d}x \int_0^1 f(x,y)\mathrm{d}y$ 存在, 而 $\int_0^1 \mathrm{d}y \int_0^1 f(x,y)\mathrm{d}x$ 不存在.

也有二重积分存在, 但两个累次积分不存在以及两个累次积分存在且相等, 但二重积分不存在的情况.

(2) 直角坐标系下面积微元 $\mathrm{d}\sigma = \mathrm{d}x\mathrm{d}y$.

(3) 当积分区域 D 不是曲边梯形时, 利用积分对区域的可加性, 可以把 D 分成有限个互不相交的曲边梯形区域之并, 在每个小区域上用相应的累次积分来求积分, 再将积分值相加就得到函数在 D 上的积分.

◇ **二重积分的变量代换**

1. 一般变量代换

设 D, D' 为分段光滑曲线围成的有界闭区域, $\varPhi: D' \to D$, $\varPhi(u,v) = (x(u,v), y(u,v))$ 为 C^1 的一一映射, 且 $\dfrac{\partial(x,y)}{\partial(u,v)} \neq 0$. 若 $f(x,y)$ 为 D 上的可积函数, 则

$$\iint_D f(x,y)\mathrm{d}x\mathrm{d}y = \iint_{D'} f(x(u,v), y(u,v)) \left| \frac{\partial(x,y)}{\partial(u,v)} \right| \mathrm{d}u\mathrm{d}v,$$

其中二阶雅可比矩阵行列式 $\dfrac{\partial(x,y)}{\partial(u,v)} = \begin{vmatrix} \dfrac{\partial x}{\partial u} & \dfrac{\partial y}{\partial u} \\ \dfrac{\partial x}{\partial v} & \dfrac{\partial y}{\partial v} \end{vmatrix}$.

注记　区域 D 的面积元素 $\mathrm{d}x\mathrm{d}y$ 与 D' 的面积元素 $\mathrm{d}u\mathrm{d}v$ 之间有如下关系:

$$\mathrm{d}x\mathrm{d}y = \left| \frac{\partial(x,y)}{\partial(u,v)} \right| \mathrm{d}u\mathrm{d}v,$$

其中 $\left| \dfrac{\partial(x,y)}{\partial(u,v)} \right|$ 为面积膨胀率.

2. 极坐标变换

极坐标变换 $x = r\cos\theta$, $y = r\sin\theta$. 区域 D 的面积元素 $\mathrm{d}x\mathrm{d}y$ 与 D' 的面积元素 $\mathrm{d}r\mathrm{d}\theta$ 之间有如下关系:

$$\mathrm{d}x\mathrm{d}y = r\mathrm{d}r\mathrm{d}\theta.$$

(1) 若 $D'=\{(r,\theta)|\alpha\leqslant\theta\leqslant\beta,\ r_1(\theta)\leqslant r\leqslant r_2(\theta)\}$, 那么

$$\begin{aligned}\iint\limits_{D} f(x,y)\mathrm{d}x\mathrm{d}y &= \iint\limits_{D'} f(r\cos\theta,r\sin\theta)r\mathrm{d}r\mathrm{d}\theta\\ &=\int_{\alpha}^{\beta}\mathrm{d}\theta\int_{r_1(\theta)}^{r_2(\theta)} f(r\cos\theta,r\sin\theta)r\mathrm{d}r.\end{aligned}$$

(2) 若 $D'=\{(r,\theta)|a\leqslant r\leqslant b,\ \theta_1(r)\leqslant\theta\leqslant\theta_2(r)\}$, 那么

$$\begin{aligned}\iint\limits_{D} f(x,y)\mathrm{d}x\mathrm{d}y &= \iint\limits_{D'} f(r\cos\theta,r\sin\theta)r\mathrm{d}r\mathrm{d}\theta\\ &=\int_{a}^{b}\mathrm{d}r\int_{\theta_1(r)}^{\theta_2(r)} f(r\cos\theta,r\sin\theta)r\mathrm{d}\theta.\end{aligned}$$

注记 当积分区域为圆、环形域、扇形、扇形环域或者它们的一部分, 或被积函数形如 $x^n y^m f(x^2+y^2)$ 时, 一般考虑用极坐标变换.

◇ 二重积分计算中的技巧

1. 选择合适的积分顺序

计算二重积分 $\iint\limits_{D} f(x,y)\mathrm{d}\sigma$ 时, 先对 x 积分还是先对 y 积分, 既取决于积分区域 D 的特点, 又取决于被积函数的特点. 有时不同的积分顺序会影响计算的繁简, 甚至关系到能否计算出来. 一般的原则是在能计算出来的前提下, 使划分的区域块最少.

2. 利用区域的对称性与被积函数的奇偶性

设 $f(x,y)$ 在有界闭区域 D 上连续.

(1) 若 D 关于 x 轴对称, 则有 $\iint\limits_{D_1} f(x,y)\mathrm{d}x\mathrm{d}y=\iint\limits_{D\backslash D_1} f(x,-y)\mathrm{d}x\mathrm{d}y$, 因而

$$\iint\limits_{D} f(x,y)\mathrm{d}x\mathrm{d}y=\begin{cases}0, & f(x,-y)=-f(x,y),\\ 2\iint\limits_{D_1} f(x,y)\mathrm{d}x\mathrm{d}y, & f(x,-y)=f(x,y),\end{cases}$$

其中 $D_1=D\cap\{(x,y)|y\geqslant 0\}$, $f(x,-y)=-f(x,y)$ 表示 $f(x,y)$ 关于 y 为奇函数, $f(x,-y)=f(x,y)$ 表示 $f(x,y)$ 关于 y 为偶函数.

(2) 若 D 关于 y 轴对称, 则有 $\iint\limits_{D_2} f(x,y)\mathrm{d}x\mathrm{d}y = \iint\limits_{D\setminus D_2} f(-x,y)\mathrm{d}x\mathrm{d}y$, 因而

$$\iint\limits_{D} f(x,y)\mathrm{d}x\mathrm{d}y = \begin{cases} 0, & f(-x,y) = -f(x,y), \\ 2\iint\limits_{D_2} f(x,y)\mathrm{d}x\mathrm{d}y, & f(-x,y) = f(x,y), \end{cases}$$

其中 $D_2 = D \cap \{(x,y)|x \geqslant 0\}$.

(3) 若 D 关于原点对称, 则有 $\iint\limits_{D_3} f(x,y)\mathrm{d}x\mathrm{d}y = \iint\limits_{D\setminus D_3} f(-x,-y)\mathrm{d}x\mathrm{d}y$, 因而

$$\iint\limits_{D} f(x,y)\mathrm{d}x\mathrm{d}y = \begin{cases} 0, & f(-x,-y) = -f(x,y), \\ 2\iint\limits_{D_3} f(x,y)\mathrm{d}x\mathrm{d}y, & f(-x,-y) = f(x,y), \end{cases}$$

其中 D_3 为 D 的右半平面或上半平面部分, $f(-x,-y) = -f(x,y)$ 表示 $f(x,y)$ 关于 (x,y) 为奇函数, $f(-x,-y) = f(x,y)$ 表示 $f(x,y)$ 关于 (x,y) 为偶函数.

(4) 若 D 关于直线 $y = x$ 对称, 则

$$\iint\limits_{D} f(x,y)\mathrm{d}x\mathrm{d}y = \iint\limits_{D} f(y,x)\mathrm{d}x\mathrm{d}y$$

如果 $f(x,y)$ 关于 x 与 y 轮换对称, 即 $f(x,y) = f(y,x)$, 则

$$\iint\limits_{D} f(x,y)\mathrm{d}x\mathrm{d}y = 2\iint\limits_{D_1} f(x,y)\mathrm{d}x\mathrm{d}y = 2\iint\limits_{D_2} f(y,x)\mathrm{d}x\mathrm{d}y,$$

其中 D_1 和 D_2 分别为 D 在 $y = x$ 的左上方与右下方部分.

精选例题

例 60 计算下列累次积分:

(1) $\int_0^1 \mathrm{d}x \int_{\sqrt[3]{x}}^1 \mathrm{e}^{y^2}\mathrm{d}y$.

(2) $\int_1^2 \mathrm{d}x \int_{\sqrt{x}}^{x} \sin\frac{\pi x}{2y}\mathrm{d}y + \int_2^4 \mathrm{d}x \int_{\sqrt{x}}^{2} \sin\frac{\pi x}{2y}\mathrm{d}y$.

(3) $\left(\int_0^1 \mathrm{d}x \int_{\sqrt{1-x^2}}^{\sqrt{4-x^2}} + \int_1^2 \mathrm{d}x \int_0^{\sqrt{4-x^2}}\right)(5 - x^2 - y^2)^{\alpha}\mathrm{d}y \ (\alpha \neq -1)$.

解 (1) **分析** 因为函数 e^{y^2} 的原函数不是初等函数, 则 $\int_{\sqrt[3]{x}}^{1} e^{y^2}dy$ 不能通过原函数计算出来, 所以需要交换积分次序, 则先要确定积分区域 D.

由已知, 积分区域为

$$D=\{(x,y)|\sqrt[3]{x}\leqslant y\leqslant 1,0\leqslant x\leqslant 1\}$$
$$=\{(x,y)|0\leqslant x\leqslant y^3,0\leqslant y\leqslant 1\},$$

故

$$\int_0^1 dx\int_{\sqrt[3]{x}}^1 e^{y^2}dy=\iint_D e^{y^2}dxdy=\int_0^1 e^{y^2}dy\int_0^{y^3}dx$$
$$=\int_0^1 y^3e^{y^2}dy=\frac{1}{2}\int_0^1 te^tdt=\frac{1}{2}(t-1)e^t\Big|_0^1=\frac{1}{2}.$$

(2) **分析** 由于 $\sin\frac{1}{y}$ 的原函数不是初等函数, 所以需要交换积分次序, 先要确定积分区域 D. 从累次积分的表达式知 D 由两部分构成:

当 $1\leqslant x\leqslant 2$ 时, 区域 D 的下侧边界为 $y=\sqrt{x}$, 上侧边界为 $y=x$;

当 $2\leqslant x\leqslant 4$ 时, 区域 D 的下侧边界为 $y=\sqrt{x}$, 上侧边界为 $y=2$.

结合图形 (如图 6.1 所示), 改变积分顺序, 先对 x 求积分, 就要把区域 D 的边界表示成 y 的函数, 即 D 的左侧边界为 $x=y$, 右侧边界为 $x=y^2$, 此时 $1\leqslant y\leqslant 2$.

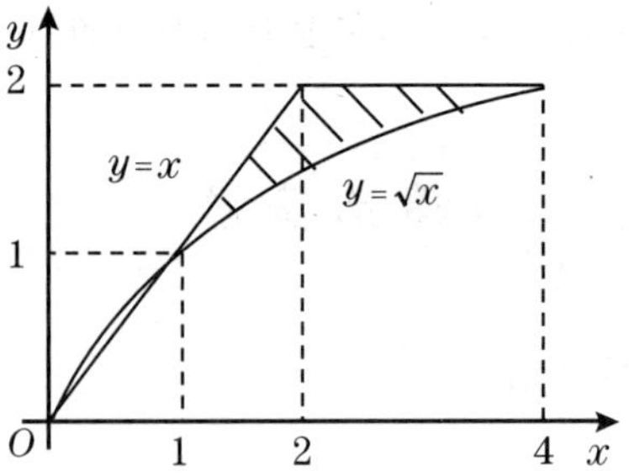

图 6.1 第 (2) 题的积分区域 D

由已知, 积分区域为

$$D=\{(x,y)|\sqrt{x}\leqslant y\leqslant x,1\leqslant x\leqslant 2\}\cup\{(x,y)|\sqrt{x}\leqslant y\leqslant 2,2\leqslant x\leqslant 4\}$$

$$=\{(x,y)|y\leqslant x\leqslant y^2,1\leqslant y\leqslant 2\},$$

故

$$\begin{aligned}
&\int_1^2 \mathrm{d}x\int_{\sqrt{x}}^{x}\sin\frac{\pi x}{2y}\mathrm{d}y+\int_2^4 \mathrm{d}x\int_{\sqrt{x}}^{2}\sin\frac{\pi x}{2y}\mathrm{d}y\\
&=\int_1^2 \mathrm{d}y\int_y^{y^2}\sin\frac{\pi x}{2y}\mathrm{d}x=-\int_1^2\frac{2y}{\pi}\cos\frac{\pi x}{2y}\Big|_y^{y^2}\mathrm{d}y\\
&=-\frac{2}{\pi}\int_1^2 y\cos\frac{\pi y}{2}\mathrm{d}y=-\frac{4}{\pi^2}y\sin\frac{\pi y}{2}\Big|_1^2+\frac{4}{\pi^2}\int_1^2\sin\frac{\pi y}{2}\mathrm{d}y\\
&=\frac{4}{\pi^2}+\frac{8}{\pi^3}.
\end{aligned}$$

(3) **分析**　从累次积分的表达式知 D 由两部分构成:

当 $0\leqslant x\leqslant 1$ 时, 区域 D 的下侧边界为 $y=\sqrt{1-x^2}$, 上侧边界为 $y=\sqrt{4-x^2}$;

当 $1\leqslant x\leqslant 2$ 时, 区域 D 的下侧边界为 $y=0$, 上侧边界为 $y=\sqrt{4-x^2}$.

结合图形 (如图 6.2 所示), 积分区域 D 实质上是半径为 1 和半径为 2 的圆在第一象限内所围的部分环域. 又被积函数是 x^2+y^2 的复合, 所以选用极坐标变换求此积分.

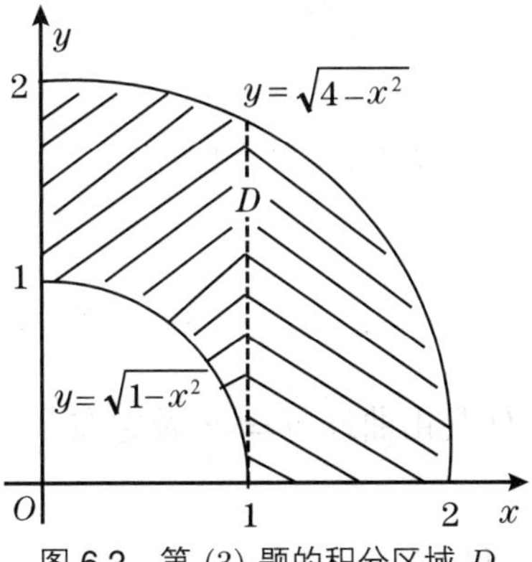

图 6.2　第 (3) 题的积分区域 D

由已知, 积分区域为

$$D=\{(x,y)|\sqrt{1-x^2}\leqslant y\leqslant\sqrt{4-x^2},0\leqslant x\leqslant 1\}\cup\{(x,y)|0\leqslant y\leqslant\sqrt{4-x^2},1\leqslant x\leqslant 2\},$$

它对应极坐标平面中的

$$D'=\left\{(r,\theta)|1\leqslant r\leqslant 2,0\leqslant\theta\leqslant\frac{\pi}{2}\right\},$$

故

$$\begin{aligned}&\left(\int_0^1 \mathrm{d}x\int_{\sqrt{1-x^2}}^{\sqrt{4-x^2}}+\int_1^2 \mathrm{d}x\int_0^{\sqrt{4-x^2}}\right)(5-x^2-y^2)^\alpha \mathrm{d}y\\&=\iint\limits_D (5-x^2-y^2)^\alpha \mathrm{d}x\mathrm{d}y\\&=\int_0^{\frac{\pi}{2}}\mathrm{d}\theta\int_1^2 (5-r^2)^\alpha r\mathrm{d}r\\&=-\frac{1}{2(\alpha+1)}(5-r^2)^{\alpha+1}\Big|_1^2\cdot\frac{\pi}{2}=\frac{\pi}{4(\alpha+1)}(4^{\alpha+1}-1).\end{aligned}$$

注记 解此类型题的具体步骤如下:

(1) 由累次积分的上、下限给出积分域所满足的不等式组.

(2) 画出积分域的草图.

(3) 给出换序后新的累次积分的上下限.

例 61 设 $F(t)=\int_1^t \mathrm{d}y\int_y^t \mathrm{e}^{-x^2}\mathrm{d}x\ (t>1)$, 求 $F'(2)$.

解 交换累次积分的次序得

$$F(t)=\int_1^t \mathrm{e}^{-x^2}\mathrm{d}x\int_1^x \mathrm{d}y=\int_1^t (x-1)\mathrm{e}^{-x^2}\mathrm{d}x,$$

故由变限积分的求导法得

$$F'(t)=(t-1)\mathrm{e}^{-t^2},$$

所以

$$F'(2)=\mathrm{e}^{-4}.$$

例 62 设平面区域 D 是由曲线 $y=x^2$ 及它在点 $(1,1)$ 处的法线所围成的, 求二重积分

$$\iint\limits_D (8y-4x^2+2x-6)\mathrm{d}x\mathrm{d}y.$$

解 曲线 $y=x^2$ 在点 $(1,1)$ 处的切线斜率为 2, 法线斜率为 $-\frac{1}{2}$, 则法线方程为

$$y=-\frac{1}{2}x+\frac{3}{2}.$$

法线与曲线 $y=x^2$ 的交点为 $(1,1)$ 和 $\left(-\frac{3}{2},\frac{9}{4}\right)$, 所围区域为 (如图 6.3 所示)

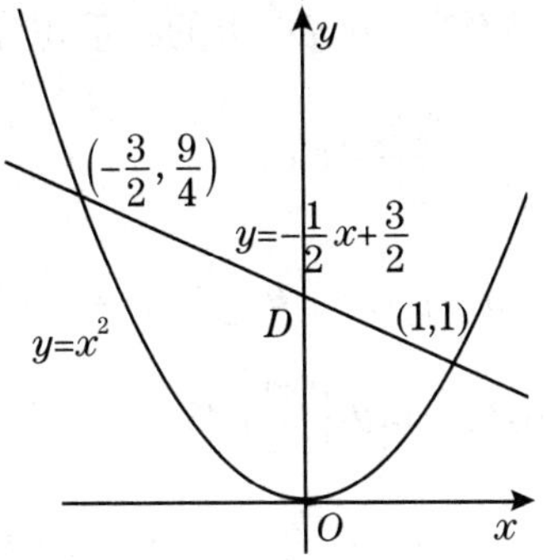

图 6.3　积分区域 D

$$D=\left\{(x,y)|x^2\leqslant y\leqslant -\frac{1}{2}x+\frac{3}{2},-\frac{3}{2}\leqslant x\leqslant 1\right\},$$

故

$$\begin{aligned}&\iint\limits_D(8y-4x^2+2x-6)\mathrm{d}x\mathrm{d}y\\&=\int_{-\frac{3}{2}}^{1}\mathrm{d}x\int_{x^2}^{-\frac{x}{2}+\frac{3}{2}}(8y-4x^2+2x-6)\mathrm{d}y\\&=\int_{-\frac{3}{2}}^{1}\left\{4\left[\left(-\frac{x}{2}+\frac{3}{2}\right)^2-x^4\right]+(-4x^2+2x-6)\left(-\frac{x}{2}+\frac{3}{2}-x^2\right)\right\}\mathrm{d}x=0.\end{aligned}$$

注记　题解中累次积分次序是先 y 后 x, 若改为先 x 后 y, 也可以求解, 但必须先将区域分块, 计算稍繁.

思考题　求 $I=\iint\limits_D\sqrt{1-x^2}\mathrm{d}x\mathrm{d}y$, 其中 D 为 $y=\sqrt{1-x^2}$, $y=x$ 及 $x=0$ 所围成的区域.

例 63　设 $f(x,y)\in C^1(D)$, $D=\{(x,y)|x^2+y^2\leqslant 1\}$, 且在边界圆周 ∂D 上恒有 $f(x,y)=0$, $D_\varepsilon=\{(x,y)|\varepsilon^2\leqslant x^2+y^2\leqslant 1\}(0<\varepsilon<1)$. 试证

$$\lim_{\varepsilon\to 0^+}-\frac{1}{2\pi}\iint\limits_{D_\varepsilon}\frac{xf'_x(x,y)+yf'_y(x,y)}{x^2+y^2}\mathrm{d}x\mathrm{d}y=f(0,0).$$

证明 对于 $\varepsilon \in (0,1)$, 将圆环域 D_ε 上的二重积分作极坐标变换, 得

$$\begin{aligned}
&-\frac{1}{2\pi}\iint\limits_{D_\varepsilon}\frac{xf'_x(x,y)+yf'_y(x,y)}{x^2+y^2}\mathrm{d}x\mathrm{d}y \\
&=-\frac{1}{2\pi}\int_0^{2\pi}\mathrm{d}\theta\int_\varepsilon^1\left[\cos\theta f'_x(r\cos\theta,r\sin\theta)+\sin\theta f'_y(r\cos\theta,r\sin\theta)\right]\mathrm{d}r \\
&=-\frac{1}{2\pi}\int_0^{2\pi}\left[f(r\cos\theta,r\sin\theta)\Big|_{r=\varepsilon}^{r=1}\right]\mathrm{d}\theta \\
&=\frac{1}{2\pi}\int_0^{2\pi}f(\varepsilon\cos\theta,\varepsilon\sin\theta)\mathrm{d}\theta=f(\varepsilon\cos\theta_\varepsilon,\varepsilon\sin\theta_\varepsilon).
\end{aligned}$$

最后一步应用了一元函数积分中值定理, 其中 $\theta_\varepsilon \in (0,2\pi)$. 由 $f(x,y)$ 在点 $(0,0)$ 的连续性, 得

$$\lim_{\varepsilon\to 0^+}-\frac{1}{2\pi}\iint\limits_{D_\varepsilon}\frac{xf'_x(x,y)+yf'_y(x,y)}{x^2+y^2}\mathrm{d}x\mathrm{d}y=\lim_{\varepsilon\to 0^+}f(\varepsilon\cos\theta_\varepsilon,\varepsilon\sin\theta_\varepsilon)=f(0,0).$$

例 64 设平面区域 D 由曲线 $y=x^3$, $y=0$, $x=1$ 围成, 试求连续函数 $f(x,y)$, 使其满足

$$f(x,y)=xy+\iint\limits_D f(x,y)\mathrm{d}x\mathrm{d}y.$$

解 设 $\iint\limits_D f(x,y)\mathrm{d}x\mathrm{d}y=A$, 对已知等式两边在 D 上求二重积分, 得

$$\iint\limits_D f(x,y)\mathrm{d}x\mathrm{d}y=\iint\limits_D xy\mathrm{d}x\mathrm{d}y+\iint\limits_D\left(\iint\limits_D f(x,y)\mathrm{d}x\mathrm{d}y\right)\mathrm{d}x\mathrm{d}y,$$

即

$$A=\iint\limits_D xy\mathrm{d}x\mathrm{d}y+A\iint\limits_D\mathrm{d}x\mathrm{d}y=\int_0^1 x\mathrm{d}x\int_0^{x^3}y\mathrm{d}y+A\int_0^1\mathrm{d}x\int_0^{x^3}\mathrm{d}y=\frac{1}{16}+\frac{1}{4}A.$$

所以有

$$\iint\limits_D f(x,y)\mathrm{d}x\mathrm{d}y=A=\frac{1}{12}.$$

代入已知等式得

$$f(x,y)=xy+\frac{1}{12}.$$

注记 与定积分一样, 重积分也是与积分变量无关的常数. 所以当等式中含有未知多元函数的重积分时, 求此多元函数通常采取对给定的等式两边作重积分.

例 65　计算下列二重积分:

(1) $\iint\limits_D (|x|+|y|)\mathrm{d}x\mathrm{d}y$, 其中 $D=\{(x,y)||x|+|y|\leqslant 2\}$.

(2) $\iint\limits_D \frac{af(x)+bf(y)}{f(x)+f(y)}\mathrm{d}x\mathrm{d}y$, 其中 $D=\{(x,y)||x|+|y|\leqslant 1\}$, $f(x)$ 为正值连续函数, a,b 是常数.

(3) $\iint\limits_D \frac{\mathrm{d}x\mathrm{d}y}{(1+x^2+y^2)^{\frac{3}{2}}}$, 其中 $D=\{(x,y)|0\leqslant x\leqslant 1,\ 0\leqslant y\leqslant 1\}$.

(4) $\iint\limits_D |3x+4y|\mathrm{d}x\mathrm{d}y$, 其中 $D=\{(x,y)|x^2+y^2\leqslant 1\}$.

(5) $\iint\limits_D y\mathrm{d}x\mathrm{d}y$, 其中 D 是由曲线 $x=-2$, $y=0$, $y=2$ 及曲线 $x=-\sqrt{2y-y^2}$ 所围成的.

(6) $\iint\limits_D x(1+y\mathrm{e}^{x^4y^6})\mathrm{d}x\mathrm{d}y$, 其中 D 是由曲线 $y=\sin x$, $x=-\frac{\pi}{2}$ 及 $y=1$ 所围成的.

(7) $\iint\limits_D |\sin(x+y)|\mathrm{d}x\mathrm{d}y$, 其中 $D=\{(x,y)|0\leqslant x\leqslant \pi, 0\leqslant y\leqslant \pi\}$.

(8) $\iint\limits_D xy[1+x^2+y^2]\mathrm{d}x\mathrm{d}y$, 其中 $D=\{(x,y)|x^2+y^2\leqslant \sqrt{2}, x\geqslant 0,\ y\geqslant 0\}$, $[x]$ 表示不超过 x 的最大整数.

解　(1) 积分区域 D 关于两个坐标轴及直线 $y=x$ 都对称, 被积函数既是 x 的偶函数, 又是 y 的偶函数, 所以

$$\begin{aligned}\iint\limits_D (|x|+|y|)\mathrm{d}x\mathrm{d}y &= 4\iint\limits_{D_1}(x+y)\mathrm{d}x\mathrm{d}y = 8\iint\limits_{D_1} x\mathrm{d}x\mathrm{d}y = 8\int_0^2 \mathrm{d}x\int_0^{2-x} x\mathrm{d}y \\ &= 8\int_0^2 x(2-x)\mathrm{d}x = \frac{32}{3}.\end{aligned}$$

(2) 积分区域 D 关于直线 $y=x$ 对称, 则有

$$\begin{aligned}\iint\limits_D \frac{af(x)+bf(y)}{f(x)+f(y)}\mathrm{d}x\mathrm{d}y &= \iint\limits_D \frac{af(y)+bf(x)}{f(y)+f(x)}\mathrm{d}x\mathrm{d}y \\ &= \frac{1}{2}\iint\limits_D \frac{(a+b)[f(x)+f(y)]}{f(x)+f(y)}\mathrm{d}x\mathrm{d}y \\ &= \frac{1}{2}(a+b)\iint\limits_D \mathrm{d}x\mathrm{d}y = a+b.\end{aligned}$$

注记 利用对称性及潜在的对称性来计算重积分，是重积分计算中的一个重要技巧.

(3) **分析** 虽然积分区域 D 为正方形，但被积函数形式复杂，直接积分很困难，观察被积函数的特点，选用极坐标变换比较方便. 而且区域关于 $y=x$ 对称，只需算一半即可.

区域 D 关于 $y=x$ 对称，$D=D_1\cup D_2$，其中

$$D_1=\{(x,y)|0\leqslant x\leqslant 1,0\leqslant y\leqslant x\},\quad D_2=\{(x,y)|0\leqslant x\leqslant 1,x\leqslant y\leqslant 1\}.$$

所以有

$$\begin{aligned}\iint\limits_D \frac{\mathrm{d}x\mathrm{d}y}{(1+x^2+y^2)^{\frac{3}{2}}}&=\iint\limits_{D_1} \frac{\mathrm{d}x\mathrm{d}y}{(1+x^2+y^2)^{\frac{3}{2}}}+\iint\limits_{D_2} \frac{\mathrm{d}x\mathrm{d}y}{(1+x^2+y^2)^{\frac{3}{2}}}\\&=2\iint\limits_{D_1} \frac{\mathrm{d}x\mathrm{d}y}{(1+x^2+y^2)^{\frac{3}{2}}},\end{aligned}$$

作极坐标变换 $x=r\cos\theta,\ y=r\sin\theta$，则区域 D_1 的边界线 $x=1$ 的极坐标方程为

$$r=\frac{1}{\cos\theta}\quad\left(0\leqslant\theta\leqslant\frac{\pi}{4}\right),$$

于是

$$\begin{aligned}\iint\limits_D \frac{\mathrm{d}x\mathrm{d}y}{(1+x^2+y^2)^{\frac{3}{2}}}&=2\int_0^{\frac{\pi}{4}}\mathrm{d}\theta\int_0^{\frac{1}{\cos\theta}}\frac{r\mathrm{d}r}{(1+r^2)^{\frac{3}{2}}}\\&=-2\int_0^{\frac{\pi}{4}}\frac{1}{\sqrt{1+r^2}}\Big|_0^{\frac{1}{\cos\theta}}\mathrm{d}\theta\\&=2\int_0^{\frac{\pi}{4}}\left(1-\frac{\cos\theta}{\sqrt{1+\cos^2\theta}}\right)\mathrm{d}\theta\\&=\frac{\pi}{2}-2\arcsin\frac{\sin\theta}{\sqrt{2}}\Big|_0^{\frac{\pi}{4}}=\frac{\pi}{6}.\end{aligned}$$

(4) **分析** 被积函数带绝对值，可在积分区域上分块表示，但分块积分较复杂. 而积分区域 D 为圆域，可用极坐标变换.

作极坐标变换 $x=r\cos\theta,\ y=r\sin\theta$，则 $D=\{(r,\theta)|0\leqslant r\leqslant 1,\ 0\leqslant\theta\leqslant 2\pi\}$，从而

$$\iint\limits_D |3x+4y|\mathrm{d}x\mathrm{d}y=\int_0^{2\pi}|3\cos\theta+4\sin\theta|\mathrm{d}\theta\int_0^1 r^2\mathrm{d}r$$

$$=\frac{5}{3}\int_0^{2\pi}\left|\frac{3}{5}\cos\theta+\frac{4}{5}\sin\theta\right|\mathrm{d}\theta$$
$$=\frac{5}{3}\int_0^{2\pi}|\sin(\theta+\alpha)|\mathrm{d}\theta\quad(\sin\alpha=\frac{3}{5})$$
$$=\frac{5}{3}\int_\alpha^{2\pi+\alpha}|\sin t|\mathrm{d}t\quad(\text{利用周期函数的积分性质})$$
$$=\frac{5}{3}\int_0^{2\pi}|\sin t|\mathrm{d}t=\frac{10}{3}\int_0^{\pi}\sin t\mathrm{d}t=\frac{20}{3}.$$

注记　读者也可试用正交变换 $x=\frac{3}{5}u-\frac{4}{5}v,\ y=\frac{4}{5}u+\frac{3}{5}v$ 来计算.

(5) **分析**　区域 D 如图 6.4 所示, 可看作正方形区域挖去半圆 D_1, 而被积函数在这正方形区域和半圆区域 D_1 上都易积, 因而利用积分区域的可加性, 两积分区域上的积分值相减即可. 另外, 也可直接在区域 D 作先 x 后 y 的累次积分.

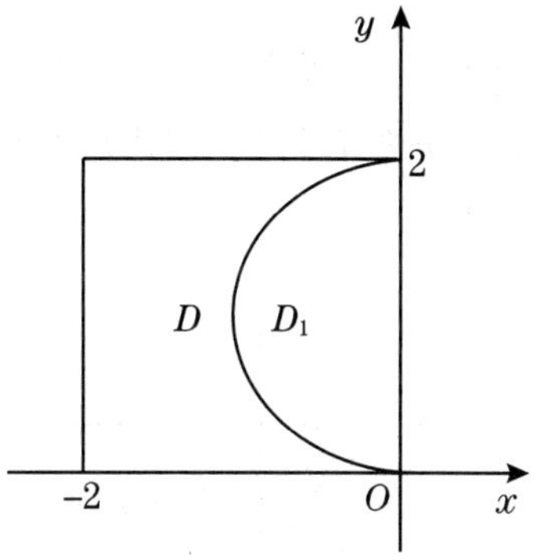

图 6.4　域 D 与 D_1

解法 1　在极坐标变换下, $D_1=\left\{(r,\theta)|\frac{\pi}{2}\leqslant\theta\leqslant\pi,\ 0\leqslant r\leqslant 2\sin\theta\right\}$, 从而

$$\iint\limits_{D_1}y\mathrm{d}x\mathrm{d}y=\int_{\frac{\pi}{2}}^{\pi}\mathrm{d}\theta\int_0^{2\sin\theta}r\sin\theta\cdot r\mathrm{d}r$$
$$=\frac{8}{3}\int_{\frac{\pi}{2}}^{\pi}\sin^4\theta\mathrm{d}\theta=\frac{8}{3}\int_0^{\frac{\pi}{2}}\sin^4 t\mathrm{d}t=\frac{8}{3}\cdot\frac{3\cdot 1}{4\cdot 2}\cdot\frac{\pi}{2}=\frac{\pi}{2},$$
$$\iint\limits_{D\cup D_1}y\mathrm{d}x\mathrm{d}y=\int_{-2}^{0}\mathrm{d}x\int_0^2 y\mathrm{d}y=4,$$

故

$$\iint\limits_{D}y\mathrm{d}x\mathrm{d}y=4-\frac{\pi}{2}.$$

解法 2　由积分区域的特点, 可化为累次积分

$$\iint_D y\mathrm{d}x\mathrm{d}y=\int_0^2 y\mathrm{d}y\int_{-2}^{-\sqrt{2y-y^2}}\mathrm{d}x=\int_0^2 y(2-\sqrt{2y-y^2})\mathrm{d}y$$

$$=4-\int_0^2 y\sqrt{1-(y-1)^2}\mathrm{d}y\quad(y=1-\cos t)$$

$$=4-\int_0^{\pi}(1-\cos t)\sin^2 t\mathrm{d}t=4-\frac{\pi}{2}.$$

解法 3　解法 2 计算比较复杂, 考虑区域 D 关于 $y=1$ 对称, 用平移变换简化计算.

作平移变换 $u=x$, $v=y-1$, 则区域 D 化为区域 D', 由 $u=-2$, $v=1$, $v=-1$ 及 $u^2+v^2=1$ 围成, 且 D' 关于 u 轴对称. 所以有

$$\iint_D y\mathrm{d}x\mathrm{d}y=\iint_{D'}(v+1)\mathrm{d}u\mathrm{d}v=0+\iint_{D'}\mathrm{d}u\mathrm{d}v=4-\frac{\pi}{2}.$$

(6) **分析**　被积函数 $xy\mathrm{e}^{x^4y^6}$ 不易积, 积分区域也无对称性, 但被积函数 $xy\mathrm{e}^{x^4y^6}$ 既是 x 的奇函数, 又是 y 的奇函数. 因而用曲线 $y=-\sin x$ 将区域 D 分为 D_1 与 D_2, 如图 6.5 所示, 其中 D_1 关于 y 轴对称, D_2 关于 x 轴对称.

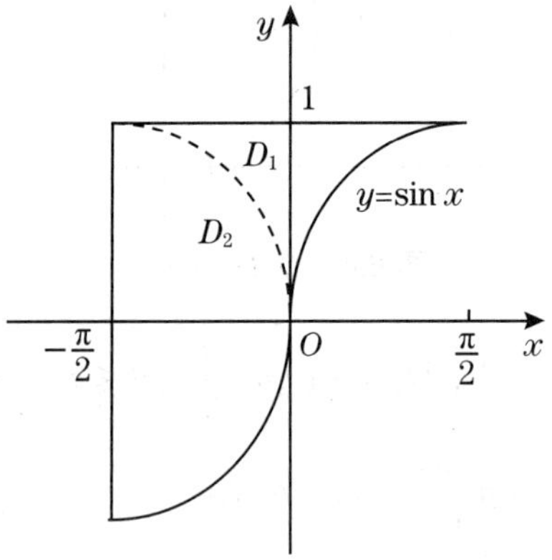

图 6.5　区域 D_1 与 D_2

由上面的分析知

$$\iint_D xy\mathrm{e}^{x^4y^6}\mathrm{d}x\mathrm{d}y=\iint_{D_1}xy\mathrm{e}^{x^4y^6}\mathrm{d}x\mathrm{d}y+\iint_{D_2}xy\mathrm{e}^{x^4y^6}\mathrm{d}x\mathrm{d}y=0.$$

$$\iint_D x(1+y\mathrm{e}^{x^4y^6})\mathrm{d}x\mathrm{d}y=\iint_{D_2}x\mathrm{d}x\mathrm{d}y=2\int_{-\frac{\pi}{2}}^0 x\mathrm{d}x\int_{\sin x}^0\mathrm{d}y$$

$$= -2\int_{-\frac{\pi}{2}}^{0} x\sin x\mathrm{d}x = -2.$$

(7) 积分区域 $D = D_1 \cup D_2$, 如图 6.6 所示. D_1 与 D_2 关于直线 $x+y=\pi$ 对称, 而被积函数关于直线 $x+y=\pi$ 偶对称, 于是有

$$\iint\limits_{D_1} |\sin(x+y)|\mathrm{d}x\mathrm{d}y = \iint\limits_{D_2} |\sin(x+y)|\mathrm{d}x\mathrm{d}y,$$

$$\begin{aligned}\iint\limits_{D} |\sin(x+y)|\mathrm{d}x\mathrm{d}y &= 2\iint\limits_{D_2} |\sin(x+y)|\mathrm{d}x\mathrm{d}y \\ &= 2\iint\limits_{D_2} \sin(x+y)\mathrm{d}x\mathrm{d}y \\ &= 2\int_0^{\pi}\mathrm{d}x\int_0^{\pi-x}\sin(x+y)\mathrm{d}y \\ &= 2\int_0^{\pi}(\cos x - \cos\pi)\mathrm{d}x = 2\pi.\end{aligned}$$

注记　对被积表达式中含有函数的绝对值的重积分, 一般应先适当分块, 化去绝对值, 然后再求出积分.

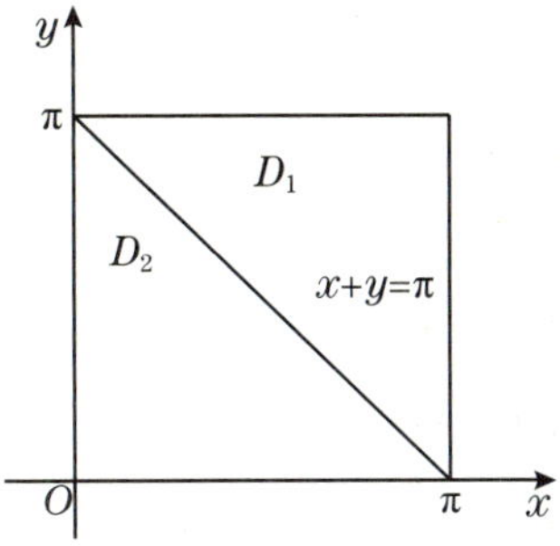

图 6.6　第 (7) 题的积分区域 $D = D_1 \cup D_2$

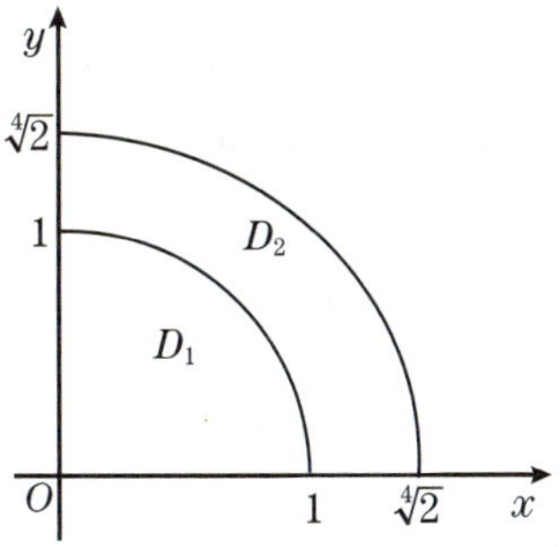

图 6.7　第 (8) 题的积分区域 $D = D_1 \cup D_2$

(8) 因为

$$[1+x^2+y^2] = \begin{cases} 1+[x^2+y^2] = 1, & 0 \leqslant x^2+y^2 < 1, \\ 2, & 1 \leqslant x^2+y^2 \leqslant \sqrt{2}. \end{cases}$$

积分区域 $D = D_1 \cup D_2$ 如图 6.7 所示. 采用极坐标变换得

$$\iint\limits_{D} xy[1+x^2+y^2]\mathrm{d}x\mathrm{d}y = \iint\limits_{D_1} xy\mathrm{d}x\mathrm{d}y + 2\iint\limits_{D_2} xy\mathrm{d}x\mathrm{d}y$$

$$= \int_0^{\frac{\pi}{2}} \mathrm{d}\theta \int_0^1 r^3 \sin\theta\cos\theta \mathrm{d}r + 2\int_0^{\frac{\pi}{2}} \mathrm{d}\theta \int_1^{\sqrt[4]{2}} r^3 \sin\theta\cos\theta \mathrm{d}r$$
$$= \frac{1}{8} + \frac{1}{4} = \frac{3}{8}.$$

例 66 设函数 $f(x)$ 连续, 区域 $D = \{(x,y)|x^2+y^2 \leqslant t^2,\ t>0\}$.

(1) 设 $f(x)$ 满足 $f(t^2) = \iint\limits_D (y^2 + f(x^2+y^2))\mathrm{d}x\mathrm{d}y$, $f(1) = \pi$, 求 $\int_0^1 f(x)\mathrm{d}x$ 及 $f(0)$.

(2) 若 $f'(0) = 1$, 求极限 $\lim\limits_{t\to 0^+} \dfrac{1}{\pi t^4} \iint\limits_D (y^2 + f(x^2+y^2))\mathrm{d}x\mathrm{d}y$.

解 (1) 积分区域 D 关于 $y = x$ 对称, 由极坐标变换计算得

$$\iint\limits_D y^2 \mathrm{d}x\mathrm{d}y = \frac{1}{2}\iint\limits_D (x^2+y^2)\mathrm{d}x\mathrm{d}y = \frac{1}{2}\int_0^{2\pi} \mathrm{d}\theta \int_0^t r^3 \mathrm{d}r = \frac{\pi}{4}t^4,$$

$$\iint\limits_D f(x^2+y^2)\mathrm{d}x\mathrm{d}y = \int_0^{2\pi} \mathrm{d}\theta \int_0^t r f(r^2)\mathrm{d}r = \pi\int_0^{t^2} f(u)\mathrm{d}u,$$

所以 $f(x)$ 满足的关系式化为

$$f(t^2) = \frac{\pi}{4}t^4 + \pi\int_0^{t^2} f(u)\mathrm{d}u.$$

令 $t = 1$, 由 $f(1) = \pi$ 得

$$\int_0^1 f(x)\mathrm{d}x = \frac{3}{4},$$

又有

$$f(0) = \lim_{t\to 0^+} f(t^2) = \lim_{t\to 0^+}\left[\frac{\pi}{4}t^4 + \pi\int_0^{t^2} f(u)\mathrm{d}u\right] = 0,$$

即 $f(0) = 0$.

(2) 利用第 (1) 题的结果, 由洛必达法则及导数定义得

$$\lim_{t\to 0^+} \frac{1}{\pi t^4}\iint\limits_D (y^2 + f(x^2+y^2))\mathrm{d}x\mathrm{d}y = \lim_{t\to 0^+} \frac{1}{\pi t^4}\left(\frac{\pi}{4}t^4 + \pi\int_0^{t^2} f(u)\mathrm{d}u\right)$$
$$= \frac{1}{4} + \lim_{t\to 0^+} \frac{\int_0^{t^2} f(u)\mathrm{d}u}{t^4} = \frac{1}{4} + \lim_{t\to 0^+} \frac{2tf(t^2)}{4t^3}$$
$$= \frac{1}{4} + \frac{1}{2}\lim_{t\to 0^+} \frac{f(t^2) - f(0)}{t^2 - 0} = \frac{1}{4} + \frac{1}{2}f'(0) = \frac{3}{4}.$$

例 67 求 $\iint\limits_D \sqrt{x^2+y^2}\mathrm{d}x\mathrm{d}y$, 其中

(1) D 是由曲线 $(x^2+y^2)^{\frac{3}{2}}=y^2$ 所围成的.

(2) D 是由心形线 $r=a(1+\cos\theta)$ $(a>0)$ 所围成的.

解　(1) **分析**　根据被积函数和曲线方程的特点, 我们采用极坐标变换. 从曲线方程知区域 D 关于 x 轴和 y 轴都对称, 所以只需要求出函数在区域 D 第一象限内的积分.

由极坐标变换 $x=r\cos\theta, y=r\sin\theta$, 则曲线方程化为

$$r=\sin^2\theta \quad (0\leqslant\theta\leqslant 2\pi),$$

则区域 D 第一象限部分对应 $\left\{(r,\theta)|0\leqslant r\leqslant\sin^2\theta,\ 0\leqslant\theta\leqslant\frac{\pi}{2}\right\}$, 由对称性得

$$\iint\limits_D \sqrt{x^2+y^2}\mathrm{d}x\mathrm{d}y=4\int_0^{\frac{\pi}{2}}\mathrm{d}\theta\int_0^{\sin^2\theta} r\cdot r\mathrm{d}r=\frac{4}{3}\int_0^{\frac{\pi}{2}}\sin^6\theta\mathrm{d}\theta=\frac{5\pi}{24}.$$

(2) 曲线关于极轴所在直线对称, 被积函数关于 y 是偶函数, 则由对称性, 只需要求出函数在区域 D 上半平面部分的积分. 区域 D 上半平面部分

$$D_1=\{(r,\theta)|0\leqslant r\leqslant a(1+\cos\theta),\ 0\leqslant\theta\leqslant\pi\},$$

则

$$\begin{aligned}\iint\limits_D \sqrt{x^2+y^2}\mathrm{d}x\mathrm{d}y&=2\iint\limits_{D_1}\sqrt{x^2+y^2}\mathrm{d}x\mathrm{d}y\\&=2\int_0^{\pi}\mathrm{d}\theta\int_0^{a(1+\cos\theta)} r\cdot r\mathrm{d}r\\&=\frac{2}{3}a^3\int_0^{\pi}(1+3\cos\theta+3\cos^2\theta+\cos^3\theta)\mathrm{d}\theta=\frac{5}{3}\pi a^3.\end{aligned}$$

思考题　计算二重积分: $\iint\limits_D (x^2+y^2)\mathrm{d}x\mathrm{d}y$, 其中 D 为双纽线 $(x^2+y^2)^2=a^2(x^2-y^2)$ $(a>0)$ 所围成的区域. $\left(\text{答案: }\frac{\pi}{8}a^4.\right)$

例 68　计算下列二重积分:

(1) $\iint\limits_D \sqrt{4-x^2-4y^2}\mathrm{d}x\mathrm{d}y$, 其中 $D: x^2+4y^2\leqslant 2x$.

(2) $\iint\limits_D xy\mathrm{d}x\mathrm{d}y$, 其中 $D: x^4+y^2\leqslant 1,\ x\geqslant 0,\ y\geqslant 0$.

(3) $\iint\limits_D \frac{|xy|(x^{\frac{2}{7}}+1)}{x^{\frac{2}{7}}+y^{\frac{2}{7}}+2}\mathrm{d}x\mathrm{d}y$, 其中 $D: x^4+y^4\leqslant a^2$.

(4) $\iint\limits_D \arctan\left|\dfrac{x-y}{x+y}\right|\mathrm{d}x\mathrm{d}y$, 其中 $D:\dfrac{x^2}{a^2}+\dfrac{y^2}{b^2}\leqslant 1$.

(5) $\iint\limits_D \mathrm{e}^{\frac{x-y}{x+y}}\mathrm{d}x\mathrm{d}y$, 其中 $D: x+y=1$ 与两坐标轴围成.

解 (1) 由被积函数和积分区域的特点, 采用椭圆坐标变换 $x=r\cos\theta$, $y=\dfrac{1}{2}r\sin\theta$, 则

$$\frac{\partial(x,y)}{\partial(r,\theta)}=\begin{vmatrix}\cos\theta & \dfrac{1}{2}\sin\theta \\ -r\sin\theta & \dfrac{1}{2}r\cos\theta\end{vmatrix}=\frac{1}{2}r>0,$$

方程 $x^2+4y^2=2x$ 化为 $r=2\cos\theta$, 因此变换后的区域为

$$D':0\leqslant r\leqslant 2\cos\theta,\quad -\frac{\pi}{2}\leqslant\theta\leqslant\frac{\pi}{2}.$$

故

$$\begin{aligned}\iint\limits_D\sqrt{4-x^2-4y^2}\mathrm{d}x\mathrm{d}y&=\iint\limits_{D'}\sqrt{4-r^2}\cdot\frac{1}{2}r\mathrm{d}r\mathrm{d}\theta\\&=\frac{1}{2}\int_{-\frac{\pi}{2}}^{\frac{\pi}{2}}\mathrm{d}\theta\int_0^{2\cos\theta}\sqrt{4-r^2}r\mathrm{d}r\\&=-\frac{1}{6}\int_{-\frac{\pi}{2}}^{\frac{\pi}{2}}[(4-4\cos^2\theta)^{\frac{3}{2}}-8]\mathrm{d}\theta\\&=\frac{1}{3}\int_0^{\frac{\pi}{2}}(8-8\sin^3\theta)\mathrm{d}\theta=\frac{4}{3}\pi-\frac{16}{9}.\end{aligned}$$

(2) 由方程 $x^4+y^2=1$ 及积分区域的特点, 作变量代换 $x^2=r\cos\theta$, 或 $x=\sqrt{r\cos\theta}$, $y=r\sin\theta$, 则雅可比矩阵行列式

$$\frac{\partial(x,y)}{\partial(r,\theta)}=\begin{vmatrix}\dfrac{1}{2\sqrt{r}}\sqrt{\cos\theta} & \sin\theta \\ \dfrac{-\sin\theta}{2\sqrt{\cos\theta}}\sqrt{r} & r\cos\theta\end{vmatrix}=\frac{\sqrt{r}}{2\sqrt{\cos\theta}}>0,$$

变换后的区域为

$$D':0\leqslant r\leqslant 1,\quad 0\leqslant\theta\leqslant\frac{\pi}{2}.$$

故

$$\iint\limits_D xy\mathrm{d}x\mathrm{d}y=\iint\limits_{D'}\sqrt{r\cos\theta}\cdot r\sin\theta\cdot\frac{\sqrt{r}}{2\sqrt{\cos\theta}}\mathrm{d}r\mathrm{d}\theta$$

$$=\int_0^{\frac{\pi}{2}}\mathrm{d}\theta\int_0^1\frac{1}{2}r^2\sin\theta\mathrm{d}r=\frac{1}{6}.$$

(3) 因积分区域关于 $y=x$ 对称, 故

$$\begin{aligned}\iint\limits_D\frac{|xy|(x^{\frac{2}{7}}+1)}{x^{\frac{2}{7}}+y^{\frac{2}{7}}+2}\mathrm{d}x\mathrm{d}y&=\iint\limits_D\frac{|xy|(y^{\frac{2}{7}}+1)}{x^{\frac{2}{7}}+y^{\frac{2}{7}}+2}\mathrm{d}x\mathrm{d}y\\&=\frac{1}{2}\iint\limits_D\left[\frac{|xy|(x^{\frac{2}{7}}+1)}{x^{\frac{2}{7}}+y^{\frac{2}{7}}+2}+\frac{|xy|(y^{\frac{2}{7}}+1)}{x^{\frac{2}{7}}+y^{\frac{2}{7}}+2}\right]\mathrm{d}x\mathrm{d}y\\&=\frac{1}{2}\iint\limits_D|xy|\mathrm{d}x\mathrm{d}y=2\iint\limits_{D_1}|xy|\mathrm{d}x\mathrm{d}y,\end{aligned}$$

其中 $D_1: x^4+y^4\leqslant a^2,\ x\geqslant 0,\ y\geqslant 0$. 令 $x=\sqrt{r\cos\theta},\ y=\sqrt{r\sin\theta}$, 那么

$$\iint\limits_D\frac{|xy|(x^{\frac{2}{7}}+1)}{x^{\frac{2}{7}}+y^{\frac{2}{7}}+2}\mathrm{d}x\mathrm{d}y=2\int_0^{\frac{\pi}{2}}\mathrm{d}\theta\int_0^a\sqrt{r\cos\theta}\cdot\sqrt{r\sin\theta}\cdot\frac{1}{4\sqrt{\sin\theta\cos\theta}}\mathrm{d}r=\frac{\pi}{8}a^2.$$

注记　当 $\alpha>0,\ \beta>0$ 时, 曲线 $|x|^\alpha+|y|^\beta=1$ 所围区域是关于 x 轴及 y 轴对称的区域. 第一象限部分可作以下变量代换:

$$x=(r\cos\theta)^{\frac{2}{\alpha}},\quad y=(r\sin\theta)^{\frac{2}{\alpha}},$$

而第一象限部分 D_1 变为

$$D_1': 0\leqslant r\leqslant 1,\quad 0\leqslant\theta\leqslant\frac{\pi}{2}.$$

如果要对整个区域作变量代换, 可令

$$x=|r\cos\theta|^{\frac{2}{\alpha}}\cdot\operatorname{sgn}x,\quad y=|r\sin\theta|^{\frac{2}{\alpha}}\cdot\operatorname{sgn}y,$$

相应的 D' 为 $0\leqslant r\leqslant 1,\ 0\leqslant\theta\leqslant 2\pi$. 如星形线 $x^{\frac{2}{3}}+y^{\frac{2}{3}}=a^{\frac{2}{3}}$ 所围区域可利用这一变量代换法.

(4) 因为积分区域关于 x 轴对称, 故将被积函数中的 y 换为 $-y$, 积分值不变, 即

$$\iint\limits_D\arctan\left|\frac{x-y}{x+y}\right|\mathrm{d}x\mathrm{d}y=\iint\limits_D\arctan\left|\frac{x+y}{x-y}\right|\mathrm{d}x\mathrm{d}y.$$

由于 $u>0$ 时,

$$\arctan u+\arctan\frac{1}{u}=\frac{\pi}{2},$$

故

$$\begin{aligned}&\iint\limits_D \arctan\left|\frac{x-y}{x+y}\right|\mathrm{d}x\mathrm{d}y\\&=\frac{1}{2}\iint\limits_D\left(\arctan\left|\frac{x-y}{x+y}\right|+\arctan\left|\frac{x+y}{x-y}\right|\right)\mathrm{d}x\mathrm{d}y\\&=\frac{1}{2}\iint\limits_D\frac{\pi}{2}\mathrm{d}x\mathrm{d}y=\frac{\pi^2}{4}|ab|.\end{aligned}$$

(5) 令 $x-y=u$, $x+y=v$, 则 $x=\frac{1}{2}(u+v)$, $y=\frac{1}{2}(v-u)$,

$$\frac{\partial(x,y)}{\partial(u,v)}=\begin{vmatrix}\frac{1}{2} & -\frac{1}{2}\\ \frac{1}{2} & \frac{1}{2}\end{vmatrix}=\frac{1}{2},$$

变换后的区域为

$$D':-v\leqslant u\leqslant v,\quad 0\leqslant v\leqslant 1.$$

故

$$\begin{aligned}\iint\limits_D \mathrm{e}^{\frac{x-y}{x+y}}\mathrm{d}x\mathrm{d}y&=\frac{1}{2}\iint\limits_{D'}\mathrm{e}^{\frac{u}{v}}\mathrm{d}u\mathrm{d}v\\&=\frac{1}{2}\int_0^1\mathrm{d}v\int_{-v}^{v}\mathrm{e}^{\frac{u}{v}}\mathrm{d}u=\frac{1}{4}\left(\mathrm{e}-\frac{1}{\mathrm{e}}\right).\end{aligned}$$

注记 读者也可试用变换 $x+y=s$, $y=st$, $(s,t)\in[0,1]^2$ 来计算.

例 69 计算由曲面 $z=8-x^2-y^2$ 及平面 $z=2y$ 所围区域的体积.

分析 曲面 $z=8-x^2-y^2$ 是开口向下的旋转抛物面, 本题所指的区域是抛物面下方被平面 $z=2y$ 所截下的部分, 即为上曲顶 $z=8-x^2-y^2$ 和下底面 $z=2y$ 所围成的曲顶柱体. 两曲面的交线为 $8-x^2-y^2=2y$, 即 $x^2+(y+1)^2=9$. 该曲顶柱体在 Oxy 平面上的投影为圆域

$$D=\{(x,y)|x^2+(y+1)^2\leqslant 9\}.$$

由二重积分的几何意义即可求得体积 V.

解 由分析知所求的体积为以 $z=8-x^2-y^2$ 为顶的曲顶柱体的体积与以 $z=2y$ 为顶的曲顶柱体的体积的差. 于是

$$V=\iint_D(8-x^2-y^2-2y)\mathrm{d}x\mathrm{d}y=\iint_D(9-x^2-(y+1)^2)\mathrm{d}x\mathrm{d}y,$$

令 $x=r\cos\theta,\ y+1=r\sin\theta$, 则区域

$$D=\{(x,y)|x^2+(y+1)^2\leqslant 9\}\quad 对应\quad D'=\{(r,\theta)|0\leqslant r\leqslant 3,\ 0\leqslant\theta\leqslant 2\pi\},$$

故由上述变换得

$$V=\int_0^{2\pi}\mathrm{d}\theta\int_0^3(9-r^2)r\mathrm{d}r=\frac{81}{2}\pi.$$

注记 极坐标的极点和极轴的取法是可以变动的. 本题的极点取在 $(0,-1)$, 极轴仍是 x 轴正方向, 所以极坐标变换为 $x=r\cos\theta,\ y+1=r\sin\theta$.

例 70 求下列平面曲线所围成的平面区域的面积:

(1) 曲线 $y^2=x^2-4x^4$ 所围的区域; (2) 曲线 $\left(\dfrac{x}{3}+\dfrac{y}{4}\right)^4=xy$ 所围的区域.

解 (1) 因为用 $-x$ 代替 x, $-y$ 代替 y, 曲线方程不变, 曲线是封闭的, 故由对称性, 所求面积为第一象限相应部分的 4 倍. 由

$$y^2=x^2-4x^4\geqslant 0\Longrightarrow 4x^2\leqslant 1,$$

从而第一象限内的相应区域为

$$D_1=\left\{(x,y)|0\leqslant y\leqslant x\sqrt{1-4x^2},\ 0\leqslant x\leqslant\frac{1}{2}\right\}.$$

故曲线 $y^2=x^2-4x^4$ 所围的区域面积为

$$A=4\iint_{D_1}\mathrm{d}x\mathrm{d}y=4\int_0^{\frac{1}{2}}\mathrm{d}x\int_0^{x\sqrt{1-4x^2}}\mathrm{d}y=\frac{1}{3}.$$

(2) **分析** 由曲线方程可见, x 与 y 同号, 故曲线必在第一、三象限内, 且曲线关于坐标原点中心对称, 所以所求面积等于第一象限相应部分面积的 2 倍.

在第一象限内, 作变换 $x=3r\cos^2\theta,\ y=4r\sin^2\theta$, 曲线方程化为 $r^4=12r^2\sin^2\theta\cos^2\theta$, 即 $r=2\sqrt{3}\sin\theta\cos\theta$, 从而有

$$\frac{\partial(x,y)}{\partial(r,\theta)}=\begin{vmatrix}3\cos^2\theta & 4\sin^2\theta\\ -6r\cos\theta\sin\theta & 8r\cos\theta\sin\theta\end{vmatrix}=24r\cos\theta\sin\theta.$$

第一象限相应部分区域 D 对应区域 $D'=\left\{(r,\theta)|0\leqslant r\leqslant 2\sqrt{3}\sin\theta\cos\theta,\ 0\leqslant\theta\leqslant\frac{\pi}{2}\right\}$, 故

$$\begin{aligned}A&=2\iint\limits_{D}\mathrm{d}x\mathrm{d}y=2\iint\limits_{D'}24r\cos\theta\sin\theta\mathrm{d}r\mathrm{d}\theta\\&=48\int_0^{\frac{\pi}{2}}\mathrm{d}\theta\int_0^{2\sqrt{3}\sin\theta\cos\theta}r\sin\theta\cos\theta\mathrm{d}r\\&=24\int_0^{\frac{\pi}{2}}(2\sqrt{3})^2\sin^3\theta\cos^3\theta\mathrm{d}\theta=36\int_0^{\frac{\pi}{2}}\sin^3 2\theta\mathrm{d}\theta\\&=18\int_0^{\pi}\sin^3 t\mathrm{d}t=36\int_0^{\frac{\pi}{2}}\sin^3 t\mathrm{d}t=36\times\frac{2!!}{3!!}=24.\end{aligned}$$

例 71 设函数 $f(x)$ 在 $[0,1]$ 上连续, 证明

$$\int_0^1\mathrm{d}x\int_{x^2}^{\sqrt{x}}f(y)\mathrm{d}y=\int_0^1(\sqrt{x}-x^2)f(x)\mathrm{d}x.$$

证明 证法 1 等式左边 $\int_{x^2}^{\sqrt{x}}f(y)\mathrm{d}y$ 是一变限积分, 则由分部积分得

$$\begin{aligned}\int_0^1\mathrm{d}x\int_{x^2}^{\sqrt{x}}f(y)\mathrm{d}y&=x\int_{x^2}^{\sqrt{x}}f(y)\mathrm{d}y\Big|_0^1-\int_0^1 x\left[\frac{1}{2\sqrt{x}}f(\sqrt{x})-2xf(x^2)\right]\mathrm{d}x\\&=2\int_0^1 x^2f(x^2)\mathrm{d}x-\frac{1}{2}\int_0^1\sqrt{x}f(\sqrt{x})\mathrm{d}x=\int_0^1(\sqrt{x}-x^2)f(x)\mathrm{d}x.\end{aligned}$$

证法 2 等式左边的累次积分所对应的二重积分的积分区域为

$$D=\{(x,y)|x^2\leqslant y\leqslant\sqrt{x},\ 0\leqslant x\leqslant 1\}=\{(x,y)|y^2\leqslant x\leqslant\sqrt{y},\ 0\leqslant y\leqslant 1\},$$

交换积分顺序得

$$\int_0^1\mathrm{d}x\int_{x^2}^{\sqrt{x}}f(y)\mathrm{d}y=\int_0^1 f(y)\mathrm{d}y\int_{y^2}^{\sqrt{y}}\mathrm{d}x=\int_0^1(\sqrt{y}-y^2)f(y)\mathrm{d}y=\int_0^1(\sqrt{x}-x^2)f(x)\mathrm{d}x.$$

注记 此题为累次积分等式的证明, 证法 1 是把它看作求变限积分的积分, 用分部积分法; 证法 2 是把它看作是二重积分的累次积分, 进而交换积分次序.

例 72 设 $D=\{(x,y)|0\leqslant x\leqslant 1,0\leqslant y\leqslant 1\}$, 证明不等式

$$1\leqslant\iint\limits_{D}(\cos x^2+\sin y^2)\mathrm{d}x\mathrm{d}y\leqslant\sqrt{2}.$$

证明 积分区域 D 关于 $y=x$ 对称, 则

$$\iint\limits_{D}(\cos x^2+\sin y^2)\mathrm{d}x\mathrm{d}y=\iint\limits_{D}(\cos y^2+\sin y^2)\mathrm{d}x\mathrm{d}y=\sqrt{2}\iint\limits_{D}\sin\left(y^2+\frac{\pi}{4}\right)\mathrm{d}x\mathrm{d}y.$$

因为 $0 \leqslant y \leqslant 1$, 知 $\frac{\pi}{4} \leqslant y^2+\frac{\pi}{4} \leqslant 1+\frac{\pi}{4} < \frac{3}{4}\pi$, 故 $\frac{1}{\sqrt{2}} \leqslant \sin(y^2+\frac{\pi}{4}) \leqslant 1$, 所以

$$1 \leqslant \iint_D (\cos x^2+\sin y^2)\mathrm{d}x\mathrm{d}y \leqslant \sqrt{2}\iint_D \mathrm{d}x\mathrm{d}y=\sqrt{2}.$$

例 73　设函数 $f(x)$ 在 $[a,b]$ 上连续, 平面积分区域 $D=[a,b]^2$, 试证明:

$$(1)\iint_D \mathrm{e}^{f(x)-f(y)}\mathrm{d}x\mathrm{d}y \geqslant (b-a)^2;\quad (2)\iint_D \frac{1+y^4f^2(x)}{1+x^4f^2(y)}\mathrm{d}x\mathrm{d}y \geqslant (b-a)^2.$$

证明　(1) 积分区域 D 关于 $y=x$ 对称, 且 $\mathrm{e}^{f(x)}$ 与 $\mathrm{e}^{-f(y)}$ 为 $[a,b]$ 上正值连续函数, 则有

$$\begin{aligned}\iint_D \mathrm{e}^{f(x)-f(y)}\mathrm{d}x\mathrm{d}y &= \iint_D \mathrm{e}^{f(y)-f(x)}\mathrm{d}x\mathrm{d}y=\frac{1}{2}\iint_D\left[\frac{\mathrm{e}^{f(x)}}{\mathrm{e}^{f(y)}}+\frac{\mathrm{e}^{f(y)}}{\mathrm{e}^{f(x)}}\right]\mathrm{d}x\mathrm{d}y\\ &= \iint_D \frac{\mathrm{e}^{2f(x)}+\mathrm{e}^{2f(y)}}{2\mathrm{e}^{f(x)}\mathrm{e}^{f(y)}}\mathrm{d}x\mathrm{d}y\\ &\geqslant \iint_D \mathrm{d}x\mathrm{d}y \geqslant (b-a)^2.\end{aligned}$$

(2) 证法同上.

例 74　已知函数 $f(x,y)\in C^2(D)$, $D=\{(x,y)|\ 0\leqslant x\leqslant 1, 0\leqslant y\leqslant 1\}$, 且 $f(1,y)=f(x,1)=a$, $\iint_D f(x,y)\,\mathrm{d}x\mathrm{d}y=b$, 其中 a,b 为常数. 计算二重积分 $\iint_D xyf''_{xy}(x,y)\,\mathrm{d}x\mathrm{d}y$.

解　因为 $f(1,y)=f(x,1)=a$, 则 $f'_y(1,y)=f'_x(x,1)=0$. 利用两次分部积分及交换积分顺序, 得

$$\begin{aligned}\iint_D xyf''_{xy}(x,y)\mathrm{d}x\mathrm{d}y &= \int_0^1 x\mathrm{d}x\int_0^1 yf''_{xy}(x,y)\mathrm{d}y\\ &= \int_0^1 x\left[yf'_x(x,y)\big|_{y=0}^{y=1}-\int_0^1 f'_x(x,y)\mathrm{d}y\right]\mathrm{d}x\\ &= -\int_0^1\mathrm{d}y\int_0^1 xf'_x(x,y)\mathrm{d}x\\ &= -\int_0^1\left[xf(x,y)\big|_{x=0}^{x=1}-\int_0^1 f(x,y)\mathrm{d}x\right]\mathrm{d}y\\ &= -\int_0^1\left[a-\int_0^1 f(x,y)\mathrm{d}x\right]\mathrm{d}y=-a+\iint_D f(x,y)\mathrm{d}x\mathrm{d}y=b-a.\end{aligned}$$

例 75 证明

$$\iint\limits_{x^2+y^2\leqslant 1} \mathrm{e}^{x^2+y^2}\mathrm{d}x\mathrm{d}y < \left(\int_{-\frac{\sqrt{\pi}}{2}}^{\frac{\sqrt{\pi}}{2}} \mathrm{e}^{x^2}\mathrm{d}x\right)^2.$$

证明 记 $D=\{(x,y)|x^2+y^2\leqslant 1\}$, $D'=\left\{(x,y)\middle|-\frac{\sqrt{\pi}}{2}\leqslant x\leqslant\frac{\sqrt{\pi}}{2},-\frac{\sqrt{\pi}}{2}\leqslant y\leqslant\frac{\sqrt{\pi}}{2}\right\}$, $D_0=D\cap D'$, 如图 6.8 所示. 不等式的右边也可写成一个二重积分, 即

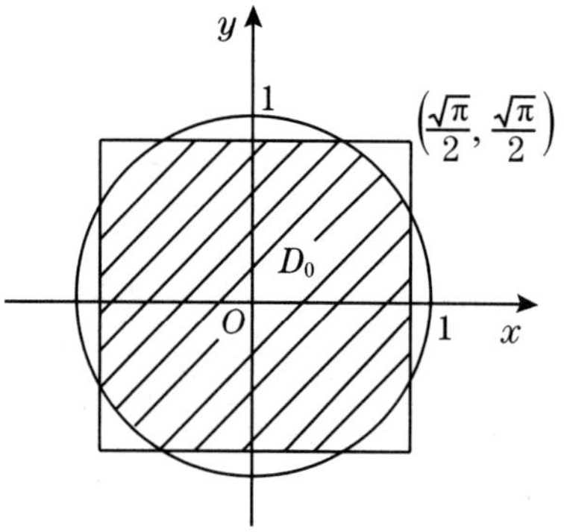

图 6.8 区域 D_0

$$\left(\int_{-\frac{\sqrt{\pi}}{2}}^{\frac{\sqrt{\pi}}{2}} \mathrm{e}^{x^2}\mathrm{d}x\right)^2=\int_{-\frac{\sqrt{\pi}}{2}}^{\frac{\sqrt{\pi}}{2}} \mathrm{e}^{x^2}\mathrm{d}x\int_{-\frac{\sqrt{\pi}}{2}}^{\frac{\sqrt{\pi}}{2}} \mathrm{e}^{y^2}\mathrm{d}y=\iint\limits_{D'}\mathrm{e}^{x^2+y^2}\mathrm{d}x\mathrm{d}y.$$

因为 D 与 D' 的面积都等于 π, 设 D_0 的面积为 A $(0<A<\pi)$, 则 $D\setminus D_0$ 与 $D'\setminus D_0$ 的面积都是 $\pi-A$. 在 $D\setminus D_0$ 上有 $x^2+y^2\leqslant 1$, 但 $x^2+y^2\neq 1$, 则

$$\iint\limits_{D\setminus D_0} \mathrm{e}^{x^2+y^2}\mathrm{d}x\mathrm{d}y<\iint\limits_{D\setminus D_0}\mathrm{e}\mathrm{d}x\mathrm{d}y=\mathrm{e}(\pi-A).$$

而在 $D'\setminus D_0$ 上有 $x^2+y^2\geqslant 1$, 但 $x^2+y^2\neq 1$, 则

$$\iint\limits_{D'\setminus D_0} \mathrm{e}^{x^2+y^2}\mathrm{d}x\mathrm{d}y>\iint\limits_{D'\setminus D_0}\mathrm{e}\mathrm{d}x\mathrm{d}y=\mathrm{e}(\pi-A).$$

故

$$\iint\limits_{D\setminus D_0} \mathrm{e}^{x^2+y^2}\mathrm{d}x\mathrm{d}y<\mathrm{e}(\pi-A)<\iint\limits_{D'\setminus D_0} \mathrm{e}^{x^2+y^2}\mathrm{d}x\mathrm{d}y,$$

$$\iint_D e^{x^2+y^2}dxdy < \iint_{D'} e^{x^2+y^2}dxdy = \left(\int_{-\frac{\sqrt{\pi}}{2}}^{\frac{\sqrt{\pi}}{2}} e^{x^2}dx\right)^2.$$

例 76 设 $f(x)$ 在 $[0,1]$ 上连续, 且满足 $f(x)=1+a\int_x^1 f(y)f(y-x)dy$, 证明: $a\leqslant\frac{1}{2}$.

证明 令 $A=\int_0^1 f(x)dx$, 对等式两边在 $[0,1]$ 上积分, 得

$$\begin{aligned}A=1+a\int_0^1 dx\int_x^1 f(y)f(y-x)dy&=1+a\int_0^1 f(y)dy\int_0^y f(y-x)dx\\&=1+a\int_0^1 f(y)dy\int_0^y f(t)dt\\&=1+a\int_0^1\left(\int_0^y f(t)dt\right)d\left(\int_0^y f(t)dt\right)\\&=1+\frac{a}{2}\left(\int_0^1 f(t)dt\right)^2=1+\frac{aA^2}{2},\end{aligned}$$

由此得 $\frac{aA^2}{2}-A+1=0$, 即 $aA^2-2A+2=0$, 因 A 是实数, 所以 $\Delta=4-8a\geqslant 0$, 即 $a\leqslant\frac{1}{2}$.

例 77 求 $\int_0^1\frac{x^b-x^a}{\ln x}dx\ (0<a<b)$.

解 因为

$$\frac{x^b-x^a}{\ln x}=\int_a^b x^t dt,$$

故将原积分表示为累次积分后, 交换积分次序得

$$\int_0^1\frac{x^b-x^a}{\ln x}dx=\int_0^1 dx\int_a^b x^t dt=\int_a^b dt\int_0^1 x^t dx=\int_a^b\frac{1}{t+1}dt=\ln\frac{b+1}{a+1}.$$

例 78 求 $\iint_{\mathbb{R}^2}\max\{x,y\}e^{-x^2-y^2}dxdy$.

解

$$\begin{aligned}&\iint_{\mathbb{R}^2}\max\{x,y\}e^{-x^2-y^2}dxdy\\&=\iint_{x\leqslant y}\max\{x,y\}e^{-x^2-y^2}dxdy+\iint_{y\leqslant x}\max\{x,y\}e^{-x^2-y^2}dxdy\\&=\int_{-\infty}^{+\infty}dx\int_x^{+\infty}ye^{-x^2}e^{-y^2}dy+\int_{-\infty}^{+\infty}dy\int_y^{+\infty}xe^{-x^2}e^{-y^2}dx\end{aligned}$$

$$
\begin{aligned}
&=\frac{1}{2}\int_{-\infty}^{+\infty}\mathrm{e}^{-2x^2}\mathrm{d}x+\frac{1}{2}\int_{-\infty}^{+\infty}\mathrm{e}^{-2y^2}\mathrm{d}y\\
&=\frac{1}{\sqrt{2}}\int_{-\infty}^{+\infty}\mathrm{e}^{-t^2}\mathrm{d}t=\sqrt{\frac{\pi}{2}}.
\end{aligned}
$$

例 79 设 $D=\{(x,y)|0\leqslant x\leqslant 1,0\leqslant y\leqslant 1\}$, $I=\iint\limits_D f(x,y)\mathrm{d}x\mathrm{d}y$, 其中函数 $f(x,y)$ 在 D 上有二阶连续偏导数. 若对任何 x,y 有 $f(0,y)=f(x,0)=0$ 且 $\dfrac{\partial^2 f}{\partial x\partial y}\leqslant A$. 证明: $I\leqslant\dfrac{A}{4}$.

证明 证法 1 因为 $f(0,y)=0$, 所以 $\dfrac{\partial f}{\partial y}(0,y)=0$. 两次微分中值定理 $\exists 0<\theta_1,\theta_2<1$

$$
\begin{aligned}
f(x,y)&=f(x,y)-f(x,0)=y\frac{\partial f}{\partial y}(x,\theta_1 y)\\
&=y\left(\frac{\partial f}{\partial y}(x,\theta_1 y)-\frac{\partial f}{\partial y}(0,\theta_1 y)\right)=xy\frac{\partial^2 f}{\partial x\partial y}(\theta_2 x,\theta_1 y)
\end{aligned}
$$

所以对 $0\leqslant x,y\leqslant 1$, $f(x,y)\leqslant Axy$. 故 $I=\iint\limits_D f(x,y)\mathrm{d}x\mathrm{d}y\leqslant\iint\limits_D Axy\mathrm{d}x\mathrm{d}y=\dfrac{A}{4}$.

证法 2

$$
\begin{aligned}
I&=\int_0^1\mathrm{d}y\int_0^1 f(x,y)\mathrm{d}x=-\int_0^1\mathrm{d}y\int_0^1 f(x,y)\mathrm{d}(1-x)\\
&=-\int_0^1\left[(1-x)f(x,y)|_{x=1}^{x=0}-\int_0^1(1-x)\frac{\partial f(x,y)}{\partial x}\mathrm{d}x\right]\mathrm{d}y\quad(\text{分部积分})\\
&=\int_0^1\mathrm{d}y\int_0^1(1-x)\frac{\partial f(x,y)}{\partial x}\mathrm{d}x=\int_0^1(1-x)\mathrm{d}x\int_0^1\frac{\partial f(x,y)}{\partial x}\mathrm{d}y\quad(\text{交换积分顺序})\\
&=-\int_0^1(1-x)\mathrm{d}x\int_0^1\frac{\partial f(x,y)}{\partial x}\mathrm{d}(1-y)\\
&=-\int_0^1(1-x)\mathrm{d}x\left[(1-y)\frac{\partial f(x,y)}{\partial x}|_{y=0}^{y=1}-\int_0^1(1-y)\frac{\partial^2 f(x,y)}{\partial x\partial y}\mathrm{d}y\right]\quad(\text{分部积分})\\
&=\int_0^1(1-x)\mathrm{d}x\int_0^1(1-y)\frac{\partial^2 f(x,y)}{\partial x\partial y}\mathrm{d}x\mathrm{d}y=\iint\limits_D(1-x)(1-y)\frac{\partial^2 f(x,y)}{\partial x\partial y}\mathrm{d}x\mathrm{d}y.
\end{aligned}
$$

因为 $\dfrac{\partial^2 f}{\partial x\partial y}\leqslant A$, 且 $(1-x)(1-y)$ 在 D 上非负, 故 $I\leqslant A\iint\limits_D(1-x)(1-y)\mathrm{d}x\mathrm{d}y=\dfrac{A}{4}$.

例 80　函数 $f(x,y)$ 在 $D=[0,1]\times[0,1]$ 上可微, 且 $f(0,0)=0$, 求

$$\lim_{x\to 0^+}\frac{\int_0^{x^2}\mathrm{d}t\int_x^{\sqrt{t}}f(t,u)\mathrm{d}u}{1-\mathrm{e}^{-x^4}}.$$

分析　此题是 $\dfrac{0}{0}$ 型未定式, 分母直接无穷小量等价替换为 x^4, 但分子是二重变限积分函数, 需要谨慎处理, 要么交换积分顺序后求导, 要么用分部积分, 要么看做含参变量积分求导. 那么考虑可以用几次洛必达法则?

解　将分子交换积分顺序

$$\int_0^{x^2}\mathrm{d}t\int_x^{\sqrt{t}}f(t,u)\mathrm{d}u=-\int_0^{x}\mathrm{d}u\int_0^{u^2}f(t,u)\mathrm{d}t,$$

分母 $1-\mathrm{e}^{-x^4}\sim x^4\ (x\to 0)$, 由洛必达法则, 积分中值定理及泰勒展开

$$\begin{aligned}\lim_{x\to 0^+}\frac{\int_0^{x^2}\mathrm{d}t\int_x^{\sqrt{t}}f(t,u)\mathrm{d}u}{1-\mathrm{e}^{-x^4}}&=\lim_{x\to 0^+}\frac{-\int_0^{x}\mathrm{d}u\int_0^{u^2}f(t,u)\mathrm{d}t}{x^4}\\&=-\lim_{x\to 0^+}\frac{\int_0^{x^2}f(t,x)\mathrm{d}t}{4x^3}=-\lim_{x\to 0^+}\frac{1}{4}\frac{x^2f(\xi,x)}{x^3}\\&=-\frac{1}{4}\lim_{x\to 0^+}\frac{f(\xi,x)}{x}\\&=-\frac{1}{4}\lim_{x\to 0^+}\frac{f'_x(0,0)\xi+f'_y(0,0)x+o(\sqrt{\xi^2+x^2})}{x}\\&=-\frac{1}{4}f'_y(0,0).\end{aligned}$$

由于 $0\leqslant\xi\leqslant x^2$, 则 $\lim\limits_{x\to 0^+}\dfrac{\xi}{x}=0$.

注记　此题虽然是求 $\dfrac{0}{0}$ 型未定式的极限的题, 却涉及微分和积分许多知识点的综合题. 除了处理分子很策略, 在一次洛必达法则后, 需要一元函数的积分中值定理才能把函数从积分中放出来, 然后再用二元函数带余项的泰勒公式才能求出极限.

小　结

本节主要是二重积分的计算. 在积分时首先弄清积分区域的形状, 还要灵活运用分项积分及分块积分的技巧. 根据积分区域和被积函数的特征 (积分区域的

对称性和被积函数的奇偶性), 选取适当的坐标系 (直角坐标系、极坐标或曲线坐标), 即采用合适的变量代换, 简化计算. 重积分化为累次积分计算时要选择适当的积分次序, 一般的原则是在实际能积出来的前提下, 使划分的区域块最少.

1. 交换累次积分次序计算累次积分的值.
2. 把二重积分化为累次积分计算.
3. 利用区域的对称性和函数的奇偶性计算二重积分.
4. 利用变量代换计算二重积分.
5. 利用重积分的性质求解积分问题.
6. 关于重积分和累次积分的等式与不等式证明.

6.2 三重积分

知识要点

◇ 三重积分的概念与性质

与二重积分类似.

◇ 三重积分的累次积分

1. 三维闭区间上的三重积分

设 $f(x,y,z)$ 在三维区间 $V=I_1\times I_2\times I_3$ 上连续, 则有

$$\begin{aligned}\iiint\limits_V f(x,y,z)\mathrm{d}x\mathrm{d}y\mathrm{d}z &= \iint\limits_{I_1\times I_2}\mathrm{d}x\mathrm{d}y\int_{I_3}f(x,y,z)\mathrm{d}z\\ &=\int_{I_1}\mathrm{d}x\int_{I_2}\mathrm{d}y\int_{I_3}f(x,y,z)\mathrm{d}z\\ &=\int_{I_1}\mathrm{d}x\iint\limits_{I_2\times I_3}f(x,y,z)\mathrm{d}y\mathrm{d}z.\end{aligned}$$

2. 有界区域上的三重积分

设 V 为 $\mathbb{R}^3$ 中具有体积的有界闭域, $f(x,y,z)$ 是 V 上的连续函数.

(1) 先一后二的累次积分法 (投影法):

设 V 是由曲面

$$z=z_1(x,y),\quad z=z_2(x,y)\quad (z_1(x,y)\leqslant z_2(x,y),\ (x,y)\in D)$$

和以边界 ∂D 为准线并平行于 z 轴的柱面围成的, V 在 Oxy 平面上的投影为平面区域 D, 则

$$\iiint\limits_V f(x,y,z)\mathrm{d}x\mathrm{d}y\mathrm{d}z=\iint\limits_D \mathrm{d}x\mathrm{d}y\int_{z_1(x,y)}^{z_2(x,y)} f(x,y,z)\mathrm{d}z.$$

(2) 先二后一的累次积分法 (截面法):

设 V 在 z 轴上的投影为区间 I, 过 I 上一点 $(0,0,z)$ 并与 z 轴垂直的平面和 V 相交的平面图形在 Oxy 平面上的投影为具有面积的区域 D_z, 则

$$\iiint\limits_V f(x,y,z)\mathrm{d}x\mathrm{d}y\mathrm{d}z=\int_I \mathrm{d}z\iint\limits_{D_z} f(x,y,z)\mathrm{d}x\mathrm{d}y.$$

注记 (1) 直角坐标系下体积微元 $\mathrm{d}V=\mathrm{d}x\mathrm{d}y\mathrm{d}z$.

(2) 如果区域 V 过于复杂, 可以作一些辅助曲面把 V 分成有限个可用上述两种方法作累次积分的闭子区域, 最后把子域上的积分求和.

◇ 三重积分的变量代换

1. 一般变量代换

设变换

$$x=x(u,v,w),\quad y=y(u,v,w),\quad z=z(u,v,w),$$

将 $O'uvw$ 空间中具有体积的有界闭区域 V' 一一地映射为 $Oxyz$ 空间中具有体积的有界闭区域 V, 且 $\dfrac{\partial(x,y,z)}{\partial(u,v,w)}\neq 0$.

$f(x,y,z)$ 为 V 上的可积函数, 则

$$\iiint\limits_V f(x,y,z)\mathrm{d}x\mathrm{d}y\mathrm{d}z=\iiint\limits_{V'} f(x(u,v,w),y(u,v,w),z(u,v,w))\left|\frac{\partial(x,y,z)}{\partial(u,v,w)}\right|\mathrm{d}u\mathrm{d}v\mathrm{d}w.$$

注记 区域 V 的体积微元 $\mathrm{d}x\mathrm{d}y\mathrm{d}z$ 与 V' 的体积微元 $\mathrm{d}u\mathrm{d}v\mathrm{d}w$ 之间有如下关系:

$$\mathrm{d}x\mathrm{d}y\mathrm{d}z=\left|\frac{\partial(x,y,z)}{\partial(u,v,w)}\right|\mathrm{d}u\mathrm{d}v\mathrm{d}w,$$

其中 $\left|\frac{\partial(x,y,z)}{\partial(u,v,w)}\right|$ 为体积膨胀率.

2. 球体坐标变换

$$\begin{cases}x=r\sin\theta\cos\varphi,\\ y=r\sin\theta\sin\varphi,\\ z=r\cos\theta.\end{cases}$$

其雅可比行列式为

$$\frac{\partial(x,y,z)}{\partial(r,\varphi,\varphi)}=r^2\sin\theta>0,$$

因此, 有三重积分球坐标变换公式

$$\iiint\limits_V f(x,y,z)\mathrm{d}x\mathrm{d}y\mathrm{d}z=\iiint\limits_{V'} f(r\sin\theta\cos\varphi,r\sin\theta\sin\varphi,r\cos\theta)r^2\sin\theta\mathrm{d}r\mathrm{d}\theta\mathrm{d}\varphi.$$

注记 当积分区域为球体、锥体或者它们的一部分, 或被积函数形如

$$x^n y^m z^k f(x^2+y^2+z^2)$$

时, 一般考虑用球坐标变换.

3. 柱体坐标变换

$$\begin{cases}x=r\cos\theta,\\ y=r\sin\theta,\\ z=z\end{cases}\quad 或 \quad\begin{cases}x=x,\\ y=r\cos\theta,\\ z=r\sin\theta\end{cases}\quad 或 \quad\begin{cases}x=r\sin\theta,\\ y=y,\\ z=r\cos\theta.\end{cases}$$

其雅可比行列式

$$\frac{\partial(x,y,z)}{\partial(r,\theta,z)}=r\quad 或 \quad\frac{\partial(x,y,z)}{\partial(x,r,\theta)}=r\quad 或 \quad\frac{\partial(x,y,z)}{\partial(\theta,y,r)}=r.$$

因此, 有三重积分柱体坐标变换公式 (对应于第一种的情形)

$$\iiint\limits_V f(x,y,z)\mathrm{d}x\mathrm{d}y\mathrm{d}z=\iiint\limits_{V'} f(r\cos\varphi,r\sin\varphi,z)r\mathrm{d}r\mathrm{d}\varphi\mathrm{d}z.$$

注记 当积分区域为旋转体, 如柱体、锥体、旋转抛物体等, 被积函数形如

$$x^n y^m z^k f(x^2+y^2) \quad 或 \quad x^n y^m z^k f(y^2+z^2) \quad 或 \quad x^n y^m z^k f(z^2+x^2)$$

时, 一般考虑用柱体坐标变换.

4. 椭球体坐标变换

$$\begin{cases} x = ar\sin\theta\cos\varphi, \\ y = br\sin\theta\sin\varphi, \\ z = cr\cos\theta. \end{cases}$$

椭球体坐标变换把空间区域 V' 一一映射为 V, 其雅可比行列式

$$\frac{\partial(x,y,z)}{\partial(r,\varphi,\varphi)} = abcr^2\sin\theta > 0,$$

因此, 有三重积分椭球体坐标变换公式

$$\iiint\limits_V f(x,y,z)\mathrm{d}x\mathrm{d}y\mathrm{d}z = abc\iiint\limits_{V'} f(ar\sin\theta\cos\varphi, br\sin\theta\sin\varphi, cr\cos\theta)r^2\sin\theta\mathrm{d}r\mathrm{d}\theta\mathrm{d}\varphi.$$

◇ 利用对称性计算三重积分

利用区域的对称性与被积函数的奇偶性计算三重积分也是非常重要的. 设 $f(x,y,z)$ 在有界闭区域 V 上连续.

(1) 若 V 关于 Oxy 平面对称, 则

$$\iiint\limits_{V_1} f(x,y,z)\mathrm{d}x\mathrm{d}y\mathrm{d}z = \iiint\limits_{V\setminus V_1} f(x,y,-z)\mathrm{d}x\mathrm{d}y\mathrm{d}z,$$

因而

$$\iiint\limits_V f(x,y,z)\mathrm{d}x\mathrm{d}y\mathrm{d}z = \begin{cases} 0, & f(x,y,-z) = -f(x,y,z), \\ 2\iiint\limits_{V_1} f(x,y,z)\mathrm{d}x\mathrm{d}y\mathrm{d}z, & f(x,y,-z) = f(x,y,z), \end{cases}$$

其中 $V_1 = V\cap\{(x,y,z)|z\geqslant 0\}$.

(2) 若 V 关于 Oyz 平面对称, 则

$$\iiint\limits_{V_2} f(x,y,z)\mathrm{d}x\mathrm{d}y\mathrm{d}z = \iiint\limits_{V\setminus V_2} f(-x,y,z)\mathrm{d}x\mathrm{d}y\mathrm{d}z,$$

因而

$$\iiint\limits_V f(x,y,z)\mathrm{d}x\mathrm{d}y\mathrm{d}z=\begin{cases}0, & f(-x,y,z)=-f(x,y,z),\\ 2\iiint\limits_{V_2} f(x,y,z)\mathrm{d}x\mathrm{d}y\mathrm{d}z, & f(-x,y,z)=f(x,y,z),\end{cases}$$

其中 $V_2=V\cap\{(x,y,z)|x\geqslant 0\}$.

(3) 若 V 关于 Ozx 平面对称, 则

$$\iiint\limits_{V_3} f(x,y,z)\mathrm{d}x\mathrm{d}y\mathrm{d}z=\iiint\limits_{V\setminus V_3} f(x,-y,z)\mathrm{d}x\mathrm{d}y\mathrm{d}z,$$

因而

$$\iiint\limits_V f(x,y,z)\mathrm{d}x\mathrm{d}y\mathrm{d}z=\begin{cases}0, & f(x,-y,z)=-f(x,y,z),\\ 2\iiint\limits_{V_1} f(x,y,z)\mathrm{d}x\mathrm{d}y\mathrm{d}z, & f(x,-y,z)=f(x,y,z),\end{cases}$$

其中 $V_3=V\cap\{(x,y,z)|y\geqslant 0\}$.

(4) 若 V 关于原点 $O(0,0,0)$ 中心对称, 则

$$\iiint\limits_{V'} f(x,y,z)\mathrm{d}x\mathrm{d}y\mathrm{d}z=\iiint\limits_{V\setminus V'} f(-x,-y,-z)\mathrm{d}x\mathrm{d}y\mathrm{d}z,$$

因而

$$\iiint\limits_V f(x,y,z)\mathrm{d}x\mathrm{d}y\mathrm{d}z=\begin{cases}0, & f(-x,-y,-z)=-f(x,y,z),\\ 2\iiint\limits_{V'} f(x,y,z)\mathrm{d}x\mathrm{d}y\mathrm{d}z, & f(-x,-y,-z)=f(x,y,z),\end{cases}$$

其中 V' 为 V_1, V_2 或 V_3.

精选例题

例 81 计算下列累次积分:

(1) $\int_0^1\mathrm{d}x\int_x^1\mathrm{d}y\int_y^1 y\sqrt{1+z^4}\mathrm{d}z$; (2) $\int_0^1\mathrm{d}x\int_0^{1-x}\mathrm{d}y\int_0^{\frac{y}{2}}\dfrac{\cos z}{(2z-1)^2}\mathrm{d}z$.

解 (1) 先交换 z 与 y 的积分次序, 积分区域为 Oyz 平面上区域 D_{yz}(如图 6.9(a) 所示)

$$D_{yz}=\{(y,z)|y\leqslant z\leqslant 1,\ x\leqslant y\leqslant 1\}=\{(y,z)|x\leqslant y\leqslant z,\ x\leqslant z\leqslant 1\},$$

再交换 z 与 x 的积分次序, 积分区域为 Ozx 平面上区域 D_{zx}(如图 6.9(b) 所示)

$$D_{zx}=\{(z,x)|x\leqslant z\leqslant 1,\ 0\leqslant x\leqslant 1\}=\{(z,x)|0\leqslant x\leqslant z,\ 0\leqslant z\leqslant 1\},$$

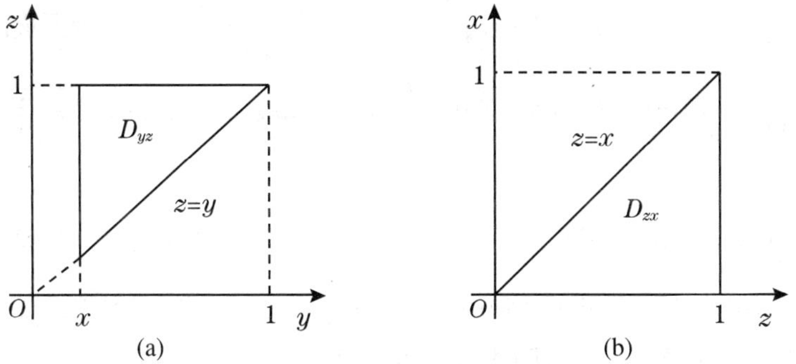

图 6.9　积分区域 D_{yz} 和 D_{zx}

$$\begin{aligned}\int_0^1\mathrm{d}x\int_x^1\mathrm{d}y\int_y^1 y\sqrt{1+z^4}\mathrm{d}z&=\int_0^1\mathrm{d}x\int_x^1\sqrt{1+z^4}\mathrm{d}z\int_x^z y\mathrm{d}y\\&=\frac{1}{2}\int_0^1\mathrm{d}x\int_x^1(z^2-x^2)\sqrt{1+z^4}\mathrm{d}z\\&=\frac{1}{2}\int_0^1\mathrm{d}z\int_0^z(z^2-x^2)\sqrt{1+z^4}\mathrm{d}x\\&=\frac{1}{2}\int_0^1\frac{2}{3}z^3\sqrt{1+z^4}\mathrm{d}z=\frac{1}{18}(2\sqrt{2}-1).\end{aligned}$$

(2) 因为 $\int_0^{\frac{y}{2}}\frac{\cos z}{(2z-1)^2}\mathrm{d}z$ 积不出来, 所以要交换积分次序. 而且函数 $\frac{\cos z}{(2z-1)^2}$ 仅依赖于 z, 所以可先在平行于 Oxy 平面的截面上积分, 即采取先 xy 后 z 的累次积分法,

$$D_z=\{(x,y)|0\leqslant x\leqslant 1-y,\ 2z\leqslant y\leqslant 1\},$$

$$\begin{aligned}\int_0^1\mathrm{d}x\int_0^{1-x}\mathrm{d}y\int_0^{\frac{y}{2}}\frac{\cos z}{(2z-1)^2}\mathrm{d}z&=\int_0^{\frac{1}{2}}\mathrm{d}z\iint\limits_{D_z}\frac{\cos z}{(2z-1)^2}\mathrm{d}x\mathrm{d}y\\&=\int_0^{\frac{1}{2}}\frac{\cos z}{(2z-1)^2}\mathrm{d}z\int_{2z}^1\mathrm{d}y\int_0^{1-y}\mathrm{d}x\\&=\int_0^{\frac{1}{2}}\frac{\cos z}{(2z-1)^2}\cdot\frac{1}{2}(1-2z)^2\mathrm{d}z\\&=\frac{1}{2}\int_0^{\frac{1}{2}}\cos z\mathrm{d}z=\frac{1}{2}\sin\frac{1}{2}.\end{aligned}$$

注记 此题也可用第 (1) 题的做法, 先交换 z 与 y 的积分次序, 再交换 z 与 x 的积分次序, 化为先 y 再 x 后 z 的累次积分.

例 82 求下列三重积分:

(1) $\iiint\limits_V xy^2z^3\mathrm{d}V$, 其中 V 是由 $z=xy$, $z=0$, $y=x$, $x=1$ 所围成的区域.

(2) $\iiint\limits_V \dfrac{y\sin x}{x}\mathrm{d}V$, 其中 V 是由 $y=\sqrt{x}$, $y=0$, $z=0$, $x+z=\dfrac{\pi}{2}$ 所围成的区域.

(3) $\iiint\limits_V (1+x^4)\mathrm{d}V$, 其中 V 是由 $x^2=y^2+z^2$, $x=1$, $x=2$ 所围成的区域.

解 (1) 积分区域 V 的图形不太直观, 但它在 Oxy 的平面上的投影区域 D_{xy} 为由 $y=0$, $y=x$ 及 $x=1$ 所围成的三角形, 即

$$D_{xy}=\{(x,y)|0\leqslant y\leqslant x,0\leqslant x\leqslant 1\},$$

区域 V 的下边界为平面 $z=0$, 上边界为曲面 $z=xy$, 即

$$V=\{(x,y,z)|0\leqslant z\leqslant xy,(x,y)\in D_{xy}\}.$$

由先 z 后 xy 的累次积分法知

$$\begin{aligned}\iiint\limits_V xy^2z^3\mathrm{d}V&=\iint\limits_{D_{xy}}\mathrm{d}x\mathrm{d}y\int_0^{xy}xy^2z^3\mathrm{d}z\\&=\frac{1}{4}\int_0^1\mathrm{d}x\int_0^x x^5y^6\mathrm{d}y=\frac{1}{364}.\end{aligned}$$

(2) **分析** 积分区域 V 是复杂的柱形区域, 上顶是平面 $x+z=\dfrac{\pi}{2}$, 下底是 Oxy 平面, 即 $z=0$, 侧面是柱面 $y=\sqrt{x}$ 和 $y=0$, 即

$$V=\left\{(x,y,z)|0\leqslant z\leqslant\frac{\pi}{2}-x,\ (x,y)\in D_{xy}\right\},$$

其中 D_{xy}: $0\leqslant y\leqslant\sqrt{x}$, $0\leqslant x\leqslant\dfrac{\pi}{2}$. 当然也可看作

$$V=\{(x,y,z)|0\leqslant y\leqslant\sqrt{x},\ (x,y)\in D_{zx}\},$$

其中 $D_{zx}:0\leqslant x\leqslant\dfrac{\pi}{2}-z$, $0\leqslant z\leqslant\dfrac{\pi}{2}$. 投影区域 D_{xy} 与 D_{zx} 如图 6.10 所示.

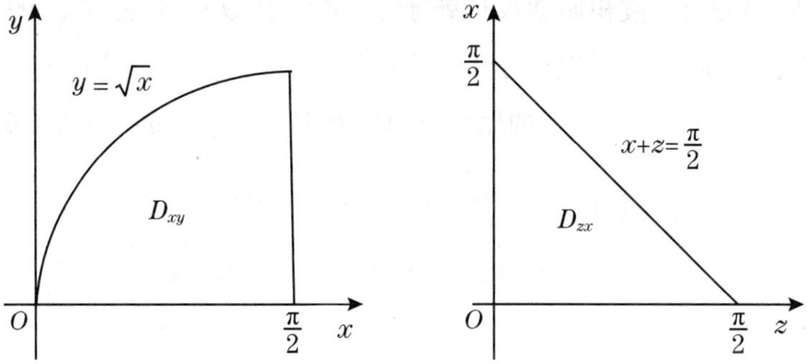

图 6.10　投影区域 D_{xy} 和 D_{zx}

解法 1

$$\begin{aligned}\iiint\limits_V \frac{y\sin x}{x}\mathrm{d}V &= \iint\limits_{D_{xy}} \mathrm{d}x\mathrm{d}y\int_0^{\frac{\pi}{2}-x}\frac{y\sin x}{x}\mathrm{d}z\\ &= \int_0^{\frac{\pi}{2}}\mathrm{d}x\int_0^{\sqrt{x}}\left(\frac{\pi}{2}-x\right)\frac{y\sin x}{x}\mathrm{d}y\\ &= \frac{1}{2}\int_0^{\frac{\pi}{2}}\left(\frac{\pi}{2}-x\right)\sin x\mathrm{d}x = \frac{\pi}{4}-\frac{1}{2}.\end{aligned}$$

解法 2

$$\begin{aligned}\iiint\limits_V \frac{y\sin x}{x}\mathrm{d}V &= \iint\limits_{D_{zx}} \mathrm{d}z\mathrm{d}x\int_0^{\sqrt{x}}\frac{y\sin x}{x}\mathrm{d}y\\ &= \frac{1}{2}\int_0^{\frac{\pi}{2}}\mathrm{d}z\int_0^{\frac{\pi}{2}-z}\sin x\mathrm{d}x\\ &= \frac{1}{2}\int_0^{\frac{\pi}{2}}(1-\sin z)\mathrm{d}z = \frac{\pi}{4}-\frac{1}{2}.\end{aligned}$$

(3) 积分区域 V 是锥体被平面 $x=1$ 和 $x=2$ 的所截部分, 截面为圆域 $D_x: y^2+z^2\leqslant x^2$, 所以采取先 yz 后 x 的累次积分法, 则

$$\iiint\limits_V (1+x^4)\mathrm{d}V = \int_1^2(1+x^4)\mathrm{d}x\iint\limits_{D_x}\mathrm{d}y\mathrm{d}z = \int_1^2 \pi x^2(1+x^4)\mathrm{d}x = \frac{430}{21}\pi.$$

例 83　求 $\iiint\limits_V z^2\mathrm{d}V$, 其中

(1) V 是由 $x^2+y^2+z^2=2$ 与 $z=x^2+y^2$ 所围成, 含点 $(0,0,1)$ 的部分.

(2) V 是由 $x^2+y^2+z^2=2$ 与 $z=x^2+y^2$ 所围成, 含点 $(0,0,-1)$ 的部分.

解 (1) 解法 1 被积函数仅依赖于 z, 平行于 Oxy 平面与 V 的截面是圆盘, 故采取先 xy 后 z 的累次积分法. $x^2+y^2+z^2=2$ 与 $z=x^2+y^2$ 交线在平面 $z=1$ 上. 记 V_1 为 V 中 $z\leqslant 1$ 的那部分, V_2 为 V 中 $z\geqslant 1$ 的那部分, 知

$$V_1=\{(x,y,z)|x^2+y^2\leqslant z,\ 0\leqslant z\leqslant 1\},$$
$$V_2=\{(x,y,z)|x^2+y^2\leqslant 2-z^2,\ 1\leqslant z\leqslant \sqrt{2}\},$$

则

$$\begin{aligned}I&=\iiint_V z^2\mathrm{d}V=\iiint_{V_1} z^2\mathrm{d}V+\iiint_{V_2} z^2\mathrm{d}V\\&=\int_0^1\mathrm{d}z\iint_{x^2+y^2\leqslant z} z^2\mathrm{d}x\mathrm{d}y+\int_1^{\sqrt{2}}\mathrm{d}z\iint_{x^2+y^2\leqslant 2-z^2} z^2\mathrm{d}x\mathrm{d}y\\&=\int_0^1\pi z^3\mathrm{d}z+\int_1^{\sqrt{2}}\pi(2-z^2)z^2\mathrm{d}z=\left(\frac{8}{15}\sqrt{2}-\frac{13}{60}\right)\pi.\end{aligned}$$

解法 2 由于 $V=\{(x,y,z)|x^2+y^2\leqslant z\leqslant\sqrt{2-x^2-y^2},\ x^2+y^2\leqslant 1\}$, 则

$$\begin{aligned}I&=\iint_{x^2+y^2\leqslant 1}\mathrm{d}x\mathrm{d}y\int_{x^2+y^2}^{\sqrt{2-x^2-y^2}} z^2\mathrm{d}z\\&=\frac{1}{3}\iint_{x^2+y^2\leqslant 1}\left[(2-x^2-y^2)^{\frac{3}{2}}-(x^2+y^2)^3\right]\mathrm{d}x\mathrm{d}y\\&=\frac{1}{3}\int_0^{2\pi}\mathrm{d}\theta\int_0^1\left[(2-r^2)^{\frac{3}{2}}-r^6\right]r\mathrm{d}r\\&=\frac{\pi}{3}\int_0^1\left[(2-t)^{\frac{3}{2}}-t^3\right]\mathrm{d}t=\left(\frac{8}{15}\sqrt{2}-\frac{13}{60}\right)\pi.\end{aligned}$$

(2) 解法 1 积分域在抛物面 $z=x^2+y^2$ 之下, 球面 $x^2+y^2+z^2=2$ 的内部, 平面 $z=0$ 将区域分成两部分, 即

$$V_1=\{(x,y,z)|z\leqslant x^2+y^2\leqslant 2-z^2,\ 0\leqslant z\leqslant 1\},$$
$$V_2=\{(x,y,z)|x^2+y^2\leqslant 2-z^2,\ -\sqrt{2}\leqslant z\leqslant 0\},$$

同上用先 xy 后 z 的累次积分法, 则

$$J=\iiint_V z^2\mathrm{d}V=\iiint_{V_1} z^2\mathrm{d}V+\iiint_{V_2} z^2\mathrm{d}V$$

$$
\begin{aligned}
&=\int_0^1 \mathrm{d}z \iint\limits_{z\leqslant x^2+y^2\leqslant 2-z^2} z^2\mathrm{d}x\mathrm{d}y+\int_{-\sqrt{2}}^0 \mathrm{d}z \iint\limits_{x^2+y^2\leqslant 2-z^2} z^2\mathrm{d}x\mathrm{d}y\\
&=\int_0^1 \pi(2-z^2-z)z^2\mathrm{d}z+\int_{-\sqrt{2}}^0 \pi(2-z^2)z^2\mathrm{d}z\\
&=\left(\frac{8}{15}\sqrt{2}+\frac{13}{60}\right)\pi.
\end{aligned}
$$

解法 2　显然有

$$
\begin{aligned}
J&=\iiint\limits_{x^2+y^2+z^2\leqslant 2} z^2\mathrm{d}V-I\\
&=\int_{-\sqrt{2}}^{\sqrt{2}} \mathrm{d}z \iint\limits_{x^2+y^2\leqslant 2-z^2} z^2\mathrm{d}x\mathrm{d}y-I\\
&=\int_{-\sqrt{2}}^{\sqrt{2}} \pi(2-z^2)z^2\mathrm{d}z-\left(\frac{8}{15}\sqrt{2}-\frac{13}{60}\right)\pi\\
&=\left(\frac{8}{15}\sqrt{2}+\frac{13}{60}\right)\pi.
\end{aligned}
$$

例 84　求下列三重积分:

(1) $\iiint\limits_V(\sqrt{x^2+y^2+z^2}+x-y^3)\mathrm{d}V$, 其中 V 是由球面 $x^2+y^2+z^2=2z$ 所围成的区域.

(2) $\iiint\limits_V(x^3+y^3+z)\mathrm{d}V$, 其中 V 是由半球面 $x^2+y^2+z^2=2z$ $(z\geqslant 1)$ 与锥面 $z=\sqrt{x^2+y^2}$ 所围成的区域.

(3) $\iiint\limits_V(x+y+z)\mathrm{d}V$, 其中 V 是由椭球面 $\dfrac{x^2}{a^2}+\dfrac{y^2}{b^2}+\dfrac{z^2}{c^2}=1$ 与平面 $z=0$ 所围成的上半部分 $(a,b,c>0)$.

解　(1) **分析**　积分区域关于坐标面 Oyz, Ozx 对称, x 是关于 x 的奇函数, y^3 是关于 y 的奇函数, 则有

$$
\iiint\limits_V x\mathrm{d}V=0,\quad \iiint\limits_V y^3\mathrm{d}V=0.
$$

解法 1　由积分区域和被积函数的特点, 选用球坐标变换, 此时积分区域为

$$
0\leqslant\varphi\leqslant 2\pi,\quad 0\leqslant\theta\leqslant\frac{\pi}{2},\quad 0\leqslant r\leqslant 2\cos\theta,
$$

故有

$$\begin{aligned}\iiint\limits_V(\sqrt{x^2+y^2+z^2}+x-y^3)\mathrm{d}V&=\iiint\limits_V\sqrt{x^2+y^2+z^2}\mathrm{d}V\\&=\int_0^{2\pi}\mathrm{d}\varphi\int_0^{\frac{\pi}{2}}\mathrm{d}\theta\int_0^{2\cos\theta}r\cdot r^2\sin\theta\mathrm{d}r\\&=4\int_0^{2\pi}\mathrm{d}\varphi\int_0^{\frac{\pi}{2}}\cos^4\theta\sin\theta\mathrm{d}\theta\\&=4\int_0^{2\pi}\mathrm{d}\varphi\int_0^1 t^4\mathrm{d}t=\frac{8}{5}\pi.\end{aligned}$$

解法 2 积分区域为球心在 $(0,0,1)$ 的单位球体, 可以用截面法, 先 xy 后 z 的累次积分, 截面 $D_z: x^2+y^2\leqslant 2z-z^2$, 则有

$$\begin{aligned}\iiint\limits_V(\sqrt{x^2+y^2+z^2}+x-y^3)\mathrm{d}V&=\iiint\limits_V\sqrt{x^2+y^2+z^2}\mathrm{d}V\\&=\int_0^2\mathrm{d}z\iint\limits_{D_z}\sqrt{x^2+y^2+z^2}\mathrm{d}x\mathrm{d}y\quad(\text{采用极坐标变换})\\&=\int_0^2\mathrm{d}z\int_0^{2\pi}\mathrm{d}\theta\int_0^{\sqrt{2z-z^2}}\sqrt{r^2+z^2}r\mathrm{d}r\\&=\frac{2\pi}{3}\int_0^2(\sqrt{8z^3}-z^3)\mathrm{d}z=\frac{8}{5}\pi.\end{aligned}$$

(2) 由区域的对称性和被积函数的奇偶性得

$$\iiint\limits_V x^3\mathrm{d}V=0,\quad \iiint\limits_V y^3\mathrm{d}V=0.$$

解法 1 (球坐标变换) 此时积分区域为

$$0\leqslant\varphi\leqslant 2\pi,\quad 0\leqslant\theta\leqslant\frac{\pi}{4},\quad 0\leqslant r\leqslant 2\cos\theta,$$

故有

$$\begin{aligned}\iiint\limits_V(x^3+y^3+z)\mathrm{d}V&=\iiint\limits_V z\mathrm{d}V\\&=\int_0^{2\pi}\mathrm{d}\varphi\int_0^{\frac{\pi}{4}}\mathrm{d}\theta\int_0^{2\cos\theta}r\cos\theta\cdot r^2\sin\theta\mathrm{d}r\\&=2\pi\int_0^{\frac{\pi}{4}}4\cos^5\theta\sin\theta\mathrm{d}\theta=\frac{7}{6}\pi.\end{aligned}$$

解法 2 (截面法)　用对称性简化后, 被积函数只与 z 有关, 与 z 轴垂直的截面为圆盘, 半球面 $x^2+y^2+z^2=2z\ (z\geqslant 1)$ 与锥面 $z=\sqrt{x^2+y^2}$ 的交线为 $z=1$, 把区域 V 为分为上下两部分, 它们的截面分别为

$$D_{z_1}: x^2+y^2\leqslant 2z-z^2\ (1\leqslant z\leqslant 2),\quad D_{z_2}: x^2+y^2\leqslant z^2\ (0\leqslant z\leqslant 1).$$

由先 xy 后 z 的累次积分得

$$\begin{aligned}\iiint\limits_V (x^3+y^3+z)\mathrm{d}V &= \iiint\limits_V z\mathrm{d}V\\ &= \int_0^1 z\mathrm{d}z\iint\limits_{D_{z_2}}\mathrm{d}x\mathrm{d}y+\int_1^2 z\mathrm{d}z\iint\limits_{D_{z_1}}\mathrm{d}x\mathrm{d}y\\ &= \int_0^1 z\cdot\pi z^2\mathrm{d}z+\int_1^2 z\cdot\pi(2z-z^2)\mathrm{d}z=\frac{7}{6}\pi.\end{aligned}$$

解法 3 (投影法)　积分区域 V 是由半球面 $z=1+\sqrt{1-x^2-y^2}$ 与锥面 $z=\sqrt{x^2+y^2}$ 所围成的柱体, 其在 Oxy 平面上的投影区域 D 为圆域

$$D=\{(x,y)|x^2+y^2\leqslant 1\},$$

所以采用先 z 后 xy 的累次积分, 进而由区域 D 的特点, 再用极坐标变换, 故有

$$\begin{aligned}\iiint\limits_V (x^3+y^3+z)\mathrm{d}V &= \iiint\limits_V z\mathrm{d}V=\iint\limits_D \mathrm{d}x\mathrm{d}y\int_{\sqrt{x^2+y^2}}^{1+\sqrt{1-x^2-y^2}} z\mathrm{d}z\\ &= \iint\limits_D \frac{1}{2}[(1+\sqrt{1-x^2-y^2})^2-(x^2+y^2)]\mathrm{d}x\mathrm{d}y\\ &= \int_0^{2\pi}\mathrm{d}\theta\int_0^1(\sqrt{1-r^2}+1-r^2)r\mathrm{d}r=\frac{7}{6}\pi.\end{aligned}$$

(3) 由区域的对称性和被积函数的奇偶性得

$$\iiint\limits_V x\mathrm{d}V=0,\quad \iiint\limits_V y\mathrm{d}V=0.$$

解法 1 (椭球坐标变换)　此时积分区域为

$$0\leqslant\varphi\leqslant 2\pi,\quad 0\leqslant\theta\leqslant\frac{\pi}{2},\quad 0\leqslant r\leqslant 1,$$

故有

$$\iiint\limits_V (x+y+z)\mathrm{d}V=\iiint\limits_V z\mathrm{d}V=\int_0^{2\pi}\mathrm{d}\varphi\int_0^{\frac{\pi}{2}}\mathrm{d}\theta\int_0^1 cr\cos\theta\cdot abcr^2\sin\theta\mathrm{d}r=\frac{\pi abc^2}{4}.$$

解法 2 (截面法) V 的垂直于 z 轴的截面 $D_z: \frac{x^2}{a^2}+\frac{y^2}{b^2}\leqslant 1-\frac{z^2}{c^2}\ (0\leqslant z\leqslant c)$, 则有

$$\iiint\limits_V (x+y+z)\mathrm{d}V=\iiint\limits_V z\mathrm{d}V=\int_0^c z\mathrm{d}z\iint\limits_{D_z}\mathrm{d}x\mathrm{d}y$$
$$=\pi ab\int_0^c z\left(1-\frac{z^2}{c^2}\right)\mathrm{d}z=\frac{\pi abc^2}{4}.$$

解法 3 (投影法) 积分区域 V 是由半椭球面 $z=c\sqrt{1-\frac{x^2}{a^2}-\frac{y^2}{b^2}}$ 与平面 $z=0$ 所围成的曲顶柱体, 其在 Oxy 平面上的投影区域 D 为椭圆域

$$D=\left\{(x,y)|\frac{x^2}{a^2}+\frac{y^2}{b^2}\leqslant 1\right\},$$

所以采用先 z 后 xy 的累次积分, 进而由区域 D 的特点, 再用椭圆坐标变换, 故有

$$\iiint\limits_V (x^3+y^3+z)\mathrm{d}V=\iiint\limits_V z\mathrm{d}V=\iint\limits_D \mathrm{d}x\mathrm{d}y\int_0^{c\sqrt{1-\frac{x^2}{a^2}-\frac{y^2}{b^2}}} z\mathrm{d}z$$
$$=\frac{1}{2}c^2\iint\limits_D\left(1-\frac{x^2}{a^2}-\frac{y^2}{b^2}\right)\mathrm{d}x\mathrm{d}y$$
$$=\frac{1}{2}c^2\int_0^{2\pi}\mathrm{d}\theta\int_0^1(1-r^2)abr\mathrm{d}r=\frac{\pi abc^2}{4}.$$

例 85 设 $V=\{(x,y,z)|x^2+y^2+z^2\leqslant R^2\}\ (R>0)$, 试求连续函数 $f(x,y,z)$, 使其满足

$$f(x,y,z)=x^2+y^2-15(y^2+z^2)\iiint\limits_V f(x,y,z)\mathrm{d}V.$$

解 令 $A=\iiint\limits_V f(x,y,z)\mathrm{d}V$, 对题设中的等式两边在 V 上求三重积分得

$$A=\iiint\limits_V (x^2+y^2)\mathrm{d}V-15A\iiint\limits_V (y^2+z^2)\mathrm{d}V,$$

由积分区域的对称性知

$$\iiint\limits_V (x^2+y^2)\mathrm{d}V=\iiint\limits_V (x^2+z^2)\mathrm{d}V=\iiint\limits_V (y^2+z^2)\mathrm{d}V$$
$$=\frac{2}{3}\iiint\limits_V (x^2+y^2+z^2)\mathrm{d}V$$
$$=\frac{2}{3}\int_0^{2\pi}\mathrm{d}\varphi\int_0^{\pi}\mathrm{d}\theta\int_0^R r^2\cdot r^2\sin\theta\mathrm{d}r=\frac{8}{15}\pi R^5.$$

代入上式得

$$A=\frac{8}{15}\pi R^5-8A\pi R^5,\quad 即\quad A=\frac{8\pi R^5}{15(1+8\pi R^5)},$$

则

$$f(x,y,z)=x^2+y^2-\frac{8\pi R^5}{1+8\pi R^5}(y^2+z^2).$$

例 86　求下列三重积分:

(1) $\iiint\limits_V (x-1)^{\frac{2}{3}}\mathrm{d}V$, 其中 V 为 $(x-1)^2+(y-2)^2+(z-3)^2\leqslant 1$.

(2) $\iiint\limits_V x^2\mathrm{d}V$, 其中 V 是由 $z=y^2$, $z=4y^2$, $z=x$, $z=2x$ 与 $z=1$ 在 $y\geqslant 0$ 中所围成的区域.

解　(1) 积分区域是以 (1,2,3) 为中心的球域, 被积函数为 $(x-1)^{\frac{2}{3}}$, 所以采用以 (1,2,3) 为中心, 以平行于 x 轴正方向的方向为立轴的球坐标, 即

$$y-2=r\sin\theta\cos\varphi,\quad z-3=r\sin\theta\sin\varphi,\quad x-1=r\cos\theta,$$

$$0\leqslant\varphi\leqslant 2\pi,\quad 0\leqslant\theta\leqslant\pi,\quad 0\leqslant r\leqslant 1.$$

则有

$$\iiint\limits_V (x-1)^{\frac{2}{3}}\mathrm{d}V=\int_0^{2\pi}\mathrm{d}\varphi\int_0^{\pi}\mathrm{d}\theta\int_0^1 (r\cos\theta)^{\frac{2}{3}}r^2\sin\theta\mathrm{d}r=\frac{36}{55}\pi.$$

(2) 解法 1 (截面法)　V 的垂直于 z 轴的截面 D_z 是由 $y=\sqrt{z}$, $y=\frac{\sqrt{z}}{2}$, $x=z$ 及 $x=\frac{z}{2}$ 围成, $0\leqslant z\leqslant 1$, 由先 xy 后 z 的累次积分法得

$$\iiint\limits_V x^2\mathrm{d}V=\int_0^1\mathrm{d}z\int_{\frac{\sqrt{z}}{2}}^{\sqrt{z}}\mathrm{d}y\int_{\frac{z}{2}}^{z}x^2\mathrm{d}x=\int_0^1\frac{\sqrt{z}}{2}\cdot\frac{7}{24}z^3\mathrm{d}z=\frac{7}{216}.$$

解法 2 (变量代换法)　对区域 V 引进曲线坐标

$$z=uy^2,\quad z=vx,\quad z=w\quad 或\quad x=\frac{w}{v},\quad y=\sqrt{\frac{w}{u}},\quad z=w,$$

则对应的区域 V' 为

$$1\leqslant u\leqslant 4,\quad 1\leqslant v\leqslant 2,\quad 0\leqslant w\leqslant 1,$$

$$\frac{\partial(x,y,z)}{\partial(u,v,w)}=\begin{vmatrix}0 & -\frac{w}{v^2} & \frac{1}{v}\\ \frac{-\sqrt{w}}{2\sqrt{u^3}} & 0 & \frac{1}{2\sqrt{uw}}\\ 0 & 0 & 1\end{vmatrix}=-\frac{w\sqrt{w}}{2v^2u\sqrt{u}}<0,$$

故有

$$\iiint_V x^2 \mathrm{d}V = \int_0^1 \mathrm{d}w \int_1^2 \mathrm{d}v \int_1^4 \frac{w^2}{v^2} \cdot \frac{w\sqrt{w}}{2v^2 u\sqrt{u}} \mathrm{d}u = \frac{7}{216}.$$

例 87 求连续函数 $f(x,y,z) = \dfrac{x^2}{a^2} + \dfrac{y^2}{b^2} + \dfrac{z^2}{c^2}$ 在区域 V

$$\frac{x^2}{a^2} + \frac{y^2}{b^2} + \frac{z^2}{c^2} \leqslant \frac{x}{a} + \frac{y}{b} + \frac{z}{c}$$

上的平均值.

解 区域 V 又可写为

$$\left(\frac{x}{a} - \frac{1}{2}\right)^2 + \left(\frac{y}{b} - \frac{1}{2}\right)^2 + \left(\frac{z}{c} - \frac{1}{2}\right)^2 \leqslant \frac{3}{4},$$

可作如下变量代换:

$$x = \frac{a}{2} + ar\sin\theta\cos\varphi, \quad y = \frac{b}{2} + br\sin\theta\sin\varphi, \quad z = \frac{c}{2} + cr\cos\theta,$$

使区域 V 化为区域 V'

$$V' : 0 \leqslant \varphi \leqslant 2\pi, \quad 0 \leqslant \theta \leqslant \pi, \quad 0 \leqslant r \leqslant \frac{\sqrt{3}}{2},$$

$$\frac{\partial(x,y,z)}{\partial(r,\theta,\varphi)} = abcr^2\sin\theta > 0,$$

则 $f(x,y,z)$ 在 V 上的平均值 $\overline{f}$ 为

$$\begin{aligned}
\overline{f} &= \frac{\displaystyle\iiint_V \left(\frac{x^2}{a^2} + \frac{y^2}{b^2} + \frac{z^2}{c^2}\right) \mathrm{d}V}{\displaystyle\iiint_V 1 \mathrm{d}V} \\
&= \frac{\displaystyle\iiint_{V'} \left(\frac{3}{4} + r^2 + r\sin\theta\cos\varphi + r\sin\theta\sin\varphi + r\cos\theta\right) abcr^2\sin\theta \mathrm{d}\theta \mathrm{d}\varphi \mathrm{d}r}{\displaystyle\iiint_{V'} abcr^2\sin\theta \mathrm{d}\theta \mathrm{d}\varphi \mathrm{d}r} \\
&= \frac{abc\displaystyle\int_0^{2\pi} \mathrm{d}\varphi \int_0^{\pi} \mathrm{d}\theta \int_0^{\frac{\sqrt{3}}{2}} \left(\frac{3}{4} + r^2\right) r^2\sin\theta \mathrm{d}r}{abc\displaystyle\int_0^{2\pi} \mathrm{d}\varphi \int_0^{\pi} \mathrm{d}\theta \int_0^{\frac{\sqrt{3}}{2}} r^2\sin\theta \mathrm{d}r}
\end{aligned}$$

$$=\frac{\frac{3\sqrt{3}}{5}\pi}{\frac{\sqrt{3}}{2}\pi}=\frac{6}{5}.$$

例 88　求下列曲面所围体积 (其中 $a,b,c>0$):

(1) 曲面 $\left(\frac{|x|}{a}+\frac{|y|}{b}\right)^2+\left(\frac{z}{c}\right)^2=1$;　(2) 曲面 $\frac{x^2}{a^2}+\frac{|y|}{b}+\frac{\sqrt[3]{z^2}}{\sqrt[3]{c^2}}=\frac{\sqrt[3]{z}}{\sqrt[3]{c}}$.

解　(1) 由对称性, 所围体积等于第一卦限内体积的 8 倍, 在第一卦限部分作变换

$$x=ar\sin\theta\cos^2\varphi,\quad y=br\sin\theta\sin^2\varphi,\quad z=cr\cos\theta,$$

则有

$$\frac{\partial(x,y,z)}{\partial(r,\theta,\varphi)}=\begin{vmatrix}a\sin\theta\cos^2\varphi & b\sin\theta\sin^2\varphi & c\cos\theta\\ ar\cos\theta\cos^2\varphi & br\cos\theta\sin^2\varphi & -cr\sin\theta\\ -ar\sin\theta\sin2\varphi & br\sin\theta\sin2\varphi & 0\end{vmatrix}=abcr^2\sin\theta\sin2\varphi>0,$$

所对应的区域

$$V_1':0\leqslant\varphi\leqslant\frac{\pi}{2},\quad 0\leqslant\theta\leqslant\frac{\pi}{2},\quad 0\leqslant r\leqslant 1,$$

故有

$$\begin{aligned}V&=8\iiint\limits_{V_1}\mathrm{d}V=8\iiint\limits_{V_1'}abcr^2\sin\theta\sin2\varphi\mathrm{d}r\mathrm{d}\theta\mathrm{d}\varphi\\&=8abc\int_0^{\frac{\pi}{2}}\mathrm{d}\varphi\int_0^{\frac{\pi}{2}}\mathrm{d}\theta\int_0^1 r^2\sin\theta\sin2\varphi\mathrm{d}r=\frac{8}{3}abc.\end{aligned}$$

(2) 因为曲面关于坐标面 Oyz 和 Ozx 对称, 且曲面在上半空间, 故曲面所围体积为第一卦限部分 V_1 的 4 倍. 在第一卦限部分作变量代换,

$$x=ar\sin\theta\cos\varphi,\quad y=br^2\sin^2\theta\sin^2\varphi,\quad z=cr^3\cos^3\theta,$$

则曲面方程可化为

$$r=\cos\theta.$$

在以上曲线坐标下, 第一卦限部分 V_1 对应区域 V_1' 为

$$V_1':0\leqslant\varphi\leqslant\frac{\pi}{2},\quad 0\leqslant\theta\leqslant\frac{\pi}{2},\quad 0\leqslant r\leqslant\cos\theta,$$

$$\frac{\partial(x,y,z)}{\partial(r,\theta,\varphi)}=\begin{vmatrix}a\sin\theta\cos\varphi & 2br\sin^2\theta\sin^2\varphi & 3cr^2\cos^3\theta\\ ar\cos\theta\cos\varphi & br^2\sin2\theta\sin^2\varphi & -3cr^3\cos^2\theta\sin\theta\\ -ar\sin\theta\sin\varphi & br^2\sin^2\theta\sin2\varphi & 0\end{vmatrix}$$

$$= 6abcr^5\cos^2\theta\sin^2\theta\sin\varphi > 0,$$

故有

$$\begin{aligned}V &= 4\iiint\limits_{V_1}\mathrm{d}V = 4\iiint\limits_{V_1'}6abcr^5\cos^2\theta\sin^2\theta\sin\varphi\mathrm{d}r\mathrm{d}\theta\mathrm{d}\varphi\\&= 24abc\int_0^{\frac{\pi}{2}}\mathrm{d}\varphi\int_0^{\frac{\pi}{2}}\mathrm{d}\theta\int_0^{\cos\theta}r^5\cos^2\theta\sin^2\theta\sin\varphi\mathrm{d}r\\&= 4abc\int_0^{\frac{\pi}{2}}\cos^8\theta\sin^2\theta\mathrm{d}\theta = 4abc\frac{(7)!!}{(10)!!}\frac{\pi}{2} = \frac{7\pi}{128}.\end{aligned}$$

思考题 记区域 $V: x+y+z\leqslant 1,\ x\geqslant 0, y\geqslant 0, z\geqslant 0$, 试证:

1. $\displaystyle\iiint\limits_V\cos\frac{z}{x+y+z}\mathrm{d}x\mathrm{d}y\mathrm{d}z = \frac{1}{3}(1-\cos 1)$.

2. $\displaystyle\iiint\limits_V\sin\frac{z}{x+y+z}\mathrm{d}x\mathrm{d}y\mathrm{d}z = \frac{1}{3}(1-\sin 1)$.

(**提示** 利用变换

$$x+y+z=u,\quad y+z=uv,\quad z=uvw\quad ((u,v,w)\in[0,1]^3),$$

计算 $\dfrac{\partial(x,y,z)}{\partial(u,v,w)} = u^2v.$)

例 89 设 $f(x)$ 连续, a,b,c 为不全为零的常数, $k=\sqrt{a^2+b^2+c^2}$. 证明

$$\iiint\limits_{x^2+y^2+z^2\leqslant 1}f(ax+by+cz)\mathrm{d}x\mathrm{d}y\mathrm{d}z = \pi\int_{-1}^1(1-u^2)f(ku)\mathrm{d}u.$$

证明 作正交变换

$$\begin{cases}u = \dfrac{a}{k}x+\dfrac{b}{k}y+\dfrac{c}{k}z,\\ v = \dfrac{b}{\sqrt{a^2+b^2}}x-\dfrac{a}{\sqrt{a^2+b^2}}y,\\ w = \dfrac{ac}{k\sqrt{a^2+b^2}}x+\dfrac{bc}{k\sqrt{a^2+b^2}}y-\dfrac{\sqrt{a^2+b^2}}{k}z.\end{cases}$$

显然 $x^2+y^2+z^2=u^2+v^2+w^2$, $\dfrac{\partial(x,y,z)}{\partial(u,v,w)}=1$, 所以有

$$\begin{aligned}\iiint\limits_{x^2+y^2+z^2\leqslant 1}f(ax+by+cz)\mathrm{d}x\mathrm{d}y\mathrm{d}z &= \iiint\limits_{u^2+v^2+w^2\leqslant 1}f(ku)\mathrm{d}u\mathrm{d}v\mathrm{d}w\\&= \int_{-1}^1 f(ku)\mathrm{d}u\iint\limits_{v^2+w^2\leqslant 1-u^2}\mathrm{d}u\mathrm{d}v\\&= \pi\int_{-1}^1(1-u^2)f(ku)\mathrm{d}u.\end{aligned}$$

思考题　计算 $\displaystyle\iiint\limits_{x^2+y^2+z^2\leqslant 1}\cos(ax+by+cz)\mathrm{d}x\mathrm{d}y\mathrm{d}z$.

例 90　设 $f(x)$ 连续且恒大于 0,

$$F(t)=\frac{\displaystyle\iiint\limits_{\Omega(t)}f(x^2+y^2+z^2)\mathrm{d}V}{\displaystyle\iint\limits_{D(t)}f(x^2+y^2)\mathrm{d}\sigma},$$

其中 $\Omega(t)=\{(x,y,z)|x^2+y^2+z^2\leqslant t^2\}$, $D(t)=\{(x,y)|x^2+y^2\leqslant t^2\}$, 证明 $F(t)$ 在 $(0,+\infty)$ 内严格增加.

证明　因为

$$F(t)=\frac{\displaystyle\int_0^{2\pi}\mathrm{d}\varphi\int_0^{\pi}\mathrm{d}\theta\int_0^t f(r^2)r^2\sin\theta\mathrm{d}r}{\displaystyle\int_0^{2\pi}\mathrm{d}\theta\int_0^t f(r^2)r\mathrm{d}r}=\frac{\displaystyle 2\int_0^t f(r^2)r^2\mathrm{d}r}{\displaystyle\int_0^t f(r^2)r\mathrm{d}r},$$

$$F'(t)=\frac{\displaystyle 2tf(t^2)\int_0^t f(r^2)r(t-r)\mathrm{d}r}{\left(\displaystyle\int_0^t f(r^2)r\mathrm{d}r\right)^2},$$

又 $f(x)$ 连续且恒大于 0, 且当 $0<r<t$ 时, $r(t-r)>0$, 所以在 $(0,+\infty)$ 内 $F'(t)>0$, 故 $F(t)$ 在 $(0,+\infty)$ 内严格增加.

例 91　设函数 $f(x)$ 在区间 $(-\infty,+\infty)$ 上连续, $F(t)=\displaystyle\int_0^t\mathrm{d}z\int_0^z\mathrm{d}y\int_0^y(y-z)^2 f(x)\mathrm{d}x$, 证明

$$F'(t)=\frac{1}{3}\int_0^t(t-x)^3f(x)\mathrm{d}x.$$

证明　证法 1　令 $g(z)=\displaystyle\int_0^z\mathrm{d}y\int_0^y(y-z)^2f(x)\mathrm{d}x$, 则 $F(t)$ 是关于函数 $g(z)$ 的变上限的定积分, 用变限积分的求导公式对 t 求导, 并交换积分次序得

$$F'(t)=\int_0^t\mathrm{d}y\int_0^y(y-t)^2f(x)\mathrm{d}x=\int_0^t f(x)\mathrm{d}x\int_x^t(y-t)^2\mathrm{d}y=\frac{1}{3}\int_0^t(t-x)^3f(x)\mathrm{d}x.$$

证法 2　交换累次积分的顺序, 先交换 x 与 y 的积分次序, 因为

$$D_{xy}=\{(x,y)|0\leqslant x\leqslant y,\ 0\leqslant y\leqslant z\}=\{(x,y)|x\leqslant y\leqslant z,\ 0\leqslant x\leqslant z\},$$

则把原累次积分换为先对 y, 再对 x, 最后对 z 的累次积分

$$F(t)=\int_0^t\mathrm{d}z\int_0^z f(x)\mathrm{d}x\int_x^z(y-z)^2\mathrm{d}y=\frac{1}{3}\int_0^t\mathrm{d}z\int_0^z(z-x)^3f(x)\mathrm{d}x,$$

再对上式交换积分次序, 因为

$$D_{zx}=\{(x,z)|0\leqslant x\leqslant z,\ 0\leqslant z\leqslant t\}=\{(x,z)|x\leqslant z\leqslant t,\ 0\leqslant x\leqslant t\},$$

则有

$$\begin{aligned}F(t)&=\frac{1}{3}\int_0^t f(x)\mathrm{d}x\int_x^t(z-x)^3\mathrm{d}z=\frac{1}{12}\int_0^t(t-x)^4f(x)\mathrm{d}x\\&=\frac{1}{12}\Big[t^4\int_0^t f(x)\mathrm{d}x-4t^3\int_0^t xf(x)\mathrm{d}x+6t^2\int_0^t x^2f(x)\mathrm{d}x\\&\quad-4t\int_0^t x^3f(x)\mathrm{d}x+\int_0^t x^4f(x)\mathrm{d}x\Big],\end{aligned}$$

从而有

$$F'(t)=\frac{1}{3}\int_0^t(t-x)^3f(x)\mathrm{d}x.$$

例 92 设平面图形 $D=\{(x,y)|2-x\leqslant y\leqslant 4-x^2,\ 0\leqslant x\leqslant 2\}$, 求 D 绕 Oy 轴旋转一周所得的均质旋转体 V 的质量 m 与重心 $(\overline{x},\overline{y},\overline{z})$, 其中体密度为常数 ρ.

解 解法 1 曲线 $y=4-x^2$ 与 $y=2-x$ 绕 Oy 轴旋转所得曲面方程分别为

$$S_1: y=4-x^2-z^2 \quad 和 \quad S_2: y=2-\sqrt{x^2+z^2} \quad (x^2+z^2\leqslant 4),$$

则旋转体 V 由曲面 S_1 和 S_2 围成, 且它关于平面 Oxy 和 Oyz 对称, 故 V 的重心坐标 $(\overline{x},\overline{y},\overline{z})$ 中 $\overline{x}=0,\ \overline{z}=0$.

令 $x=r\cos\theta,\ z=r\sin\theta$, 则所求的旋转体的质量 m 与重心坐标 $\overline{y}$ 分别为

$$\begin{aligned}m&=\iiint\limits_V\rho\mathrm{d}V=\rho\iint\limits_{x^2+z^2\leqslant 4}\mathrm{d}x\mathrm{d}z\int_{2-\sqrt{x^2+z^2}}^{4-x^2-z^2}\mathrm{d}y\\&=\rho\iint\limits_{x^2+z^2\leqslant 4}(2-x^2-z^2+\sqrt{x^2+z^2})\mathrm{d}x\mathrm{d}z\\&=\rho\int_0^{2\pi}\mathrm{d}\theta\int_0^2(2-r^2+r)r\mathrm{d}r=\frac{16}{3}\rho\pi.\\ \overline{y}&=\frac{1}{m}\iiint\limits_V\rho y\mathrm{d}V=\frac{3}{16\pi}\iint\limits_{x^2+z^2\leqslant 4}\mathrm{d}x\mathrm{d}z\int_{2-\sqrt{x^2+z^2}}^{4-x^2-z^2}y\mathrm{d}y\\&=\frac{3}{16\pi}\iint\limits_{x^2+z^2\leqslant 4}\frac{1}{2}[(4-x^2-z^2)^2-(2-\sqrt{x^2+z^2})^2]\mathrm{d}x\mathrm{d}z\\&=\frac{3}{32\pi}\int_0^{2\pi}\mathrm{d}\theta\int_0^2[(4-r^2)^2-(2-r)^2]r\mathrm{d}r=\frac{7}{4}.\end{aligned}$$

故所求旋转体的重心为 $\left(0,\frac{7}{4},0\right)$.

解法 2 将 V 视为一个大旋转体减去一个小旋转体, 并用先二后一的累次积分法, 则

$$m=\iiint\limits_V \rho \mathrm{d}V=\rho\int_0^4 \mathrm{d}y \iint\limits_{x^2+z^2\leqslant 4-y} \mathrm{d}x\mathrm{d}z-\rho\int_0^2 \mathrm{d}y \iint\limits_{x^2+z^2\leqslant (2-y)^2} \mathrm{d}x\mathrm{d}z$$

$$=\rho\int_0^4 \pi(4-y)\mathrm{d}y-\rho\int_0^2 \pi(2-y)^2\mathrm{d}y=\frac{16}{3}\rho\pi.$$

$$\overline{y}=\frac{1}{m}\iiint\limits_V \rho y\mathrm{d}V=\frac{3}{16\pi}\left(\int_0^4 y\mathrm{d}y \iint\limits_{x^2+z^2\leqslant 4-y} \mathrm{d}x\mathrm{d}z-\int_0^2 y\mathrm{d}y \iint\limits_{x^2+z^2\leqslant (2-y)^2} \mathrm{d}x\mathrm{d}z\right)$$

$$=\frac{3}{16\pi}\left[\int_0^4 \pi y(4-y)\mathrm{d}y-\int_0^2 \pi y(2-y)^2\mathrm{d}y\right]=\frac{7}{4}.$$

故所求旋转体的重心为 $\left(0,\frac{7}{4},0\right)$.

解法 3 记 $f_1(x)=2-x$, $f_2(x)=4-x^2$, $0\leqslant x\leqslant 2$, 由微元分析法 (把 D 切分为平行于 y 轴的若干细长条, 每一细长条绕 y 轴旋转得薄圆桶)

$$m=\int_0^2 2\pi x(f_2(x)-f_1(x))\rho\mathrm{d}x=\frac{16}{3}\rho\pi.$$

$$\overline{y}=\frac{3}{16\pi\rho}\int_0^2 2\pi x\cdot(f_2(x)-f_1(x))\cdot\rho\cdot\frac{f_2(x)+f_1(x)}{2}\mathrm{d}x$$

$$=\frac{3}{16}\int_0^2 x(f_2^2(x)-f_1^2(x))\mathrm{d}x=\frac{3}{16}\cdot\frac{28}{3}=\frac{7}{4}.$$

例 93 设有密度 $\rho=1$ 的均质圆柱体 $V=\{(x,y,z)|x^2+y^2\leqslant a^2,\ a>0,\ 0\leqslant z\leqslant h\}$.

(1) L 为经过点 $(0,a,0)$ 且与 Oz 轴平行的直线, 求该圆柱体 V 对直线 L 的转动惯量 I_1.

(2) 求该圆柱体 V 对 Ox 轴的转动惯量 I_2.

解 (1) 圆柱体 V 上任一点 $M(x,y,z)$ 到直线 L 的距离平方为 $x^2+(y-a)^2$, 则由三重积分的对称性 (V 关于平面 Oxz 对称) 及柱坐标变换得

$$I_1=\iiint\limits_V \rho[x^2+(y-a)^2]\mathrm{d}V=\iiint\limits_V (x^2+y^2)\mathrm{d}V-2a\iiint\limits_V y\mathrm{d}V+a^2\iiint\limits_V \mathrm{d}V$$

$$=\int_0^{2\pi}\mathrm{d}\theta\int_0^a r^2\cdot r\mathrm{d}r\int_0^h \mathrm{d}z+a^2\pi a^2 h=\frac{3}{2}\pi h a^4.$$

(2) 圆柱体 V 上任一点 $M(x,y,z)$ 到 Ox 轴的距离平方为 y^2+z^2, 则由柱坐标变换得

$$I_2=\iiint\limits_V \rho(y^2+z^2)\mathrm{d}V=\int_0^{2\pi}\mathrm{d}\theta\int_0^a r\mathrm{d}r\int_0^h (r^2\sin^2\theta+z^2)\mathrm{d}z$$

$$=\int_0^{2\pi}\mathrm{d}\theta\int_0^a\left(hr^3\sin^2\theta+\frac{1}{3}h^3r\right)\mathrm{d}r=\pi ha^2\left(\frac{1}{4}a^2+\frac{1}{3}h^2\right).$$

例 94 设 V 是由曲面 $z=\sqrt{x^2+y^2}$, $z=a$, $z=b$ $(0<a<b)$ 所围成的截锥体, 在 V 上均匀分布某物质 (密度为 ρ), 锥顶处有一质量为 m 的质点, 求截锥体对质点的引力.

分析 由对称性可知, 引力指向 z 轴正向, 因此只需要求出引力在 z 轴正向上的分力. 设截锥体位于 (x,y,z) 处有体积微元 $\mathrm{d}V$, 可将它看成一个质量为 $\rho\mathrm{d}V$ 的质点, 该质点对位于锥顶质点的引力在 z 轴方向的投影为

$$\mathrm{d}F_z=\frac{km\rho}{x^2+y^2+z^2}\cdot\frac{z}{\sqrt{x^2+y^2+z^2}}\mathrm{d}V.$$

解 解法 1 由柱坐标变换得

$$\begin{aligned}F_z&=\iiint\limits_V\frac{km\rho z}{(x^2+y^2+z^2)^{\frac{3}{2}}}\mathrm{d}V\\&=\int_a^b\mathrm{d}z\iint\limits_{x^2+y^2\leqslant z^2}\frac{km\rho z}{(x^2+y^2+z^2)^{\frac{3}{2}}}\mathrm{d}x\mathrm{d}y\\&=km\rho\int_a^b\mathrm{d}z\int_0^{2\pi}\mathrm{d}\theta\int_0^z\frac{r\mathrm{d}r}{(r^2+z^2)^{\frac{3}{2}}}\\&=2\pi km\rho\int_a^b z\left(\frac{1}{\sqrt{z^2}}-\frac{1}{\sqrt{2z^2}}\right)\mathrm{d}z=\pi km\rho(b-a)(2-\sqrt{2}).\end{aligned}$$

解法 2 在球坐标变换下, 方程 $z=a$ 化为 $r\cos\theta=a$, 即 $r=\dfrac{a}{\cos\theta}$, 方程 $z=b$ 化为 $r=\dfrac{b}{\cos\theta}$, 锥面的球坐标方程为 $r\cos\theta=r\sin\theta$, 即 $\theta=\dfrac{\pi}{4}$. 故

$$\begin{aligned}F_z&=\iiint\limits_V\frac{km\rho z}{(x^2+y^2+z^2)^{\frac{3}{2}}}\mathrm{d}V\\&=\int_0^{2\pi}\mathrm{d}\varphi\int_0^{\frac{\pi}{4}}\mathrm{d}\theta\int_{\frac{a}{\cos\theta}}^{\frac{b}{\cos\theta}}\frac{km\rho r\cos\theta}{r^3}\cdot r^2\sin\theta\mathrm{d}r\\&=2\pi km\rho\int_0^{\frac{\pi}{4}}\sin\theta\cos\theta\cdot\frac{b-a}{\cos\theta}\mathrm{d}\theta=\pi km\rho(b-a)(2-\sqrt{2}).\end{aligned}$$

故截锥体对质点的引力指向 z 轴正向, 大小为 $\pi km\rho(b-a)(2-\sqrt{2})$.

小　　结

本节主要是三重积分的求积运算. 在积分时首先弄清积分区域, 特别是其边界的形状, 还要灵活运用分项积分及分块积分的技巧. 根据积分区域和被积函数的特征 (包括积分区域的对称性和被积函数的奇偶性), 选取适当的坐标系 (直角坐标、球体坐标、椭球体坐标、柱体坐标及一般曲面体坐标), 即采用合适的变量代换, 简化计算. 重积分化为累次积分计算时要选择适当的积分次序.

1. 交换累次积分次序计算累次积分的值.
2. 把三重积分通过先二后一或先一后二的方法化为累次积分计算其积分值.
3. 利用区域的对称性和函数的奇偶性简化三重积分的计算.
4. 利用变量代换计算三重积分.
5. 利用重积分的性质求解积分问题.

6.3　第一型曲线和曲面积分

知识要点

◇ 空间曲线的弧长

1. 光滑曲线段的弧长

设空间曲线段 L 由参数方程

$$x = x(t),\quad y = y(t),\quad z = z(t),\quad \text{或}\quad \boldsymbol{r} = \boldsymbol{r}(t)\quad (\alpha \leqslant t \leqslant \beta)$$

给出, 且 $[\alpha, \beta]$ 到曲线上的点是一一对应的. 若 L 为光滑曲线 (即 $x(t)$, $y(t)$, $z(t)$ 均有连续的导数且导数不全为零), 则 L 是可求长的, 且弧长为

$$s = \int_{\alpha}^{\beta} \sqrt{x'^2(t) + y'^2(t) + z'^2(t)}\mathrm{d}t,$$

并称

$$\mathrm{d}s = \sqrt{x'^2(t) + y'^2(t) + z'^2(t)}\mathrm{d}t = \sqrt{\mathrm{d}x^2 + \mathrm{d}y^2 + \mathrm{d}z^2}$$

为弧长微元或弧长微分.

2. 弧长为参数的特殊情况

当曲线 L 以弧长 s 为参数时, 曲线 L 的参数方程为

$$x=x(s),\quad y=y(s),\quad z=z(s),\quad 或\quad \boldsymbol{r}=\boldsymbol{r}(s)\quad (s\in[0,s_0]),$$

称为空间曲线 L 的自然方程 (s_0 为曲线段 L 的弧长), 则有

$$|\boldsymbol{r}'(s)|=1,\quad \frac{\mathrm{d}x}{\mathrm{d}s}=\cos\alpha,\quad \frac{\mathrm{d}y}{\mathrm{d}s}=\cos\beta,\quad \frac{\mathrm{d}z}{\mathrm{d}s}=\cos\gamma,$$

其中 $\cos\alpha$, $\cos\beta$, $\cos\gamma$ 为曲线 L 的切线方向的三个方向余弦, 此时弧长公式为

$$s=\int_L \mathrm{d}s.$$

◇ 第一型曲线积分

1. 基本概念

设 L 是 $\mathbb{R}^3$ 空间中的一条可求长曲线且其长度有限, 函数 $f(x,y,z)$ 定义在 L 上, L 的两端点为 A 和 B, 依次用分点 $A=A_0,A_1,\cdots,A_n=B$ 将曲线 L 分成 n 小段. 记第 i 段弧长为 $\Delta s_i(i=1,2,\cdots,n)$, 并在第 i 弧段上任取一点 (ξ_i,η_i,ζ_i), 作黎曼和

$$\sum_{i=1}^{n} f(\xi_i,\eta_i,\zeta_i)\Delta s_i.$$

若当 $\lambda=\max\limits_{1\leqslant i\leqslant n}\Delta s_i\to 0$ 时, 上述和式的极限存在, 且极限值与分点和取点无关. 则称此极限为 $f(x,y,z)$ 在曲线 L 上的第一型曲线积分, 记为

$$\int_L f(x,y,z)\mathrm{d}s=\lim_{\lambda\to 0}\sum_{i=1}^{n} f(\xi_i,\eta_i,\zeta_i)\Delta s_i.$$

2. 基本性质

第一型曲线积分也有类似于定积分的一些性质, 如积分的线性性、曲线积分的分段可加性、积分的不等式性质及积分中值定理等.

对称性 以平面曲线积分为例, 设 $f(x,y)$ 在分段光滑曲线 L 上连续.

(1) 若 L 关于 x 轴对称, 则

$$\int_L f(x,y)\mathrm{d}s=\int_L f(x,-y)\mathrm{d}s.$$

(2) 若 L 关于 y 轴对称, 则

$$\int_L f(x,y)\mathrm{d}s = \int_L f(-x,y)\mathrm{d}s.$$

(3) 若 L 关于直线 $y=x$ 对称, 则

$$\int_L f(x,y)\mathrm{d}s = \int_L f(y,x)\mathrm{d}s.$$

3. 计算方法

第一型曲线积分可以化为定积分来计算.

(1) 基本计算公式:

设空间光滑曲线 L 的参数方程为

$$x=x(t),\quad y=y(t),\quad z=z(t)\quad (\alpha\leqslant t\leqslant\beta),$$

函数 $f(x,y,z)$ 在 L 上连续, 则函数 $f(x,y,z)$ 在曲线 L 上的第一型曲线积分

$$\int_L f(x,y,z)\mathrm{d}s = \int_\alpha^\beta f(x(t),y(t),z(t))\sqrt{x'^2(t)+y'^2(t)+z'^2(t)}\mathrm{d}t.$$

(2) 平面曲线上的积分:

设平面曲线 L 的直角坐标方程为 $y=y(x)\,(a\leqslant x\leqslant b)$, 且 $y(x)$ 有连续的微商, 则有

$$\int_L f(x,y)\mathrm{d}s = \int_a^b f(x,y(x))\sqrt{1+y'^2(x)}\mathrm{d}x.$$

设平面曲线 L 的极坐标方程为 $r=r(\theta)\,(\alpha\leqslant\theta\leqslant\beta)$, 且 $r(\theta)$ 有连续的微商, 则有

$$\int_L f(x,y)\mathrm{d}s = \int_\alpha^\beta f(r(\theta)\cos\theta, r(\theta)\sin\theta)\sqrt{r^2(\theta)+r'^2(\theta)}\mathrm{d}\theta.$$

注记　当整个曲线 L 的参数方程不易写出时, 则可利用第一型曲线积分对曲线段的可加性将 L 分段, 在各段上计算出曲线积分值, 然后相加即可得整个曲线 L 上的曲线积分值.

◇ 空间曲面的面积

1. 参数曲面面积

设 S 是空间光滑曲面, 其参数方程为

$$x=x(u,v),\quad y=y(u,v),\quad z=z(u,v)\quad ((u,v)\in D),$$

或写成向量形式

$$\boldsymbol{r}=\boldsymbol{r}(u,v)\quad((u,v)\in D),$$

且 D 到曲面是一一对应的, 则曲面 S 的面积为

$$S=\iint\limits_{D}\left|\boldsymbol{r}_u'\times\boldsymbol{r}_v'\right|\mathrm{d}u\mathrm{d}v=\iint\limits_{D}\sqrt{EG-F^2}\mathrm{d}u\mathrm{d}v,$$

其中

$$\begin{aligned}&E=\boldsymbol{r}_u'^2=x_u'^2+y_u'^2+z_u'^2,\\&G=\boldsymbol{r}_v'^2=x_v'^2+y_v'^2+z_v'^2,\\&F=\boldsymbol{r}_u'\cdot\boldsymbol{r}_v'=x_u'x_v'+y_u'y_v'+z_u'z_v',\\&\mathrm{d}S=\sqrt{EG-F^2}\mathrm{d}u\mathrm{d}v\end{aligned}$$

称为曲面的面积元素.

2. 曲面方程为显式方程

如果曲面 S 的方程为显式方程

$$z=f(x,y)\quad((x,y)\in D),$$

且函数 $f(x,y)$ 在其定义域 D 上有连续的一阶偏微商, 则此时曲面 S 的参数方程为

$$x=x,\quad y=y,\quad z=f(x,y)\quad((x,y)\in D),$$

求得

$$E=1+z_x'^2,\quad G=1+z_y'^2,\quad F=z_x'z_y',$$

因此得到

$$S=\iint\limits_{D}\sqrt{1+z_x'^2+z_y'^2}\mathrm{d}x\mathrm{d}y,$$

其中

$$\mathrm{d}S=\sqrt{1+z_x'^2+z_y'^2}\mathrm{d}x\mathrm{d}y$$

称为在直角坐标下显式曲面的面积元素.

如果曲面的方程为 $x=g(y,z)$ 或 $y=h(z,x)$, 这时可分别把曲面投影到平面 Oyz 或平面 Ozx 上, 所得的投影区域记作 D_{yz} 或 D_{zx}, 则同样得到类似的计算曲面面积的公式

$$S=\iint\limits_{D_{yz}}\sqrt{1+x_y'^2+x_z'^2}\mathrm{d}y\mathrm{d}z,$$

或

$$S=\iint\limits_{D_{zx}}\sqrt{1+y_z'^2+y_x'^2}\mathrm{d}z\mathrm{d}x.$$

3. 曲面方程为隐式方程

如果曲面的方程为隐式方程 $F(x,y,z)=0$, 其中函数 $F(x,y,z)$ 是 C^1 的且 $F_z'\neq 0$, 则由隐函数的求导公式有

$$z_x'=-\frac{F_x'}{F_z'},\quad z_y'=-\frac{F_y'}{F_z'},$$

于是在 D 到隐式曲面是一一对应的条件下, 得到由隐式方程所表示曲面的面积计算公式

$$S=\iint\limits_{D}\frac{\sqrt{F_x'^2+F_y'^2+F_z'^2}}{\left|F_z'\right|}\mathrm{d}x\mathrm{d}y.$$

◇ 第一型曲面积分

1. 基本概念

设 S 是 $\mathbb{R}^3$ 空间中一张可求面积的曲面, 函数 $f(x,y,z)$ 定义在 S 上, 将 S 分成 n 小块曲面 $S_1,S_2,\cdots,S_n$, 并记第 i 小块曲面的面积为 ΔS_i, 在第 i 小块曲面 S_i 上任意地取一点 (ξ_i,η_i,ζ_i), 作黎曼和

$$\sum_{i=1}^{n}f(\xi_i,\eta_i,\zeta_i)\Delta S_i,$$

如果当所有小块曲面的最大直径 λ 趋向于零时, 上述和式的极限存在, 且极限值与分法和取点无关, 则称此极限为 $f(x,y,z)$ 在曲面 S 上的第一型曲面积分, 记为

$$\iint\limits_{S}f(x,y,z)\mathrm{d}S=\lim_{\lambda\to 0}\sum_{i=1}^{n}f(\xi_i,\eta_i,\zeta_i)\Delta S_i,$$

其中 $\mathrm{d}S$ 是曲面的面积元素.

2. 基本性质

第一型曲面积分也有类似于二重积分的一些性质, 如关于被积函数的线性性、关于曲面积分的分片可加性以及曲面积分的保序性和中值定理等.

3. 计算方法

第一型曲面积分化成通常的二重积分来计算.

(1) 参数法:

设 $\mathbb{R}^3$ 空间中的光滑曲面 S 的参数方程为

$$x=x(u,v),\quad y=y(u,v),\quad z=z(u,v)\quad ((u,v)\in D),$$

其中 D 是平面 $O'uv$ 上的有界闭区域, 且 D 到曲面是一一对应的. 若函数 $f(x,y,z)$ 在 S 上连续, 则函数 $f(x,y,z)$ 在曲面 S 上的第一型曲面积分存在, 且有

$$\iint_S f(x,y,z)\mathrm{d}S=\iint_D f(x(u,v),y(u,v),z(u,v))\sqrt{EG-F^2}\mathrm{d}u\mathrm{d}v.$$

(2) 投影法:

如果光滑曲面 S 有显式表达 $z=z(x,y)$, $(x,y)\in D$, 则有

$$\iint_S f(x,y,z)\mathrm{d}S=\iint_D f(x,y,z(x,y))\sqrt{1+z_x'^2+z_y'^2}\mathrm{d}x\mathrm{d}y.$$

如果光滑曲面 S 有显式表达 $y=y(z,x)$, $(z,x)\in D$, 则有

$$\iint_S f(x,y,z)\mathrm{d}S=\iint_D f(x,y(z,x),z)\sqrt{1+y_z'^2+y_x'^2}\mathrm{d}z\mathrm{d}x.$$

如果光滑曲面 S 有显式表达 $x=x(y,z)$, $(y,z)\in D$, 则有

$$\iint_S f(x,y,z)\mathrm{d}S=\iint_D f(x(y,z),y,z)\sqrt{1+x_y'^2+x_z'^2}\mathrm{d}y\mathrm{d}z.$$

注记 当整个曲面 S 的参数方程不易写出时, 可将曲面适当分块, 使各小块易写出其参数方程, 先求出各小块上的曲面积分, 根据曲面积分的分片可加性, 相加后即可得到全曲面 S 上的曲面积分值.

精选例题

例 95 设 L_1 是点 $A(1,2,3)$ 与坐标原点的连接直线段, L_2 是曲面 $x=(y+z)^2$ 与曲面 $\dfrac{4}{3}x^2+y^2=z^2$ 的交线, 介于坐标原点与 $B\left(1,-\dfrac{1}{6},\dfrac{7}{6}\right)$ 之间的一段, $L=L_1\cup L_2$, 求 $\int_L z\mathrm{d}s$.

解　因为 L_1 是点 $A(1,2,3)$ 与坐标原点的连接线段, 取参数方程为

$$x=x,\quad y=2x,\quad z=3x\quad (x\in[0,1]),$$

则

$$\int_{L_1} z\mathrm{d}s=\int_0^1 3x\sqrt{1^2+2^2+3^2}\mathrm{d}x=\frac{3}{2}\sqrt{14}.$$

为找 L_2 的参数方程, 令 $y+z=t,t\geqslant 0$, 由 $x=(y+z)^2$, 得 $x=t^2$; 由 $\frac{4}{3}x^2+y^2=z^2$, 得

$$\frac{4}{3}x^2=(z+y)(z-y),\quad 即\quad \frac{4}{3}t^4=t(z-y),$$

则有

$$z-y=\frac{4}{3}t^3.$$

从而得 L_2 的参数方程

$$x=t^2,\quad y=\frac{1}{2}\left(t-\frac{4}{3}t^3\right),\quad z=\frac{1}{2}\left(t+\frac{4}{3}t^3\right),\quad t\in[0,1],$$

$$\begin{aligned}\int_{L_2} z\mathrm{d}s&=\int_0^1\frac{1}{2}\left(t+\frac{4}{3}t^3\right)\sqrt{(2t)^2+\left[\frac{1}{2}(1-4t^2)\right]^2+\left[\frac{1}{2}(1+4t^2)\right]^2}\mathrm{d}t\\&=\int_0^1\frac{1}{2\sqrt{2}}\left(t+\frac{4}{3}t^3\right)(1+4t^2)\mathrm{d}t=\frac{49}{72}\sqrt{2}.\end{aligned}$$

所以

$$\int_L z\mathrm{d}s=\int_{L_1} z\mathrm{d}s+\int_{L_2} z\mathrm{d}s=\frac{3}{2}\sqrt{14}+\frac{49}{72}\sqrt{2}.$$

注记　一般地, 求过点 $M_1(x_1,y_1,z_1)$ 及点 $M_2(x_2,y_2,z_2)$ 的直线方程, 可设点 $M(x,y,z)$ 在直线上, 因向量 $\boldsymbol{M_1M}$ 与向量 $\boldsymbol{M_1M_2}$ 平行, 故存在数 t, 使 $\boldsymbol{M_1M}=t\boldsymbol{M_1M_2}$, 写出以上向量关系式对应的坐标形式, 并解出 x,y,z, 可得过点 M_1, M_2 的直线参数方程

$$x=(1-t)x_1+tx_2,\quad y=(1-t)y_1+ty_2,\quad z=(1-t)z_1+tz_2,$$

并且 $t=0$ 对应于点 M_1, $t=1$ 对应于点 M_2, 线段 M_1M_2 对应于 $t\in[0,1]$.

例 96　L 是圆周 $x^2+y^2=4x$, 计算 $\int_L\sqrt{x^2+y^2}\mathrm{d}s$.

解　解法 1　利用对称性及直角坐标系下圆的显式表示.

显然 L 关于 x 轴对称, 被积函数为关于 y 的偶函数, 上半圆周 $L_1: y=\sqrt{4x-x^2}$, $0\leqslant x\leqslant 4$. 在方程 $(x-2)^2+y^2=4$ 两边对 x 求导得 $y'(x)=\frac{2-x}{y}$,

则有

$$\int_L \sqrt{x^2+y^2}\mathrm{d}s = 2\int_{L_1} \sqrt{x^2+y^2}\mathrm{d}s = 2\int_0^4 \sqrt{4x}\cdot\sqrt{1+y'^2(x)}\mathrm{d}x = 4\int_0^4 \frac{\sqrt{4x}}{\sqrt{y^2}}\mathrm{d}x$$
$$= 4\int_0^4 \frac{\sqrt{4x}}{\sqrt{4x-x^2}}\mathrm{d}x = 8\int_0^4 \frac{\mathrm{d}x}{\sqrt{4-x}} = 32.$$

解法 2 利用圆的参数方程.

圆周 $L:(x-2)^2+y^2=4$ 的参数方程为

$$x=2+2\cos t,\quad y=2\sin t\quad (0\leqslant t\leqslant 2\pi),$$

则有

$$\int_L \sqrt{x^2+y^2}\mathrm{d}s = \int_L \sqrt{4x}\mathrm{d}s = 2\int_0^{2\pi} \sqrt{2+2\cos t}\cdot\sqrt{x'^2(t)+y'^2(t)}\mathrm{d}t$$
$$= 4\int_0^{2\pi} \sqrt{2(1+\cos t)}\mathrm{d}t$$
$$= 8\int_0^{2\pi} \left|\cos\frac{t}{2}\right|\mathrm{d}t = 16\int_0^{\pi} \cos\frac{t}{2}\mathrm{d}t = 32.$$

解法 3 利用极坐标方程.

$L:x^2+y^2=4x$ 的极坐标表示为

$$r=4\cos\theta\quad \left(-\frac{\pi}{2}\leqslant\theta\leqslant\frac{\pi}{2}\right),$$

则有

$$\int_L \sqrt{x^2+y^2}\mathrm{d}s = \int_L \sqrt{4x}\mathrm{d}s = \int_{-\frac{\pi}{2}}^{\frac{\pi}{2}} \sqrt{4r(\theta)\cos\theta}\cdot\sqrt{r^2(\theta)+r'^2(\theta)}\mathrm{d}\theta$$
$$= 16\int_{-\frac{\pi}{2}}^{\frac{\pi}{2}} \cos\theta\mathrm{d}\theta = 32\int_0^{\frac{\pi}{2}} \cos\theta\mathrm{d}\theta = 32.$$

注记 计算曲线积分时, 注意利用曲线方程化简被积表达式, 积分曲线的对称性和被积函数的奇偶性, 简化计算.

例 97 计算 $\int_L (x+y)\mathrm{d}s$, 其中 $L:(x^2+y^2)^2=a^2(x^2-y^2)$, $a>0$ 为双纽线右半平面部分.

解 用极坐标表示曲线方程为

$$L:r^2=a^2\cos 2\theta\quad \left(-\frac{\pi}{4}\leqslant\theta\leqslant\frac{\pi}{4}\right).$$

L 关于 x 轴对称, 而 y 关于 y 是奇函数, 所以有 $\int_L y\mathrm{d}s=0$. 又

$$2r(\theta)r'(\theta)=-2a^2\sin 2\theta \Longrightarrow r'(\theta)=-\frac{a^2\sin 2\theta}{r(\theta)} \Longrightarrow r^2(\theta)+r'^2(\theta)=\frac{a^4}{r^2(\theta)},$$

则

$$\int_L (x+y)\mathrm{d}s=\int_L x\mathrm{d}s=\int_{-\frac{\pi}{4}}^{\frac{\pi}{4}} r(\theta)\cos\theta\sqrt{r^2(\theta)+r'^2(\theta)}\mathrm{d}\theta=a^2\int_{-\frac{\pi}{4}}^{\frac{\pi}{4}}\cos\theta\mathrm{d}\theta=\sqrt{2}a^2.$$

例 98　求 $\int_L (x^2+y)\mathrm{d}s$, 其中 L 是球面 $x^2+y^2+z^2=R^2$ 与平面 $x+y+z=R$ 的交线, $R>0$.

解　因为曲线 L 关于 x, y, z 轮换对称, 所以有

$$\int_L x^2\mathrm{d}s=\int_L y^2\mathrm{d}s=\int_L z^2\mathrm{d}s,\quad \int_L x\mathrm{d}s=\int_L y\mathrm{d}s=\int_L z\mathrm{d}s.$$

又曲线 L 上的点满足方程 $x^2+y^2+z^2=R^2$ 与 $x+y+z=R$, 则有

$$\int_L (x^2+y)\mathrm{d}s=\frac{1}{3}\int_L (x^2+y^2+z^2)\mathrm{d}s+\frac{1}{3}\int_L (x+y+z)\mathrm{d}s=\frac{1}{3}(R^2+R)\int_L \mathrm{d}s.$$

注意到 L 是一个圆周, 球心到平面 $x+y+z=R$ 的距离为

$$d=\frac{|0+0+0-R|}{\sqrt{1^2+1^2+1^2}}=\frac{R}{\sqrt{3}},$$

则此圆的半径为

$$r=\sqrt{R^2-\left(\frac{R}{\sqrt{3}}\right)^2}=\sqrt{\frac{2}{3}}R,$$

所以

$$\int_L (x^2+y)\mathrm{d}s=\frac{1}{3}(R^2+R)\int_L \mathrm{d}s=\frac{1}{3}(R^2+R)\cdot 2\pi\sqrt{\frac{2}{3}}R=\frac{2\sqrt{6}}{9}\pi R^2(R+1).$$

注记　本题还可以利用空间的直角坐标变换, 从而找到曲线的较简单的参数方程来求解. 另外, 还可利用圆周在 $z=0$ 平面上的投影曲线 (椭圆) 的参数来求解, 有兴趣的读者可以一试.

思考题　计算曲线积分 $\int_L (x^2+x\cos x)\mathrm{d}s$, 其中 L 是单位圆周 $x^2+y^2=1$. (答案: π.)

例 99　计算圆柱面 $x^2+y^2=a^2$ 被圆柱面 $y^2+z^2=a^2$ 所割下的部分的面积.

分析　被割下的曲面上下、左右及前后对称, 其总面积等于第一卦限部分 S_1 面积的 8 倍, 下面只需要计算 S_1 的面积.

解 解法 1 (参数法) 第一卦限内那部分曲面 S_1 的参数方程为

$$x=a\cos\theta,\quad y=a\sin\theta,\quad z=z,$$

其中 $(\theta,z)\in D, D=\left\{(\theta,z)\mid 0\leqslant z\leqslant a\cos\theta,\ 0\leqslant\theta\leqslant\frac{\pi}{2}\right\}$, 计算得

$$E=|\boldsymbol{r}'_\theta|^2=a^2,\quad G=|\boldsymbol{r}'_z|^2=1,\quad F=\boldsymbol{r}'_\theta\cdot\boldsymbol{r}'_z=0,\quad \sqrt{EG-F^2}=a,$$

故有

$$S=8\iint_{S_1}\mathrm{d}S=8\iint_D\sqrt{EG-F^2}\mathrm{d}\theta\mathrm{d}z=8\int_0^{\frac{\pi}{2}}\mathrm{d}\theta\int_0^{a\cos\theta}a\mathrm{d}z=8a^2.$$

解法 2 (投影法) 第一卦限部分曲面 S_1 在 Oyz 平面上的投影区域 D 为

$$D: y^2+z^2\leqslant a^2,\quad y\geqslant 0,\quad z\geqslant 0,$$

曲面方程为 $x=\sqrt{a^2-y^2}$, 且曲面与投影区域一一对应, 故曲面面积

$$\begin{aligned}S&=8\iint_{S_1}\mathrm{d}S=8\iint_D\sqrt{1+x_y'^2+x_z'^2}\mathrm{d}y\mathrm{d}z=8\iint_D\frac{a}{\sqrt{a^2-y^2}}\mathrm{d}y\mathrm{d}z\\&=8\int_0^a\mathrm{d}y\int_0^{\sqrt{a^2-y^2}}\frac{a}{\sqrt{a^2-y^2}}\mathrm{d}z=8a^2.\end{aligned}$$

例 100 设 S 是锥面 $z^2=x^2+y^2$ 与平面 $z=\sqrt{2}\left(\frac{x}{2}+1\right)$ 所围区域 V 的全表面, 求 S 的面积.

解 由平面 $z=\sqrt{2}\left(\frac{x}{2}+1\right)$ 与 z 轴的交点为 $(0,0,\sqrt{2})$ 可知, V 是由上半锥面 $z=\sqrt{x^2+y^2}$ 与平面所围的区域, 其全表面为锥面 $z=\sqrt{x^2+y^2}$ 上的部分 S_1 与平面 $z=\sqrt{2}\left(\frac{x}{2}+1\right)$ 上的部分 S_2 的并.

下面求这两部分曲面在 Oxy 平面上的投影区域. 联立锥面方程与平面方程, 消去 z, 得交线方程为 $\frac{(x-2)^2}{8}+\frac{y^2}{4}=1$, 因而 S_1 与 S_2 在 Oxy 平面上的投影区域为椭圆盘

$$D:\frac{(x-2)^2}{8}+\frac{y^2}{4}\leqslant 1,$$

且 S_1 及 S_2 都为显式方程, 分别计算这两部分曲面的面积

$$\Delta S_1=\iint_{S_1}\mathrm{d}S=\iint_D\sqrt{1+z_x'^2+z_y'^2}\mathrm{d}x\mathrm{d}y$$

$$= \iint\limits_D \sqrt{1+\left(\frac{x}{\sqrt{x^2+y^2}}\right)^2+\left(\frac{y}{\sqrt{x^2+y^2}}\right)^2}\mathrm{d}x\mathrm{d}y$$

$$= \sqrt{2}\iint\limits_D \mathrm{d}x\mathrm{d}y = \sqrt{2}\cdot\pi\cdot 2\sqrt{2}\cdot 2 = 8\pi.$$

$$\Delta S_2 = \iint\limits_{S_2} \mathrm{d}S = \iint\limits_D \sqrt{1+z_x'^2+z_y'^2}\mathrm{d}x\mathrm{d}y$$

$$= \iint\limits_D \sqrt{1+\left(\frac{\sqrt{2}}{2}\right)^2+0}\ \mathrm{d}x\mathrm{d}y$$

$$= \sqrt{\frac{3}{2}}\iint\limits_D \mathrm{d}x\mathrm{d}y = \sqrt{\frac{3}{2}}\cdot\pi\cdot 2\sqrt{2}\cdot 2 = 4\sqrt{3}\pi.$$

故曲面 S 的面积 $\Delta S = \Delta S_1 + \Delta S_2 = (8+4\sqrt{3})\pi$.

注记　易验证锥面 $z=\alpha\sqrt{x^2+y^2}$ 及平面 $z=ax+by+c$ 的面积元素都是 $\mathrm{d}x\mathrm{d}y$ 的常数倍.

例 101　计算下列曲面的面积:

(1) $(x^2+y^2)^{\frac{1}{3}}+z^{\frac{2}{3}}=1$;　(2) $(x^2+y^2+z^2)^2=2a^2xy\ (a>0)$.

解　(1) 易见曲面上下、左右及前后对称, 曲面的面积等于它在第一卦限部分曲面 S_1 面积的 8 倍. S_1 在 Oxy 平面上的投影区域为 $x^2+y^2\leqslant 1, x\geqslant 0, y\geqslant 0$, 曲面的柱坐标方程 $r^{\frac{2}{3}}+z^{\frac{2}{3}}=1$, 所对应的参数表示为 $r^{\frac{1}{3}}=\sin\varphi, z^{\frac{1}{3}}=\cos\varphi$, 故 S_1 的参数方程为

$$x=\sin^3\varphi\cos\theta,\quad y=\sin^3\varphi\sin\theta,\quad z=\cos^3\varphi,$$

其中 $(\theta,\varphi)\in D, D=\left\{(\theta,\varphi)|0\leqslant\theta\leqslant\frac{\pi}{2},\ 0\leqslant\varphi\leqslant\frac{\pi}{2}\right\}$, 计算得

$$\boldsymbol{r}_\theta'=(-\sin^3\varphi\sin\theta,\ \sin^3\varphi\cos\theta,\ 0),$$
$$\boldsymbol{r}_\varphi'=(3\sin^2\varphi\cos\varphi\cos\theta,\ 3\sin^2\varphi\cos\varphi\sin\theta,\ -3\cos^2\varphi\sin\varphi),$$

从而

$$E=|\boldsymbol{r}_\theta'|^2=\sin^6\varphi,\quad G=|\boldsymbol{r}_\varphi'|^2=9\sin^2\varphi\cos^2\varphi,\quad F=\boldsymbol{r}_\theta'\cdot\boldsymbol{r}_\varphi'=0,$$
$$\sqrt{EG-F^2}=3\sin^4\varphi\cos\varphi,$$

故

$$S=8\iint\limits_{S_1}\mathrm{d}S=8\iint\limits_D\sqrt{EG-F^2}\mathrm{d}\theta\mathrm{d}\varphi=8\int_0^{\frac{\pi}{2}}\mathrm{d}\theta\int_0^{\frac{\pi}{2}}3\sin^4\varphi\cos\varphi\mathrm{d}\varphi=\frac{12}{5}\pi.$$

(2) 由曲面方程知 $xy \geqslant 0$, 即曲面位于一、三、五、七卦限, 且上下对称, 关于原点对称, 曲面面积等于它在第一卦限部分曲面 S_1 面积的 4 倍. 以下用两种方法计算 S_1 的面积.

解法 1 (参数法) 由球坐标变换

$$x = r\sin\theta\cos\varphi, \quad y = r\sin\theta\sin\varphi, \quad z = r\cos\theta \quad (r \geqslant 0,\ 0 \leqslant \theta \leqslant \pi,\ 0 \leqslant \varphi \leqslant 2\pi),$$

曲面方程化为 $r = a\sin\theta\sqrt{\sin 2\varphi}$, 则 S_1 的参数方程为

$$\begin{aligned} &x = a\sin^2\theta\cos\varphi\sqrt{\sin 2\varphi}, \quad y = a\sin^2\theta\sin\varphi\sqrt{\sin 2\varphi}, \\ &z = a\sin\theta\cos\theta\sqrt{\sin 2\varphi}, \end{aligned}$$

其中 $(\theta,\varphi) \in D, D = \left\{(\theta,\varphi) | 0 \leqslant \theta \leqslant \dfrac{\pi}{2},\ 0 \leqslant \varphi \leqslant \dfrac{\pi}{2}\right\}$, 计算得

$$\begin{aligned} &\boldsymbol{r}'_\theta = (a\sin 2\theta\cos\varphi\sqrt{\sin 2\varphi},\ a\sin 2\theta\sin\varphi\sqrt{\sin 2\varphi},\ a\cos 2\theta\sqrt{\sin 2\varphi}), \\ &\boldsymbol{r}'_\varphi = \left(\frac{a\sin^2\theta\cos 3\varphi}{\sqrt{\sin 2\varphi}}, \frac{a\sin^2\theta\sin 3\varphi}{\sqrt{\sin 2\varphi}}, \frac{a\sin\theta\cos\theta\cos 2\varphi}{\sqrt{\sin 2\varphi}}\right), \end{aligned}$$

从而

$$\begin{aligned} &E = |\boldsymbol{r}'_\theta|^2 = a^2\sin 2\varphi, \quad F = \boldsymbol{r}'_\theta \cdot \boldsymbol{r}'_\varphi = a^2\sin\theta\cos\theta\cos 2\varphi, \\ &G = |\boldsymbol{r}'_\varphi|^2 = \frac{a^2}{\sin 2\varphi}(\sin^4\theta + \sin^2\theta\cos^2\theta\cos^2 2\varphi), \quad \sqrt{EG - F^2} = a^2\sin^2\theta, \end{aligned}$$

故

$$S = 4\iint\limits_{S_1} \mathrm{d}S = 4\iint\limits_{D} \sqrt{EG - F^2}\mathrm{d}\theta\mathrm{d}\varphi = 4\int_0^{\frac{\pi}{2}} \mathrm{d}\theta \int_0^{\frac{\pi}{2}} a^2\sin^2\theta\mathrm{d}\varphi = \frac{1}{2}\pi^2 a^2.$$

解法 2 (投影法) 曲面在 Oxy 平面的投影区域为双纽线 $(x^2 + y^2)^2 = 2a^2xy$ 所界定的区域, 此双纽线的极坐标方程为 $r = a\sqrt{\sin 2\theta}$. 第一卦限对应区域

$$D : 0 \leqslant r \leqslant a\sqrt{\sin 2\theta}, \quad 0 \leqslant \theta \leqslant \frac{\pi}{2}.$$

由给定的方程可得曲面在第一卦限部分的直角坐标系方程为

$$z = \sqrt{\sqrt{2a^2xy} - x^2 - y^2},$$

则

$$S = 4\iint\limits_{S_1} \mathrm{d}S = 4\iint\limits_{D} \sqrt{1 + z_x'^2 + z_y'^2}\mathrm{d}x\mathrm{d}y$$

$$
\begin{aligned}
&= 4\iint\limits_D \frac{a\sqrt{x^2+y^2}}{2\sqrt{2xy}\sqrt{\sqrt{2a^2xy}-x^2-y^2}}\mathrm{d}x\mathrm{d}y\\
&= 2a\int_0^{\frac{\pi}{2}}\mathrm{d}\theta\int_0^{a\sqrt{\sin 2\theta}}\frac{r}{r\sqrt{\sin 2\theta}\sqrt{ar\sqrt{\sin 2\theta}-r^2}}\cdot r\mathrm{d}r\\
&= 2a\int_0^{\frac{\pi}{2}}\frac{1}{\sqrt{\sin 2\theta}}.\frac{\pi a}{2}\sqrt{\sin 2\theta}\mathrm{d}\theta=\frac{1}{2}\pi^2a^2,
\end{aligned}
$$

其中用到

$$\int_0^{2b}\frac{r\mathrm{d}r}{\sqrt{2br-r^2}}=\int_0^{2b}\frac{(r-b)+b}{\sqrt{b^2-(r-b)^2}}\mathrm{d}r=b\pi.$$

$\left(令\ r-b=b\sin t,-\dfrac{\pi}{2}\leqslant t\leqslant\dfrac{\pi}{2},\ b>0\ 即可证得.\right)$

例 102 计算曲面积分 $\iint\limits_S x^2\mathrm{d}S$, 其中 S 为球面 $x^2+y^2+z^2=2z$.

解 解法 1 (参数法) S 是曲面 $x^2+y^2+(z-1)^2=1$, 球心为 $(0,0,1)$, 半径为 1, 故可取球坐标变量 θ,φ 为参数 (以球心为球坐标中心), 参数方程为

$$
\begin{aligned}
&x=\sin\theta\cos\varphi,\quad y=\sin\theta\sin\varphi,\quad z=1+\cos\theta\quad (0\leqslant\theta\leqslant\pi,\ 0\leqslant\varphi\leqslant 2\pi),\\
&\boldsymbol{r}'_\theta=(\cos\theta\cos\varphi,\ \cos\theta\sin\varphi,\ -\sin\theta),\quad \boldsymbol{r}'_\varphi=(-\sin\theta\sin\varphi,\ \sin\theta\cos\varphi,\ 0),\\
&E=1,\quad G=\sin^2\theta,\quad F=0,\quad \sqrt{EG-F^2}=\sin\theta,\quad \mathrm{d}s=\sin\theta\mathrm{d}\theta\mathrm{d}\varphi,
\end{aligned}
$$

故

$$\iint\limits_S x^2\mathrm{d}S=\int_0^{2\pi}\mathrm{d}\varphi\int_0^{\pi}\sin^2\theta\cos^2\varphi\sin\theta\mathrm{d}\theta=\int_0^{2\pi}\cos^2\varphi\mathrm{d}\varphi\int_0^{\pi}\sin^3\theta\mathrm{d}\theta=\frac{4}{3}\pi.$$

注记 因球面过坐标原点, 故也可用中心在原点的球坐标来做, 此时球面的坐标方程为 $r=2\cos\theta$, 由此得 S 的参数方程为

$$x=2\cos\theta\sin\theta\cos\varphi,\quad y=2\cos\theta\sin\theta\sin\varphi,\quad z=2\cos\theta\cos\theta,$$

其中 $0\leqslant\varphi\leqslant 2\pi,\ 0\leqslant\theta\leqslant\dfrac{\pi}{2}$. 同样可求出曲面积分, 读者可以一试.

解法 2 (投影法) S 是球心在 $(0,0,1)$, 半径为 1 的球面, 用平面 $z=1$ 将 S 分为上、下两部分, 分别记作 S_1 与 S_2.

S_1的方程为

$$z=1+\sqrt{1-x^2-y^2},$$

S_2的方程为

$$z=1-\sqrt{1-x^2-y^2},$$

它们在 Oxy 平面的投影区域都是圆 $x^2+y^2\leqslant 1$, 且面积元素也相同, 都是

$$\mathrm{d}S=\sqrt{1+z_x'^2+z_y'^2}\mathrm{d}x\mathrm{d}y=\frac{1}{\sqrt{1-x^2-y^2}}\mathrm{d}x\mathrm{d}y,$$

故

$$\begin{aligned}\iint_S x^2\mathrm{d}S&=\iint_{S_1}x^2\mathrm{d}S+\iint_{S_2}x^2\mathrm{d}S\\&=\iint_{x^2+y^2\leqslant 1}\frac{x^2}{\sqrt{1-x^2-y^2}}\mathrm{d}x\mathrm{d}y+\iint_{x^2+y^2\leqslant 1}\frac{x^2}{\sqrt{1-x^2-y^2}}\mathrm{d}x\mathrm{d}y\\&=2\int_0^{2\pi}\mathrm{d}\theta\int_0^1\frac{r^2\cos^2\theta}{\sqrt{1-r^2}}r\mathrm{d}r\\&=\int_0^{2\pi}\cos^2\theta\mathrm{d}\theta\int_0^1\frac{t}{\sqrt{1-t}}\mathrm{d}t=\frac{4}{3}\pi.\end{aligned}$$

例 103 求下列曲面积分:

(1) $\iint_S(x^4-y^4+y^2z^2-x^2z^2+1)\mathrm{d}S$, 其中 S 是圆锥面 $z=\sqrt{x^2+y^2}$ 被柱面 $x^2+y^2=2x$ 所截下的部分.

(2) $\iint_S\frac{\sqrt{|x|}+y}{\sqrt{|x|}+\sqrt{|y|}+\sqrt{|z|}}\mathrm{d}S$, 其中 S 是球面 $x^2+y^2+z^2=R^2$.

(3) $\iint_S(ax+by+cy^2+|xyz|)\mathrm{d}S$, 其中 S 是锥面 $z=\sqrt{x^2+y^2}$ 被平面 $z=1$ 截下的部分.

解 (1) 因曲面 S 满足方程 $z=\sqrt{x^2+y^2}$, 即 $z^2=x^2+y^2$, 且 S 在 Oxy 平面上的投影为圆面 $x^2+y^2\leqslant 2x$, 故

$$\begin{aligned}\iint_S(x^4-y^4+y^2z^2-x^2z^2+1)\mathrm{d}S&=\iint_S[(x^2-y^2)(x^2+y^2)+z^2(y^2-x^2)+1]\mathrm{d}S\\&=\iint_S\mathrm{d}S\\&=\iint_{x^2+y^2\leqslant 2x}\sqrt{1+z_x'^2+z_y'^2}\mathrm{d}x\mathrm{d}y\\&=\sqrt{2}\iint_{x^2+y^2\leqslant 2x}\mathrm{d}x\mathrm{d}y=\sqrt{2}\pi.\end{aligned}$$

注记 上面是用**投影法**求曲面面积, 也可用**参数法**求解. 由曲面方程的特点, 可以选用柱面坐标变换下的参数表达:

$$S: x = z\cos\theta,\quad y = z\sin\theta,\quad z = z\quad \left(0 \leqslant z \leqslant 2\cos\theta,\ -\frac{\pi}{2} \leqslant \theta \leqslant \frac{\pi}{2}\right),$$

$$\mathrm{d}S = \sqrt{2}z\mathrm{d}z\mathrm{d}\theta.$$

读者可以一试.

(2) 注意到球面的对称性, 便有

$$\begin{aligned}\iint\limits_S \frac{\sqrt{|x|}}{\sqrt{|x|}+\sqrt{|y|}+\sqrt{|z|}}\mathrm{d}S &= \iint\limits_S \frac{\sqrt{|y|}}{\sqrt{|x|}+\sqrt{|y|}+\sqrt{|z|}}\mathrm{d}S \\ &= \iint\limits_S \frac{\sqrt{|z|}}{\sqrt{|x|}+\sqrt{|y|}+\sqrt{|z|}}\mathrm{d}S \\ &= \frac{1}{3}\iint\limits_S \frac{\sqrt{|x|}+\sqrt{|y|}+\sqrt{|z|}}{\sqrt{|x|}+\sqrt{|y|}+\sqrt{|z|}}\mathrm{d}S \\ &= \frac{1}{3}\iint\limits_S \mathrm{d}S = \frac{1}{3}\cdot 4\pi R^2 = \frac{4}{3}\pi R^2.\end{aligned}$$

另外, $\dfrac{y}{\sqrt{|x|}+\sqrt{|y|}+\sqrt{|z|}}$ 是关于 y 的奇函数, 且球面关于 Ozx 平面对称, 故

$$\iint\limits_S \frac{y}{\sqrt{|x|}+\sqrt{|y|}+\sqrt{|z|}}\mathrm{d}S = 0,$$

所以曲面积分 $\displaystyle\iint\limits_S \frac{\sqrt{|x|}+y}{\sqrt{|x|}+\sqrt{|y|}+\sqrt{|z|}}\mathrm{d}S = \frac{4}{3}\pi R^2.$

(3) 因曲面 S 关于坐标平面 Oyz, Ozx 对称, 故

$$\iint\limits_S ax\mathrm{d}S = 0,\quad \iint\limits_S by\mathrm{d}S = 0,\quad \mathrm{d}S = \sqrt{1+z_x'^2+z_y'^2}\mathrm{d}x\mathrm{d}y = \sqrt{2}\mathrm{d}x\mathrm{d}y,$$

又曲面方程关于 x, y 轮换对称, 故

$$\begin{aligned}\iint\limits_S cy^2\mathrm{d}S &= \frac{c}{2}\iint\limits_S (x^2+y^2)\mathrm{d}S \\ &= \frac{c}{2}\iint\limits_{x^2+y^2\leqslant 1}(x^2+y^2)\sqrt{2}\mathrm{d}x\mathrm{d}y \\ &= \frac{c}{\sqrt{2}}\int_0^{2\pi}\mathrm{d}\theta\int_0^1 r^3\mathrm{d}r = \frac{c\sqrt{2}}{4}\pi.\end{aligned}$$

将曲面 S 在第一卦限的部分记为 S_1, 其在 Oxy 平面的投影为 $D: x^2+y^2\leqslant 1$, $x\geqslant 0$, $y\geqslant 0$, 从而有

$$\begin{aligned}\iint_S |xyz|\mathrm{d}S &= 4\iint_{S_1} xyz\mathrm{d}S = 4\iint_D xy\sqrt{x^2+y^2}\sqrt{2}\mathrm{d}x\mathrm{d}y\\ &= 4\int_0^{\frac{\pi}{2}}\cos\theta\sin\theta\mathrm{d}\theta\int_0^1\sqrt{2}r^4\mathrm{d}r = \frac{2}{5}\sqrt{2},\end{aligned}$$

故

$$\begin{aligned}\iint_S (ax+by+cy^2+|xyz|)\mathrm{d}S &= \iint_S ax\mathrm{d}S + \iint_S by\mathrm{d}S + \iint_S cy^2\mathrm{d}S + \iint_S |xyz|\mathrm{d}S\\ &= \frac{c\sqrt{2}}{4}\pi + \frac{2}{5}\sqrt{2}.\end{aligned}$$

注记 计算曲面积分时, 注意利用曲面方程化简被积表达式及积分曲面的对称性和被积函数的奇偶性, 简化计算.

例 104 求 $\iint\limits_S |y|\mathrm{d}S$, 其中 S 是柱面 $x^2+y^2=x$ 被球面 $x^2+y^2+z^2=1$ 所截下的部分曲面.

解 解法 1 (投影法) 由 $x^2+y^2=x$ 可得 $y=\pm\sqrt{x-x^2}$, 故柱面可分为

$$\text{右半柱面}S_1: y=\sqrt{x-x^2},\quad \text{左半柱面}S_2: y=-\sqrt{x-x^2},\ 0\leqslant x\leqslant 1.$$

联立两个曲面方程解得 $z^2=1-x$, 从而 S_1 与 S_2 在 Ozx 平面的投影区域为

$$\begin{aligned}&D: -\sqrt{1-x}\leqslant z\leqslant\sqrt{1-x}\quad (0\leqslant x\leqslant 1),\\ &\mathrm{d}S=\sqrt{1+y_x'^2+y_z'^2}\mathrm{d}z\mathrm{d}x=\frac{1}{2\sqrt{x-x^2}}\mathrm{d}z\mathrm{d}x,\end{aligned}$$

故

$$\iint_S |y|\mathrm{d}S = 2\iint_D \sqrt{x-x^2}\cdot\frac{1}{2\sqrt{x-x^2}}\mathrm{d}z\mathrm{d}x = \int_0^1\mathrm{d}x\int_{-\sqrt{1-x}}^{\sqrt{1-x}}\mathrm{d}z = \frac{4}{3}.$$

解法 2 (参数法) 取 Oxy 平面上以 $\left(\frac{1}{2},0\right)$ 为极点, 极轴与 x 轴同向的极坐标, 极角 θ 为一个参数, 竖坐标 z 为另一个参数, 则 S 可表示为参数形式

$$\begin{aligned}&x=\frac{1}{2}+\frac{1}{2}\cos\theta,\quad y=\frac{1}{2}\sin\theta,\quad z=z,\\ &\mathrm{d}S=|\boldsymbol{r}_\theta'\times\boldsymbol{r}_z'|\mathrm{d}\theta\mathrm{d}z=\frac{1}{2}\mathrm{d}\theta\mathrm{d}z.\end{aligned}$$

因曲面 S 在球面 $x^2+y^2+z^2=1$ 内, 故

$$-\sqrt{1-x^2-y^2}\leqslant z\leqslant\sqrt{1-x^2-y^2},$$

即知 S 的参数 (θ,z) 的变化范围为

$$D:-\sqrt{\frac{1-\cos\theta}{2}}\leqslant z\leqslant\sqrt{\frac{1-\cos\theta}{2}}\quad(-\pi\leqslant\theta\leqslant\pi),$$

故

$$\begin{aligned}\iint\limits_S|y|\mathrm{d}S&=\iint\limits_D\frac{1}{2}|\sin\theta|\cdot\frac{1}{2}\mathrm{d}\theta\mathrm{d}z\\&=\frac{1}{4}\int_{-\pi}^{\pi}|\sin\theta|\mathrm{d}\theta\int_{-\sqrt{\frac{1-\cos\theta}{2}}}^{\sqrt{\frac{1-\cos\theta}{2}}}\mathrm{d}z\\&=\frac{1}{2}\int_{-\pi}^{\pi}|\sin\theta|\left|\sin\frac{\theta}{2}\right|\mathrm{d}\theta\\&=\int_0^{\pi}\sin\theta\cdot\sin\frac{\theta}{2}\mathrm{d}\theta=4\int_0^{\frac{\pi}{2}}\sin^2t\cos t\mathrm{d}t=\frac{4}{3}.\end{aligned}$$

注记　题中曲面 S(被球面所截下的那部分柱面) 还可用参数表示为

$$x=\cos^2\theta,\quad y=\cos\theta\sin\theta,\quad z=z,$$

其中 $-|\sin\theta|\leqslant z\leqslant|\sin\theta|$, $-\dfrac{\pi}{2}\leqslant\theta\leqslant\dfrac{\pi}{2}$. 面积微元 $\mathrm{d}S=\mathrm{d}\theta\mathrm{d}z$, 读者可自行计算.

思考题　计算 $\iint\limits_S\sqrt{x^2+y^2}\mathrm{d}S$, 其中 S 为锥面 $x^2+y^2=z^2$ 中满足 $0\leqslant z\leqslant a$ $(a>0)$ 的那一部分. $\left(\text{答案: }\dfrac{2\sqrt{2}}{3}\pi a^3.\right)$

例 105　设点 P 为椭球面 $S:x^2+y^2+z^2-yz=1$ 上的动点, 若曲面 S 在 P 点处的切平面 Π 与 xOy 平面垂直,

(1) 求点 P 的轨迹曲线 Γ;

(2) 计算第一型曲面积分 $\iint\limits_{\Sigma}\dfrac{(x+\sqrt{3})|y-2z|}{\sqrt{4+y^2+z^2-4yz}}\mathrm{d}S$, 其中 Σ 是椭球面 S 位于曲线 Γ 上方的部分.

解　(1) 设点 $P(x,y,z)$, 在此点的法向 $\boldsymbol{n}=(2x,2y-z,2z-y)$, 由题意知 $\boldsymbol{n}\cdot(0,0,1)=0$, 得 $y=2z$. 由于点 P 在椭球面上, 将其代入椭球面方程, 得点 P 的轨迹曲线 $\Gamma:\begin{cases}x^2+\dfrac{3}{4}y^2=1,\\y=2z.\end{cases}$

(2) Σ 是椭球面 S 位于曲线 Γ 上方的部分, 其方程为 $z=\dfrac{y}{2}+\sqrt{1-x^2-\dfrac{3}{4}y^2}$, 其在 xOy 平面上的投影为区域 $D=\{x^2+\dfrac{3}{4}y^2\leqslant 1\}$.

$$z'_x=-\frac{x}{\sqrt{1-x^2-\frac{3}{4}y^2}}=-\frac{2x}{2z-y},\ z'_y=\frac{1}{2}-\frac{3y}{4\sqrt{1-x^2-\frac{3}{4}y^2}}=\frac{z-2y}{2z-y},$$

$\left(\text{或}\quad F(x,y,z)=x^2+y^2+z^2-yz-1\Longrightarrow z'_x=-\dfrac{F'_x}{F'_z}=-\dfrac{2x}{2z-y},z'_y=-\dfrac{F'_y}{F'_z}=\dfrac{z-2y}{2z-y},\right)$

$$\begin{aligned}\mathrm{d}S=\sqrt{1+z'^2_x+z'^2_y}\mathrm{d}x\mathrm{d}y&=\frac{1}{|2z-y|}\sqrt{5z^2+5y^2+4x^2-8yz}\mathrm{d}x\mathrm{d}y\quad(\text{利用椭球面方程})\\&=\frac{1}{|2z-y|}\sqrt{4+y^2+z^2-4yz}\mathrm{d}x\mathrm{d}y\end{aligned}$$

$$\iint\limits_{\Sigma}\frac{(x+\sqrt{3})|y-2z|}{\sqrt{4+y^2+z^2-4yz}}dS=\iint\limits_{D}(x+\sqrt{3})\mathrm{d}x\mathrm{d}y=\iint\limits_{D}\sqrt{3}\mathrm{d}x\mathrm{d}y=\sqrt{3}\pi\frac{2}{\sqrt{3}}=2\pi.$$

例 106 设 S 为椭球面 $\dfrac{x^2}{2}+\dfrac{y^2}{2}+z^2=1$ 的上半部分, 点 $M(x,y,z)\in S$, Π 为 S 在点 M 处的切平面, $\rho(x,y,z)$ 为点 $O(0,0,0)$ 到平面 Π 的距离, 求 $\displaystyle\iint\limits_{S}\frac{z}{\rho(x,y,z)}\mathrm{d}S$.

解 设 (X,Y,Z) 为平面 Π 上任意一点, 则 Π 的方程为

$$\frac{xX}{2}+\frac{yY}{2}+zZ=1,$$

从而知

$$\rho(x,y,z)=\frac{1}{\sqrt{\frac{x^2}{4}+\frac{y^2}{4}+z^2}}=\frac{2}{\sqrt{4-x^2-y^2}}.$$

由隐式方程 $F(x,y,z)=\dfrac{x^2}{2}+\dfrac{y^2}{2}+z^2-1=0$, 求得椭球面的面积元素

$$\mathrm{d}S=\frac{\sqrt{F'^2_x+F'^2_y+F'^2_z}}{|F'_z|}\mathrm{d}x\mathrm{d}y=\frac{\sqrt{x^2+y^2+4z^2}}{2z}\mathrm{d}x\mathrm{d}y=\frac{\sqrt{4-x^2-y^2}}{2z}\mathrm{d}x\mathrm{d}y,$$

S 在 Oxy 平面的投影区域 $D=\left\{(x,y)|\dfrac{x^2}{2}+\dfrac{y^2}{2}\leqslant 1\right\}$, 故

$$\iint\limits_{S}\frac{z}{\rho(x,y,z)}\mathrm{d}S=\frac{1}{4}\iint\limits_{D}(4-x^2-y^2)\mathrm{d}x\mathrm{d}y=\frac{1}{4}\int_0^{2\pi}\mathrm{d}\theta\int_0^{\sqrt{2}}(4-r^2)r\mathrm{d}r=\frac{3}{2}\pi.$$

例 107　设双纽线 $L:(x^2+y^2)^2=a^2(x^2-y^2)$, $z=0\ (a>0)$ 上分布某物质, 其密度与点到坐标原点的距离成正比, 比例系数为 1, 求它绕 z 轴的转动惯量.

解　双纽线的极坐标方程为 $r=a\sqrt{\cos 2\theta},\theta\in\left[-\frac{\pi}{4},\frac{\pi}{4}\right]\cup\left[\frac{3\pi}{4},\frac{5\pi}{4}\right]$, 计算弧长微元

$$\mathrm{d}s=\sqrt{r'^2(\theta)+r^2(\theta)}\mathrm{d}\theta=\frac{a}{\sqrt{\cos 2\theta}}\mathrm{d}\theta,$$

故所求的转动惯量为

$$\begin{aligned}\int_L(x^2+y^2)\rho\mathrm{d}s&=\int_L(x^2+y^2)\sqrt{x^2+y^2}\mathrm{d}s\\&=4\int_0^{\frac{\pi}{4}}a^3(\sqrt{\cos 2\theta})^3\cdot\frac{a}{\sqrt{\cos 2\theta}}\mathrm{d}\theta=2a^4.\end{aligned}$$

例 108　设曲面 S 为位于第一卦限的球面 $x^2+y^2+z^2=R^2$, $x\geqslant 0$, $y\geqslant 0$, $z\geqslant 0$, $R>0$.

(1) 求曲面 S 的均质边界曲线 L 的重心 $(\overline{x},\overline{y},\overline{z})$.

(2) 求曲面 S 的均质边界曲线 L 对球心处质量为 m 的质点的引力.

(3) 求均质曲面 S 的质量与 S 对 Oz 轴的转动惯量 I.

解　(1) 设边界曲线 L 的线密度为 ρ, L 在 Oxy, Oyz, Ozx 坐标平面上的弧段分别为 L_1, L_2, L_3, 其中 L_1 为

$$x=R\cos t,\quad y=R\sin t,\quad z=0,\quad 0\leqslant t\leqslant\frac{\pi}{2}.$$

则 L 的质量与重心分别为

$$\begin{aligned}m&=\rho\int_L\mathrm{d}s=\rho\int_{L_1}\mathrm{d}s+\rho\int_{L_2}\mathrm{d}s+\rho\int_{L_3}\mathrm{d}s=3\rho\int_{L_1}\mathrm{d}s=\frac{3}{2}\pi\rho R,\\\overline{x}&=\frac{1}{m}\rho\int_L x\mathrm{d}s=\frac{2}{3\pi R}\left(\int_{L_1}x\mathrm{d}s+\int_{L_2}x\mathrm{d}s+\int_{L_3}x\mathrm{d}s\right)\\&=\frac{2}{3\pi R}\left(\int_{L_1}x\mathrm{d}s+\int_{L_3}x\mathrm{d}s\right)\\&=\frac{4}{3\pi R}\int_{L_1}x\mathrm{d}s\\&=\frac{4}{3\pi R}\int_0^{\frac{\pi}{2}}R\cos t\sqrt{x'^2(t)+y'^2(t)+z'^2(t)}\mathrm{d}t=\frac{4R}{3\pi}.\end{aligned}$$

其中, 因 L_2 在平面 $x=0$ 上, 故 $\int_{L_2}x\mathrm{d}s=0$, 由对称性 $\int_{L_1}x\mathrm{d}s=\int_{L_3}x\mathrm{d}s$. 同理

$$\overline{y}=\frac{1}{m}\rho\int_L y\mathrm{d}s=\overline{z}=\frac{1}{m}\rho\int_L z\mathrm{d}s=\frac{4R}{3\pi},$$

故边界曲线 L 的重心为 $\left(\frac{4R}{3\pi},\frac{4R}{3\pi},\frac{4R}{3\pi}\right)$.

(2) 设曲线 L 上位于 (x,y,z) 处有质量为 $\rho\mathrm{d}s$ 的质点 (ρ 是 L 的线密度), 它对球心处质量为 m 的质点的引力大小为 $\frac{km\rho\mathrm{d}s}{R^2}$, 方向为 $\frac{1}{R}(x,y,z)$, 故曲线对坐标原点处质点引力的 x 轴方向分量为

$$F_x=\int_L \frac{x}{R}\cdot\frac{km\rho}{R^2}\mathrm{d}s=\frac{km\rho}{R^3}\int_L x\mathrm{d}s=\frac{2km\rho}{R^3}\int_{L_1}x\mathrm{d}s=\frac{2km\rho}{R}.$$

由曲线的对称性, 同理可得 $F_y=F_z=\frac{2km\rho}{R}$, 故所求的引力为

$$\boldsymbol{F}=\left(\frac{2km\rho}{R},\frac{2km\rho}{R},\frac{2km\rho}{R}\right).$$

(3) 设曲面 S 的面密度为常数 μ. 曲面 S 的方程为 $z=\sqrt{R^2-x^2-y^2}$, 在 Oxy 平面的投影为 $D=\{(x,y)|x^2+y^2\leqslant R^2,\ x\geqslant 0,\ y\geqslant 0\}$, 故

$$\mathrm{d}S=\sqrt{1+z_x'^2+z_y'^2}\mathrm{d}x\mathrm{d}y=\frac{R}{\sqrt{R^2-x^2-y^2}}\mathrm{d}x\mathrm{d}y,$$

则曲面 S 的质量为

$$M=\mu\iint\limits_S\mathrm{d}S=\mu\iint\limits_D\frac{R}{\sqrt{R^2-x^2-y^2}}\mathrm{d}x\mathrm{d}y=\mu\int_0^{\frac{\pi}{2}}\mathrm{d}\theta\int_0^R\frac{Rr}{\sqrt{R^2-r^2}}\mathrm{d}r=\frac{\pi\mu R^2}{2},$$

S 对 Oz 轴的转动惯量为

$$\begin{aligned}I&=\mu\iint\limits_S(x^2+y^2)\mathrm{d}S=\mu\iint\limits_D(x^2+y^2)\frac{R}{\sqrt{R^2-x^2-y^2}}\mathrm{d}x\mathrm{d}y\\&=\mu\int_0^{\frac{\pi}{2}}\mathrm{d}\theta\int_0^R\frac{Rr^3}{\sqrt{R^2-r^2}}\mathrm{d}r=\frac{\pi\mu R^4}{3}.\end{aligned}$$

例 109 设 S 是锥面 $z=\sqrt{x^2+y^2}$ 位于柱面 $x^2+y^2=2y$ 内部的部分曲面, 在 S 上分布某物质, 其密度 $\rho=\sqrt{x^2+y^2+z^2}$, 求曲面块 S 的重心坐标.

解 S 在 Oxy 平面上的投影区域为 $D:x^2+y^2\leqslant 2y$, 其在极坐标变换下为

$$0\leqslant r\leqslant 2\sin\theta,\quad 0\leqslant\theta\leqslant\pi,$$

$$\mathrm{d}S=\sqrt{1+z_x'^2+z_y'^2}\mathrm{d}x\mathrm{d}y=\sqrt{2}\mathrm{d}x\mathrm{d}y.$$

根据重心坐标公式有

$$\overline{z}=\frac{\iint\limits_{S}z\rho\mathrm{d}S}{\iint\limits_{S}\rho\mathrm{d}S}=\frac{\iint\limits_{S}\sqrt{x^2+y^2}\sqrt{x^2+y^2+(\sqrt{x^2+y^2})^2}\mathrm{d}S}{\iint\limits_{S}\sqrt{x^2+y^2+(\sqrt{x^2+y^2})^2}\mathrm{d}S}$$

$$=\frac{\iint\limits_{D}\sqrt{2}(x^2+y^2)\cdot\sqrt{2}\mathrm{d}x\mathrm{d}y}{\iint\limits_{D}\sqrt{2(x^2+y^2)}\cdot\sqrt{2}\mathrm{d}x\mathrm{d}y}=\frac{\int_0^{\pi}\mathrm{d}\theta\int_0^{2\sin\theta}\sqrt{2}r^2\cdot\sqrt{2}r\mathrm{d}r}{\int_0^{\pi}\mathrm{d}\theta\int_0^{2\sin\theta}\sqrt{2}r\cdot\sqrt{2}r\mathrm{d}r}=\frac{27}{64}\pi,$$

$$\overline{y}=\frac{\iint\limits_{S}y\rho\mathrm{d}S}{\iint\limits_{S}\rho\mathrm{d}S}=\frac{\int_0^{\pi}\mathrm{d}\theta\int_0^{2\sin\theta}r\sin\theta\cdot\sqrt{2}r\cdot\sqrt{2}r\mathrm{d}r}{\int_0^{\pi}\mathrm{d}\theta\int_0^{2\sin\theta}\sqrt{2}r\cdot\sqrt{2}r\mathrm{d}r}=\frac{6}{5},$$

$$\overline{x}=\frac{\iint\limits_{S}x\rho\mathrm{d}S}{\iint\limits_{S}\rho\mathrm{d}S}=\frac{\int_0^{\pi}\mathrm{d}\theta\int_0^{2\sin\theta}r\cos\theta\cdot\sqrt{2}r\cdot\sqrt{2}r\mathrm{d}r}{\int_0^{\pi}\mathrm{d}\theta\int_0^{2\sin\theta}\sqrt{2}r\cdot\sqrt{2}r\mathrm{d}r}=0.$$

故曲面块 S 的重心坐标为 $\left(0,\frac{6}{5},\frac{27}{64}\pi\right)$.

小　　结

本节主要内容是计算空间曲线段的弧长、第一型曲线积分及计算空间曲面面积、第一型曲面积分.

1. 计算空间曲线段的弧长及第一型曲线积分, 首先要设法找到 (或分段找到) 曲线的参数方程, 确定参数的变化范围, 然后根据计算公式进行计算. 计算时注意利用积分曲线的对称性和被积函数的奇偶性.

2. 计算空间曲面面积及第一型曲面积分, 首先要设法找到 (或分片找到) 曲面的参数方程, 确定参数的变化区域, 然后根据计算公式进行计算. 常用的计算方法为参数法和投影法, 计算时注意利用积分曲面的对称性和被积函数的奇偶性.

6.4 第二型曲线积分与格林公式

知识要点

◇ 第二型曲线积分

1. 基本概念

设 $\boldsymbol{F}$ 是空间区域 V 中的向量场, L 是 V 中简单光滑定向曲线段, $\boldsymbol{\tau}$ 是与 L 定向一致的单位切向量, 则 $\int_L \boldsymbol{F}\cdot\boldsymbol{\tau}\mathrm{d}s$ 称为 $\boldsymbol{F}$ 沿定向曲线 L 的第二型曲线积分. 当 L 是封闭曲线时, $\int_L \boldsymbol{F}\cdot\boldsymbol{\tau}\mathrm{d}s$ 称为 $\boldsymbol{F}$ 沿回路 L 的环量, 并记为 $\oint_L \boldsymbol{F}\cdot\boldsymbol{\tau}\mathrm{d}s$.

设 $\boldsymbol{F}=(P(x,y,z),Q(x,y,z),R(x,y,z))$, $\boldsymbol{\tau}\mathrm{d}s=(\mathrm{d}x,\mathrm{d}y,\mathrm{d}z)$ 为有向弧元素, 第二型曲线积分又可记为

$$\int_L \boldsymbol{F}\cdot\boldsymbol{\tau}\mathrm{d}s=\int_L P\mathrm{d}x+Q\mathrm{d}y+R\mathrm{d}z.$$

2. 基本性质

(1) 线性性:

若 $\boldsymbol{F}=c_1\boldsymbol{F}_1+c_2\boldsymbol{F}_2$, 则有

$$\int_L \boldsymbol{F}\cdot\boldsymbol{\tau}\mathrm{d}s=c_1\int_L \boldsymbol{F}_1\cdot\boldsymbol{\tau}\mathrm{d}s+c_2\int_L \boldsymbol{F}_2\cdot\boldsymbol{\tau}\mathrm{d}s.$$

特别地, 如果把 (P,Q,R) 看成是 $(P,0,0)$, $(0,Q,0)$, $(0,0,R)$ 的和, 就有

$$\int_L P\mathrm{d}x+Q\mathrm{d}y+R\mathrm{d}z=\int_L P\mathrm{d}x+\int_L Q\mathrm{d}y+\int_L R\mathrm{d}z.$$

(2) 对积分曲线的可加性:

若 L_{AC} 是由 L_{AB} 和 L_{BC} 连接而成的, 则有

$$\int_{L_{AC}} \boldsymbol{F}\cdot\boldsymbol{\tau}\mathrm{d}s=\int_{L_{AB}} \boldsymbol{F}\cdot\boldsymbol{\tau}\mathrm{d}s+\int_{L_{BC}} \boldsymbol{F}\cdot\boldsymbol{\tau}\mathrm{d}s.$$

(3) 积分的方向性:

$$\int_{L_{AB}} \boldsymbol{F}\cdot\boldsymbol{\tau}\mathrm{d}s=-\int_{L_{BA}} \boldsymbol{F}\cdot\boldsymbol{\tau}\mathrm{d}s.$$

(4) 几个重要特例:

如果曲线 L 在垂直于 x 轴的平面上, 则 $\mathrm{d}x=0$, 从而 $\int_L P\mathrm{d}x=0$.

如果曲线 L 在垂直于 y 轴的平面上, 则 $\mathrm{d}y=0$, 从而 $\int_L Q\mathrm{d}y=0$.

如果曲线 L 在垂直于 z 轴的平面上, 则 $\mathrm{d}z=0$, 从而 $\int_L R\mathrm{d}z=0$.

3. 计算方法

设光滑定向曲线 L 的参数方程为 $\boldsymbol{r}=\boldsymbol{r}(t)=(x(t),y(t),z(t))$, $\alpha\leqslant t\leqslant\beta$, 且参数 t 的增加方向与曲线 L 的方向一致.

(1) 化为第一型曲线积分:

$$\begin{aligned}\int_L \boldsymbol{F}\cdot\boldsymbol{\tau}\mathrm{d}s&=\int_L P\mathrm{d}x+Q\mathrm{d}y+R\mathrm{d}z\\&=\int_L (P\cos\alpha+Q\cos\beta+R\cos\gamma)\mathrm{d}s.\end{aligned}$$

其中 L 上的**单位切向量**

$$\boldsymbol{\tau}=\frac{\boldsymbol{r}'(t)}{|\boldsymbol{r}'(t)|}=(\cos\alpha,\cos\beta,\cos\gamma),$$

曲线的**有向弧长微分**或**有向弧长元素**为

$$\mathrm{d}\boldsymbol{s}=\boldsymbol{\tau}\mathrm{d}s=(\cos\alpha,\cos\beta,\cos\gamma)\mathrm{d}s.$$

(2) 参数法:

$$\begin{aligned}\int_L \boldsymbol{F}\cdot\boldsymbol{\tau}\mathrm{d}s=\int_\alpha^\beta&[P(x(t),y(t),z(t))x'(t)+Q(x(t),y(t),z(t))y'(t)\\&+R(x(t),y(t),z(t))z'(t)]\mathrm{d}t.\end{aligned}$$

◇ 格林 (Green) 公式

设 D 是由分段简单光滑闭曲线 L 围成的平面有界闭区域, 函数 $P(x,y)$, $Q(x,y)$ 在 D 上有一阶连续偏导数, 则有

$$\oint_L P\mathrm{d}x+Q\mathrm{d}y=\iint_D\left(\frac{\partial Q}{\partial x}-\frac{\partial P}{\partial y}\right)\mathrm{d}x\mathrm{d}y,$$

其中闭曲线 L 的方向这样选取, 使沿此方向行进时, 区域 D 始终在它的左侧, 习惯上称其为正方向.

推论 设 D 是适合格林公式的平面闭区域, D 的面积为 A, 则有

$$A=\oint_L x\mathrm{d}y=-\oint_L y\mathrm{d}x=\frac{1}{2}\oint_L x\mathrm{d}y-y\mathrm{d}x,$$

L 是 D 的边界正方向. 特别地, 若 D 是单连通的, 且 L 的参数方程为 $x=x(t)$, $y=y(t)$, $\alpha\leqslant t\leqslant\beta$, 则

$$A=\frac{1}{2}\left|\int_\alpha^\beta\big(x(t)y'(t)-y(t)x'(t)\big)\mathrm{d}t\right|.$$

注记 格林公式把沿着平面有界闭区域边界的第二型曲线积分, 转化成在这个区域上的二重积分. 运用格林公式必须注意以下两点:

(1) 曲线 L 必须是封闭的. 若不封闭, 需添加适当的辅助线使之封闭, 添加部分要与 L 同向, 且这部分线上积分易积, 即**补线法**.

(2) 函数 $P(x,y)$, $Q(x,y)$ 在 D 上必须有一阶连续偏导数. 若在 D 内存在 $P(x,y)$ 或 $Q(x,y)$ 的无定义点、不连续点、不可导点, 则一般不能直接用格林公式, 需要挖去这些点, 即**挖洞法**. 具体做法参看后面的例题.

精选例题

例 110 求曲线积分 $\int_L x^2\mathrm{d}y$, 其中 L 是由点 $A(-2,1)$ 沿直线到点 $B(3,4)$, 再由 B 沿圆心在坐标原点半径为 5 的圆周上的劣弧到点 $C(5,0)$.

解 L_1 是点 A 到 B 的直线段, 其显式表示为

$$y=\frac{3}{5}x+\frac{11}{5}\quad(-2\leqslant x\leqslant 3),$$

故

$$\int_{L_1}x^2\mathrm{d}y=\int_{-2}^3 x^2\mathrm{d}\left(\frac{3}{5}x+\frac{11}{5}\right)=\int_{-2}^3 x^2\cdot\frac{3}{5}\mathrm{d}x=7.$$

L_2 是圆心在坐标原点、半径为 5 的圆周上的劣弧, 其参数方程为

$$x=5\cos\theta,\quad y=5\sin\theta\quad(\alpha\geqslant x\geqslant 0),$$

其中 α 为 B 点对应的极角, 满足 $\sin\alpha=\frac{4}{5}$, $\cos\alpha=\frac{3}{5}$, 且为锐角, C 点对应的极角为 0, 于是

$$\int_{L_2}x^2\mathrm{d}y=\int_\alpha^0(5\cos\theta)^2\mathrm{d}(5\sin\theta)=125\left(\sin\theta-\frac{1}{3}\sin^3\theta\right)\Big|_\alpha^0$$

$$= -125\sin\alpha + \frac{125}{3}\sin^3\alpha = -\frac{236}{3}.$$

故

$$\int_L x^2\mathrm{d}y = \int_{L_1} x^2\mathrm{d}y + \int_{L_2} x^2\mathrm{d}y = 7 - \frac{236}{3} = -\frac{215}{3}.$$

注记 本题中点 A 到点 B 的直线段的参数方程也可表示为

$$x = -2 + 5t, \quad y = 1 + 3t \quad (t \in [0,1]).$$

思考题 求 $\int_L (y-z)\mathrm{d}x + z\mathrm{d}y - x\mathrm{d}z$, L 为从 $A(1,1,1)$ 到 $B(2,3,-4)$ 的直线段. (答案: 8.)

例 111 求曲线积分 $\int_L y\mathrm{d}x + z\mathrm{d}y + x\mathrm{d}z$, 其中 L 是 $x+y=2$ 与 $x^2+y^2+z^2=2(x+y)$ 的交线, 从原点看去是逆时针方向.

解 在曲线 L 所满足的方程组中消去 y 并化简得 $2(x-1)^2+z^2=2$, 由此可知 L 在 Ozx 平面上的投影曲线是椭圆

$$\left(\frac{z}{\sqrt{2}}\right)^2 + (x-1)^2 = 1.$$

注意到坐标原点 O 在平面 $x+y=2$ 的 $y \to -\infty$ 一侧, 故知从 O 点看曲线是逆时针方向的, 相当于从 y 轴正方向看曲线是顺时针方向的. 这样可得曲线 L 的参数方程为

$$z = \sqrt{2}\cos t, \quad x - 1 = \sin t, \quad y = 2 - x = 1 - \sin t \quad (t \in [0, 2\pi]),$$

且其方向为参数减少方向, 故

$$\begin{aligned}
&\int_L y\mathrm{d}x + z\mathrm{d}y + x\mathrm{d}z \\
&= \int_{2\pi}^{0} [(1-\sin t)\cos t + \sqrt{2}\cos t\cdot(-\cos t) + (1+\sin t)\cdot(-\sqrt{2}\sin t)]\mathrm{d}t \\
&= \int_0^{2\pi} \sqrt{2}(\cos^2 t + \sin^2 t)\mathrm{d}t + 0 = 2\sqrt{2}\pi.
\end{aligned}$$

注记 (1) 此题也可求得 Oyz 平面投影曲线 $(y-1)^2 + \left(\frac{z}{\sqrt{2}}\right)^2 = 1$, 得 L 的参数方程为

$$y - 1 = \cos t, \quad z = \sqrt{2}\sin t, \quad x = 2 - y = 1 - \cos t \quad (2\pi \geqslant t \geqslant 0).$$

(2) 也可用斯托克斯 (Stokes) 公式计算, 解法如下:

曲面 S 在平面 $x+y=2$ 上, 且以 L 为边界的圆面, 半径为 $\sqrt{2}$, 指向后侧, 单位法向量 $\boldsymbol{n}=\left(-\frac{1}{\sqrt{2}},-\frac{1}{\sqrt{2}},0\right)$, 故由斯托克斯公式得

$$\begin{aligned}\int_L y\mathrm{d}x+z\mathrm{d}y+x\mathrm{d}z&=\iint_S\begin{vmatrix}\mathrm{d}y\mathrm{d}z & \mathrm{d}z\mathrm{d}x & \mathrm{d}x\mathrm{d}y\\ \frac{\partial}{\partial x} & \frac{\partial}{\partial y} & \frac{\partial}{\partial z}\\ y & z & x\end{vmatrix}\\ &=-\iint_S \mathrm{d}y\mathrm{d}z+\mathrm{d}z\mathrm{d}x+\mathrm{d}x\mathrm{d}y\\ &=-\iint_S(1,1,1)\cdot\boldsymbol{n}\mathrm{d}S=2\sqrt{2}\pi.\end{aligned}$$

(3) 若曲线是柱面 $\frac{x^2}{a^2}+\frac{y^2}{b^2}=1$ 与曲面 $z=f(x,y)$ 的交线, 则可引进参数方程

$$x=a\cos t,\quad y=b\sin t,\quad z=f(a\cos t,b\sin t).$$

思考题 1. 计算 $\oint_L(y-z)\mathrm{d}x+(z-x)\mathrm{d}y+(x-y)\mathrm{d}z$, L 为柱面 $x^2+y^2=1$ 与平面 $x+y+z=0$ 的交线, 且从 Oz 轴正向充分大处看 L 的方向为逆时针. (答案: -6π.)

2. 计算 $\oint_L(y^2+z^2)\mathrm{d}x+(z^2+x^2)\mathrm{d}y+(x^2+y^2)\mathrm{d}z$, L 为球面 $x^2+y^2+z^2=a^2$ 与柱面 $x^2+y^2=ax$ 的交线位于 $z\geqslant 0$ 的部分 $(a>0)$, 从 Oz 轴正向充分远处看 L 的方向为逆时针. (答案: 0.)

(以上两题也可用斯托克斯公式计算)

例 112 求曲线积分 $I=\oint_L(y+1)\mathrm{d}x+(z+2)\mathrm{d}y+(x+3)\mathrm{d}z$, 其中 L 为球面 $x^2+y^2+z^2=a^2$ $(a>0)$ 与平面 $x+y+z=0$ 的交线, 且从 Oz 轴正向充分远处看 L 的方向为逆时针.

解 解法 1 (参数法) 联立球面与平面的方程, 从中消去 z 得 L 在 Oxy 平面上的投影曲线

$$\left(\frac{\sqrt{3}}{2}x\right)^2+\left(\frac{x}{2}+y\right)^2=\frac{1}{2}a^2,$$

由此得 L 的参数方程

$$x=\frac{2a}{\sqrt{6}}\cos t,\quad y=\frac{a}{\sqrt{2}}\sin t-\frac{a}{\sqrt{6}}\cos t,\quad z=-\frac{a}{\sqrt{2}}\sin t-\frac{a}{\sqrt{6}}\cos t\quad (t\in[0,2\pi]).$$

故

$$I=\oint_L(y+1)\mathrm{d}x+(z+2)\mathrm{d}y+(x+3)\mathrm{d}z$$

$$
\begin{aligned}
&= \frac{a}{\sqrt{2}}\int_0^{2\pi}\left(\frac{a}{\sqrt{2}}\sin t-\frac{a}{\sqrt{6}}\cos t+1\right)\left(-\frac{2}{\sqrt{3}}\sin t\right)\mathrm{d}t\\
&\quad+\frac{a}{\sqrt{2}}\int_0^{2\pi}\left(2-\frac{a}{\sqrt{2}}\sin t-\frac{a}{\sqrt{6}}\cos t\right)\left(\cos t+\frac{1}{\sqrt{3}}\sin t\right)\mathrm{d}t\\
&\quad+\frac{a}{\sqrt{2}}\int_0^{2\pi}\left(\frac{2a}{\sqrt{6}}\cos t+3\right)\left(\frac{1}{\sqrt{3}}\sin t-\cos t\right)\mathrm{d}t\\
&= \frac{a}{\sqrt{2}}\int_0^{2\pi}\left(\sqrt{3}\sin t-\cos t-\frac{3a}{\sqrt{6}}\right)\mathrm{d}t=-\sqrt{3}\pi a^2.
\end{aligned}
$$

解法 2 (投影法和格林公式)　因 L 为球面 $x^2+y^2+z^2=a^2$ $(a>0)$ 与平面 $x+y+z=0$ 的交线, 故有

$$
z=-x-y,\quad \mathrm{d}z=-\mathrm{d}x-\mathrm{d}y,
$$

且 L 在 Oxy 平面上的投影曲线为

$$
L_1:2(x^2+y^2+xy)=a^2\quad (\text{沿正向}),
$$

故对空间曲线 L 的第二型曲线积分化为在 Oxy 平面上的其投影曲线 L_1 的第二型曲线积分 (L_1 所围区域为 $D=\{(x,y)|2(x^2+y^2+xy)\leqslant a^2\}$)

$$
\begin{aligned}
I&=\oint_L(y+1)\mathrm{d}x+(z+2)\mathrm{d}y+(x+3)\mathrm{d}z\\
&=\oint_{L_1}(y+1)\mathrm{d}x+(2-x-y)\mathrm{d}y+(x+3)(-\mathrm{d}x-\mathrm{d}y)\\
&=\oint_{L_1}(y-x-2)\mathrm{d}x-(2x+y+1)\mathrm{d}y\quad(\text{格林公式})\\
&=-3\iint_D\mathrm{d}x\mathrm{d}y.
\end{aligned}
$$

(可由配方法及二重积分的线性变换求 D 的面积, 还可用格林公式求面积, 并可用解法 1 中的参数表达.) 由于曲线 L 在平面 $x+y+z=0$ 上, 所围区域是半径为 a 的圆, 其面积为 πa^2. 该圆在 Oxy 平面上投影为区域 D, 这两面的夹角余弦为 $\cos\gamma=\frac{1}{\sqrt{3}}$, 从而

$$
\iint_D\mathrm{d}x\mathrm{d}y=\frac{1}{\sqrt{3}}\pi a^2.
$$

故

$$
I=\oint_L(y+1)\mathrm{d}x+(z+2)\mathrm{d}y+(x+3)\mathrm{d}z=-3\iint_D\mathrm{d}x\mathrm{d}y=-\sqrt{3}\pi a^2.
$$

解法 3 (斯托克斯公式) 曲线 L 在平面 $x+y+z=0$ 上, 所围区域为半径为 a 的圆, 记为 S, 有

$$S=\{(x,y,z)|x+y+z=0,\ x^2+y^2+z^2\leqslant a^2\},$$

其面积为 πa^2, 单位法向量为

$$\boldsymbol{n}=\left(\frac{1}{\sqrt{3}},\frac{1}{\sqrt{3}},\frac{1}{\sqrt{3}}\right).$$

由斯托克斯公式得

$$\begin{aligned}I&=\oint_L(y+1)\mathrm{d}x+(z+2)\mathrm{d}y+(x+3)\mathrm{d}z=\iint\limits_S\begin{vmatrix}\mathrm{d}y\mathrm{d}z&\mathrm{d}z\mathrm{d}x&\mathrm{d}x\mathrm{d}y\\ \dfrac{\partial}{\partial x}&\dfrac{\partial}{\partial y}&\dfrac{\partial}{\partial z}\\ y+1&z+2&x+3\end{vmatrix}\\&=-\iint\limits_S\mathrm{d}y\mathrm{d}z+\mathrm{d}z\mathrm{d}x+\mathrm{d}x\mathrm{d}y\\&=-\iint\limits_S(1,1,1)\cdot\boldsymbol{n}\mathrm{d}S=-\sqrt{3}\pi a^2.\end{aligned}$$

注记 这几种解法都是计算第二型曲线积分的基本方法, 注意以下几点:

(1) 空间曲线的参数方程不是唯一的. 选取适当参数很重要, 这对计算的繁简有影响.

(2) 解法 2 是通过投影把空间曲线 L 的第二型曲线积分化为在 Oxy 平面上相应投影曲线 L_1 的第二型曲线积分, 然后利用格林公式, 并使用了投影前后面积元素之间的关系. 一般地, 若已知 L 在空间显式曲面 $z=f(x,y)$ 上, 便有

$$\int_L P\mathrm{d}x+Q\mathrm{d}y+R\mathrm{d}z=\int_{L_1}(P+Rf'_x)\mathrm{d}x+(Q+Rf'_y)\mathrm{d}y.$$

(3) 这是空间封闭曲线上的第二型曲线积分, 很自然想到用斯托克斯公式, 化为空间曲面上的第二型曲面积分, 然后再化为第一型曲面积分计算. 这里也可用对称性, 得

$$\begin{aligned}I&=\oint_L(y+1)\mathrm{d}x+(z+2)\mathrm{d}y+(x+3)\mathrm{d}z\\&=-\iint\limits_S\mathrm{d}y\mathrm{d}z+\mathrm{d}z\mathrm{d}x+\mathrm{d}x\mathrm{d}y\\&=-3\iint\limits_S\mathrm{d}x\mathrm{d}y=-3\iint\limits_D\mathrm{d}x\mathrm{d}y=-\sqrt{3}\pi a^2.\end{aligned}$$

例 113　已知平面区域 $D=\{(x,y)|0\leqslant x\leqslant \pi,\ 0\leqslant y\leqslant \pi\}$, L 为 D 的正向边界. 试证:

(1) $\oint_L x\mathrm{e}^{\sin y}\mathrm{d}y-y\mathrm{e}^{-\sin x}\mathrm{d}x=\oint_L x\mathrm{e}^{-\sin y}\mathrm{d}y-y\mathrm{e}^{\sin x}\mathrm{d}x$.

(2) $\oint_L x\mathrm{e}^{\sin y}\mathrm{d}y-y\mathrm{e}^{-\sin x}\mathrm{d}x\geqslant 2\pi^2$.

证明　证法 1

$$\oint_L x\mathrm{e}^{\sin y}\mathrm{d}y-y\mathrm{e}^{-\sin x}\mathrm{d}x=\int_0^{\pi}\pi\mathrm{e}^{\sin y}\mathrm{d}y-\int_{\pi}^{0}\pi\mathrm{e}^{-\sin x}\mathrm{d}x=\pi\int_0^{\pi}(\mathrm{e}^{\sin x}+\mathrm{e}^{-\sin x})\mathrm{d}x,$$

$$\oint_L x\mathrm{e}^{-\sin y}\mathrm{d}y-y\mathrm{e}^{\sin x}\mathrm{d}x=\int_0^{\pi}\pi\mathrm{e}^{-\sin y}\mathrm{d}y-\int_{\pi}^{0}\pi\mathrm{e}^{\sin x}\mathrm{d}x=\pi\int_0^{\pi}(\mathrm{e}^{\sin x}+\mathrm{e}^{-\sin x})\mathrm{d}x,$$

故有

$$\oint_L x\mathrm{e}^{\sin y}\mathrm{d}y-y\mathrm{e}^{-\sin x}\mathrm{d}x=\oint_L x\mathrm{e}^{-\sin y}\mathrm{d}y-y\mathrm{e}^{\sin x}\mathrm{d}x.$$

由于 $\mathrm{e}^{\sin x}+\mathrm{e}^{-\sin x}\geqslant 2$, 所以

$$\int_0^{\pi}\pi\mathrm{e}^{\sin y}\mathrm{d}y-\int_{\pi}^{0}\pi\mathrm{e}^{-\sin x}\mathrm{d}x=\pi\int_0^{\pi}(\mathrm{e}^{\sin x}+\mathrm{e}^{-\sin x})\mathrm{d}x\geqslant\pi\int_0^{\pi}2\mathrm{d}x=2\pi^2.$$

证法 2　由格林公式得

$$\oint_L x\mathrm{e}^{\sin y}\mathrm{d}y-y\mathrm{e}^{-\sin x}\mathrm{d}x=\iint_D(\mathrm{e}^{\sin y}+\mathrm{e}^{-\sin x})\mathrm{d}x\mathrm{d}y,$$

$$\oint_L x\mathrm{e}^{-\sin y}\mathrm{d}y-y\mathrm{e}^{\sin x}\mathrm{d}x=\iint_D(\mathrm{e}^{-\sin y}+\mathrm{e}^{\sin x})\mathrm{d}x\mathrm{d}y,$$

因为 D 关于 $y=x$ 对称, 所以

$$\iint_D(\mathrm{e}^{\sin y}+\mathrm{e}^{-\sin x})\mathrm{d}x\mathrm{d}y=\iint_D(\mathrm{e}^{-\sin y}+\mathrm{e}^{\sin x})\mathrm{d}x\mathrm{d}y=\iint_D(\mathrm{e}^{-\sin x}+\mathrm{e}^{\sin x})\mathrm{d}x\mathrm{d}y,$$

故有

$$\oint_L x\mathrm{e}^{\sin y}\mathrm{d}y-y\mathrm{e}^{-\sin x}\mathrm{d}x=\oint_L x\mathrm{e}^{-\sin y}\mathrm{d}y-y\mathrm{e}^{\sin x}\mathrm{d}x,$$

并且

$$\oint_L x\mathrm{e}^{\sin y}\mathrm{d}y-y\mathrm{e}^{-\sin x}\mathrm{d}x=\iint_D(\mathrm{e}^{-\sin x}+\mathrm{e}^{\sin x})\mathrm{d}x\mathrm{d}y\geqslant\iint_D 2\mathrm{d}x\mathrm{d}y=2\pi^2.$$

思考题　已知 $f(x)$ 是正值连续函数, 曲线 $L:(x-1)^2+(y-1)^2=1$ 取逆时针方向. 证明:

$$\oint_L -\frac{y}{f(x)}\mathrm{d}x+xf(y)\mathrm{d}y\geqslant 2\pi.$$

例 114 设平面闭区域 D 由直线 $y=x$, $y=4x$ 与双曲线 $xy=1$, $xy=4$ 围成, L 为 D 的正向边界曲线 (如图 6.11 所示), 函数 $f(t)$ 有连续导数, 且 $f(4)=4$, $f(1)=1$, 求 $\oint_L \frac{1}{y}f(xy)\mathrm{d}y$.

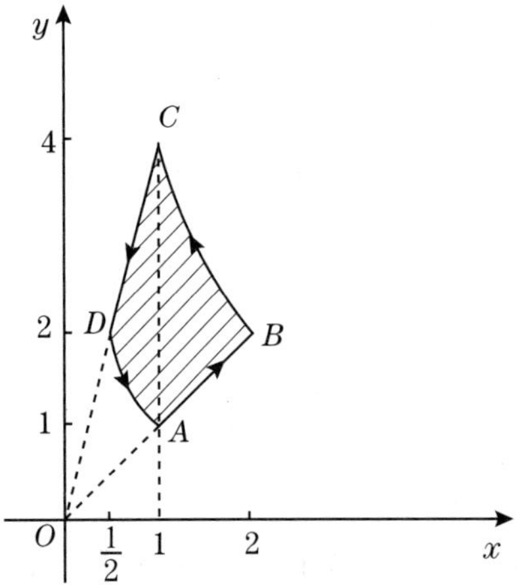

图 6.11 区域 D 及其正向边界曲线

解 解法 1 四条曲线的交点分别为 $A(1,1)$, $B(2,2)$, $C(1,4)$, $D\left(\frac{1}{2},2\right)$, 如图 6.11 所示, 则

$$\overline{AB}=\{(x,y)|y=x,\ 1\leqslant x\leqslant 2\}\ (\text{方向从 } A \text{ 到 } B),$$

$$\widehat{BC}=\{(x,y)|xy=4,\ 2\geqslant x\geqslant 1\}\ (\text{方向从 } B \text{ 到 } C),$$

$$\overline{CD}=\left\{(x,y)|y=4x,\ 1\geqslant x\geqslant \frac{1}{2}\right\}\ (\text{方向从 } C \text{ 到 } D),$$

$$\widehat{DA}=\left\{(x,y)|xy=1,\ \frac{1}{2}\leqslant x\leqslant 1\right\}\ (\text{方向从 } D \text{ 到 } A).$$

由曲线积分的逐段可加性得

$$\begin{aligned}\oint_L \frac{1}{y}f(xy)\mathrm{d}y&=\int_{\overline{AB}}\frac{1}{y}f(xy)\mathrm{d}y+\int_{\widehat{BC}}\frac{1}{y}f(xy)\mathrm{d}y+\int_{\overline{CD}}\frac{1}{y}f(xy)\mathrm{d}y+\int_{\widehat{DA}}\frac{1}{y}f(xy)\mathrm{d}y\\&=\int_1^2\frac{1}{x}f(x^2)\mathrm{d}x+\int_2^1\frac{x}{4}f(4)\mathrm{d}\left(\frac{4}{x}\right)+\int_1^{\frac{1}{2}}\frac{1}{4x}f(4x^2)\mathrm{d}(4x)\\&\quad+\int_{\frac{1}{2}}^1 xf(1)\mathrm{d}\left(\frac{1}{x}\right)\\&=[f(4)-f(1)]\ln 2=3\ln 2.\end{aligned}$$

解法 2　由格林公式得

$$\oint_L \frac{1}{y}f(xy)\mathrm{d}y=\iint\limits_D \frac{\partial}{\partial x}\left(\frac{1}{y}f(xy)\right)\mathrm{d}x\mathrm{d}y=\iint\limits_D f'(xy)\mathrm{d}x\mathrm{d}y$$

$$=\int_{\frac{1}{2}}^{1}\mathrm{d}x\int_{\frac{1}{x}}^{4x}f'(xy)\mathrm{d}y+\int_1^2\mathrm{d}x\int_x^{\frac{4}{x}}f'(xy)\mathrm{d}y$$

$$=\int_{\frac{1}{2}}^{1}\frac{1}{x}[f(4x^2)-f(1)]\mathrm{d}x+\int_1^2\frac{1}{x}[f(4)-f(x^2)]\mathrm{d}x$$

$$=\int_1^2\frac{f(4)}{x}\mathrm{d}x-\int_{\frac{1}{2}}^{1}\frac{f(1)}{x}\mathrm{d}x=3\ln 2.$$

解法 3　在解法 2 中应用格林公式化为二重积分后, 计算此二重积分还可用以下变量代换:

$$u=xy,\quad v=\frac{y}{x},$$

其中

$$1\leqslant u\leqslant 4,\quad 1\leqslant v\leqslant 4,\quad 且\ \frac{\partial(x,y)}{\partial(u,v)}=\frac{1}{2v}>0.$$

故

$$\oint_L \frac{1}{y}f(xy)\mathrm{d}y=\iint\limits_D f'(xy)\mathrm{d}x\mathrm{d}y=\int_1^4\mathrm{d}v\int_1^4\frac{1}{2v}f'(u)\mathrm{d}u=3\ln 2.$$

例 115　计算 $I=\int_L[\mathrm{e}^x\sin y-b(x+y)]\mathrm{d}x+(\mathrm{e}^x\cos y-ax)\mathrm{d}y$, 其中 $a>0,b$ 为常数, L 为从点 $M(2a,0)$ 沿曲线 $y=\sqrt{2ax-x^2}$ 到点 $O(0,0)$ 的上半圆弧.

分析　易写出 L 的参数方程, 但代入积分曲线计算不易. 若用格林公式, 曲线未封闭, 所以要补线.

解　记从 $O(0,0)$ 到 $M(2a,0)$ 的直线段为 Γ(如图 6.12 所示), 它与 L 围成的区域记为 D, 则

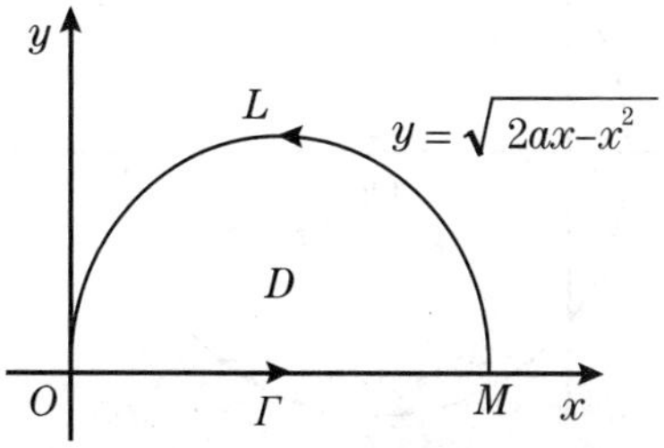

图 6.12　区域 D 及其正向边界曲线

$$I=\int_{L+\Gamma}[\mathrm{e}^x\sin y-b(x+y)]\mathrm{d}x+(\mathrm{e}^x\cos y-ax)\mathrm{d}y-\int_\Gamma[\mathrm{e}^x\sin y-b(x+y)]\mathrm{d}x$$

$$
\begin{aligned}
&+(\mathrm{e}^x\cos y-ax)\mathrm{d}y\\
&=\iint_D\left\{\frac{\partial}{\partial x}(\mathrm{e}^x\cos y-ax)-\frac{\partial}{\partial y}[\mathrm{e}^x\sin y-b(x+y)]\right\}\mathrm{d}x\mathrm{d}y-\int_0^{2a}(-bx)\mathrm{d}x\\
&=\iint_D(b-a)\mathrm{d}x\mathrm{d}y+\int_0^{2a}bx\mathrm{d}x=\frac{\pi}{2}(b-a)a^2+2a^2b.
\end{aligned}
$$

注记 本题不能直接用格林公式, 通过添加有向直线段 Γ, 使得它与 L 组成围绕区域 D 的正向封闭曲线, 就可以用格林公式, 称为 **“补线法”**.

例 116 计算曲线积分 $I=\oint_L\frac{x\mathrm{d}y-y\mathrm{d}x}{4x^2+y^2}$, 其中 L 是以点 $O_1(1,0)$ 为中心, R 为半径的圆周 $(R\neq 1)$, 取逆时针方向.

解 令 $P(x,y)=\frac{-y}{4x^2+y^2}$, $Q(x,y)=\frac{x}{4x^2+y^2}$, 易知 $P,Q\in C^1(\mathbb{R}^2\setminus(0,0))$ 且当 $(x,y)\neq(0,0)$ 时有

$$\frac{\partial P}{\partial y}=\frac{\partial Q}{\partial x}=\frac{y^2-4x^2}{(4x^2+y^2)^2}.$$

若 $R<1$, 则 P,Q 在 L 所围区域 D 满足格林公式的条件, 故

$$I=\oint_L\frac{x\mathrm{d}y-y\mathrm{d}x}{4x^2+y^2}=\iint_D\left(\frac{\partial P}{\partial y}-\frac{\partial Q}{\partial x}\right)\mathrm{d}x\mathrm{d}y=\iint_D 0\mathrm{d}x\mathrm{d}y=0.$$

若 $R>1$, 点 $(0,0)$ 在 L 所围区域内部, 而 P,Q 在 $(0,0)$ 处无定义, 所以不能直接在 L 及其内部用格林公式. 取 $0<\varepsilon<R-1$, 作椭圆 $4x^2+y^2=\varepsilon^2$, 取逆时针方向, 记此有向曲线为 Γ, Γ^- 与 L 所围的区域为 D(如图 6.13 所示), 则

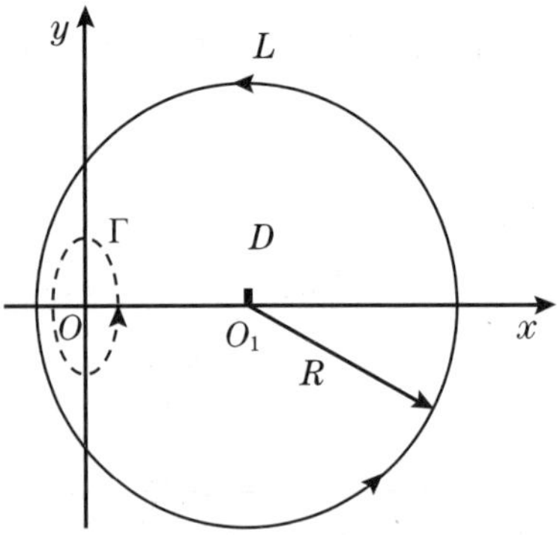

图 6.13 大圆域挖去小椭圆域得区域 D

$$I=\oint_L\frac{x\mathrm{d}y-y\mathrm{d}x}{4x^2+y^2}=\oint_{L+\Gamma^-}\frac{x\mathrm{d}y-y\mathrm{d}x}{4x^2+y^2}+\oint_{\Gamma^+}\frac{x\mathrm{d}y-y\mathrm{d}x}{4x^2+y^2}$$

$$= \iint_D 0\mathrm{d}x\mathrm{d}y + \int_0^{2\pi} \frac{\frac{\varepsilon}{2}\cos\theta \cdot \varepsilon\cos\theta - \varepsilon\sin\theta \cdot \left(-\frac{\varepsilon}{2}\sin\theta\right)}{\varepsilon^2}\mathrm{d}\theta = \pi.$$

或用格林公式计算

$$\oint_{\Gamma^+} \frac{x\mathrm{d}y - y\mathrm{d}x}{4x^2+y^2} = \frac{1}{\varepsilon^2}\oint_{\Gamma^+} x\mathrm{d}y - y\mathrm{d}x = \frac{2}{\varepsilon^2}\iint_{4x^2+y^2\leqslant\varepsilon^2} \mathrm{d}x\mathrm{d}y = \frac{2}{\varepsilon^2}\cdot\pi\cdot\frac{\varepsilon}{2}\cdot\varepsilon = \pi.$$

注记 本题能否直接用格林公式与 R 的大小有关, 即所围的区域是否有奇点. 当 $R>1$ 时, L 所围区域内部有不满足格林公式条件的奇点 (0,0), 在 L 内部作一个包围此点的椭圆 Γ, 使得此点从区域中挖除, 从而所围区域分为两部分, 在由 Γ^- 与 L 所围的区域 D 内就可以用格林公式, 称为 **“挖洞法”**. Γ 的取法要观察被积函数的特点, 要使函数在其上的线积分容易计算.

思考题 设 L 为圆周 $x^2+y^2=1$, 逆时针方向, 求曲线积分 $\oint_L \frac{-y\mathrm{d}x+x\mathrm{d}y}{x^2+2y^2}$. (答案: $\frac{\pi}{\sqrt{2}}$.)

例 117 设函数 $f(x,y)$ 在区域 $D_1: x^2+y^2\leqslant 1$ 上有二阶连续偏导数且 $f''_{xx}+f''_{yy}=\mathrm{e}^{-(x^2+y^2)}$, 求证

$$\iint_{D_1}(xf'_x+yf'_y)\mathrm{d}x\mathrm{d}y = \frac{\pi}{2\mathrm{e}}.$$

证明 由二重积分的极坐标变换

$$\begin{aligned}\iint_{D_1}(xf'_x+yf'_y)\mathrm{d}x\mathrm{d}y &= \int_0^{2\pi}\mathrm{d}\theta\int_0^1 (f'_x\rho\cos\theta + f'_y\rho\sin\theta)\rho\mathrm{d}\rho \\ &= \int_0^1 \rho\mathrm{d}\rho\int_0^{2\pi}(f'_x\rho\cos\theta+f'_y\rho\sin\theta)\mathrm{d}\theta,\end{aligned}$$

把对 θ 的定积分看作是第二型曲线积分参数化算法下的算式, 则上式等于

$$\int_0^1\left[\oint_{L_\rho}(-f'_y\mathrm{d}x+f'_x\mathrm{d}y)\right]\rho\mathrm{d}\rho,$$

其中, $L_\rho: x^2+y^2=\rho^2$ 是正向圆周, 再由格林公式, 得

$$\begin{aligned}\iint_{D_1}(xf'_x+yf'_y)\mathrm{d}x\mathrm{d}y &= \int_0^1\left[\iint_{D_\rho}(f''_{xx}+f''_{yy})\mathrm{d}x\mathrm{d}y\right]\rho\mathrm{d}\rho \quad (D_\rho: x^2+y^2\leqslant\rho^2) \\ &= \int_0^1\left[\iint_{D_\rho}\mathrm{e}^{-(x^2+y^2)}\mathrm{d}x\mathrm{d}y\right]\rho\mathrm{d}\rho\end{aligned}$$

$$=\int_0^1\left[\int_0^{2\pi}\mathrm{d}\theta\int_0^{\rho}\mathrm{e}^{-r^2}r\mathrm{d}r\right]\rho\mathrm{d}\rho$$
$$=\int_0^1\pi(1-\mathrm{e}^{-\rho^2})\rho\mathrm{d}\rho=\frac{\pi}{2\mathrm{e}}.$$

例 118 设 $\boldsymbol{V}(x,y)=P(x,y)\boldsymbol{i}+Q(x,y)\boldsymbol{j}$ 在开区域 D 内处处连续可微, 在 D 内任一圆周 L 上, 有 $\oint_L \boldsymbol{V}\cdot\boldsymbol{n}\mathrm{d}s=0$, 其中 $\boldsymbol{n}$ 是圆周外法线单位向量, 试证在 D 内恒有 $\dfrac{\partial P}{\partial x}+\dfrac{\partial Q}{\partial y}=0$.

证明 设 $\boldsymbol{\tau}$ 是圆的逆时针方向的单位切向量, 由图 6.14 易知

$$\angle(\boldsymbol{n},x)=\angle(\boldsymbol{\tau},y),\quad \angle(\boldsymbol{n},y)=\pi-\angle(\boldsymbol{\tau},x).$$

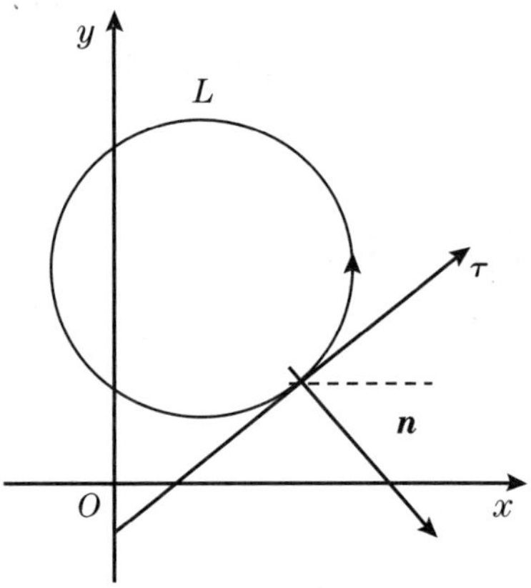

图 6.14 圆周 L 上单位外法向量 $\boldsymbol{n}$ 及单位切向量 $\boldsymbol{\tau}$

所以, $\cos(\boldsymbol{n},x)=\cos(\boldsymbol{\tau},y)$, $\cos(\boldsymbol{n},y)=-\cos(\boldsymbol{\tau},x)$, 记 $\boldsymbol{\tau}=(\cos(\boldsymbol{\tau},x),\cos(\boldsymbol{\tau},y))=(\tau_x,\tau_y)$, $\boldsymbol{n}=(\cos(\boldsymbol{n},x),\cos(\boldsymbol{n},y))=(n_x,n_y)$, 则有 $(\tau_x,\tau_y)=(-n_y,n_x)$. 设 L 为 D 内任一圆周, 由格林公式得

$$\begin{aligned}\oint_L \boldsymbol{V}\cdot\boldsymbol{n}\mathrm{d}s&=\oint_L(Pn_x+Qn_y)\mathrm{d}s\\&=\oint_L(-Q,P)\cdot(-n_y,n_x)\mathrm{d}s\\&=\oint_L(-Q,P)\cdot\boldsymbol{\tau}\mathrm{d}s\\&=\oint_L -Q(x,y)\mathrm{d}x+P(x,y)\mathrm{d}y\\&=\iint\limits_{\triangle}\left(\frac{\partial P}{\partial x}+\frac{\partial Q}{\partial y}\right)\mathrm{d}x\mathrm{d}y=0\quad(\triangle\text{为}L\text{所围区域}).\end{aligned}\tag{1}$$

下面用反证法可知 $\frac{\partial P}{\partial x}+\frac{\partial Q}{\partial y}$ 在 D 内恒为零. 假设有某点 $M_0\in D$ 使得

$$\left(\frac{\partial P}{\partial x}+\frac{\partial Q}{\partial y}\right)>0\quad (或<0), \tag{2}$$

则由 $\frac{\partial P}{\partial x},\frac{\partial Q}{\partial y}$ 的连续性, 以及连续函数的局部保号性, 取 M_0 的一个充分小的圆邻域 $\triangle\subset D$, 使得式 (2) 在 $\triangle$ 上恒成立, 从而积分

$$\iint\limits_{\triangle}\left(\frac{\partial P}{\partial x}+\frac{\partial Q}{\partial y}\right)\mathrm{d}x\mathrm{d}y>0\quad (或<0),$$

这与式 (1) 矛盾.

例 119　设 $\overline{D}$ 是简单光滑闭曲线围成的平面闭区域, $u(x,y)\in C^{(2)}(\overline{D})$, 且 $\frac{\partial^2 u}{\partial x^2}+\frac{\partial^2 u}{\partial y^2}=0$.

(1) 试证: $\oint_L\frac{\partial u}{\partial \boldsymbol{n}}\mathrm{d}s=0$, 其中 $\frac{\partial u}{\partial \boldsymbol{n}}$ 为 $\overline{D}$ 内沿简单光滑闭曲线 L 上单位外法线方向上的方向导数.

(2) 若当 $(x,y)\in\partial D$ 时, $u(x,y)=A$ (常数), 证明: $u(x,y)\equiv A$, $(x,y)\in D$.

证明　(1) 令 $\boldsymbol{n}=(n_x,n_y)$, $\boldsymbol{\tau}$ 是 L 上逆时针方向单位切向量, 则 $\boldsymbol{\tau}=(-n_y,n_x)$, 故

$$\begin{aligned}\oint_L\frac{\partial u}{\partial \boldsymbol{n}}\mathrm{d}s&=\oint_L\left(\frac{\partial u}{\partial x}\cdot n_x+\frac{\partial u}{\partial y}\cdot n_y\right)\mathrm{d}s\\&=\oint_L\left(-\frac{\partial u}{\partial y},\frac{\partial u}{\partial x}\right)\cdot\boldsymbol{\tau}\mathrm{d}s\\&=\oint_L\frac{\partial u}{\partial x}\mathrm{d}y-\frac{\partial u}{\partial y}\mathrm{d}x\quad (由格林公式)\\&=\iint\limits_{D_1}\left(\frac{\partial^2 u}{\partial x^2}+\frac{\partial^2 u}{\partial y^2}\right)\mathrm{d}x\mathrm{d}y=0,\end{aligned}$$

其中 D_1 为 L 所围区域.

(2) 由已知及题 (1) 的结论知

$$\oint_{\partial D}u\frac{\partial u}{\partial \boldsymbol{n}}\mathrm{d}s=A\oint_{\partial D}\frac{\partial u}{\partial \boldsymbol{n}}\mathrm{d}s=0,$$

又由同 (1) 类似的方法可得

$$\oint_{\partial D}u\frac{\partial u}{\partial \boldsymbol{n}}\mathrm{d}s=\oint_{\partial D}u\frac{\partial u}{\partial x}\mathrm{d}y-u\frac{\partial u}{\partial y}\mathrm{d}x\quad (由格林公式)$$

$$= \iint\limits_D u\left(\frac{\partial^2 u}{\partial x^2}+\frac{\partial^2 u}{\partial y^2}\right)\mathrm{d}x\mathrm{d}y + \iint\limits_D \left[\left(\frac{\partial u}{\partial x}\right)^2+\left(\frac{\partial u}{\partial y}\right)^2\right]\mathrm{d}x\mathrm{d}y$$

$$= \iint\limits_D \left[\left(\frac{\partial u}{\partial x}\right)^2+\left(\frac{\partial u}{\partial y}\right)^2\right]\mathrm{d}x\mathrm{d}y = 0 \quad (D\text{为}L\text{所围成的区域}).$$

所以在 D 内恒有

$$\frac{\partial u}{\partial x} = \frac{\partial u}{\partial y} = 0,$$

由微分中值定理推论知, $u(x,y) \equiv A$, $(x,y) \in D$.

例 120 设 $f(x,y), g(x,y)$ 在单位圆盘 $D = \{(x,y) : x^2+y^2 \leqslant 1\}$ 上有一阶连续偏导数, 且 $\dfrac{\partial f}{\partial y} = \dfrac{\partial g}{\partial x}$. 证明: 在单位圆周上存在一点 (ξ,η), 使得 $f(\xi,\eta)\eta = g(\xi,\eta)\xi$.

证明 因为 $f(x,y), g(x,y)$ 在单位圆盘 D 上有一阶连续偏导数, 且 $\dfrac{\partial f}{\partial y} = \dfrac{\partial g}{\partial x}$, 所以由格林公式, 有

$$\oint\limits_{x^2+y^2=1} f(x,y)\mathrm{d}x + g(x,y)\mathrm{d}y = \iint\limits_D \left(\frac{\partial g}{\partial x} - \frac{\partial f}{\partial y}\right)\mathrm{d}x\mathrm{d}y = 0.$$

令 $x = \cos\theta, y = \sin\theta, \theta \in [0,2\pi]$, 则

$$\oint\limits_{x^2+y^2=1} f(x,y)\mathrm{d}x + g(x,y)\mathrm{d}y = \int_0^{2\pi} [-f(\cos\theta,\sin\theta)\sin\theta + g(\cos\theta,\sin\theta)\cos\theta]\mathrm{d}\theta = 0.$$

由积分中值定理存在 $\theta_0 \in [0,2\pi]$, 使得

$$-f(\cos\theta_0,\sin\theta_0)\sin\theta_0 + g(\cos\theta_0,\sin\theta_0)\cos\theta_0 = 0,$$

取 $(\xi,\eta) = (\cos\theta_0,\sin\theta_0)$, 则 (ξ,η) 在单位圆周上, 即在单位圆周上存在一点 (ξ,η), 使得 $f(\xi,\eta)\eta = g(\xi,\eta)\xi$.

小　结

本节主要是第二型曲线积分的计算.

1. 利用定义法计算第二型曲线积分, 即化为第一型曲线积分, 从而给出了两种曲线积分的联系.

2. 利用参数法计算第二型曲线积分, 即化为定积分的计算.

3. 利用第二型曲线积分的性质如用分项、分段法计算积分, 简化积分运算.

4. 正确运用格林公式计算第二型曲线积分. 格林公式把沿着平面区域的边界的第二型曲线积分, 转化成在这个区域上的二重积分. 当公式的条件不满足时, 采用“补线”或“挖洞”的方法来促成条件满足.

5. 利用格林公式证明等式或不等式.

6.5　第二型曲面积分, 高斯公式和斯托克斯公式

知识要点

◇ **第二型曲面积分**

1. 基本概念

设 $\boldsymbol{v}$ 是定义在 $\mathbb{R}^3$ 空间区域 V 中的一个向量场, S 是 V 中一张光滑的指定侧的双侧曲面, $\boldsymbol{n}$ 是曲面 S 上指定侧的单位法向量, 称 $\iint\limits_S \boldsymbol{v}\cdot\boldsymbol{n}\mathrm{d}S$ 为向量场 $\boldsymbol{v}$ 在定向曲面 S 上的第二型曲面积分, 或称为向量场 $\boldsymbol{v}$ 通过定向曲面 S 指定侧的通量.

设 $\boldsymbol{v}(x,y,z)=(P(x,y,z),Q(x,y,z),R(x,y,z))$, 单位法向量

$$\boldsymbol{n}=(\cos\alpha,\cos\beta,\cos\gamma),$$

有向面积元 $\mathrm{d}\boldsymbol{S}=\boldsymbol{n}\mathrm{d}S=(\cos\alpha\mathrm{d}S,\cos\beta\mathrm{d}S,\cos\gamma\mathrm{d}S)=(\mathrm{d}y\mathrm{d}z,\mathrm{d}z\mathrm{d}x,\mathrm{d}x\mathrm{d}y)$, 那么第二型曲面积分又可表示为

$$\iint\limits_S \boldsymbol{v}\cdot\boldsymbol{n}\mathrm{d}S=\iint\limits_S P\mathrm{d}y\mathrm{d}z+Q\mathrm{d}z\mathrm{d}x+R\mathrm{d}x\mathrm{d}y.$$

2. 基本性质

(1) 对场的线性性:

若 $\boldsymbol{v}=c_1\boldsymbol{v}_1+c_2\boldsymbol{v}_2$, 则有

$$\iint\limits_S \boldsymbol{v}\cdot\boldsymbol{n}\mathrm{d}S=c_1\iint\limits_S \boldsymbol{v}_1\cdot\boldsymbol{n}\mathrm{d}S+c_2\iint\limits_S \boldsymbol{v}_2\cdot\boldsymbol{n}\mathrm{d}S.$$

(2) 对积分曲面的可加性:

若定向曲面 S 是由定向曲面 S_1 和定向曲面 S_2 拼接而成的, 则有

$$\iint_S \boldsymbol{v}\cdot\boldsymbol{n}\mathrm{d}S=\iint_{S_1}\boldsymbol{v}\cdot\boldsymbol{n}\mathrm{d}S+\iint_{S_2}\boldsymbol{v}\cdot\boldsymbol{n}\mathrm{d}S.$$

(3) 对曲面的方向性:

若用 S^+ 和 S^- 表示曲面的不同两侧, 则有

$$\iint_{S^-}\boldsymbol{v}\cdot\boldsymbol{n}\mathrm{d}S=-\iint_{S^+}\boldsymbol{v}\cdot\boldsymbol{n}\mathrm{d}S.$$

(4) 几个重要特例:

若 S 是母线平行于 x 轴的定向柱面, 则 $\mathrm{d}y\mathrm{d}z=0$, 从而 $\iint\limits_S P\mathrm{d}y\mathrm{d}z=0$.

若 S 是母线平行于 y 轴的定向柱面, 则 $\mathrm{d}z\mathrm{d}x=0$, 从而 $\iint\limits_S Q\mathrm{d}z\mathrm{d}x=0$.

若 S 是母线平行于 z 轴的定向柱面, 则 $\mathrm{d}x\mathrm{d}y=0$, 从而 $\iint\limits_S R\mathrm{d}x\mathrm{d}y=0$.

3. 计算方法

(1) 化为第一型曲面积分:

$$\iint_S \boldsymbol{v}\cdot\boldsymbol{n}\mathrm{d}S=\iint_S(P\cos\alpha+Q\cos\beta+R\cos\gamma)\mathrm{d}S.$$

(2) 参数法:

设光滑曲面 S 的参数方程为

$$\boldsymbol{r}(u,v)=x(u,v)\boldsymbol{i}+y(u,v)\boldsymbol{j}+z(u,v)\boldsymbol{k}\quad((u,v)\in D).$$

曲面 S 指定侧的单位法向量为

$$\boldsymbol{n}=\pm\frac{\boldsymbol{r}'_u\times\boldsymbol{r}'_v}{|\boldsymbol{r}'_u\times\boldsymbol{r}'_v|},$$

其中正负号的选择由曲面 S 指定侧的法向量 $\boldsymbol{n}$ 唯一确定, 则有

$$\begin{aligned}\iint_S \boldsymbol{v}\cdot\boldsymbol{n}\mathrm{d}S&=\pm\iint_D \boldsymbol{v}\cdot(\boldsymbol{r}'_u\times\boldsymbol{r}'_v)\mathrm{d}u\mathrm{d}v\\&=\pm\iint_D\begin{vmatrix}P&Q&R\\x'_u&y'_u&z'_u\\x'_v&y'_v&z'_v\end{vmatrix}\mathrm{d}u\mathrm{d}v\end{aligned}$$

$$=\pm\iint\limits_{D}\left(P\frac{\partial(y,z)}{\partial(u,v)}+Q\frac{\partial(z,x)}{\partial(u,v)}+R\frac{\partial(x,y)}{\partial(u,v)}\right)\mathrm{d}u\mathrm{d}v.$$

注记　这里有向面积微元在坐标平面上的代数投影

$$\mathrm{d}y\mathrm{d}z=\frac{\partial(y,z)}{\partial(u,v)}\mathrm{d}u\mathrm{d}v,\quad \mathrm{d}z\mathrm{d}x=\frac{\partial(z,x)}{\partial(u,v)}\mathrm{d}u\mathrm{d}v,\quad \mathrm{d}x\mathrm{d}y=\frac{\partial(x,y)}{\partial(u,v)}\mathrm{d}u\mathrm{d}v,$$

与二重积分的变量代换不同, 二重积分中面积微元是非负的, 即

$$\mathrm{d}x\mathrm{d}y=\left|\frac{\partial(x,y)}{\partial(u,v)}\right|\mathrm{d}u\mathrm{d}v.$$

(3) 投影法:

若曲面 S 有显式表示, $z=f(x,y)$, $(x,y)\in D$, 则有

$$\iint\limits_{S}\boldsymbol{v}\cdot\boldsymbol{n}\mathrm{d}S=\pm\iint\limits_{D}\begin{vmatrix}P & Q & R\\ 1 & 0 & f'_x\\ 0 & 1 & f'_y\end{vmatrix}\mathrm{d}x\mathrm{d}y$$
$$=\pm\iint\limits_{D}(-Pf'_x-Qf'_y+R)\mathrm{d}x\mathrm{d}y,$$

其中正负号的选择取决于显式曲面 S 的定侧是上侧还是下侧.

◇ 高斯 (Gauss) 公式

设空间区域 V 由分片光滑的双侧封闭曲面 S 围成. 函数 $P(x,y,z)$, $Q(x,y,z)$, $R(x,y,z)$ 在 V 中有一阶连续偏导数, 则有

$$\iint\limits_{S}P\mathrm{d}y\mathrm{d}z+Q\mathrm{d}z\mathrm{d}x+R\mathrm{d}x\mathrm{d}y=\iiint\limits_{V}\left(\frac{\partial P}{\partial x}+\frac{\partial Q}{\partial y}+\frac{\partial R}{\partial z}\right)\mathrm{d}x\mathrm{d}y\mathrm{d}z,$$

其中 S 的方向为外侧.

推论　设空间区域 V 由分片光滑的双侧封闭曲面 S 围成, V 的体积为 ΔV, 则有

$$\Delta V=\iint\limits_{S}x\mathrm{d}y\mathrm{d}z=\iint\limits_{S}y\mathrm{d}z\mathrm{d}x=\iint\limits_{S}z\mathrm{d}x\mathrm{d}y$$
$$=\frac{1}{3}\iint\limits_{S}x\mathrm{d}y\mathrm{d}z+y\mathrm{d}z\mathrm{d}x+z\mathrm{d}x\mathrm{d}y.$$

注记 高斯公式把沿着空间有界闭区域外侧边界的第二型曲面积分，转化成在这个区域上的三重积分. 运用高斯公式必须注意以下两点:

(1) 曲面 S 必须是封闭的. 若不封闭，需要添加辅助面以使封闭，添加的辅助面的定向要与 S 的方向协调，且这部分的曲面积分易计算，即**补面法**.

(2) 函数 $P(x,y,z)$, $Q(x,y,z)$, $R(x,y,z)$ 在 V 中有一阶连续偏导数. 若在 V 内存在 $P(x,y,z)$ 或 $Q(x,y,z)$ 或 $R(x,y,z)$ 的无定义点、不连续点、不可导点，则一般不能直接用高斯公式，需用封闭曲面挖去这些点，即**挖洞法**. 具体做法参看后面的例题.

◇ 斯托克斯公式

设 S 是以空间封闭曲线 L 为边界的分片光滑的定向曲面. 如果函数 $P(x,y,z)$, $Q(x,y,z)$, $R(x,y,z)$ 在包含曲面 S 在内的某个空间区域上具有一阶连续偏导数，则有

$$\begin{aligned}&\oint_L P\mathrm{d}x+Q\mathrm{d}y+R\mathrm{d}z\\&=\iint_S\left(\frac{\partial R}{\partial y}-\frac{\partial Q}{\partial z}\right)\mathrm{d}y\mathrm{d}z+\left(\frac{\partial P}{\partial z}-\frac{\partial R}{\partial x}\right)\mathrm{d}z\mathrm{d}x+\left(\frac{\partial Q}{\partial x}-\frac{\partial P}{\partial y}\right)\mathrm{d}x\mathrm{d}y\\&=\iint_S\begin{vmatrix}\mathrm{d}y\mathrm{d}z&\mathrm{d}z\mathrm{d}x&\mathrm{d}x\mathrm{d}y\\\dfrac{\partial}{\partial x}&\dfrac{\partial}{\partial y}&\dfrac{\partial}{\partial z}\\P&Q&R\end{vmatrix},\end{aligned}$$

其中 L 的环行方向与 S 的定向符合右手法则，即若四个手指的方向为 L 的方向，则大拇指所指的方向就是曲面 S 的定向.

注记 斯托克斯公式是格林公式在空间的推广. 它把沿一块空间曲面的边界环线的第二型曲线积分同这块曲面上的第二型曲面积分联系起来. 运用斯托克斯公式必须注意以下两点:

(1) 曲线 L 必须是封闭的. 由于以 L 为边界的曲面很多，应选择一张使得计算简便的曲面为宜.

(2) 函数 $P(x,y,z)$, $Q(x,y,z)$, $R(x,y,z)$ 在包含曲面 S 在内的某个空间区域上具有一阶连续偏导数.

精选例题

例 121　计算 $\iint\limits_S x\mathrm{d}y\mathrm{d}z+y\mathrm{d}z\mathrm{d}x+z\mathrm{d}x\mathrm{d}y$, 其中 S 是球面 $x^2+y^2+z^2=R^2$ 的 $z\leqslant 0$ 的部分的下侧.

解　解法 1 (化为第一型曲面积分)　球面 S 的下侧单位法向量为 $\boldsymbol{n}=\left(\dfrac{x}{R},\dfrac{y}{R},\dfrac{z}{R}\right)$, 由第二型曲面积分的定义得

$$\begin{aligned}\iint\limits_S x\mathrm{d}y\mathrm{d}z+y\mathrm{d}z\mathrm{d}x+z\mathrm{d}x\mathrm{d}y&=\iint\limits_S (x,y,z)\cdot\boldsymbol{n}\mathrm{d}S\\&=\iint\limits_S \frac{x^2+y^2+z^2}{R}\mathrm{d}S\quad(\text{点}(x,y,z)\text{在球面上})\\&=\iint\limits_S \frac{R^2}{R}\mathrm{d}S=R\iint\limits_S\mathrm{d}S=2\pi R^3.\end{aligned}$$

解法 2 (投影法)　S 是下侧显式曲面 $z=-\sqrt{R^2-x^2-y^2}$, 在 Oxy 平面上的投影区域为

$$D=\{(x,y)|x^2+y^2\leqslant R^2\},$$

故

$$\begin{aligned}\iint\limits_S x\mathrm{d}y\mathrm{d}z+y\mathrm{d}z\mathrm{d}x+z\mathrm{d}x\mathrm{d}y&=-\iint\limits_D\begin{vmatrix}x & y & -\sqrt{R^2-x^2-y^2}\\1 & 0 & z'_x\\0 & 1 & z'_y\end{vmatrix}\mathrm{d}x\mathrm{d}y\\&=\iint\limits_D\left(\sqrt{R^2-x^2-y^2}+\frac{x^2+y^2}{\sqrt{R^2-x^2-y^2}}\right)\mathrm{d}x\mathrm{d}y\\&=\int_0^{2\pi}\mathrm{d}\theta\int_0^R\left(\sqrt{R^2-r^2}+\frac{r^2}{\sqrt{R^2-r^2}}\right)r\mathrm{d}r=2\pi R^3.\end{aligned}$$

解法 3 (参数法)　利用球面坐标变换, 有向曲面 S 的参数方程为

$$x=R\sin\theta\cos\varphi,\quad y=R\sin\theta\sin\varphi,\quad z=R\cos\theta,$$

其中 $(\theta,\varphi)\in D,D=\left\{(\theta,\varphi)|\dfrac{\pi}{2}\leqslant\theta\leqslant\pi,0\leqslant\varphi\leqslant 2\pi\right\}$. 由于 $\dfrac{\partial(x,y)}{\partial(\theta,\varphi)}=R^2\cos\theta\sin\theta\leqslant 0$,

外积向量 $\boldsymbol{r'}_\theta\times\boldsymbol{r'}_\varphi$ 作为法向, 指向 S 的下侧, 故

$$\begin{aligned}\iint\limits_S x\mathrm{d}y\mathrm{d}z+y\mathrm{d}z\mathrm{d}x+z\mathrm{d}x\mathrm{d}y&=\iint\limits_D\begin{vmatrix}R\sin\theta\cos\varphi & R\sin\theta\sin\varphi & R\cos\theta\\ x'_\theta & y'_\theta & z'_\theta\\ x'_\varphi & y'_\varphi & z'_\varphi\end{vmatrix}\mathrm{d}\theta\mathrm{d}\varphi\\ &=\iint\limits_D\begin{vmatrix}R\sin\theta\cos\varphi & R\sin\theta\sin\varphi & R\cos\theta\\ R\cos\theta\cos\varphi & R\cos\theta\sin\varphi & -R\sin\theta\\ -R\sin\theta\sin\varphi & R\sin\theta\cos\varphi & 0\end{vmatrix}\mathrm{d}\theta\mathrm{d}\varphi\\ &=\int_0^{2\pi}\mathrm{d}\varphi\int_{\frac{\pi}{2}}^{\pi}R^3\sin\theta\mathrm{d}\theta=2\pi R^3.\end{aligned}$$

解法 4 (利用高斯公式) 作辅助曲面 $\Sigma: z=0\ (x^2+y^2\leqslant R^2)$, 取上侧, 这样 S 与 Σ 形成封闭曲面外侧, 它们围成的半球体记为 V, 由高斯公式知

$$\begin{aligned}&\iint\limits_S x\mathrm{d}y\mathrm{d}z+y\mathrm{d}z\mathrm{d}x+z\mathrm{d}x\mathrm{d}y\\ &=\iint\limits_{S+\Sigma} x\mathrm{d}y\mathrm{d}z+y\mathrm{d}z\mathrm{d}x+z\mathrm{d}x\mathrm{d}y-\iint\limits_{\Sigma} x\mathrm{d}y\mathrm{d}z+y\mathrm{d}z\mathrm{d}x+z\mathrm{d}x\mathrm{d}y\\ &=3\iiint\limits_V\mathrm{d}V=2\pi R^3.\end{aligned}$$

思考题 设向量场 $\boldsymbol{v}(x,y,z)=(yz,zx,2)$, 计算 $\iint\limits_{\Sigma^+}\boldsymbol{v}(x,y,z)\cdot\boldsymbol{n}\mathrm{d}S$, 其中 Σ^+ 是上半球面 $x^2+y^2+z^2=1\ (z\geqslant 0)$ 的上侧, $\boldsymbol{n}$ 是其上的单位法向量. (答案:2π.)

例 122 计算 $\iint\limits_S y^2\mathrm{d}z\mathrm{d}x+z\mathrm{d}x\mathrm{d}y$, 其中 S 是椭球面 $\dfrac{x^2}{4}+\dfrac{y^2}{4}+z^2=1$ 的外侧.

解 解法 1 (分块投影) 有向曲面 S 被 Oxy 平面平分为上、下两部分, 分别记为 S_1 和 S_2, 它们在 Oxy 平面上的投影都是区域

$$D=\{(x,y)|x^2+y^2\leqslant 4\},$$

S_1的显式方程为$z=\dfrac{1}{2}\sqrt{4-x^2-y^2}$,取上侧,$z'_y=\dfrac{-y}{2\sqrt{4-x^2-y^2}}$, 故

$$\iint\limits_{S_1} y^2\mathrm{d}z\mathrm{d}x+z\mathrm{d}x\mathrm{d}y=\iint\limits_D\begin{vmatrix}0 & y^2 & \frac{1}{2}\sqrt{4-x^2-y^2}\\ 1 & 0 & z'_x\\ 0 & 1 & z'_y\end{vmatrix}\mathrm{d}x\mathrm{d}y$$

$$=\iint_D\left(\frac{1}{2}\sqrt{4-x^2-y^2}+\frac{y^3}{2\sqrt{4-x^2-y^2}}\right)\mathrm{d}x\mathrm{d}y\quad(\text{对称性})$$

$$=\int_0^{2\pi}\mathrm{d}\theta\int_0^2\frac{1}{2}\sqrt{4-r^2}r\mathrm{d}r+0=\frac{8}{3}\pi.$$

S_2的显式方程为$z=-\dfrac{1}{2}\sqrt{4-x^2-y^2}$,取下侧,$z'_y=\dfrac{y}{2\sqrt{4-x^2-y^2}}$, 故

$$\iint_{S_2}y^2\mathrm{d}z\mathrm{d}x+z\mathrm{d}x\mathrm{d}y=-\iint_D\begin{vmatrix}0 & y^2 & -\frac{1}{2}\sqrt{4-x^2-y^2}\\ 1 & 0 & z'_x\\ 0 & 1 & z'_y\end{vmatrix}\mathrm{d}x\mathrm{d}y$$

$$=-\iint_D\left(-\frac{1}{2}\sqrt{4-x^2-y^2}-\frac{y^3}{2\sqrt{4-x^2-y^2}}\right)\mathrm{d}x\mathrm{d}y\quad(\text{对称性})$$

$$=\int_0^{2\pi}\mathrm{d}\theta\int_0^2\frac{1}{2}\sqrt{4-r^2}r\mathrm{d}r+0=\frac{8}{3}\pi.$$

从而

$$\iint_S y^2\mathrm{d}z\mathrm{d}x+z\mathrm{d}x\mathrm{d}y=\frac{16}{3}\pi.$$

解法 2 (参数法)　利用椭球面坐标变换, 有向曲面 S 的参数方程为

$$x=2\sin\theta\cos\varphi,\quad y=2\sin\theta\sin\varphi,\quad z=\cos\theta,$$

其中 $(\theta,\varphi)\in D, D=\{(\theta,\varphi)|0\leqslant\theta\leqslant\pi,\ 0\leqslant\varphi\leqslant 2\pi\}$, $\boldsymbol{r'}_\theta\times\boldsymbol{r'}_\varphi$ 作为法向, 指向 S 的外侧, 故

$$\iint_S y^2\mathrm{d}z\mathrm{d}x+z\mathrm{d}x\mathrm{d}y=\iint_D\begin{vmatrix}0 & y^2 & z\\ x'_\theta & y'_\theta & z'_\theta\\ x'_\varphi & y'_\varphi & z'_\varphi\end{vmatrix}\mathrm{d}\theta\mathrm{d}\varphi$$

$$=\iint_D\begin{vmatrix}0 & 4\sin^2\theta\sin^2\varphi & \cos\theta\\ 2\cos\theta\cos\varphi & 2\cos\theta\sin\varphi & -\sin\theta\\ -2\sin\theta\sin\varphi & 2\sin\theta\cos\varphi & 0\end{vmatrix}\mathrm{d}\theta\mathrm{d}\varphi$$

$$=\int_0^{2\pi}\mathrm{d}\varphi\int_0^{\pi}(4\sin\theta\cos^2\theta+8\sin^4\theta\sin^3\varphi)\mathrm{d}\theta=\frac{16}{3}\pi.$$

解法 3 (分项、分块投影)　有向曲面 S 被 Ozx 平面平分为左、右两部分, 分别记为 S_3 和 S_4, 它们在 Ozx 平面上的投影都是区域

$$D_1=\left\{(z,x)\Big|\frac{x^2}{4}+z^2\leqslant 1\right\},$$

S_3的显式方程为 $y=-\sqrt{4-x^2-4z^2}$, 取左侧; S_4的显式方程为 $y=\sqrt{4-x^2-4z^2}$, 取右侧, 故

$$\begin{aligned}\iint\limits_S y^2\mathrm{d}z\mathrm{d}x&=\iint\limits_{S_3} y^2\mathrm{d}z\mathrm{d}x+\iint\limits_{S_4} y^2\mathrm{d}z\mathrm{d}x\\&=-\iint\limits_{D_1}(-\sqrt{4-x^2-4z^2})^2\mathrm{d}z\mathrm{d}x+\iint\limits_{D_1}(\sqrt{4-x^2-4z^2})^2\mathrm{d}z\mathrm{d}x=0.\end{aligned}$$

而

$$\begin{aligned}\iint\limits_S z\mathrm{d}x\mathrm{d}y&=\iint\limits_{S_1} z\mathrm{d}x\mathrm{d}y+\iint\limits_{S_2} z\mathrm{d}x\mathrm{d}y\\&=\iint\limits_D \frac{1}{2}\sqrt{4-x^2-y^2}\mathrm{d}x\mathrm{d}y-\iint\limits_D\left(-\frac{1}{2}\sqrt{4-x^2-y^2}\right)\mathrm{d}x\mathrm{d}y\\&=\iint\limits_D\sqrt{4-x^2-y^2}\mathrm{d}x\mathrm{d}y=\int_0^{2\pi}\mathrm{d}\theta\int_0^2\sqrt{4-r^2}r\mathrm{d}r=\frac{16}{3}\pi.\end{aligned}$$

故有

$$\iint\limits_S y^2\mathrm{d}z\mathrm{d}x+z\mathrm{d}x\mathrm{d}y=\frac{16}{3}\pi.$$

解法 4 (利用高斯公式) 本题满足高斯公式的条件, 故结合对称性得

$$\begin{aligned}\iint\limits_S y^2\mathrm{d}z\mathrm{d}x+z\mathrm{d}x\mathrm{d}y&=\iiint\limits_V(2y+1)\mathrm{d}V\quad\left(V:\frac{x^2}{4}+\frac{y^2}{4}+z^2\leqslant 1\right)\\&=\iiint\limits_V\mathrm{d}V=\int_0^{\pi}\mathrm{d}\theta\int_0^{2\pi}\mathrm{d}\varphi\int_0^1 4r^2\sin\theta\mathrm{d}r=\frac{16}{3}\pi.\end{aligned}$$

注记 由解法 3 可知, (1) 曲面 S 关于 Ozx 平面左右对称, 但在对称部分上法向量分别指向左、右侧, 函数 y^2 是 y 的偶函数, 故 $\iint\limits_S y^2\mathrm{d}z\mathrm{d}x=0$, 这与第一型曲面积分 $\iint\limits_S y^2\mathrm{d}S>0$ 完全不同.

(2) 曲面 S 关于 Oxy 平面上下对称, 因在对称部分上法向量分别指向上、下侧, 函数 z 是 z 的奇函数, 故实质上 $\iint\limits_S z\mathrm{d}x\mathrm{d}y=2\iint\limits_{S_1} z\mathrm{d}x\mathrm{d}y$, 这与第一型曲面积分 $\iint\limits_S z\mathrm{d}S=0$ 完全不同.

例 123 求 $I=\iint\limits_S\dfrac{2\mathrm{d}y\mathrm{d}z}{x\cos^2 x}+\dfrac{\mathrm{d}z\mathrm{d}x}{\cos^2 y}-\dfrac{\mathrm{d}x\mathrm{d}y}{z\cos^2 z}$, 其中 S 是球面 $x^2+y^2+z^2=1$ 的外侧.

分析　虽然 S 是闭曲面, 但从积分式看出不适宜用 Gauss 公式计算. 可利用曲面的对称性来简化计算. 或者转化为第一型的曲面积分, 再利用对称性.

解法 1　球面 S 关于 Ozx 平面对称及关于变量 x,y,z 具有轮换对称性, 则

$$\iint\limits_S \frac{\mathrm{d}z\mathrm{d}x}{\cos^2 y}=0,\quad \iint\limits_S \frac{\mathrm{d}y\mathrm{d}z}{x\cos^2 x}=\iint\limits_S \frac{\mathrm{d}x\mathrm{d}y}{z\cos^2 z}$$

$$\therefore\quad I=\iint\limits_S \frac{\mathrm{d}x\mathrm{d}y}{z\cos^2 z}=2\iint\limits_{s_1} \frac{\mathrm{d}x\mathrm{d}y}{z\cos^2 z}$$

S_1 为上半球面 $z=\sqrt{1-x^2-y^2}$ 的上侧, 在 xOy 面的投影为 D: $x^2+y^2\leqslant 1$, 于是

$$I=2\iint\limits_D \frac{\mathrm{d}x\mathrm{d}y}{\sqrt{1-x^2-y^2}\cos^2\sqrt{1-x^2-y^2}}=2\int_0^{2\pi}\mathrm{d}\theta\int_0^1\frac{r\mathrm{d}r}{\sqrt{1-r^2}\cos^2\sqrt{1-r^2}}$$

$$=-4\pi\int_0^1\frac{\mathrm{d}\sqrt{1-r^2}}{\cos^2\sqrt{1-r^2}}=4\pi\tan 1.$$

解法 2　S 的单位法向 $\boldsymbol{n}=(x,y,z)$, 化为第一型曲面积分

$$I=\iint\limits_S\left(\frac{2}{x\cos^2 x},\frac{1}{\cos^2 y},-\frac{1}{z\cos^2 z}\right)\cdot n\mathrm{d}S=\iint\limits_S\left(\frac{2}{\cos^2 x}+\frac{y}{\cos^2 y}-\frac{1}{\cos^2 z}\right)\mathrm{d}S$$

由对称性　$\displaystyle\iint\limits_S \frac{y}{\cos^2 y}\mathrm{d}S=0,\quad \iint\limits_S\frac{\mathrm{d}S}{\cos^2 x}=\iint\limits_S\frac{\mathrm{d}S}{\cos^2 z}$

$$\therefore\quad I=\iint\limits_S\frac{\mathrm{d}S}{\cos^2 z}=2\iint\limits_D\frac{\mathrm{d}x\mathrm{d}y}{\sqrt{1-x^2-y^2}\cos^2\sqrt{1-x^2-y^2}}=4\pi\tan 1.$$

注记　第二型曲面对称性: (1) 关于坐标平面的对称性 (偶零奇倍)

① 曲面 S 关于 Oyz 平面前后对称, 在对称部分上法向量分别指向前、后侧, 则

当 $P(-x,y,z)=-P(x,y,z)$ 时, $\displaystyle\iint\limits_S P(x,y,z)\mathrm{d}y\mathrm{d}z=2\iint\limits_{S_{前}}P(x,y,z)\mathrm{d}y\mathrm{d}z$,

当 $P(-x,y,z)=P(x,y,z)$ 时, $\displaystyle\iint\limits_S P(x,y,z)\mathrm{d}y\mathrm{d}z=0$.

② 曲面 S 关于 Ozx 平面左右对称, 在对称部分上法向量分别指向左、右侧, 则

当 $Q(x,-y,z)=-Q(x,y,z)$ 时, $\displaystyle\iint\limits_S Q(x,y,z)\mathrm{d}z\mathrm{d}x=2\iint\limits_{S_{右}}Q(x,y,z)\mathrm{d}z\mathrm{d}x$,

当 $Q(x,-y,z)=Q(x,y,z)$ 时, $\iint\limits_S Q(x,y,z)\mathrm{d}z\mathrm{d}x=0.$

③ 曲面 S 关于 Oxy 平面上下对称, 在对称部分上法向量分别指向上、下侧, 则

当 $R(x,y,-z)=-R(x,y,z)$ 时, $\iint\limits_S R(x,y,z)\mathrm{d}x\mathrm{d}y=2\iint\limits_{S_{上}} R(x,y,z)\mathrm{d}x\mathrm{d}y,$

当 $R(x,y,-z)=R(x,y,z)$ 时, $\iint\limits_S R(x,y,z)\mathrm{d}x\mathrm{d}y=0.$

(2) 轮换对称性

曲面 S 关于变量 x,y,z 具有轮换对称性, 例如有

$$\iint\limits_S P(x,y,z)\mathrm{d}y\mathrm{d}z=\iint\limits_S P(y,z,x)\mathrm{d}z\mathrm{d}x=\iint\limits_S P(z,x,y)\mathrm{d}x\mathrm{d}y$$

例 124 求 $\iint\limits_S -y\mathrm{d}z\mathrm{d}x+(z-1)\mathrm{d}x\mathrm{d}y$, 其中 S 是圆柱面 $x^2+y^2=4$ 被两平面 $x+z=2$ 和 $z=0$ 所截下的部分的外侧.

解 解法 1(分块投影) 有向曲面 S 被 Ozx 平面平分为左、右两部分, 分别记为 S_1 和 S_2, 它们在 Ozx 平面上的投影都是区域

$$D=\{(z,x)|0\leqslant z\leqslant 2-x,-2\leqslant x\leqslant 2\},$$

S_1的显式方程为 $y=-\sqrt{4-x^2}$, 取左侧,S_2的显式方程为$y=\sqrt{4-x^2}$, 取右侧, 故

$$\begin{aligned}\iint\limits_S -y\mathrm{d}z\mathrm{d}x&=\iint\limits_{S_1} -y\mathrm{d}z\mathrm{d}x+\iint\limits_{S_2} -y\mathrm{d}z\mathrm{d}x\\&=-\iint\limits_D \sqrt{4-x^2}\mathrm{d}z\mathrm{d}x+\iint\limits_D -\sqrt{4-x^2}\mathrm{d}z\mathrm{d}x\\&=-2\int_{-2}^{2}\mathrm{d}x\int_0^{2-x}\sqrt{4-x^2}\mathrm{d}z=-4\int_{-2}^{2}\sqrt{4-x^2}\mathrm{d}x=-8\pi.\end{aligned}$$

因 S 在 Oxy 平面上的投影是一个圆周, $\mathrm{d}x\mathrm{d}y=0$, 故

$$\iint\limits_S (z-1)\mathrm{d}x\mathrm{d}y=0,$$

从而

$$\iint\limits_S -y\mathrm{d}z\mathrm{d}x+(z-1)\mathrm{d}x\mathrm{d}y=-8\pi.$$

解法 2 (参数法) 利用柱面坐标变换, 有向曲面 S 的参数方程为

$$x=2\cos\theta,\quad y=2\sin\theta,\quad z=z,$$

其中 $(\theta,z)\in D, D=\{(\theta,z)|0\leqslant z\leqslant 2-2\cos\theta, 0\leqslant\theta\leqslant 2\pi\}$, $\boldsymbol{r}'_\theta\times\boldsymbol{r}'_z$ 作为法向, 指向 S 的外侧, 故

$$\begin{aligned}&\iint\limits_S -y\mathrm{d}z\mathrm{d}x+(z-1)\mathrm{d}x\mathrm{d}y\\&=\int_0^{2\pi}\mathrm{d}\theta\int_0^{2-2\cos\theta}\left(-2\sin\theta\cdot\frac{\partial(z,x)}{\partial(\theta,z)}+(z-1)\cdot\frac{\partial(x,y)}{\partial(\theta,z)}\right)\mathrm{d}z\\&=\int_0^{2\pi}\mathrm{d}\theta\int_0^{2-2\cos\theta}-4\sin^2\theta\mathrm{d}z=-8\pi.\end{aligned}$$

例 125 计算曲面积分 $I=\iint\limits_S\dfrac{x\mathrm{d}y\mathrm{d}z+z^2\mathrm{d}x\mathrm{d}y}{x^2+y^2+z^2}$, 其中 S 是圆柱面 $x^2+y^2=R^2$ 与两平面 $z=R$ 和 $z=-R$ 所围立体表面的外侧.

解 设 S_1, S_2, S_3 分别为 S 的上、下底和柱面部分, 则

$$\iint\limits_{S_1}\frac{x\mathrm{d}y\mathrm{d}z}{x^2+y^2+z^2}=\iint\limits_{S_2}\frac{x\mathrm{d}y\mathrm{d}z}{x^2+y^2+z^2}=0.$$

记 S_1, S_2 在 Oxy 平面上的投影区域为 D, 由于两曲面方向相反, 则

$$\begin{aligned}&\iint\limits_{S_1}\frac{z^2\mathrm{d}x\mathrm{d}y}{x^2+y^2+z^2}+\iint\limits_{S_2}\frac{z^2\mathrm{d}x\mathrm{d}y}{x^2+y^2+z^2}\\&=\iint\limits_D\frac{R^2\mathrm{d}x\mathrm{d}y}{x^2+y^2+R^2}-\iint\limits_D\frac{(-R)^2\mathrm{d}x\mathrm{d}y}{x^2+y^2+(-R)^2}=0.\end{aligned}$$

在柱面 S_3 上,

$$\iint\limits_{S_3}\frac{z^2\mathrm{d}x\mathrm{d}y}{x^2+y^2+z^2}=0.$$

Oyz 平面把 S_3 分为前后两部分, 它们在 Oyz 平面上的投影区域都是

$$D_1:-R\leqslant y\leqslant R,\quad -R\leqslant z\leqslant R,$$

前后两部分方向相反, 综上得

$$\begin{aligned}I&=\iint\limits_{S_3}\frac{x\mathrm{d}y\mathrm{d}z}{x^2+y^2+z^2}\\&=\iint\limits_{D_1}\frac{\sqrt{R^2-y^2}}{(R^2-y^2)+y^2+z^2}\mathrm{d}y\mathrm{d}z-\iint\limits_{D_1}\frac{-\sqrt{R^2-y^2}}{(-\sqrt{R^2-y^2})^2+y^2+z^2}\mathrm{d}y\mathrm{d}z\end{aligned}$$

$$=2\iint\limits_{D_1}\frac{\sqrt{R^2-y^2}}{R^2+z^2}\mathrm{d}y\mathrm{d}z$$

$$=2\int_{-R}^{R}\mathrm{d}y\int_{-R}^{R}\frac{\sqrt{R^2-y^2}}{R^2+z^2}\mathrm{d}z=\frac{1}{2}\pi^2R.$$

故

$$\iint\limits_S\frac{x\mathrm{d}y\mathrm{d}z+z^2\mathrm{d}x\mathrm{d}y}{x^2+y^2+z^2}=\frac{1}{2}\pi^2R.$$

例 126 计算曲面积分 $\iint\limits_S(2x+z)\mathrm{d}y\mathrm{d}z+z\mathrm{d}x\mathrm{d}y$, 其中 S 为有向曲面 $z=x^2+y^2\ (0\leqslant z\leqslant 1)$, 其法向与 z 轴正方向夹角为锐角.

解 作辅助曲面 $\Sigma: z=1\ (x^2+y^2\leqslant 1)$, 取上侧, 这样 $S+\Sigma^-$ 形成封闭曲面, 指向内侧, 它们围成的立体记为 V, 由高斯公式知

$$\iint\limits_S(2x+z)\mathrm{d}y\mathrm{d}z+z\mathrm{d}x\mathrm{d}y$$

$$=\iint\limits_{S+\Sigma^-}(2x+z)\mathrm{d}y\mathrm{d}z+z\mathrm{d}x\mathrm{d}y+\iint\limits_{\Sigma}(2x+z)\mathrm{d}y\mathrm{d}z+z\mathrm{d}x\mathrm{d}y$$

$$=-\iiint\limits_V\left[\frac{\partial(2x+z)}{\partial x}+\frac{\partial z}{\partial z}\right]\mathrm{d}V+0+\iint\limits_{x^2+y^2\leqslant 1}\mathrm{d}x\mathrm{d}y$$

$$=-3\int_0^{2\pi}\mathrm{d}\theta\int_0^1 r\mathrm{d}r\int_{r^2}^1\mathrm{d}z+\pi=-\frac{1}{2}\pi.$$

思考题 1. 设 S 为上半球面 $z=\sqrt{4-x^2-y^2}$ 的下侧, 求曲面积分

$$I=\iint\limits_S\frac{x^3\mathrm{d}y\mathrm{d}z+y^3\mathrm{d}z\mathrm{d}x+(z^3+z^2)\mathrm{d}x\mathrm{d}y}{\sqrt{x^2+y^2+z^2}}.$$

2. 计算曲面积分 $\iint\limits_{S^+}(x+y)\mathrm{d}y\mathrm{d}z+(y+z)\mathrm{d}z\mathrm{d}x+(z+1)\mathrm{d}x\mathrm{d}y$, 其中 S^+ 为上半球面 $x^2+y^2+z^2=R^2\ (z\geqslant 0,\ R>0)$ 的上侧.

$\left(\text{答案: 1. } -\frac{232}{10}\pi\text{ ; 2. } 2\pi R^3+\pi R^2.\right)$

例 127 设 S 是单位球面 $x^2+y^2+z^2=1$ 的外侧, 求曲面积分

$$\iint\limits_S\frac{x\mathrm{d}y\mathrm{d}z+y\mathrm{d}z\mathrm{d}x+z\mathrm{d}x\mathrm{d}y}{(\sqrt{2x^2+2y^2+z^2})^3}.$$

解 记 $P=x(2x^2+2y^2+z^2)^{-\frac{3}{2}}$, $Q=y(2x^2+2y^2+z^2)^{-\frac{3}{2}}$, $R=z(2x^2+2y^2+$

$z^2)^{-\frac{3}{2}}$, 计算可得

$$\frac{\partial P}{\partial x}+\frac{\partial Q}{\partial y}+\frac{\partial R}{\partial z}=0 \quad ((x,y,z)\neq(0,0,0)),$$

而 P,Q,R 在 $(0,0,0)$ 点无定义, 所以不能在全球体上用高斯公式. 采用"挖洞法", 作椭球面 $\Sigma: 2x^2+2y^2+z^2=\varepsilon^2\ (0<\varepsilon<1)$, 取外侧, 所围区域为 Ω, 记 S 与 Σ^- 所围区域为 V, 故

$$\begin{aligned}&\iint\limits_S \frac{x\mathrm{d}y\mathrm{d}z+y\mathrm{d}z\mathrm{d}x+z\mathrm{d}x\mathrm{d}y}{(\sqrt{2x^2+2y^2+z^2})^3}\\ &=\iint\limits_{S+\Sigma^-}\frac{x\mathrm{d}y\mathrm{d}z+y\mathrm{d}z\mathrm{d}x+z\mathrm{d}x\mathrm{d}y}{(\sqrt{2x^2+2y^2+z^2})^3}+\iint\limits_{\Sigma}\frac{x\mathrm{d}y\mathrm{d}z+y\mathrm{d}z\mathrm{d}x+z\mathrm{d}x\mathrm{d}y}{(\sqrt{2x^2+2y^2+z^2})^3}\\ &=\iiint\limits_V 0\mathrm{d}V+\iint\limits_{\Sigma}\frac{x\mathrm{d}y\mathrm{d}z+y\mathrm{d}z\mathrm{d}x+z\mathrm{d}x\mathrm{d}y}{\varepsilon^3} \quad (\text{高斯公式})\\ &=\frac{3}{\varepsilon^3}\iiint\limits_{\Omega}\mathrm{d}V=\frac{3}{\varepsilon^3}\cdot\frac{4}{3}\pi\cdot\frac{\varepsilon}{\sqrt{2}}\cdot\frac{\varepsilon}{\sqrt{2}}\cdot\varepsilon=2\pi.\end{aligned}$$

思考题　计算曲面积分 $\iint\limits_{S^+}\frac{x\mathrm{d}y\mathrm{d}z+y\mathrm{d}z\mathrm{d}x+z\mathrm{d}x\mathrm{d}y}{(x^2+y^2+z^2)^{\frac{3}{2}}}$, 其中 S^+ 是光滑闭曲面的外侧, 并且原点不在曲面 S^+ 上. (答案: 若 S^+ 所围区域内不包含原点, 积分为 0; 否则为 4π.)

例 128　设对于半空间 $x>0$ 内任一光滑封闭曲面 S 有

$$\iint\limits_S xf(x)\mathrm{d}y\mathrm{d}z-(y+x)f(x)\mathrm{d}z\mathrm{d}x-x^2z\mathrm{e}^{2x}\mathrm{d}x\mathrm{d}y=0,$$

其中函数 $f(x)$ 在 $(0,+\infty)$ 内具有连续的一阶导数, 且 $\lim\limits_{x\to0^-}f(x)=0$, 求 $f(x)$.

解　由题设和高斯公式得

$$\begin{aligned}0&=\iint\limits_S xf(x)\mathrm{d}y\mathrm{d}z-(y+x)f(x)\mathrm{d}z\mathrm{d}x-x^2z\mathrm{e}^{2x}\mathrm{d}x\mathrm{d}y\\ &=\iiint\limits_V(xf'(x)+f(x)-f(x)-x^2\mathrm{e}^{2x})\mathrm{d}V,\end{aligned}$$

其中 V 为 S 所围成的有界闭区域. 由 S 的任意性知, $x>0$ 时有

$$\begin{aligned}&xf'(x)+f(x)-f(x)-x^2\mathrm{e}^{2x}=0,\\ &f'(x)=x\mathrm{e}^{2x},\end{aligned}$$

$$f(x)=\left(\frac{x}{2}-\frac{1}{4}\right)\mathrm{e}^{2x}+C,$$

再由 $\lim\limits_{x\to 0^-}f(x)=0$, 得 $C=\dfrac{1}{4}$. 故

$$f(x)=\left(\frac{x}{2}-\frac{1}{4}\right)\mathrm{e}^{2x}+\frac{1}{4}.$$

例 129 设 V 是曲面 $z=\sqrt{2-x^2-y^2}$ 及 $z=\sqrt{x^2+y^2}$ 所围区域之 $y\geqslant 0$ 的部分, 其表面为 S, $\cos\alpha$, $\cos\beta$, $\cos\gamma$ 为 S 的外侧法向量的方向余弦, 求

$$\iint\limits_S[(\mathrm{e}^{yz}+x^2)\cos\alpha+\mathrm{e}^{zx}\cos\beta+(\mathrm{e}^{xy}+z)\cos\gamma]\mathrm{d}S.$$

解 因 $\cos\alpha\mathrm{d}S=\mathrm{d}y\mathrm{d}z$, $\cos\beta\mathrm{d}S=\mathrm{d}z\mathrm{d}x$, $\cos\gamma\mathrm{d}S=\mathrm{d}x\mathrm{d}y$, 故由高斯公式及对称性, 知

$$\begin{aligned}&\iint\limits_S[(\mathrm{e}^{yz}+x^2)\cos\alpha+\mathrm{e}^{zx}\cos\beta+(\mathrm{e}^{xy}+z)\cos\gamma]\mathrm{d}S\\&=\iint\limits_S(\mathrm{e}^{yz}+x^2)\mathrm{d}y\mathrm{d}z+\mathrm{e}^{zx}\mathrm{d}z\mathrm{d}x+(\mathrm{e}^{xy}+z)\mathrm{d}x\mathrm{d}y\\&=\iiint\limits_V\left[\frac{\partial(\mathrm{e}^{yz}+x^2)}{\partial x}+\frac{\partial\mathrm{e}^{zx}}{\partial y}+\frac{\partial(\mathrm{e}^{xy}+z)}{\partial z}\right]\mathrm{d}V\\&=\iiint\limits_V(2x+1)\mathrm{d}V=\int_0^{\pi}\mathrm{d}\theta\int_0^1 r\mathrm{d}r\int_r^{\sqrt{2-r^2}}\mathrm{d}z=\frac{2}{3}(\sqrt{2}-1)\pi,\end{aligned}$$

或者

$$\iiint\limits_V(2x+1)\mathrm{d}V=\int_0^{\frac{\pi}{4}}\mathrm{d}\theta\int_0^{\pi}\mathrm{d}\varphi\int_0^{\sqrt{2}}r^2\sin\theta\mathrm{d}r=\frac{2}{3}(\sqrt{2}-1)\pi.$$

例 130 设 $f(x,y,z)$ 在 $\mathbb{R}^3$ 上有二阶连续偏导数, 且满足 Laplace 方程 $\Delta f=\dfrac{\partial^2 f}{\partial x^2}+\dfrac{\partial^2 f}{\partial y^2}+\dfrac{\partial^2 f}{\partial z^2}=0$, 那么有

$$f(P_0)=\frac{1}{4\pi r^2}\iint\limits_S f(x,y,z)\mathrm{d}S,$$

其中 $P_0=(x_0,y_0,z_0)$, $S:(x-x_0)^2+(y-y_0)^2+(z-z_0)^2=r^2$, $r\geqslant 0$.

证明 令 $g(r)=\dfrac{1}{4\pi r^2}\iint\limits_S f(x,y,z)\mathrm{d}S$. 因为 S 的参数方程为

$$x=x_0+r\sin\theta\cos\varphi,\quad y=y_0+r\sin\theta\sin\varphi,\quad z=z_0+r\cos\theta,$$

其中 $(\theta,\varphi)\in D, D=\{0\leqslant\theta\leqslant\pi,\ 0\leqslant\varphi\leqslant 2\pi\}$. 所以

$$g(r)=\frac{1}{4\pi}\iint\limits_D f(x_0+r\sin\theta\cos\varphi,y_0+r\sin\theta\sin\varphi,z_0+r\cos\theta)\sin\theta\mathrm{d}\theta\mathrm{d}\varphi.$$

$$\begin{aligned}g'(r)&=\frac{1}{4\pi r^2}\iint\limits_S f'_x\mathrm{d}y\mathrm{d}z+f'_y\mathrm{d}z\mathrm{d}x+f'_z\mathrm{d}x\mathrm{d}y\\&=\frac{1}{4\pi r^2}\iiint\limits_B \Delta f\mathrm{d}x\mathrm{d}y\mathrm{d}z=0,\end{aligned}$$

这说明 $g(r)$ 为常数. 所以 $g(r)=g(0)=f(P_0)$.

例 131　计算曲线积分 $I=\int_L(y^2-z^2)\mathrm{d}x+(2z^2-x^2)\mathrm{d}y+(3x^2-y^2)\mathrm{d}z$, 其中 L 是平面 $x+y+z=2$ 与柱面 $|x|+|y|=1$ 的交线, 从 z 轴的正向看去, L 沿逆时针方向.

解　记 S 为平面 $x+y+z=2$ 上 L 所围部分, 其与 L 相协调的单位法向量 $\boldsymbol{n}=\left(\frac{1}{\sqrt{3}},\frac{1}{\sqrt{3}},\frac{1}{\sqrt{3}}\right)$, D 为 S 在平面 Oxy 上的投影区域, 由斯托克斯公式得

$$\begin{aligned}I&=\int_L(y^2-z^2)\mathrm{d}x+(2z^2-x^2)\mathrm{d}y+(3x^2-y^2)\mathrm{d}z\\&=\iint\limits_S\begin{vmatrix}\mathrm{d}y\mathrm{d}z&\mathrm{d}z\mathrm{d}x&\mathrm{d}x\mathrm{d}y\\\dfrac{\partial}{\partial x}&\dfrac{\partial}{\partial y}&\dfrac{\partial}{\partial z}\\y^2-z^2&2z^2-x^2&3x^2-y^2\end{vmatrix}\\&=\iint\limits_S(-2y-4z)\mathrm{d}y\mathrm{d}z+(-2z-6x)\mathrm{d}z\mathrm{d}x+(-2x-2y)\mathrm{d}x\mathrm{d}y\\&=\iint\limits_S[(-2y-4z),(-2z-6x),(-2x-2y)]\cdot\boldsymbol{n}\mathrm{d}S\\&=\iint\limits_S-\frac{2}{\sqrt{3}}(4x+2y+3z)\mathrm{d}S\quad(\text{利用曲面方程})\\&=-\frac{2}{\sqrt{3}}\iint\limits_S(x-y+6)\mathrm{d}S\quad(\mathrm{d}S=\sqrt{3}\mathrm{d}x\mathrm{d}y)\\&=-\frac{2}{\sqrt{3}}\iint\limits_D(x-y+6)\cdot\sqrt{3}\mathrm{d}x\mathrm{d}y\quad(\text{利用}D\text{的对称性})\\&=-2\iint\limits_D 6\mathrm{d}x\mathrm{d}y=-24.\end{aligned}$$

例 132　计算曲线积分 $\oint_L(y^2-z^2)\mathrm{d}x+(z^2-x^2)\mathrm{d}y+(x^2-y^2)\mathrm{d}z$, 其中 L 是平面 $x+y+z=\frac{3}{2}a$ 与立方体 $V=\{(x,y,z)|0\leqslant x\leqslant a,0\leqslant y\leqslant a,0\leqslant z\leqslant a\}$ 表面

的交线, 从 z 轴的正向看来, L 沿逆时针方向 (如图 6.15(a) 所示).

解 解法 1 (斯托克斯公式) 有向曲面 S 是在平面 $x+y+z=\dfrac{3}{2}a$ 上且以 L 为边界线, 如图 6.15(a) 所示的正六边形区域, 其与 L 相协调的单位法向量 $\boldsymbol{n}=\left(\dfrac{1}{\sqrt{3}},\dfrac{1}{\sqrt{3}},\dfrac{1}{\sqrt{3}}\right)$, 故先根据斯托克斯公式, 再由第二型曲面积分化为第一型曲面积分, 得

$$\begin{aligned}
&\oint_L (y^2-z^2)\mathrm{d}x+(z^2-x^2)\mathrm{d}y+(x^2-y^2)\mathrm{d}z\\
&=\iint_S \begin{vmatrix} \mathrm{d}y\mathrm{d}z & \mathrm{d}z\mathrm{d}x & \mathrm{d}x\mathrm{d}y \\ \dfrac{\partial}{\partial x} & \dfrac{\partial}{\partial y} & \dfrac{\partial}{\partial z} \\ y^2-z^2 & z^2-x^2 & x^2-y^2 \end{vmatrix}\\
&=-2\iint_S (y+z)\mathrm{d}y\mathrm{d}z+(z+x)\mathrm{d}z\mathrm{d}x+(x+y)\mathrm{d}x\mathrm{d}y\\
&=-2\iint_S ((y+z),(z+x),(x+y))\cdot\boldsymbol{n}\mathrm{d}S\\
&=-2\iint_S \frac{2}{\sqrt{3}}(x+y+z)\mathrm{d}S=-2\sqrt{3}a\iint_S \mathrm{d}S.
\end{aligned}$$

S 是边长为 $\dfrac{\sqrt{2}}{2}a$ 的正六边形区域, 其面积为 $\dfrac{3\sqrt{3}}{4}a^2$, 故

$$\oint_L (y^2-z^2)\mathrm{d}x+(z^2-x^2)\mathrm{d}y+(x^2-y^2)\mathrm{d}z=-2\sqrt{3}a\iint_S \mathrm{d}S=-\frac{9}{2}a^3.$$

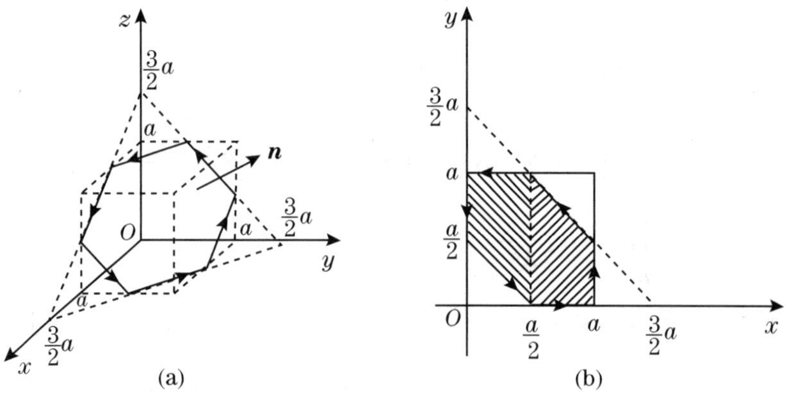

图 6.15 边界曲线 L 及投影曲线 l

解法 2 (投影法和格林公式)　因曲线 L 在平面 $x+y+z=\frac{3}{2}a$ 上, 则把 $z=\frac{3}{2}a-x-y$ 代入所求的曲线积分, 就将空间曲线的第二型曲线积分化为对 Oxy 平面上投影曲线 l 的第二型曲线积分, 其中该投影曲线 l 如图 6.15(b) 所示, 逆时针方向所围的阴影区域为 D. 故

$$\begin{aligned}
&\oint_L (y^2-z^2)\mathrm{d}x+(z^2-x^2)\mathrm{d}y+(x^2-y^2)\mathrm{d}z\\
&=\oint_l \left[y^2-\left(\frac{3}{2}a-x-y\right)^2\right]\mathrm{d}x+\left[\left(\frac{3}{2}a-x-y\right)^2-x^2\right]\mathrm{d}y+(x^2-y^2)(-\mathrm{d}x-\mathrm{d}y)\\
&=\oint_l \left[2y^2-x^2-\left(\frac{3}{2}a-x-y\right)^2\right]\mathrm{d}x+\left[\left(\frac{3}{2}a-x-y\right)^2-2x^2+y^2\right]\mathrm{d}y
\end{aligned}$$

(利用格林公式)

$$=\iint_D -6a\mathrm{d}x\mathrm{d}y=-6a\cdot\frac{1}{\sqrt{3}}\cdot\frac{3\sqrt{3}}{4}a^2=-\frac{9}{2}a^3.$$

思考题　计算曲线积分 $\int_L (y-z)\mathrm{d}x+(z-x)\mathrm{d}y+(x-y)\mathrm{d}z$, 其中 L 是球面 $x^2+y^2+z^2=a^2\ (a>0)$ 与平面 $x+y+z=0$ 的交线, L 的方向与 z 轴正向成右手系. (答案: $-2\sqrt{3}\pi a^2$.)

小　结

本节主要是第二型曲面积分的计算.

1. 利用定义法计算第二型曲面积分, 即化为第一型曲面积分, 从而给出了两种曲面积分之间的联系.

2. 利用参数法和投影法计算第二型曲面积分, 即化为二重积分来计算.

3. 利用第二型曲面积分的性质简化积分运算.

4. 正确运用高斯公式计算第二型曲面积分, 当公式的条件不满足时, 采用 “补面法” 或 “挖洞法” .

5. 利用斯托克斯公式计算第二型曲线积分, 是求第二型线面积分的基本方法之一.

6.6 场论初步

知识要点

◇ **向量场的散度**

1. 散度的计算

设在直角坐标系中, 向量场

$$\boldsymbol{v}=P(x,y,z)\boldsymbol{i}+Q(x,y,z)\boldsymbol{j}+R(x,y,z)\boldsymbol{k},$$

其中分量 P, Q, R 在空间区域 G 中有连续的一阶偏导数, 则称

$$\operatorname{div}\boldsymbol{v}=\frac{\partial P}{\partial x}+\frac{\partial Q}{\partial y}+\frac{\partial R}{\partial z}$$

为向量场 $\boldsymbol{v}$ 的**散度** (或**源密度**).

2. 运算法则

(1) $\operatorname{div}(c_1\boldsymbol{v}_1+c_2\boldsymbol{v}_2)=c_1\operatorname{div}\boldsymbol{v}_1+c_2\operatorname{div}\boldsymbol{v}_2$, 其中 c_1, c_2 是任意常数.

(2) $\operatorname{div}(u\boldsymbol{v})=u\operatorname{div}\boldsymbol{v}+\operatorname{grad}u\cdot\boldsymbol{v}$, 其中 u 是任意数量场.

◇ **向量场的旋度**

1. 旋度的计算

设在直角坐标系中, 向量场

$$\boldsymbol{v}=P(x,y,z)\boldsymbol{i}+Q(x,y,z)\boldsymbol{j}+R(x,y,z)\boldsymbol{k},$$

其中分量 P, Q, R 在空间区域 V 中有连续的一阶偏导数, 则称

$$\operatorname{rot}\boldsymbol{v}=\left(\frac{\partial R}{\partial y}-\frac{\partial Q}{\partial z}\right)\boldsymbol{i}+\left(\frac{\partial P}{\partial z}-\frac{\partial R}{\partial x}\right)\boldsymbol{j}+\left(\frac{\partial Q}{\partial x}-\frac{\partial P}{\partial y}\right)\boldsymbol{k}$$

$$= \begin{vmatrix} \boldsymbol{i} & \boldsymbol{j} & \boldsymbol{k} \\ \dfrac{\partial}{\partial x} & \dfrac{\partial}{\partial y} & \dfrac{\partial}{\partial z} \\ P & Q & R \end{vmatrix}$$

为向量场 $\boldsymbol{v}$ 的**旋度** (或**涡密度**).

2. 运算法则

(1) $\mathrm{rot}\,(c_1\boldsymbol{v}_1+c_2\boldsymbol{v}_2)=c_1\mathrm{rot}\,\boldsymbol{v}_1+c_2\mathrm{rot}\,\boldsymbol{v}_2$，其中 c_1, c_2 是任意常数.

(2) $\mathrm{rot}\,(u\boldsymbol{v})=u\mathrm{rot}\,\boldsymbol{v}+\mathrm{grad}\,u\times\boldsymbol{v}$，其中 u 是任意数量场.

(3) $\mathrm{div}\,(\boldsymbol{v_1}\times\boldsymbol{v_2})=\boldsymbol{v_2}\cdot\mathrm{rot}\,\boldsymbol{v_1}-\boldsymbol{v_1}\cdot\mathrm{rot}\,\boldsymbol{v_2}$.

(4) $\mathrm{div}\,(\mathrm{rot}\,\boldsymbol{v})=0$, $\mathrm{rot}\,(\mathrm{grad}\,u)=\boldsymbol{0}$.

◇ **保守场、有势场及无旋场**

1. 保守场

设 $\boldsymbol{v}$ 是空间区域 V 中的连续向量场, 若 $\boldsymbol{v}$ 沿 V 内任意闭路的环量都等于零, 则称 $\boldsymbol{v}$ 是区域 V 内的**保守场**.

2. 有势场

设 $\boldsymbol{v}$ 是区域 V 上的向量场, 如果存在 V 上的可微函数 φ 满足 $\mathrm{grad}\varphi=\boldsymbol{v}$, 则称场 $\boldsymbol{v}$ 为**有势场**或**梯度场**, φ 称为 $\boldsymbol{v}$ 的一个**势函数**.

注记　(1) φ 是 $\boldsymbol{v}=P(x,y,z)\boldsymbol{i}+Q(x,y,z)\boldsymbol{j}+R(x,y,z)\boldsymbol{k}$ 的势函数 $\Longleftrightarrow$

$$\mathrm{d}\varphi(x,y,z)=P(x,y,z)\mathrm{d}x+Q(x,y,z)\mathrm{d}y+R(x,y,z)\mathrm{d}z,$$

称微分式 $P(x,y,z)\mathrm{d}x+Q(x,y,z)\mathrm{d}y+R(x,y,z)\mathrm{d}z$ 是 V 内一个恰当微分形式, 或称为 φ 的全微分.

(2) 有势场的势函数不是唯一的. 若 φ 是场 $\boldsymbol{v}$ 的一个势函数, 则 $\varphi+C$ (C 为任意常数) 是 $\boldsymbol{v}$ 的所有势函数.

3. 无旋场

设 $\boldsymbol{v}$ 是空间区域 V 中的可微向量场, 若在 V 中的每点处 $\mathrm{rot}\,\boldsymbol{v}=0$, 则称场 $\boldsymbol{v}$ 为**无旋场**.

4. 各场之间的关系

(1) 设 $\boldsymbol{v}=P(x,y,z)\boldsymbol{i}+Q(x,y,z)\boldsymbol{j}+R(x,y,z)\boldsymbol{k}$ 是空间区域 V 中的连续向量场, 则

$\boldsymbol{v}$ 是 V 内的保守场 $\Longleftrightarrow$ $\boldsymbol{v}$ 在 V 内的曲线积分与路径无关 $\Longleftrightarrow$ $\boldsymbol{v}$ 为有势场 $\Longleftrightarrow$ 在 V 内, $P\mathrm{d}x+Q\mathrm{d}y+R\mathrm{d}z$ 是势函数 φ 的全微分.

注记 设保守场 $\boldsymbol{v}$ 的势函数为 φ, 则 $\boldsymbol{v}$ 沿 L_{AB} 的曲线积分可以表示为

$$\int_{L_{AB}}\boldsymbol{v}\cdot\mathrm{d}\boldsymbol{r}=\int_A^B\boldsymbol{v}\cdot\mathrm{d}\boldsymbol{r}=\int_A^B P\mathrm{d}x+Q\mathrm{d}y+R\mathrm{d}z=\varphi(B)-\varphi(A)\ ,$$

这可看成牛顿-莱布尼茨公式的推广. 保守场 $\boldsymbol{v}$ 的势函数可取为变上限积分

$$\varphi(x,y,z)=\int_{(x_0,y_0,z_0)}^{(x,y,z)}P\mathrm{d}x+Q\mathrm{d}y+R\mathrm{d}z.$$

当折线段 $(x_0,\ y_0,z_0)\longrightarrow(x,\ y_0,z_0)\longrightarrow(x,\ y,z_0)\longrightarrow(x,\ y,z)$ 在区域 V 内时, 还有

$$\varphi(x,y,z)=\int_{x_0}^{x}P(u,y_0,z_0)\mathrm{d}u+\int_{y_0}^{y}Q(x,v,z_0)\mathrm{d}v+\int_{z_0}^{z}R(x,y,w)\mathrm{d}w.$$

(2) 若场 $\boldsymbol{v}$ 为 V 上的 C^1 的保守场 $\Longrightarrow$ $\mathrm{rot}\,\boldsymbol{v}=\mathbf{0}$, 即 $\boldsymbol{v}$ 为 V 上的无旋场.

(3) 设 V 是曲面单连通区域, $\boldsymbol{v}$ 是 V 上的 C^1 向量场, 则

$\boldsymbol{v}$ 是 V 中的保守场 $\Longleftrightarrow$ $\boldsymbol{v}$ 是 V 中的有势场 $\Longleftrightarrow$ $\boldsymbol{v}$ 是 V 中的无旋场.

◇ 无源场与向量势

对任何向量场 $\boldsymbol{v}$, 都有 $\mathrm{div}\,\mathrm{rot}\,\boldsymbol{v}=0$.

1. 无源场

区域 V 中散度处处为零的向量场称为 V 中的**无源场**.

2. 向量势

设 $\boldsymbol{v}$ 是区域 V 上的向量场, 如果存在 V 上的向量场 $\boldsymbol{\alpha}$, 使得

$$\mathrm{rot}\,\boldsymbol{\alpha}=\boldsymbol{v},$$

则称 $\boldsymbol{\alpha}$ 是 $\boldsymbol{v}$ 的一个**向量势**, 而 $\boldsymbol{v}$ 称为**有向量势的场**.

3. 两种场之间的关系

设 V 是空间单连通区域, 则

$$\text{向量场 } \boldsymbol{v} \text{ 是 } V \text{ 中的无源场} \Longleftrightarrow \boldsymbol{v} \text{ 是 } V \text{ 中的有向量势的场.}$$

注记　无源场的向量势不是唯一的. 事实上如果 $\boldsymbol{\alpha}$ 和 $\boldsymbol{\beta}$ 都是向量势, 则 $\operatorname{rot}(\boldsymbol{\alpha}-\boldsymbol{\beta})=0$, 即 $\boldsymbol{\alpha}-\boldsymbol{\beta}$ 是无旋场. 如果 V 还是曲面单连通的, 则存在一个数量场 φ 使得 $\boldsymbol{\alpha}-\boldsymbol{\beta}=\operatorname{grad}\varphi$. 因此向量势在相差一个函数的梯度意义下是唯一的.

精 选 例 题

例 133　设 $\boldsymbol{a}=(a_1,a_2,a_3)$, $\boldsymbol{b}=(b_1,b_2,b_3)$, 都是常向量, $\boldsymbol{r}=(x,y,z)$, $r=|\boldsymbol{r}|$, f 为可微函数, 求散度与旋度.

(1) $\operatorname{div}((\boldsymbol{a}\cdot\boldsymbol{r})\boldsymbol{b})$;　　$\operatorname{rot}((\boldsymbol{a}\cdot\boldsymbol{r})\boldsymbol{b})$;

(2) $\operatorname{div}(f(r)\boldsymbol{a})$;　　$\operatorname{rot}(f(r)\boldsymbol{a})$;

(3) $\operatorname{div}(\boldsymbol{r}\times f(r)\boldsymbol{a})$;　　$\operatorname{rot}(\boldsymbol{r}\times f(r)\boldsymbol{a})$;

(4) $\operatorname{div}(f(r)\boldsymbol{r})$;　　$\operatorname{rot}(f(r)\boldsymbol{r})$.

解　下面计算中用到

$$\operatorname{grad}(\boldsymbol{a}\cdot\boldsymbol{r})=\boldsymbol{a},\quad \operatorname{rot}\boldsymbol{r}=\boldsymbol{0},$$

及向量外积运算式

$$\boldsymbol{a}\times(\boldsymbol{b}\times\boldsymbol{c})=(\boldsymbol{a}\cdot\boldsymbol{c})\boldsymbol{b}-(\boldsymbol{a}\cdot\boldsymbol{b})\boldsymbol{c}.$$

(1)

$$\begin{aligned}(\boldsymbol{a}\cdot\boldsymbol{r})\boldsymbol{b}&=(a_1x+a_2y+a_3z)b_1\boldsymbol{i}+(a_1x+a_2y+a_3z)b_2\boldsymbol{j}+(a_1x+a_2y+a_3z)b_3\boldsymbol{k},\\ \operatorname{div}((\boldsymbol{a}\cdot\boldsymbol{r})\boldsymbol{b})&=\frac{\partial}{\partial x}[(a_1x+a_2y+a_3z)b_1]+\frac{\partial}{\partial y}[(a_1x+a_2y+a_3z)b_2]\\ &\quad+\frac{\partial}{\partial z}[(a_1x+a_2y+a_3z)b_3]\\ &=a_1b_1+a_2b_2+a_3b_3=\boldsymbol{a}\cdot\boldsymbol{b}.\end{aligned}$$

或

$$\operatorname{div}((\boldsymbol{a}\cdot\boldsymbol{r})\boldsymbol{b})=(\boldsymbol{a}\cdot\boldsymbol{r})\operatorname{div}\boldsymbol{b}+\operatorname{grad}(\boldsymbol{a}\cdot\boldsymbol{r})\cdot\boldsymbol{b}=0+\boldsymbol{a}\cdot\boldsymbol{b}=\boldsymbol{a}\cdot\boldsymbol{b}.$$

$$\text{rot}\,((\boldsymbol{a}\cdot\boldsymbol{r})\boldsymbol{b}) = \begin{vmatrix} \boldsymbol{i} & \boldsymbol{j} & \boldsymbol{k} \\ \dfrac{\partial}{\partial x} & \dfrac{\partial}{\partial y} & \dfrac{\partial}{\partial z} \\ (a_1x+a_2y+a_3z)b_1 & (a_1x+a_2y+a_3z)b_2 & (a_1x+a_2y+a_3z)b_3 \end{vmatrix}$$

$$= (a_2b_3-a_3b_2)\boldsymbol{i}+(a_3b_1-a_1b_3)\boldsymbol{j}+(a_1b_2-a_2b_1)\boldsymbol{k} = \boldsymbol{a}\times\boldsymbol{b}.$$

或

$$\text{rot}\,((\boldsymbol{a}\cdot\boldsymbol{r})\boldsymbol{b}) = \text{grad}\,(\boldsymbol{a}\cdot\boldsymbol{r})\times\boldsymbol{b}+(\boldsymbol{a}\cdot\boldsymbol{r})\text{rot}\,\boldsymbol{b} = \boldsymbol{a}\times\boldsymbol{b}.$$

(2)

$$\begin{aligned}\text{div}\,(f(r)\boldsymbol{a}) &= \text{grad}\,f(r)\cdot\boldsymbol{a}+f(r)\text{div}\,\boldsymbol{a} = f'(r)\cdot\frac{\boldsymbol{r}}{r}\cdot\boldsymbol{a}+\boldsymbol{0}\\ &= \frac{1}{r}f'(r)(a_1x+a_2y+a_3z),\end{aligned}$$

或者

$$\begin{aligned}\text{div}\,(f(r)\boldsymbol{a}) &= f'(r)\cdot\frac{x}{r}a_1+f'(r)\cdot\frac{y}{r}a_2+f'(r)\cdot\frac{z}{r}a_3\\ &= \frac{1}{r}f'(r)(a_1x+a_2y+a_3z).\\ \text{rot}\,(f(r)\boldsymbol{a}) &= \text{grad}\,f(r)\times\boldsymbol{a}+f(r)\text{rot}\,\boldsymbol{a} = f'(r)\cdot\frac{\boldsymbol{r}}{r}\times\boldsymbol{a}+\boldsymbol{0}\\ &= \frac{1}{r}f'(r)[(a_3y-a_2z)\boldsymbol{i}+(a_1z-a_3x)\boldsymbol{j}+(a_2x-a_1y)\boldsymbol{k}].\end{aligned}$$

(3)

$$\begin{aligned}\boldsymbol{r}\times f(r)\boldsymbol{a} &= f(r)\boldsymbol{r}\times\boldsymbol{a}\\ &= f(r)[(a_3y-a_2z)\boldsymbol{i}+(a_1z-a_3x)\boldsymbol{j}+(a_2x-a_1y)\boldsymbol{k}],\\ \text{div}\,(\boldsymbol{r}\times f(r)\boldsymbol{a}) &= \frac{\partial}{\partial x}[f(r)(a_3y-a_2z)]+\frac{\partial}{\partial y}[f(r)(a_1z-a_3x)]\\ &\quad+\frac{\partial}{\partial z}[f(r)(a_2x-a_1y)]\\ &= \frac{f'(r)}{r}[(a_3y-a_2z)x+(a_1z-a_3x)y+(a_2x-a_1y)z] = 0,\end{aligned}$$

或者

$$\begin{aligned}&\text{div}\,(\boldsymbol{r}\times f(r)\boldsymbol{a})\\ &\quad= \text{div}\,[f(r)(\boldsymbol{r}\times\boldsymbol{a})]\end{aligned}$$

$$= \operatorname{grad} f(r) \cdot (\boldsymbol{r} \times \boldsymbol{a}) + f(r) \operatorname{div} (\boldsymbol{r} \times \boldsymbol{a})$$
$$= f'(r) \cdot \frac{\boldsymbol{r}}{r} \cdot (\boldsymbol{r} \times \boldsymbol{a}) + f(r) \operatorname{div} [(a_3 y - a_2 z)\boldsymbol{i} + (a_1 z - a_3 x)\boldsymbol{j} + (a_2 x - a_1 y)\boldsymbol{k}]$$
$$= 0.$$

$$\operatorname{rot} (\boldsymbol{r} \times f(r)\boldsymbol{a})$$
$$= \operatorname{rot} [f(r)(\boldsymbol{r} \times \boldsymbol{a})]$$
$$= \operatorname{grad} f(r) \times (\boldsymbol{r} \times \boldsymbol{a}) + f(r) \operatorname{rot} (\boldsymbol{r} \times \boldsymbol{a})$$
$$= f'(r) \cdot \frac{\boldsymbol{r}}{r} \times (\boldsymbol{r} \times \boldsymbol{a}) + f(r) \begin{vmatrix} \boldsymbol{i} & \boldsymbol{j} & \boldsymbol{k} \\ \dfrac{\partial}{\partial x} & \dfrac{\partial}{\partial y} & \dfrac{\partial}{\partial z} \\ (a_3 y - a_2 z) & (a_1 z - a_3 x) & (a_2 x - a_1 y) \end{vmatrix}$$
$$= \frac{f'(r)}{r} (\boldsymbol{r} \cdot \boldsymbol{a}) \boldsymbol{r} - r f'(r) \boldsymbol{a} - 2 f(r) \boldsymbol{a}.$$

(4)

$$\begin{aligned} \operatorname{div} (f(r)\boldsymbol{r}) &= \operatorname{grad} f(r) \cdot \boldsymbol{r} + f(r) \operatorname{div} \boldsymbol{r} \\ &= f'(r) \cdot \frac{\boldsymbol{r}}{r} \cdot \boldsymbol{r} + 3 f(r) = r f'(r) + 3 f(r). \\ \operatorname{rot} (f(r)\boldsymbol{r}) &= \operatorname{grad} f(r) \times \boldsymbol{r} + f(r) \operatorname{rot} \boldsymbol{r} = f'(r) \frac{\boldsymbol{r}}{r} \times \boldsymbol{r} = \boldsymbol{0}. \end{aligned}$$

例 134 (1) 证明曲线积分 $\int_L (x^2 - yz)\mathrm{d}x + (y^2 - zx)\mathrm{d}y + (z^2 - xy)\mathrm{d}z$ 与路径无关.

(2) 求 $\int_{(0,0,0)}^{(1,1,1)} (x^2 - yz)\mathrm{d}x + (y^2 - zx)\mathrm{d}y + (z^2 - xy)\mathrm{d}z$.

证明 证法 1 令 $\boldsymbol{v} = (x^2 - yz)\boldsymbol{i} + (y^2 - zx)\boldsymbol{j} + (z^2 - xy)\boldsymbol{k}$, 在全空间内

$$\operatorname{rot} \boldsymbol{v} = \begin{vmatrix} \boldsymbol{i} & \boldsymbol{j} & \boldsymbol{k} \\ \dfrac{\partial}{\partial x} & \dfrac{\partial}{\partial y} & \dfrac{\partial}{\partial z} \\ x^2 - yz & y^2 - zx & z^2 - xy \end{vmatrix} = \boldsymbol{0},$$

故 $\boldsymbol{v}$ 是全空间上的无旋场, 所以曲线积分 $\int_L (x^2 - yz)\mathrm{d}x + (y^2 - zx)\mathrm{d}y + (z^2 - xy)\mathrm{d}z$ 与路径无关. 从而曲线积分可转化为平行于坐标轴的三折有向直线段上的积分, 即

$$\int_{(0,0,0)}^{(1,1,1)} (x^2 - yz)\mathrm{d}x + (y^2 - zx)\mathrm{d}y + (z^2 - xy)\mathrm{d}z$$

$$= \left(\int_{(0,0,0)}^{(1,0,0)} + \int_{(1,0,0)}^{(1,1,0)} + \int_{(1,1,0)}^{(1,1,1)} \right) (x^2 - yz)\mathrm{d}x + (y^2 - zx)\mathrm{d}y + (z^2 - xy)\mathrm{d}z$$
$$= \int_0^1 x^2 \mathrm{d}x + \int_0^1 y^2 \mathrm{d}y + \int_0^1 (z^2 - 1)\mathrm{d}z = 0.$$

证法 2 在全空间上

$$\begin{aligned}&(x^2 - yz)\mathrm{d}x + (y^2 - zx)\mathrm{d}y + (z^2 - xy)\mathrm{d}z \\ &\quad = x^2\mathrm{d}x + y^2\mathrm{d}y + z^2\mathrm{d}z - (yz\mathrm{d}x + zx\mathrm{d}y + xy\mathrm{d}z) \\ &\quad = \mathrm{d}\left(\frac{1}{3}x^3 + \frac{1}{3}y^3 + \frac{1}{3}z^3 - xyz\right).\end{aligned}$$

故 $(x^2 - yz)\mathrm{d}x + (y^2 - zx)\mathrm{d}y + (z^2 - xy)\mathrm{d}z$ 是恰当微分形式, 曲线积分 $\int_L (x^2 - yz)\mathrm{d}x + (y^2 - zx)\mathrm{d}y + (z^2 - xy)\mathrm{d}z$ 与路径无关. 从而曲线积分

$$\begin{aligned}&\int_{(0,0,0)}^{(1,1,1)} (x^2 - yz)\mathrm{d}x + (y^2 - zx)\mathrm{d}y + (z^2 - xy)\mathrm{d}z \\ &\quad = \left(\frac{1}{3}x^3 + \frac{1}{3}y^3 + \frac{1}{3}z^3 - xyz\right)\Bigg|_{(0,0,0)}^{(1,1,1)} = 0.\end{aligned}$$

思考题 设 $f(x)$ 是 $(-\infty, +\infty)$ 上可微函数, $f(0) = 1$, 且向量场 $\boldsymbol{F}(yf(x), f(x) + z\mathrm{e}^y, \mathrm{e}^y)$ 是整个空间区域上的保守场, 求向量场 $\boldsymbol{F}$ 的势函数.(答案: 势函数 $\varphi(x, y, z) = y\mathrm{e}^x + z\mathrm{e}^y + C$.)

例 135 设 $f(u)$ 连续, 证明 $f(x + y^2 - z^3)\boldsymbol{i} + 2yf(x + y^2 - z^3)\boldsymbol{j} - 3z^2 f(x + y^2 - z^3)\boldsymbol{k}$ 是保守场, 并求其势函数.

解 因 $f(u)$ 不一定可微, 故不能用证明无旋场的方法来验证. 下面采用**凑微分法**.

$$\begin{aligned}&f(x + y^2 - z^3)\mathrm{d}x + 2yf(x + y^2 - z^3)\mathrm{d}y - 3z^2 f(x + y^2 - z^3)\mathrm{d}z \\ &\quad = f(x + y^2 - z^3)[\mathrm{d}x + \mathrm{d}(y^2) - \mathrm{d}(z^3)] \\ &\quad = f(x + y^2 - z^3)\mathrm{d}(x + y^2 - z^3).\end{aligned}$$

因 $f(u)$ 连续, 故可选取 $f(u)$ 的一个原函数 $F(u)$, 有 $f(u)\mathrm{d}u = \mathrm{d}F(u)$. 由一阶微分形式不变性知

$$f(x + y^2 - z^3)\mathrm{d}x + 2yf(x + y^2 - z^3)\mathrm{d}y - 3z^2 f(x + y^2 - z^3)\mathrm{d}z = \mathrm{d}F(x + y^2 - z^3),$$

即微分式 $f(x + y^2 - z^3)\mathrm{d}x + 2yf(x + y^2 - z^3)\mathrm{d}y - 3z^2 f(x + y^2 - z^3)\mathrm{d}z$ 是一个恰当微分形式, 所给的向量场是保守场, 从而是有势场, 其势函数为 $F(x + y^2 - z^3) + C$, 其中 $F(u)$ 是 $f(u)$ 的一个原函数, C 为任意常数.

例 136 证明微分式 $(y\sin y - x\cos y)\mathrm{e}^x\mathrm{d}x + (x\sin y + y\cos y)\mathrm{e}^x\mathrm{d}y$ 是一个恰当微分形式, 并求出它的一个势函数。

解 令 $P(x,y) = (y\sin y - x\cos y)\mathrm{e}^x$, $Q(x,y) = (x\sin y + y\cos y)\mathrm{e}^x$, 则有

$$\frac{\partial P}{\partial y} = (\sin y + x\sin y + y\cos y)\mathrm{e}^x = \frac{\partial Q}{\partial x}.$$

可知线积分与路径无关, 因此微分式是一个恰当微分形式, 它的一个势函数为

$$\begin{aligned}\varphi(x,y) &= \int_{(0,0)}^{(x,y)} P\mathrm{d}x + Q\mathrm{d}y = \int_{(0,0)}^{(x,0)} P\mathrm{d}x + \int_{(x,0)}^{(x,y)} Q\mathrm{d}y \\ &= \int_0^x (0\sin 0 - x\cos 0)\mathrm{e}^x\mathrm{d}x + \int_0^y (x\sin y + y\cos y)\mathrm{e}^x\mathrm{d}y \\ &= (y\sin y - x\cos y + \cos y)\mathrm{e}^x - 1.\end{aligned}$$

注记 二维向量场 $P(x,y)\boldsymbol{i} + Q(x,y)\boldsymbol{j}$ 可被看作特殊的空间向量场 $\boldsymbol{v} = P(x,y)\boldsymbol{i} + Q(x,y)\boldsymbol{j} + 0\boldsymbol{k}$. 此时, 其旋度

$$\mathrm{rot}\,\boldsymbol{v} = \left(\frac{\partial Q}{\partial x} - \frac{\partial P}{\partial y}\right)\boldsymbol{k}.$$

例 137 设函数 $Q(x,y)$ 在 Oxy 平面上具有一阶连续偏导数, 曲线积分 $\int_L 2xy\mathrm{d}x + Q(x,y)\mathrm{d}y$ 与路径无关, 并且对任意 t, 恒有 $\int_{(0,0)}^{(t,1)} 2xy\mathrm{d}x + Q(x,y)\mathrm{d}y = \int_{(0,0)}^{(1,t)} 2xy\mathrm{d}x + Q(x,y)\mathrm{d}y$.

(1) 求 $Q(x,y)$.

(2) 求微分方程 $2xy\mathrm{d}x + Q(x,y)\mathrm{d}y = 0$ 的通解.

解 (1) 因曲线积分与路径无关, 故

$$\frac{\partial Q}{\partial x} = \frac{\partial P}{\partial y} = \frac{\partial}{\partial y}(2xy) = 2x,$$

于是, $Q(x,y) = x^2 + C(y)$, 其中 $C(y)$ 是待定函数.

$$\int_{(0,0)}^{(t,1)} 2xy\mathrm{d}x + Q(x,y)\mathrm{d}y = 0 + \int_0^1 (t^2 + C(y))\mathrm{d}y = t^2 + \int_0^1 C(y)\mathrm{d}y,$$

$$\int_{(0,0)}^{(1,t)} 2xy\mathrm{d}x + Q(x,y)\mathrm{d}y = 0 + \int_0^t (1^2 + C(y))\mathrm{d}y = t + \int_0^t C(y)\mathrm{d}y.$$

由题设知

$$t^2 + \int_0^1 C(y)\mathrm{d}y = t + \int_0^t C(y)\mathrm{d}y,$$

两边对 t 求导得 $C(t)=2t-1$, 从而

$$C(y)=2y-1,\quad Q(x,y)=x^2+2y-1.$$

(2) 解法 1 因曲线积分与路径无关, 则微分方程 $2xy\mathrm{d}x+Q(x,y)\mathrm{d}y=0$ 是一个全微分方程, 它的通解为

$$\int_{(0,0)}^{(x,y)}2xy\mathrm{d}x+(x^2+2y-1)\mathrm{d}y=C,$$

或者

$$\int_{(0,0)}^{(x,0)}2xy\mathrm{d}x+\int_{(x,0)}^{(x,y)}(x^2+2y-1)\mathrm{d}y=C,$$

即

$$x^2y+y^2-y=C.$$

解法 2 因曲线积分与路径无关, 则微分方程 $2xy\mathrm{d}x+Q(x,y)\mathrm{d}y=0$ 是一个全微分方程, 由凑微分法得

$$\begin{aligned}2xy\mathrm{d}x+Q(x,y)\mathrm{d}y&=2xy\mathrm{d}x+(x^2+2y-1)\mathrm{d}y\\&=(2xy\mathrm{d}x+x^2\mathrm{d}y)+(2y-1)\mathrm{d}y=\mathrm{d}(x^2y+y^2-y),\end{aligned}$$

所以微分方程 $2xy\mathrm{d}x+Q(x,y)\mathrm{d}y=0$ 的通解为 $x^2y+y^2-y=C$.

解法 3 因曲线积分与路径无关等价于 $2xy\mathrm{d}x+Q(x,y)\mathrm{d}y=0$ 为全微分方程, 即存在可微函数 $\varphi(x,y)$ 使得

$$\mathrm{d}\varphi(x,y)=\frac{\partial\varphi}{\partial x}\mathrm{d}x+\frac{\partial\varphi}{\partial y}\mathrm{d}y=2xy\mathrm{d}x+(x^2+2y-1)\mathrm{d}y,$$

由 $\dfrac{\partial\varphi}{\partial x}\mathrm{d}x=2xy$, 得 $\varphi(x,y)=x^2y+\psi(y)$. 故

$$\frac{\partial\varphi}{\partial y}=x^2+\psi'(y)=x^2+2y-1,$$

$$\psi'(y)=2y-1,\quad 即\quad \psi(y)=y^2-y+C,$$

故 $\varphi(x,y)=x^2y+y^2-y+C$, 其中, C 是任意常数. 因此, 微分方程 $2xy\mathrm{d}x+Q(x,y)\mathrm{d}y=0$ 的通解为 $\varphi(x,y)=0$, 即 $x^2y+y^2-y+C=0$.

例 138 设 $f(x)$ 具有二阶连续导数, $f(0)=0$, $f'(0)=2$, 且

$$(\mathrm{e}^x\sin y+x^2y+f(x)y)\mathrm{d}x+(f'(x)+\mathrm{e}^x\cos y+2x)\mathrm{d}y=0$$

为全微分方程, 求 $f(x)$ 及积分

$$\int_{(1,0)}^{(0,1)}(\mathrm{e}^x\sin y+x^2y+f(x)y)\mathrm{d}x+(f'(x)+\mathrm{e}^x\cos y+2x)\mathrm{d}y.$$

解　由已知, 方程 $(\mathrm{e}^x\sin y+x^2y+f(x)y)\mathrm{d}x+(f'(x)+\mathrm{e}^x\cos y+2x)\mathrm{d}y=0$ 是全平面上的全微分方程, 则有

$$\frac{\partial}{\partial x}(f'(x)+\mathrm{e}^x\cos y+2x)=\frac{\partial}{\partial y}(\mathrm{e}^x\sin y+x^2y+f(x)y),$$

即得微分方程

$$f''(x)-f(x)=x^2-2.$$

其对应的齐次方程的通解为 $C_1\mathrm{e}^x+C_2\mathrm{e}^{-x}$. 令特解为 ax^2+bx+c, 代入微分方程解得 $a=-1$, $b=c=0$. 故微分方程的通解为

$$f(x)=C_1\mathrm{e}^x+C_2\mathrm{e}^{-x}-x^2,$$

由已知条件 $f(0)=0$, $f'(0)=2$, 解得

$$f(x)=\mathrm{e}^x-\mathrm{e}^{-x}-x^2.$$

所以

$$\begin{aligned}
&(\mathrm{e}^x\sin y+x^2y+f(x)y)\mathrm{d}x+(f'(x)+\mathrm{e}^x\cos y+2x)\mathrm{d}y\\
&=(\mathrm{e}^x\sin y+\mathrm{e}^xy-\mathrm{e}^{-x}y)\mathrm{d}x+(\mathrm{e}^x+\mathrm{e}^{-x}+\mathrm{e}^x\cos y)\mathrm{d}y\\
&=(\mathrm{e}^x\sin y\mathrm{d}x+\mathrm{e}^x\cos y\mathrm{d}y)+(\mathrm{e}^xy\mathrm{d}x+\mathrm{e}^x\mathrm{d}y)+(\mathrm{e}^{-x}\mathrm{d}y-\mathrm{e}^{-x}y\mathrm{d}x)\\
&=\mathrm{d}(\mathrm{e}^x\sin y+\mathrm{e}^xy+\mathrm{e}^{-x}y).
\end{aligned}$$

故有

$$\begin{aligned}
&\int_{(1,0)}^{(0,1)}(\mathrm{e}^x\sin y+x^2y+f(x)y)\mathrm{d}x+(f'(x)+\mathrm{e}^x\cos y+2x)\mathrm{d}y\\
&=(\mathrm{e}^x\sin y+\mathrm{e}^xy+\mathrm{e}^{-x}y)\Big|_{(1,0)}^{(0,1)}=\sin 1+2.
\end{aligned}$$

例 139　设函数 $f(x)$ 在 $(-\infty,+\infty)$ 内具有一阶连续导数, L 是上半平面 $(y>0)$ 内的有向分段光滑曲线, 其起点为 (a,b), 终点为 (c,d), 且 $bd\neq 0$. 记

$$I=\int_L\frac{1}{y}[1+y^2f(xy)]\mathrm{d}x+\frac{x}{y^2}[y^2f(xy)-1]\mathrm{d}y.$$

(1) 证明曲线积分 I 与路径 L 无关.

(2) 当 $ab=cd$ 时, 求 I 的值.

证明 证法 1 (1) 因为

$$\frac{\partial}{\partial y}\left\{\frac{1}{y}[1+y^2f(xy)]\right\}=f(xy)-\frac{1}{y^2}+xyf'(xy)=\frac{\partial}{\partial x}\left\{\frac{x}{y^2}[y^2f(xy)-1]\right\}$$

在上半平面处处成立, 所以在上半平面内, 曲线积分 I 与路径无关.

(2) 因曲线积分 I 与路径无关, 故可取积分路径 L 为从点 (a,b) 到 (c,b) 再到 (c,d) 的折线段. 于是

$$\begin{aligned}I&=\int_a^c\frac{1}{b}[1+b^2f(bx)]\mathrm{d}x+\int_b^d\frac{c}{y^2}[y^2f(cy)-1]\mathrm{d}y\\&=\frac{c-a}{b}+\int_a^c bf(bx)\mathrm{d}x+\int_b^d cf(cy)\mathrm{d}y+\frac{c}{d}-\frac{c}{b}\\&=\frac{c}{d}-\frac{a}{b}+\int_{ab}^{bc}f(t)\mathrm{d}t+\int_{bc}^{cd}f(t)\mathrm{d}t\\&=\frac{c}{d}-\frac{a}{b}+\int_{ab}^{cd}f(t)\mathrm{d}t=\frac{c}{d}-\frac{a}{b}.\end{aligned}$$

证法 2 (1) 设 $F(u)$ 为 $f(u)$ 的一个原函数, 则由凑微分法得

$$\begin{aligned}&\int_L\frac{1}{y}[1+y^2f(xy)]\mathrm{d}x+\frac{x}{y^2}[y^2f(xy)-1]\mathrm{d}y\\&=\frac{1}{y}\mathrm{d}x-x\cdot\frac{\mathrm{d}y}{y^2}+f(xy)(y\mathrm{d}x+x\mathrm{d}y)\\&=\mathrm{d}\left(\frac{x}{y}\right)+f(xy)\mathrm{d}(xy)=\mathrm{d}\left[\frac{x}{y}+F(xy)\right],\end{aligned}$$

由此可知曲线积分 I 与路径无关.

(2) 由势函数求曲线积分知

$$I=\left[\frac{x}{y}+F(xy)\right]\Bigg|_{(a,b)}^{(c,d)}=\frac{c}{d}-\frac{a}{b}+F(cd)-F(ab)=\frac{c}{d}-\frac{a}{b}.$$

注记 本例若只假设函数 $f(x)$ 在 $(-\infty,+\infty)$ 连续, 则证法 1 通过 $\dfrac{\partial Q}{\partial x}=\dfrac{\partial P}{\partial y}$ 来证明积分与路径无关的方法失效. 但证法 2 用凑微分法求出势函数的方法仍然可行.

例 140 设 D_0 是单连通区域, 点 $M_0\in D_0$, $D=D_0\backslash\{M_0\}$(即 D 是单连通区域 D_0 除去一个点 M_0), $P(x,y),Q(x,y)\in C^{(1)}(D)$ 且在 D 上 $\dfrac{\partial Q}{\partial x}=\dfrac{\partial P}{\partial y}$. 若存

在一条绕 M_0 的分段光滑闭曲线 $C_0 \subset D$ 使得 $\oint_{C_0} P\mathrm{d}x+Q\mathrm{d}y=0$, 如图 6.16 所示, 则在 D 上积分 $\int_L P\mathrm{d}x+Q\mathrm{d}y$ 与路径无关.

证明 作以 M_0 为心, $\varepsilon>0$ 为半径的圆周 C_ε, 取逆时针方向, 使得 C_ε 在 C_0 所围的区域内, C_ε^- 和 C_0 所围的区域记为 D_ε, 如图 6.16 所示, 在 D_ε 上用格林公式得

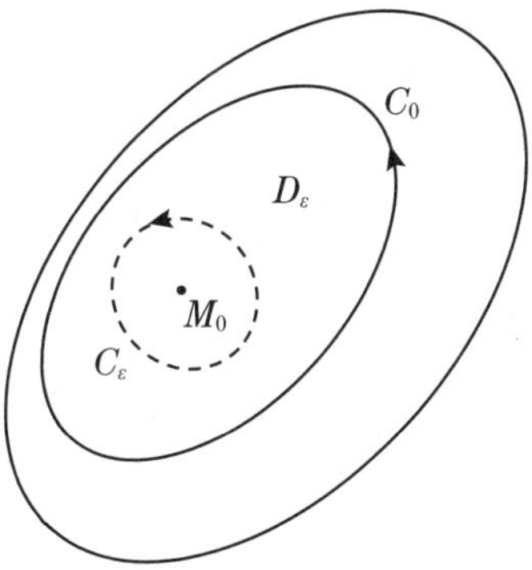

图 6.16 闭曲线 C_0、圆周线 C_ε 及其所围区域 D_ε

$$\oint_{C_0} P\mathrm{d}x+Q\mathrm{d}y-\oint_{C_\varepsilon} P\mathrm{d}x+Q\mathrm{d}y=\iint_{D_\varepsilon}\left(\frac{\partial Q}{\partial x}-\frac{\partial P}{\partial y}\right)\mathrm{d}x\mathrm{d}y=0,$$

故有

$$\oint_{C_\varepsilon} P\mathrm{d}x+Q\mathrm{d}y=\oint_{C_0} P\mathrm{d}x+Q\mathrm{d}y=0.$$

因此, 只要 $\varepsilon>0$ 充分小, C_ε 在 C_0 所围的区域内, 均有

$$\oint_{C_\varepsilon} P\mathrm{d}x+Q\mathrm{d}y=0. \tag{1}$$

对 D 内任意分段光滑闭曲线 C, 若 C 不包围 M_0, 在 C 所围区域上用格林公式, 即可得

$$\oint_C P\mathrm{d}x+Q\mathrm{d}y=0;$$

若 C 包围 M_0, 则作以 M_0 为心, $\varepsilon>0$ 为半径的圆周 C_ε, 使得 C_ε 在 C 所围的区域内, 则式 (1) 成立, 在 C_ε^- 和 C 所围的区域上用格林公式同理可得

$$\oint_C P\mathrm{d}x+Q\mathrm{d}y=\oint_{C_\varepsilon} P\mathrm{d}x+Q\mathrm{d}y=0.$$

综上, 对 D 内任意分段光滑闭曲线 C, 均有 $\oint_C P\mathrm{d}x+Q\mathrm{d}y=0$, 即在 D 上曲线积分 $\int_L P\mathrm{d}x+Q\mathrm{d}y$ 与路径无关.

例 141 试判断下列曲线积分在指定的区域上是否与路径无关, 并说明理由.

(1) $\int_L \frac{x\mathrm{d}x+y\mathrm{d}y}{(x^2+y^2)^{\frac{3}{2}}}$, 区域 $D: y>0$.

(2) $\int_L \frac{x\mathrm{d}x+y\mathrm{d}y}{(x^2+y^2)^{\frac{3}{2}}}$, 区域 $D: x^2+y^2>0$.

解 (1) 因为 $D: y>0$ 是单连通区域, 且在 D 上

$$\frac{\partial}{\partial y}\left(\frac{x}{(x^2+y^2)^{\frac{3}{2}}}\right)=\frac{\partial}{\partial x}\left(\frac{y}{(x^2+y^2)^{\frac{3}{2}}}\right)=-3xy(x^2+y^2)^{-\frac{5}{2}}.$$

则在区域 D 上曲线积分与路径无关.

(2) 这里区域 $D: \mathbb{R}^2/\{(0,0)\}$ 非单连通区域, 虽然有

$$\frac{\partial}{\partial y}\left(\frac{x}{(x^2+y^2)^{\frac{3}{2}}}\right)=\frac{\partial}{\partial x}\left(\frac{y}{(x^2+y^2)^{\frac{3}{2}}}\right)\quad((x,y)\neq(0,0)),$$

仍得不出积分与路径无关. 但有积分

$$\int_C \frac{x\mathrm{d}x+y\mathrm{d}y}{(x^2+y^2)^{\frac{3}{2}}}=\int_C x\mathrm{d}x+y\mathrm{d}y=0,$$

其中 $C: x^2+y^2=1$, 取逆时针方向. 由例 140 的结论, 在区域 D 上曲线积分与路径无关.

例 142 设函数 $\varphi(x)$ 在 $(-\infty,+\infty)$ 上有连续导数, 对任一围绕原点且不经过原点的逐段光滑的简单正向闭曲线 C^+, 曲线积分 $\int_{C^+}\frac{y\mathrm{d}x+\varphi(x)\mathrm{d}y}{x^2+4y^2}$ 的值相同.

(1) 设 L^+ 是一条不围绕原点且不经过原点的逐段光滑的简单正向闭曲线, 证明

$$\int_{L^+}\frac{y\mathrm{d}x+\varphi(x)\mathrm{d}y}{x^2+4y^2}=0.$$

(2) 求函数 $\varphi(x)$.

(3) C^+ 是围绕原点且不经过原点的逐段光滑的简单正向闭曲线, 求 $\int_{C^+}\frac{y\mathrm{d}x+\varphi(x)\mathrm{d}y}{x^2+4y^2}$.

证明 (1) 设 $\int_{C^+}\frac{y\mathrm{d}x+\varphi(x)\mathrm{d}y}{x^2+4y^2}=I$, 将 L^+ 分为两段 L_1^+ 和 L_2^+, 分点为 M_1 和 M_2, 如图 6.17 所示, 设 L_0 是不经过原点的一段曲线, 使得 $L_0^+\cup L_2^+$ 是围绕原点的逐段光滑正向闭曲线, $L_0^-\cup L_1^+$ 是围绕原点的逐段光滑反向闭曲线, 由题设得

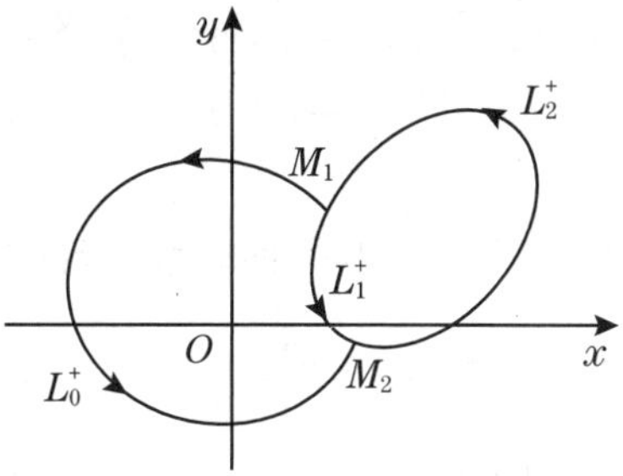

图 6.17　曲线 L_0^+、L_1^+ 及 L_2^+

$$\begin{aligned}
&\int_{L^+}\frac{y\mathrm{d}x+\varphi(x)\mathrm{d}y}{x^2+4y^2}\\
&=\int_{L_1^+}\frac{y\mathrm{d}x+\varphi(x)\mathrm{d}y}{x^2+4y^2}+\int_{L_2^+}\frac{y\mathrm{d}x+\varphi(x)\mathrm{d}y}{x^2+4y^2}+\int_{L_0^+}\frac{y\mathrm{d}x+\varphi(x)\mathrm{d}y}{x^2+4y^2}\\
&\quad+\int_{L_0^-}\frac{y\mathrm{d}x+\varphi(x)\mathrm{d}y}{x^2+4y^2}\\
&=\int_{L_0^+\cup L_2^+}\frac{y\mathrm{d}x+\varphi(x)\mathrm{d}y}{x^2+4y^2}+\int_{L_0^-\cup L_1^+}\frac{y\mathrm{d}x+\varphi(x)\mathrm{d}y}{x^2+4y^2}=I-I=0.
\end{aligned}$$

(2) 在任一不含原点的单连通区域内, 由 (1) 的结论知, 曲线积分与路径无关, 所以

$$\frac{\partial}{\partial x}\left(\frac{\varphi(x)}{x^2+4y^2}\right)=\frac{\partial}{\partial y}\left(\frac{y}{x^2+4y^2}\right),$$

即

$$\frac{\varphi'(x)(x^2+4y^2)-2x\varphi(x)}{(x^2+4y^2)^2}=\frac{x^2-4y^2}{(x^2+4y^2)^2},$$

从而有

$$\varphi'(x)=-1,\quad \varphi'(x)x^2-2x\varphi(x)=x^2,$$

解得 $\varphi(x)=-x$.

(3) 选取充分小的 $\varepsilon>0$, 在 C^+ 内作一简单正向闭曲线 $C_\varepsilon^+: x^2+4y^2=\varepsilon^2$, C_ε^+ 所围的区域记为 D, 由题设和格林公式得

$$\begin{aligned}
\int_{C^+}\frac{y\mathrm{d}x+\varphi(x)\mathrm{d}y}{x^2+4y^2}&=\int_{C_\varepsilon^+}\frac{y\mathrm{d}x-x\mathrm{d}y}{x^2+4y^2}=\frac{1}{\varepsilon^2}\int_{C_\varepsilon^+}y\mathrm{d}x-x\mathrm{d}y\\
&=\frac{1}{\varepsilon^2}\iint\limits_D -2\mathrm{d}x\mathrm{d}y=-\pi.
\end{aligned}$$

例 143 求 $\int_L(x^2y^2+x^2z^2+y)\mathrm{d}x+(x^2y^2+y^2z^2+z)\mathrm{d}y+(2x+y+z)\mathrm{d}z$, 其中 L 是球面 $x^2+y^2+z^2=a^2$ 与平面 $x+y+z=a\ (a>0)$ 的交线, 从 z 轴正方向看为逆时针方向.

解 由于曲线 L 上的点满足球面与平面方程, 故曲线积分化为

$$\begin{aligned}&\int_L(x^2y^2+x^2z^2+y)\mathrm{d}x+(x^2y^2+y^2z^2+z)\mathrm{d}y+(2x+y+z)\mathrm{d}z\\&=\int_L[x^2(a^2-x^2)+y]\mathrm{d}x+[y^2(a^2-y^2)+z]\mathrm{d}y+(x+a)\mathrm{d}z\\&=\int_L x^2(a^2-x^2)\mathrm{d}x+y^2(a^2-y^2)\mathrm{d}y+a\mathrm{d}z+\int_L y\mathrm{d}x+z\mathrm{d}y+x\mathrm{d}z.\end{aligned}$$

因上面第一项的被积表达式是一个全微分,L 又是封闭曲线, 故第一项的积分为 0. 对第二项, 在平面 $x+y+z=a$ 被 L 所围的圆盘 S 上应用斯托克斯公式, 且该圆面与 L 方向相协调的单位法向量为 $\left(\frac{1}{\sqrt{3}},\frac{1}{\sqrt{3}},\frac{1}{\sqrt{3}}\right)$, 故

$$\begin{aligned}&\int_L(x^2y^2+x^2z^2+y)\mathrm{d}x+(x^2y^2+y^2z^2+z)\mathrm{d}y+(2x+y+z)\mathrm{d}z\\&=\int_L y\mathrm{d}x+z\mathrm{d}y+x\mathrm{d}z\\&=\iint_S-\mathrm{d}y\mathrm{d}z-\mathrm{d}z\mathrm{d}x-\mathrm{d}x\mathrm{d}y\\&=\iint_S\left(-\frac{1}{\sqrt{3}}-\frac{1}{\sqrt{3}}-\frac{1}{\sqrt{3}}\right)\mathrm{d}S=-\sqrt{3}\Delta S.\end{aligned}$$

S 是 L 内部的圆盘, 原点到 S 所在的平面 $x+y+z=a$ 的距离为 $d=\frac{a}{\sqrt{3}}$, 故圆半径为 $\sqrt{a^2-d^2}=\sqrt{\frac{2}{3}}a$, S 的面积 $\Delta S=\frac{2}{3}\pi a^2$. 故

$$\int_L(x^2y^2+x^2z^2+y)\mathrm{d}x+(x^2y^2+y^2z^2+z)\mathrm{d}y+(2x+y+z)\mathrm{d}z=-\frac{2}{\sqrt{3}}\pi a^2.$$

注记 (1) 求曲线积分时, 充分利用曲线方程往往能简化被积表达式.

(2) 若曲线积分的被积表达式中有一部分是全微分式, 则这部分的积分可利用势函数算出来. 当被积式较复杂时, 注意利用这种技巧简化计算.

小　结

1. 设 D 是平面单连通区域, $\boldsymbol{v}=(P(x,y),Q(x,y))$, 且 $P(x,y),Q(x,y)\in C^{(1)}(D)$, 则以下几个命题相互等价:

(1) $\dfrac{\partial Q}{\partial x}=\dfrac{\partial P}{\partial y}$, 在 D 内处处成立, 即 $\boldsymbol{v}$ 是无旋场.

(2) 对 D 内任意一条分段光滑闭曲线 L 都有 $\oint_L P\mathrm{d}x+Q\mathrm{d}y=0$, 即 $\boldsymbol{v}$ 是保守场.

(3) 第二型曲线积分 $\int_L P\mathrm{d}x+Q\mathrm{d}y$ 在 D 上与路径无关, 只与 L 的起点 A 和终点 B 的位置有关, 从而有

$$\int_L P\mathrm{d}x+Q\mathrm{d}y=\int_A^B P\mathrm{d}x+Q\mathrm{d}y.$$

(4) 在 D 内存在一个可微函数 $\varphi(x,y)$, 使得 $P\mathrm{d}x+Q\mathrm{d}y$ 是它的全微分, 即有

$$\mathrm{d}\varphi=P\mathrm{d}x+Q\mathrm{d}y.$$

(5) 在 D 内存在一个可微函数 $\varphi(x,y)$, 使得 $\mathrm{grad}\varphi=(P(x,y),Q(x,y))=\boldsymbol{v}$, 即 $\boldsymbol{v}$ 为有势场, 势函数

$$\varphi(x,y)=\int_{x_0}^{x} P(u,y_0)\mathrm{d}u+\int_{y_0}^{y} Q(x,v)\mathrm{d}v+C.$$

(6) 一阶微分方程 $P\mathrm{d}x+Q\mathrm{d}y=0$ 是全微分方程.

2. 通过验证积分与路径无关计算第二型曲线积分 $\int_L P\mathrm{d}x+Q\mathrm{d}y+R\mathrm{d}z$.

3. 向量场 $\boldsymbol{v}=(P,Q,R)$ 是定义在凸区域上的有势场时, 其势函数可通过**折线法**求得

$$\varphi(x,y,z)=\int_{x_0}^{x} P(u,y_0,z_0)\mathrm{d}u+\int_{y_0}^{y} Q(x,v,z_0)\mathrm{d}v+\int_{z_0}^{z} R(x,y,w)\mathrm{d}w+C;$$

通过势函数计算第二型曲线积分

$$\int_{L_{AB}} P\mathrm{d}x+Q\mathrm{d}y+R\mathrm{d}z=\varphi(x,y,z)\Big|_A^B.$$

其势函数也可通过**凑微分法**求得.

第 7 章　无穷级数

7.1　数项级数

知识要点

◇ 基本概念与性质

1. 数项级数收敛的概念

设有数列 a_1, a_2, $\cdots$, a_n, $\cdots$, 把它们依次相加, 得到形式上的和式

$$\sum_{n=1}^{\infty} a_n = a_1 + a_2 + \cdots + a_n + \cdots,$$

称为**数项级数**, 其中 a_n 称为**级数的通项**.

级数的前 n 项的和

$$S_n = a_1 + a_2 + \cdots + a_n,$$

称为级数的第 n 个部分和. 如果当 $n \to \infty$ 时, 部分和数列 $\{S_n\}_{n=1}^{\infty}$ 收敛到 S, 则称级数收敛到 S, 或称级数的和为 S, 记为 $\sum\limits_{n=1}^{\infty} a_n = S$; 如果部分和数列 $\{S_n\}_{n=1}^{\infty}$ 没有有限极限, 则称级数发散.

2. 基本性质

(1) 必要条件: 若级数 $\sum\limits_{n=1}^{\infty} a_n$ 收敛, 则 $\lim\limits_{n \to \infty} a_n = 0$.

(2) 线性性: 设 $\sum_{n=1}^{\infty} a_n$ 与 $\sum_{n=1}^{\infty} b_n$ 是两个收敛级数, 则它们的线性和 $\sum_{n=1}^{\infty}(c_1a_n+c_2b_n)$ 仍然收敛, 并且有

$$\sum_{n=1}^{\infty}(c_1a_n+c_2b_n)=c_1\sum_{n=1}^{\infty}a_n+c_2\sum_{n=1}^{\infty}b_n,$$

其中 c_1, c_2 为两个常数.

(3) 删除一个数项级数的所有取值为零的项, 剩余的非零项保持原来的顺序, 则新级数与原级数同敛散, 且当收敛时收敛到同一值 (新级数可能退化为有限项).

(4) 添加、删去或改变级数的有限项, 都不会改变级数的敛散性, 但在收敛时可能改变收敛级数的和.

(5) 级数的结合律:

原级数 $\sum_{n=1}^{\infty} a_n$ 的相邻有限项加括号以后, 形成新级数

$$(a_1+a_2+\cdots+a_{n_1})+(a_{n_1+1}+\cdots+a_{n_2})+\cdots+(a_{n_k+1}+\cdots+a_{n_{k+1}})+\cdots.$$

① 如果原级数收敛, 则新级数仍然收敛, 且与原级数具有相同的和 (视每个括号内子项之和为新级数的一个单项).

② 如果新级数中同一括号内各子项同号 (同大于或等于零, 或同小于或等于零), 则新级数与原级数同敛散, 且当收敛时具有相同的和.

③ 如果通项 a_n 趋于零 $(n\to\infty)$, 且新级数中各括号内子项项数都小于或等于正整数 M, 则新级数与原级数同敛散, 且当收敛时具有相同的和.

◇ 级数敛散性的判别法

1. 正项级数敛散性的判别法

如果所有 $a_n \geqslant 0$, 则称级数 $\sum_{n=1}^{\infty} a_n$ 为正项级数.

(1) 部分和有界判别法:

正项级数 $\sum_{n=1}^{\infty} a_n$ 收敛 $\Longleftrightarrow$ 其部分和数列 $\{S_n\}_{n=1}^{\infty}$ 有上界.

(2) 比较判别法:

① 比较判别法的原形式.

设有两正项级数 $\sum_{n=1}^{\infty} a_n$ 与 $\sum_{n=1}^{\infty} b_n$, 满足从某项起 $a_n \leqslant b_n$, 那么:

- 若级数 $\sum_{n=1}^{\infty} b_n$ 收敛, 则级数 $\sum_{n=1}^{\infty} a_n$ 也收敛.
- 若级数 $\sum_{n=1}^{\infty} a_n$ 发散, 则级数 $\sum_{n=1}^{\infty} b_n$ 必发散.

② 比较判别法的极限形式.

设有两正项级数 $\sum_{n=1}^{\infty} a_n$ 与 $\sum_{n=1}^{\infty} b_n$ $(b_n > 0)$, 满足 $\lim\limits_{n\to\infty} \dfrac{a_n}{b_n} = A$, 那么:

- 当 $0 < A < +\infty$ 时, 级数 $\sum_{n=1}^{\infty} a_n$ 与 $\sum_{n=1}^{\infty} b_n$ 同敛散.
- 当 $A = 0$ 并且级数 $\sum_{n=1}^{\infty} b_n$ 收敛时, 级数 $\sum_{n=1}^{\infty} a_n$ 也收敛.
- 当 $A = +\infty$ 并且级数 $\sum_{n=1}^{\infty} b_n$ 发散时, 级数 $\sum_{n=1}^{\infty} a_n$ 必发散.

(3) 柯西根值判别法:

① 柯西根值判别法的原形式.

设有正项级数 $\sum_{n=1}^{\infty} a_n$.

- 若从某项起有 $\sqrt[n]{a_n} \leqslant q < 1$, 则级数 $\sum_{n=1}^{\infty} a_n$ 收敛.
- 若有无穷多个 n 使 $\sqrt[n]{a_n} \geqslant 1$ (即 $a_n \geqslant 1$), 则级数 $\sum_{n=1}^{\infty} a_n$ 发散.

② 柯西根值判别法的极限形式.

设有正项级数 $\sum_{n=1}^{\infty} a_n$, 满足 $\lim\limits_{n\to\infty} \sqrt[n]{a_n} = q$.

- 当 $q < 1$ 时, 该级数收敛.
- 当 $q > 1$ 时, 该级数发散, 此时 $\lim\limits_{n\to\infty} a_n = +\infty$.

当 $q = 1$ 时, 不能用此判别法判定. 例如考察级数 $\sum_{n=1}^{\infty} \dfrac{1}{n}$ 与 $\sum_{n=1}^{\infty} \dfrac{1}{n^2}$.

(4) 达朗贝尔 (d' Alembert) 比值判别法:

① 达朗贝尔比值判别法的原形式.

设有正项级数 $\sum_{n=1}^{\infty} a_n$ $(a_n > 0)$.

- 若从某项起有 $\dfrac{a_{n+1}}{a_n} \leqslant q < 1$, 则级数 $\sum\limits_{n=1}^{\infty} a_n$ 收敛.
- 若从某项起有 $\dfrac{a_{n+1}}{a_n} \geqslant 1$, 则级数 $\sum\limits_{n=1}^{\infty} a_n$ 发散.

② 达朗贝尔比值判别法的极限形式.

设有正项级数 $\sum\limits_{n=1}^{\infty} a_n\ (a_n > 0)$, 满足 $\lim\limits_{n\to\infty} \dfrac{a_{n+1}}{a_n} = q$.

- 当 $q < 1$ 时, 该级数收敛.
- 当 $q > 1$ 时, 该级数发散, 此时 $\lim\limits_{n\to\infty} a_n = +\infty$.

当 $q = 1$ 时, 不能用此判别法判定. 例如考察级数 $\sum\limits_{n=1}^{\infty} \dfrac{1}{n}$ 与 $\sum\limits_{n=1}^{\infty} \dfrac{1}{n^2}$.

注记　由数列知识, 若数列$\{a_n\}$满足 $a_n > 0$, 且 $\lim\limits_{n\to\infty} \dfrac{a_{n+1}}{a_n} = q$, 则$\lim\limits_{n\to\infty} \sqrt[n]{a_n} = q$. 由此可知, 对于正项级数敛散性的判别, 能用达朗贝尔比值判别法判定, 也可用柯西根值判别法来判定, 但反之不成立. 如级数 $\sum\limits_{n=1}^{\infty} \left(\dfrac{\sqrt{2} + (-1)^n}{3} \right)^n$, 因

$$0 < \sqrt[n]{a_n} = \frac{1}{3}(\sqrt{2} + (-1)^n) \leqslant \frac{1}{3}(\sqrt{2} + 1) < 1,$$

由柯西根值判别法知原级数收敛, 但

$$\lim_{n\to\infty} \frac{a_{n+1}}{a_n} = \lim_{n\to\infty} \frac{(\sqrt{2} + (-1)^{n+1})^{n+1}}{3(\sqrt{2} + (-1)^n)^n},$$

此极限不存在, 故不能用达朗贝尔比值判别法判定.

(5) 柯西积分判别法 ($a = T = 1$ 是常用情形):

设 $f(x)$ 是定义在无穷区间 $[a, +\infty)$ 上的非负单调递减函数, 则级数 $\sum\limits_{n=0}^{\infty} f(a + nT)$ 与无穷积分 $\int_a^{+\infty} f(x)\mathrm{d}x$ 同敛散, 其中常数 $T > 0$.

2. 一般级数敛散性的判别法

(1) 莱布尼茨 (Leibniz) 判别法:

若数列 $\{a_n\}_{n=1}^{\infty}$ 严格单调趋于零, 则称交错级数 $\sum\limits_{n=1}^{\infty} (-1)^{n-1} a_n$ 为**莱布尼茨级数**.

结论　莱布尼茨级数总是收敛的, 且其和 S 介于首项 a_1 与零之间, 即当 $a_1 > 0$ 时, $0 < S < a_1$; 当 $a_1 < 0$ 时, $a_1 < S < 0$.

注记 数列 $\{a_n\}_{n=1}^{\infty}$ 单调趋于零此条件必不可少. 如级数 $\sum\limits_{n=1}^{\infty}\dfrac{(-1)^n}{\sqrt{n}}$ 和 $\sum\limits_{n=2}^{\infty}\dfrac{(-1)^n}{\sqrt{n}+(-1)^n}$ 都是交错级数, 第一个是典型的莱布尼茨级数, 因此收敛, 但第二个级数是发散的. 数列 $\left\{\dfrac{1}{\sqrt{n}+(-1)^n}\right\}$ 不满足单调趋于零, 不能用莱布尼茨判别法. 事实上, 由

$$\frac{(-1)^n}{\sqrt{n}}-\frac{(-1)^n}{\sqrt{n}+(-1)^n}=\frac{1}{\sqrt{n}(\sqrt{n}+(-1)^n)}\sim\frac{1}{n}\quad(n\to\infty)$$

知第二个级数一定发散.

(2) 柯西收敛准则:

级数 $\sum\limits_{n=1}^{\infty}a_n$ 是收敛的, 当且仅当对任给的正数 ε, 存在正整数 N_ε, 使得不等式

$$|S_{n+p}-S_n|=|a_{n+1}+a_{n+2}+\cdots+a_{n+p}|<\varepsilon$$

对所有 $n>N_\varepsilon$ 以及一切正整数 p 都成立.

(3) 魏尔斯特拉斯 (Weierstrass) 判别法:

设级数 $\sum\limits_{n=1}^{\infty}a_n$ 与正项级数 $\sum\limits_{n=1}^{\infty}b_n$ 满足: $|a_n|\leqslant b_n$, $n\in\mathbb{N}$, 则当正项级数 $\sum\limits_{n=1}^{\infty}b_n$ 收敛时, 级数 $\sum\limits_{n=1}^{\infty}a_n$ 绝对收敛.

(4) 狄利克雷判别法:

乘积项级数 $\sum\limits_{n=1}^{\infty}a_nb_n$ 收敛, 如果它满足以下两条:

① 级数 $\sum\limits_{n=1}^{\infty}a_n$ 的部分和数列 $\{S_n\}_{n=1}^{\infty}$ 有界.

② 数列 $\{b_n\}_{n=1}^{\infty}$ 单调趋于零.

(5) 阿贝尔 (Abel) 判别法:

乘积项级数 $\sum\limits_{n=1}^{\infty}a_nb_n$ 收敛, 如果它满足以下两条:

① 级数 $\sum\limits_{n=1}^{\infty}a_n$ 收敛.

② 数列 $\{b_n\}_{n=1}^{\infty}$ 单调有界.

(6) 定义法:

级数 $\sum\limits_{n=1}^{\infty} a_n$ 收敛 $\Longleftrightarrow$ 其部分和数列 $\{S_n\}$ 收敛, 其中 $S_n = \sum\limits_{k=1}^{n} a_k$.

◇ 绝对收敛与条件收敛

如果绝对值级数 $\sum\limits_{n=1}^{\infty} |a_n|$ 收敛, 则称级数 $\sum\limits_{n=1}^{\infty} a_n$ **绝对收敛**; 如果级数 $\sum\limits_{n=1}^{\infty} a_n$ 收敛, 而绝对值级数 $\sum\limits_{n=1}^{\infty} |a_n|$ 发散, 则称级数 $\sum\limits_{n=1}^{\infty} a_n$ **条件收敛**.

1. 绝对收敛级数的性质

(1) 交换律:

如果级数 $\sum\limits_{n=1}^{\infty} a_n$ 绝对收敛, 则任意交换此级数的各项顺序后所得到的新级数也绝对收敛, 且其和不变.

(2) 结合律:

若级数 $\sum\limits_{n=1}^{\infty} a_n$ 绝对收敛, 且有正整数集的不交并 $\mathbb{N} = \bigcup\limits_{k=1}^{\infty} \mathbb{N}_k$, 则有

$$\sum_{n=1}^{\infty} a_n = \sum_{k=1}^{\infty} \left(\sum_{i \in \mathbb{N}_k} a_i \right),$$

其中, 当 $\mathbb{N}_k$ 是空集时, $\sum\limits_{i \in \mathbb{N}_k} a_i = 0$, 另外, 上式右端的先后两次求和均应被理解为: 或者是有限项求和, 或者是可依任意顺序求和的绝对收敛级数.

(3) 分配律:

如果两级数 $\sum\limits_{n=1}^{\infty} a_n$ 与 $\sum\limits_{n=1}^{\infty} b_n$ 都绝对收敛, 且其和分别为 A 和 B, 则它们各项的乘积 $a_i b_j$ $(i, j = 1,\ 2,\ \cdots)$ 按任意顺序依次相加所得到的级数也绝对收敛, 且其和等于乘积 AB.

特别地, 两级数的柯西乘积级数 $\sum\limits_{n=1}^{\infty} c_n$ 收敛到 AB, 其中

$$c_n = \sum_{k=1}^{n} a_k b_{n+1-k} = a_1 b_n + a_2 b_{n-1} + \cdots + a_{n-1} b_2 + a_n b_1 \quad (n = 1, 2, \cdots).$$

2. 几个定理

(1) 已知级数 $\sum\limits_{n=1}^{\infty} a_n$ 绝对收敛, 则有:

① 级数 $\sum_{n=1}^{\infty}(a_n+b_n)$ 绝对收敛 $\Longleftrightarrow\sum_{n=1}^{\infty}b_n$ 绝对收敛.

② 级数 $\sum_{n=1}^{\infty}(a_n+b_n)$ 条件收敛 $\Longleftrightarrow\sum_{n=1}^{\infty}b_n$ 条件收敛.

(2) 黎曼重排定理:

总可经过适当地交换条件收敛级数的求和顺序, 使得新级数: ① 收敛到预先给定的任意实数; ② 发散到 $+\infty$ 或 $-\infty$; ③ 具有某些其他性态的发散性.

◇ 牢记几个常用级数的敛散性:

(1) 几何级数 $\sum_{n=0}^{\infty}q^n$: 当 $|q|<1$ 时收敛到 $\dfrac{1}{1-q}$; 当 $|q|\geqslant 1$ 时发散.

(2) p- 级数 $\sum_{n=1}^{\infty}\dfrac{1}{n^p}$: 当 $p>1$ 时收敛, $p\leqslant 1$ 时发散.

(3) 级数 $\sum_{n=2}^{\infty}\dfrac{1}{n(\ln n)^p}$: 当 $p>1$ 时收敛, $p\leqslant 1$ 时发散.

(4) 设有三个级数 $\sum_{n=1}^{\infty}\dfrac{(-1)^n}{n^p},\sum_{n=1}^{\infty}\dfrac{\cos nx}{n^p},\sum_{n=1}^{\infty}\dfrac{\sin(nx+a)}{n^p}$, 则有:

① 当 $p>1$ 时, 它们都绝对收敛.

② 若 $p>0,x$ 不是 2π 的整数倍, $a\in(-\infty,+\infty)$, 那么它们皆收敛.

③ 若 $0<p\leqslant 1,x$ 不是 π 的整数倍, $a\in(-\infty,+\infty)$, 那么它们皆条件收敛.

注记 (2), (3) 可从柯西积分判别法推知;(4) 可由 p-级数的敛散性以及狄利克雷判别法推知.

精选例题

例 144 研究下列级数的敛散性:

(1) $\sum_{n=1}^{\infty}\cos n$; (2) $\sum_{n=1}^{\infty}\dfrac{(n!)^2}{(2n)!}$; (3) $\sum_{n=1}^{\infty}\dfrac{n}{[2+(-1)^n]^n}$;

(4) $\sum_{n=1}^{\infty}\int_0^{\frac{1}{n}}\dfrac{\sqrt{x}}{1+x^2}\mathrm{d}x$; (5) $\sum_{n=1}^{\infty}(\sqrt[3]{n+1}-\sqrt[3]{n})$; (6) $\sum_{n=2}^{\infty}\dfrac{\cos\dfrac{n\pi}{4}}{\ln n}$;

(7) $\sum_{n=1}^{\infty}(-1)^n\frac{n-1}{n+1}\sin\frac{1}{n}$;　　(8) $\sum_{n=1}^{\infty}\left(\ln\frac{1}{n}-\ln\sin\frac{1}{n}\right)$;

(9) $\sum_{n=1}^{\infty}\left[\mathrm{e}-\left(1+\frac{1}{n}\right)^n\right]^p$.

解　(1) 因 $\lim\limits_{n\to\infty}\cos n=0$ 不成立(否则有 $\lim\limits_{n\to\infty}\cos 2n=0$, 对 $\cos 2n=2\cos^2 n-1$ 两边取极限得 $0=-1$, 矛盾!), 从而级数收敛的必要条件不满足, 故级数 $\sum\limits_{n=1}^{\infty}\cos n$ 发散.

(2) 因为

$$0<\frac{(n!)^2}{(2n)!}=\frac{(n!)(n!)}{(2n)!!(2n-1)!!}=\frac{n!}{2^n(2n-1)!!}<\frac{1}{2^n},$$

而级数 $\sum\limits_{n=1}^{\infty}\frac{1}{2^n}$ 收敛, 故由比较判别法, 级数 $\sum\limits_{n=1}^{\infty}\frac{(n!)^2}{(2n)!}$ 收敛.

(3) 因为

$$\frac{n}{[2+(-1)^n]^n}=\begin{cases}n & (n\text{为奇数}),\\ n\left(\frac{1}{3}\right)^n & (n\text{为偶数}),\end{cases}$$

所以 $\lim\limits_{n\to\infty}\frac{n}{[2+(-1)^n]^n}$ 不存在, 故级数 $\sum\limits_{n=1}^{\infty}\frac{n}{[2+(-1)^n]^n}$ 发散.

(4) 因为

$$0<\int_0^{\frac{1}{n}}\frac{\sqrt{x}}{1+x^2}\mathrm{d}x<\int_0^{\frac{1}{n}}\sqrt{x}\mathrm{d}x=\frac{2}{3}\frac{1}{n^{\frac{3}{2}}},$$

又级数 $\sum\limits_{n=1}^{\infty}\frac{1}{n^{\frac{3}{2}}}$ 收敛, 故由比较判别法, 级数 $\sum\limits_{n=1}^{\infty}\int_0^{\frac{1}{n}}\frac{\sqrt{x}}{1+x^2}\mathrm{d}x$ 收敛.

(5) 因为

$$\sqrt[3]{n+1}-\sqrt[3]{n}=\frac{1}{\sqrt[3]{(n+1)^2}+\sqrt[3]{n(n+1)}+\sqrt[3]{n^2}}\geqslant\frac{1}{3\sqrt[3]{(n+1)^2}},$$

又级数 $\sum\limits_{n=1}^{\infty}\frac{1}{n^{\frac{2}{3}}}$ 发散, 故由比较判别法, 级数 $\sum\limits_{n=1}^{\infty}(\sqrt[3]{n+1}-\sqrt[3]{n})$ 发散.

(6) 因为

$$\left|\sum_{k=1}^{n}\cos\frac{k\pi}{4}\right|=\left|\frac{\sin\left(n+\frac{1}{2}\right)\frac{\pi}{4}-\sin\frac{\pi}{8}}{2\sin\frac{\pi}{8}}\right|\leqslant\frac{1}{\left|\sin\frac{\pi}{8}\right|},$$

又数列 $\left\{\dfrac{1}{\ln n}\right\}$ 单调减趋于零, 故由狄利克雷判别法, 级数 $\sum\limits_{n=2}^{\infty}\dfrac{\cos\dfrac{n\pi}{4}}{\ln n}$ 收敛.

(7) 因为数列 $\left\{\sin\dfrac{1}{n}\right\}$ 单调减趋于零, 由莱布尼茨判别法, 级数 $\sum\limits_{n=1}^{\infty}(-1)^n\sin\dfrac{1}{n}$ 收敛, 又数列 $\left\{\dfrac{n-1}{n+1}\right\}$ 单调增有上界, 由阿贝尔判别法, 级数 $\sum\limits_{n=1}^{\infty}(-1)^n\dfrac{n-1}{n+1}\sin\dfrac{1}{n}$ 收敛.

(8) 因为当 $x\to 0$ 时,

$$\ln x-\ln\sin x=-\ln\frac{\sin x}{x}=-\ln\left(1-\frac{1}{6}x^2+o(x^2)\right)\sim\frac{1}{6}x^2-o(x^2)\sim\frac{1}{6}x^2,$$

故

$$\ln\frac{1}{n}-\ln\sin\frac{1}{n}\sim\frac{1}{6}\cdot\frac{1}{n^2}\quad(n\to\infty).$$

而 $\sum\limits_{n=1}^{\infty}\dfrac{1}{n^2}$ 收敛, 故由比较判别法极限形式, 正项级数 $\sum\limits_{n=1}^{\infty}\left(\ln\dfrac{1}{n}-\ln\sin\dfrac{1}{n}\right)$ 收敛.

(9) 当 $x\to 0$ 时, 有

$$1-\frac{1}{x}\ln(1+x)=1-\frac{1}{x}\left[x-\frac{1}{2}x^2+o(x^2)\right]=\frac{1}{2}x+o(x)\sim\frac{1}{2}x,$$

因而 $1-n\ln\left(1+\dfrac{1}{n}\right)\sim\dfrac{1}{2n}\ (n\to\infty)$. 故从等价关系 $1-\mathrm{e}^t\sim -t\ (t\to 0)$, 便得

$$\begin{aligned}\left[\mathrm{e}-\left(1+\frac{1}{n}\right)^n\right]^p&=\mathrm{e}^p\left[1-\mathrm{e}^{n\ln\left(1+\frac{1}{n}\right)-1}\right]^p\\&\sim\mathrm{e}^p\left[1-n\ln\left(1+\frac{1}{n}\right)\right]^p\sim\mathrm{e}^p\left(\frac{1}{2n}\right)^p\\&=\left(\frac{\mathrm{e}}{2}\right)^p\cdot\frac{1}{n^p}\quad(n\to\infty),\end{aligned}$$

由比较判别法的极限形式, 级数 $\sum\limits_{n=1}^{\infty}\left[\mathrm{e}-\left(1+\dfrac{1}{n}\right)^n\right]^p$ 当 $p>1$ 时收敛, 当 $p\leqslant 1$ 时发散.

例 145 讨论下列正项级数的敛散性:

(1) $\sum\limits_{n=1}^{\infty}\dfrac{1}{2^{\ln n}}$; (2) $\sum\limits_{n=1}^{\infty}\dfrac{1}{3^{\ln n}}$; (3) $\sum\limits_{n=3}^{\infty}\dfrac{1}{(\ln n)^{\ln\ln n}}$; (4) $\sum\limits_{n=1}^{\infty}\dfrac{1}{2^{\sqrt{n}}}$.

解 对于 (1), (2) 两题我们可以考虑一般情况 $\sum_{n=1}^{\infty}\frac{1}{a^{\ln n}}\ (a>0)$.

$$a^{\ln n}=n^{\ln a},\quad 即\quad \sum_{n=1}^{\infty}\frac{1}{a^{\ln n}}=\sum_{n=1}^{\infty}\frac{1}{n^{\ln a}},$$

故当 $\ln a>1$, 即 $a>\mathrm{e}$ 时, 级数收敛; 当 $\ln a\leqslant 1$, 即 $a\leqslant \mathrm{e}$ 时, 级数发散.

由此, 级数 $\sum_{n=1}^{\infty}\frac{1}{2^{\ln n}}$ 发散, $\sum_{n=1}^{\infty}\frac{1}{3^{\ln n}}$ 收敛.

(3) 对充分大的 n 有

$$\frac{1}{(\ln n)^{\ln\ln n}}=\frac{1}{\mathrm{e}^{(\ln\ln n)^2}}>\frac{1}{\mathrm{e}^{\ln n}}=\frac{1}{n},$$

故由比较判别法, 级数 $\sum_{n=3}^{\infty}\frac{1}{(\ln n)^{\ln\ln n}}$ 发散.

(4) 由柯西积分判别法, 令 $\sqrt{x}=t$, 则

$$\begin{aligned}\int_1^{+\infty}\frac{1}{2^{\sqrt{x}}}\mathrm{d}x=\int_1^{+\infty}\frac{2t}{2^t}\mathrm{d}t&=\frac{-2t}{\ln 2}\cdot 2^{-t}\Big|_1^{+\infty}+\frac{2}{\ln 2}\int_1^{+\infty}2^{-t}\mathrm{d}t\\&=\frac{1}{\ln 2}-\frac{2}{(\ln 2)^2}\cdot 2^{-t}\Big|_1^{+\infty}=\frac{1}{\ln 2}+\frac{1}{(\ln 2)^2},\end{aligned}$$

故级数 $\sum_{n=1}^{\infty}\frac{1}{2^{\sqrt{n}}}$ 收敛.

例 146 判断级数 $\frac{1}{3}+\frac{1}{3\sqrt{3}}+\frac{1}{3\sqrt{3}\sqrt[3]{3}}+\cdots+\frac{1}{3\sqrt{3}\sqrt[3]{3}\sqrt[4]{3}\cdots\sqrt[n]{3}}+\cdots$ 的敛散性.

解 记 $a_n=\frac{1}{3\sqrt{3}\sqrt[3]{3}\sqrt[4]{3}\cdots\sqrt[n]{3}}=\frac{1}{3^{1+\frac{1}{2}+\cdots+\frac{1}{n}}}$, 所讨论级数为 $\sum_{n=1}^{\infty}a_n$.

$$因为\quad \frac{1}{n}>\ln(1+\frac{1}{n})$$

$$所以\quad 1+\frac{1}{2}+\cdots+\frac{1}{n}>\ln(1+1)+\ln(1+\frac{1}{2})+\cdots+\ln(1+\frac{1}{n})=\ln(n+1)$$

$$从而\quad a_n<\frac{1}{3^{\ln(n+1)}}<\frac{1}{3^{\ln n}}=\frac{1}{n^{\ln 3}}$$

因为级数 $\sum_{n=1}^{\infty}\frac{1}{n^{\ln 3}}$ 收敛, 由比较判别法, 则级数 $\sum_{n=1}^{\infty}a_n$ 收敛.

注记 一般地, 对于级数 $\sum_{n=1}^{\infty}a_n$, $a_n=\frac{1}{a^{1+\frac{1}{2}+\cdots+\frac{1}{n}}}$, 其中 $a>0$. 当 $a>\mathrm{e}$ 时, 级数收敛; 当 $a\leqslant\mathrm{e}$ 时, 级数发散.

例 147 试证:

(1) 若 $\{a_n\}_{n=1}^{\infty}$ 是正数列, 那么级数 $\sum\limits_{n=1}^{\infty}\dfrac{a_n}{(1+a_1)(1+a_2)\cdots(1+a_n)}$ 收敛.

(2) 级数 $\sum\limits_{n=1}^{\infty}[(n+2)^a-2(n+1)^a+n^a]$ 是收敛的, 当且仅当 $a\leqslant 1$.

证明 (这两个小题都是利用**裂项相消法**与**定义法**)

(1) $\dfrac{a_1}{1+a_1}=1-\dfrac{1}{1+a_1}$,

$$\begin{aligned}\frac{a_n}{(1+a_1)(1+a_2)\cdots(1+a_n)}&=\frac{(1+a_n)-1}{(1+a_1)(1+a_2)\cdots(1+a_n)}\\&=\frac{1}{(1+a_1)(1+a_2)\cdots(1+a_{n-1})}\\&\quad-\frac{1}{(1+a_1)(1+a_2)\cdots(1+a_n)}\quad(n=2,3,\cdots).\end{aligned}$$

故该正项级数的前 n 项和

$$S_n=1-\frac{1}{(1+a_1)(1+a_2)\cdots(1+a_n)}<1\quad(n=1,2,\cdots),$$

由部分和有界性判别法推知, 题中正项级数收敛.

(2) 由裂项相消法, 可算得其前 n 项和为 $S_n=(1-2^a)+[(n+2)^a-(n+1)^a]$. 故原级数的敛散性, 等价于数列 $\{(n+1)^a-n^a\}_{n=2}^{\infty}$ 的敛散性.

当 $a=0$ 时, 原级数显然收敛.

当 $a\neq 0$ 时, $(n+1)^a-n^a=n^a\left[\left(1+\dfrac{1}{n}\right)^a-1\right]\sim\dfrac{a}{n^{1-a}}\ (n\to\infty)$, 因而当 $a\neq 0$ 时原级数是收敛的, 当且仅当数列 $\left\{\dfrac{a}{n^{1-a}}\right\}_{n=2}^{\infty}$ 收敛, 即当且仅当 $a\leqslant 1$.

总之, 级数 $\sum\limits_{n=1}^{\infty}[(n+2)^a-2(n+1)^a+n^a]$ 是收敛的, 当且仅当 $a\leqslant 1$.

思考题 假设 $\{a_n\}_{n=1}^{\infty}$ 是单调递减的正数列, 试分别证明下述两题:

1. 如果级数 $\sum\limits_{n=1}^{\infty}a_n$ 收敛, 那么 $\lim\limits_{n\to\infty}na_n=0$. 试举例说明, 反之不成立.

2. 级数 $\sum\limits_{n=1}^{\infty}\left(\dfrac{a_n}{a_{n+1}}-1\right)$ 是收敛的, 当且仅当数列 $\{a_n\}_{n=1}^{\infty}$ 的极限 a 为正数.

(**提示** (1) 从柯西收敛准则有 $\lim\limits_{n\to\infty}\sum\limits_{k=n+1}^{2n}a_k=0$, 而 $\sum\limits_{k=n+1}^{2n}a_k\geqslant na_{2n}\geqslant 0\cdots$.

(2) 当 $a>0$ 时, 利用 $\dfrac{a_n}{a_{n+1}}-1=\dfrac{a_n-a_{n+1}}{a_{n+1}}\leqslant\dfrac{a_n-a_{n+1}}{a}$; 当 $a=0$ 时, 利用

不等式: 若 $x \geqslant 1$, 则 $x-1 \geqslant \ln x, \cdots$.)

例 148　设数列 $\{a_n\}$, $\{b_n\}$ 满足 $a_{n+1} \leqslant a_n + b_n$, 且级数 $\sum_{n=1}^{\infty} b_n$ 收敛. 试证: 数列 $\{a_n\}$ 或收敛, 或发散到 $-\infty$ (两者必居其一).

证明　记 $B_n = \sum_{k=1}^{n} b_k$, 则 $b_n = B_n - B_{n-1}$. 因为级数 $\sum_{n=1}^{\infty} b_n$ 收敛, 则极限 $\lim_{n\to\infty} B_n$ 存在且有限. 由已知不等式可得

$$a_{n+1} - B_n \leqslant a_n - B_{n-1} \quad (n > 1),$$

即数列 $\{a_n - B_{n-1}\}$ 单调递减, 从而数列 $\{a_n - B_{n-1}\}$ 或者收敛, 或发散到 $-\infty$. 另一方面 $a_n = a_n - B_{n-1} + B_{n-1}$, 从而推知数列 $\{a_n\}$ 或收敛, 或发散到 $-\infty$.

例 149　假设 $-1 < a_n \neq 0$, 级数 $\sum_{n=1}^{\infty} a_n$ 绝对收敛, 试证: 数列 $\{P_n\}_{n=1}^{\infty}$ 收敛到有限正数, 其中 $P_n = \prod_{k=1}^{n} (1+a_k)$, 它是无穷乘积 $\prod_{n=1}^{\infty} (1+a_n)$ 的部分乘积.

证明　数列 $\{P_n\}_{n=1}^{\infty}$ 收敛到有限正数 $\Longleftrightarrow$ 数列 $\left\{\ln P_n = \sum_{k=1}^{n} \ln(1+a_k)\right\}_{n=1}^{\infty}$ 收敛 $\Longleftrightarrow$ 级数 $\sum_{n=1}^{\infty} \ln(1+a_n)$ 收敛. 下证后者.

由已知, 级数 $\sum_{n=1}^{\infty} |a_n|$ 收敛, 则当 $n \to \infty$ 时, $|a_n| \to 0$, 从而有 $|\ln(1+a_n)| \sim |a_n|$, 故由正项级数比较判别法极限形式, 级数 $\sum_{n=1}^{\infty} \ln(1+a_n)$ 绝对收敛. 总之, 部分乘积列 $\left\{P_n = \prod_{k=1}^{n} (1+a_k)\right\}_{n=1}^{\infty}$ 收敛到有限正数 (此时, 称无穷乘积 $\prod_{n=1}^{\infty} (1+a_n)$ 收敛).

例 150　设数列 $\{a_n\}$, $\{b_n\}$ 是两个正数列, 满足级数 $\sum_{n=1}^{\infty} |a_n - b_n|$ 收敛. 试证: 级数 $\sum_{n=1}^{\infty} \ln a_n$ 与级数 $\sum_{n=1}^{\infty} \ln b_n$ 同敛散. (**由此推知无穷乘积 $\prod_{n=1}^{\infty} a_n$ 与 $\prod_{n=1}^{\infty} b_n$ 同敛散**).

证明　不妨设 $a_n \neq b_n$ $(n \in \mathbb{Z}^+)$, 级数 $\sum_{n=1}^{\infty} |a_n - b_n|$ 收敛, 则 $\lim_{n\to\infty} (a_n - b_n) = 0$. 如果级数 $\sum_{n=1}^{\infty} \ln a_n$ 收敛, 则有 $\lim_{n\to\infty} \ln a_n = 0$, 即 $\lim_{n\to\infty} a_n = 1$. 从而有

$$\left|\ln\frac{b_n}{a_n}\right|=\left|\ln\left(1+\frac{b_n-a_n}{a_n}\right)\right|\sim\frac{|b_n-a_n|}{a_n}\sim|b_n-a_n|,\quad(n\to\infty)$$

由正项级数比较判别法知级数 $\sum\limits_{n=1}^{\infty}\left|\ln\frac{b_n}{a_n}\right|$ 收敛, 从而级数 $\sum\limits_{n=1}^{\infty}\ln\frac{b_n}{a_n}=\sum\limits_{n=1}^{\infty}(\ln b_n-\ln a_n)$ 收敛, 则级数 $\sum\limits_{n=1}^{\infty}\ln b_n$ 也收敛.

那么若级数 $\sum\limits_{n=1}^{\infty}\ln b_n$ 发散时, 级数 $\sum\limits_{n=1}^{\infty}\ln a_n$ 也发散.

思考题 设 $a_n>0,b_n>0$, 级数 $\sum\limits_{n=1}^{\infty}b_n$ 发散. 试证: 级数 $\sum\limits_{n=1}^{\infty}\ln a_n$ 与级数 $\sum\limits_{n=1}^{\infty}\ln(a_n+b_n)$ 两者中至少有一个发散. (由此推知无穷乘积 $\prod\limits_{n=1}^{\infty}a_n$ 与 $\prod\limits_{n=1}^{\infty}(a_n+b_n)$ 两者中至少有一个发散.)

例 151 讨论级数 $\sum\limits_{n=1}^{\infty}\frac{q^n}{n^p}$ 的敛散性.

解 令 $a_n=\frac{q^n}{n^p}$, 则有 $\lim\limits_{n\to\infty}\sqrt[n]{|a_n|}=|q|$.

由柯西根值判别法, 当 $|q|<1$ 时该级数绝对收敛; 当 $|q|>1$ 时该级数发散.

当 $q=1$ 时, 该级数是 p- 级数, 故 $p>1$ 时收敛, $p\leqslant 1$ 时发散.

当 $q=-1,p>0$ 时, 该级数是莱布尼茨级数, 故它收敛.

当 $q=-1,p\leqslant 0$ 时, 通项 a_n 不趋于零 $(n\to\infty)$, 故该级数发散.

例 152 举例说明, 对于两个一般级数 $\sum\limits_{n=1}^{\infty}a_n$ 和 $\sum\limits_{n=1}^{\infty}b_n$, 虽然有 $\lim\limits_{n\to\infty}\frac{b_n}{a_n}=1$, $\sum\limits_{n=1}^{\infty}a_n$ 收敛, 但 $\sum\limits_{n=1}^{\infty}b_n$ 仍有可能发散. 故对于变号级数来说, 不可使用正项级数比较判别法.

解 如下构造级数, 令

$$a_n=\frac{(-1)^n}{\sqrt{n}},\quad b_n=\frac{(-1)^n}{\sqrt{n}}\cdot\left[1+\frac{(-1)^n}{\sqrt{n}}\right]=\frac{(-1)^n}{\sqrt{n}}+\frac{1}{n}\quad(n=1,2,\cdots).$$

例 153 判断下述级数的敛散性. 当收敛时指出是条件收敛还是绝对收敛.

(1) $\sum\limits_{n=1}^{\infty}\left(\cos\frac{1}{n}\right)^{n^3}$;　　(2) $\sum\limits_{n=1}^{\infty}\frac{(-3)^n}{5^n+(-4)^n}$;

(3) $\sum\limits_{n=2}^{\infty}\sin\dfrac{(n^2+1)\pi}{n}$;　　(4) $\sum\limits_{n=2}^{\infty}\dfrac{\sqrt[n]{n}-1}{(-1)^n\cdot\ln^3 n}$.

解　(简要) 将它们的通项分别记为 a_n,b_n,c_n,d_n.

(1) $\lim\limits_{n\to\infty}\sqrt[n]{a_n}=\lim\limits_{n\to\infty}\left(\cos\dfrac{1}{n}\right)^{n^2}=\lim\limits_{n\to\infty}\left(1-2\sin^2\dfrac{1}{n}\right)^{n^2}=\mathrm{e}^{-2}<1$, 由柯西根值判别法, 该正项级数收敛.

(2) $\lim\limits_{n\to\infty}\sqrt[n]{|b_n|}=\lim\limits_{n\to\infty}\dfrac{3}{5}\cdot\sqrt[n]{\dfrac{5^n}{5^n+(-4)^n}}=\dfrac{3}{5}<1$, 由柯西根值判别法, (2) 绝对收敛.

(3) $c_n=(-1)^n\sin\dfrac{\pi}{n}$, 故 (3) 是一个莱布尼茨级数, 它收敛. 易见, 它仅是条件收敛的.

(4) $|d_n|=\dfrac{\mathrm{e}^{\frac{1}{n}\cdot\ln n}-1}{\ln^3 n}\sim\dfrac{\frac{1}{n}\cdot\ln n}{\ln^3 n}=\dfrac{1}{n\cdot\ln^2 n}(n\to\infty)$, 由比较判别法, (4) 绝对收敛.

例 154　设 $p>\dfrac{1}{2}$, x 不是 2π 的整数倍, $|a|\leqslant 1$, 试证: 如下四个级数皆收敛.

(1) $\sum\limits_{n=2}^{\infty}\dfrac{\cos nx}{n^p+a\cos nx}$;　　(2) $\sum\limits_{n=2}^{\infty}\dfrac{\sin nx}{n^p+a\sin nx}$;

(3) $\sum\limits_{n=2}^{\infty}\dfrac{(-1)^n}{n^p+(-1)^n}$;　　(4) $\sum\limits_{n=2}^{\infty}\dfrac{(-1)^n\cdot\arctan n}{n^p+(-1)^n}$.

证明　(1),(2) 的证法相同, 在 (1) 中, 令 $a=1,x=\pi$, 便得到 (3). 在已证得 (3) 收敛的情形下, 从阿贝尔判别法就推知 (4) 收敛. 下仅证 (1).

由拆项法, 有

$$u_n=\frac{\cos nx}{n^p+a\cos nx}=\frac{\cos nx}{n^p}-a\cdot\frac{\cos^2 nx}{(n^p+a\cos nx)\cdot n^p}=v_n-a\cdot w_n.$$

因为 x 不是 2π 的整数倍, 从狄利克雷判别法推知, 级数 $\sum\limits_{n=2}^{\infty}v_n=\sum\limits_{n=2}^{\infty}\dfrac{\cos nx}{n^p}$ 收敛; 另有

$$0\leqslant w_n=\frac{\cos^2 nx}{(n^p+a\cos nx)\cdot n^p}\leqslant\frac{1}{(n^p-1)\cdot n^p}\sim\frac{1}{n^{2p}}\quad(n\to\infty),$$

因 $2p>1$, 由正项级数比较判别法知, 级数 $\sum\limits_{n=2}^{\infty}w_n=\sum\limits_{n=2}^{\infty}\dfrac{\cos^2 nx}{(n^p+a\cos nx)\cdot n^p}$ 收敛.

综合上述, 由收敛级数的线性性, 题中级数 $\sum\limits_{n=2}^{\infty} u_n = \sum\limits_{n=2}^{\infty} \frac{\cos nx}{n^p + a\cos nx}$ 收敛.

思考题 假设 x 不是 π 的整数倍, $0 < |a| \leqslant 1$, b 是任意实数, 并记两级数
1. $\sum\limits_{n=2}^{\infty} \frac{(-1)^n}{n^p + (-1)^n}$; 2. $\sum\limits_{n=2}^{\infty} \frac{\cos(nx+b)}{n^p + a\cos(nx+b)}$.
试证: (1) 当 $p > 1$ 时, 它们皆绝对收敛; (2) 当 $\frac{1}{2} < p \leqslant 1$ 时, 它们皆条件收敛; (3) 当 $0 < p \leqslant \frac{1}{2}$ 时, 它们皆发散. (**提示** 用上例中的拆项法.)

例 155 试证下列命题:

(1) 若级数 $\sum\limits_{n=1}^{\infty} a_n$ 收敛, $\sum\limits_{n=1}^{\infty} b_n$ 发散, 则级数 $\sum\limits_{n=1}^{\infty}(a_n \pm b_n)$ 发散.

(2) 令 $a_0 = 0$, 则数列 $\{a_n\}_{n=1}^{\infty}$ 收敛到 A, 当且仅当级数 $\sum\limits_{n=1}^{\infty}(a_n - a_{n-1})$ 收敛到 A.

(3) 若级数 $\sum\limits_{n=2}^{\infty}|a_n - a_{n-1}|$ 收敛, 则数列 $\{a_n\}_{n=1}^{\infty}$ 也收敛.

(4) 若数列 $\{a_n\}$ 有界, 级数 $\sum\limits_{n=1}^{\infty} b_n$ 绝对收敛, 则级数 $\sum\limits_{n=1}^{\infty}(a_n b_n)$ 绝对收敛.

(5) 若数列 $\{a_n\}$ 收敛, 级数 $\sum\limits_{n=1}^{\infty} b_n$ 绝对收敛, 则级数 $\sum\limits_{n=1}^{\infty}(a_n b_n)$ 绝对收敛.

(6) 若 $b_n \neq \pm 1$, 级数 $\sum\limits_{n=1}^{\infty} b_n$ 绝对收敛, 则级数 $\sum\limits_{n=1}^{\infty} \frac{b_n}{1+b_n}$ 与 $\sum\limits_{n=1}^{\infty} \frac{b_n}{1-b_n}$ 都绝对收敛.

证明 (1) 用反证法, (2) 用基本定义 (略去证明细节).

(3) 由已知, 级数 $\sum\limits_{n=2}^{\infty}(a_n - a_{n-1})$ 绝对收敛, 故由 (2) 的结论便可推知 (3) 的结论.

(4) 因数列 $\{a_n\}$ 有界, 即存在常数 $M > 0$, 使 $|a_n| \leqslant M$, 从而 $|a_n b_n| \leqslant M|b_n|$. 由已知, 级数 $\sum\limits_{n=1}^{\infty} M|b_n|$ 收敛, 因而从魏尔斯特拉斯判别法知, 级数 $\sum\limits_{n=1}^{\infty} a_n b_n$ 绝对收敛.

(5) 由于收敛数列是有界数列, 因而从 (4) 便可推知 (5).

(6) 由于收敛级数的通项趋于零, 由已知得

$$\lim_{n\to\infty} b_n = 0, \quad \lim_{n\to\infty} \frac{1}{1+b_n} = 1, \quad \lim_{n\to\infty} \frac{1}{1-b_n} = 1,$$

即知数列 $\left\{a_n=\dfrac{1}{1+b_n}\right\}$ 与 $\left\{a'_n=\dfrac{1}{1-b_n}\right\}$ 收敛, 故利用 (5) 的结论就可推知 (6).

例 156　试证：级数 $\sum\limits_{n=2}^{\infty}(-1)^n[n+(-1)^n]^t$ 收敛, 当且仅当 $t<0$.

证明　记通项 $a_n=(-1)^n[n+(-1)^n]^t$, 并另记 $b_n=(2n+1)^t-(2n)^t$.

当 $t\geqslant 0$ 时, 通项 a_n 不趋于零 $(n\to\infty)$, 故题中级数发散.

当 $t<0$ 时, 通项 a_n 趋于零, 故题中级数的敛散状况与其相邻两项的结合级数

$$(3^t-2^t)+(5^t-4^t)+\cdots+[(2n+1)^t-(2n)^t]+\cdots=\sum_{n=1}^{\infty}[(2n+1)^t-(2n)^t]$$

的敛散状况一致. 注意到, 当 $t<0$ 时, 结合级数 $\sum\limits_{n=1}^{\infty}b_n$ 是一个负项级数.

当 $t<0$ 时,

$$b_n=(2n+1)^t-(2n)^t=(2n)^t\left[\left(1+\frac{1}{2n}\right)^t-1\right]\sim\frac{t}{(2n)^{1-t}}\quad(n\to\infty),$$

并且 $1-t>1$, 故由 p- 级数的敛散性以及比较判别法的极限形式知, $\sum\limits_{n=1}^{\infty}b_n$ 收敛, 也就推知, 当 $t<0$ 时, 原题中级数收敛.

总之, 级数 $\sum\limits_{n=2}^{\infty}(-1)^n[n+(-1)^n]^t$ 收敛, 当且仅当 $t<0$.

例 157　设常数 $\alpha\neq 0$, 试证:

(1) 级数 $\sum\limits_{n=1}^{\infty}\dfrac{(n+1)^\alpha-n^\alpha}{n^\beta}$ 收敛, 当且仅当 $\beta>\alpha$.

(2) 级数 $\sum\limits_{n=1}^{\infty}(-1)^n\dfrac{(n+1)^\alpha-n^\alpha}{n^\beta}$ 收敛, 当且仅当 $\beta>\alpha-1$.

分析　对级数 (1) 使用正项级数比较判别法的极限形式；对级数 (2) 使用拆项法, 即使用带控制符余项的麦克劳林公式,$(1+x)^\alpha-1=\alpha x+O(x^2)(x\to 0)$.

在下面的证明中, $O(x^2)$ 实际上表示:$(1+x)^\alpha-1-\alpha x$.

而 $x_n=O(y_n)(n\to\infty)$ 表示存在正常数 M, 使得当 n 足够大时 $|x_n|\leqslant M|y_n|$.

证明　(1) 级数 $\sum\limits_{n=1}^{\infty}\dfrac{(n+1)^\alpha-n^\alpha}{n^\beta}$ 是不变号的级数. 当 $\alpha\neq 0,n\to\infty$ 时,

$$(n+1)^\alpha-n^\alpha=n^\alpha\left[\left(1+\frac{1}{n}\right)^\alpha-1\right]\sim n^\alpha\cdot\frac{\alpha}{n}=\frac{\alpha}{n^{1-\alpha}},$$

$$a_n=\frac{(n+1)^\alpha-n^\alpha}{n^\beta}=\frac{\left(1+\dfrac{1}{n}\right)^\alpha-1}{n^{\beta-\alpha}}\sim\frac{\alpha}{n^{\beta-\alpha+1}},$$

故由比较判别法极限形式以及 p- 级数的敛散性, 级数 $\sum\limits_{n=1}^{\infty}\dfrac{(n+1)^\alpha-n^\alpha}{n^\beta}$ 是收敛的, 当且仅当 $\beta-\alpha+1>1$,即当且仅当$\beta>\alpha$.

(2) 级数 $\sum\limits_{n=1}^{\infty}(-1)^n\dfrac{(n+1)^\alpha-n^\alpha}{n^\beta}$ 可写成 $\sum\limits_{n=1}^{\infty}(-1)^n a_n$, 它是一个交错级数.

当 $\beta-\alpha+1\leqslant 0$ 时, 级数 $\sum\limits_{n=1}^{\infty}(-1)^n\dfrac{(n+1)^\alpha-n^\alpha}{n^\beta}$ 的通项不趋于零, 它是发散的.

当 $\beta-\alpha+1>0$ 时, $\beta-\alpha+2>1$, 且当 $n\to\infty$ 时, 级数 (2) 的通项 $(-1)^n a_n$ 满足

$$\begin{aligned}(-1)^n a_n&=(-1)^n\cdot\frac{\left(1+\dfrac{1}{n}\right)^\alpha-1}{n^{\beta-\alpha}}=(-1)^n\cdot\frac{\dfrac{\alpha}{n}+O\left(\dfrac{1}{n^2}\right)}{n^{\beta-\alpha}}\\&=(-1)^n\cdot\frac{\alpha}{n^{\beta-\alpha+1}}+O\left(\frac{1}{n^{\beta-\alpha+2}}\right),\end{aligned}$$

此时, $\sum\limits_{n=1}^{\infty}(-1)^n\cdot\dfrac{\alpha}{n^{\beta-\alpha+1}}$ 是一个莱布尼茨级数, 它是收敛的; 由 $\beta-\alpha+2>1$, p- 级数的敛散性以及魏尔斯特拉斯判别法知, $\sum\limits_{n=1}^{\infty}O\left(\dfrac{1}{n^{\beta-\alpha+2}}\right)$ 绝对收敛.

由收敛级数的线性性, 当 $\beta-\alpha+1>0$ 时, 级数 (2) 收敛.

综上所述, 级数 $\sum\limits_{n=1}^{\infty}(-1)^n\dfrac{(n+1)^\alpha-n^\alpha}{n^\beta}$ 是收敛的, 当且仅当 $\beta>\alpha-1$.

思考题 用上例的方法可证下述两题, 其中第 2 题需要用 $g(x)$ 的足够高阶的带控制符余项的麦克劳林展开式, 使得余项绝对收敛.

1. 假设 $f(x)$ 是定义在区间 $[-1,1]$ 上的函数, 满足 $f(x)$ 在 $x=0$ 处二阶可导, $f(0)=0,f'(0)\neq 0$, 试分别证明:

(1) 级数 $\sum\limits_{n=1}^{\infty}\dfrac{1}{n^a}\cdot f\left(\dfrac{1}{n}\right)$ 收敛, 当且仅当 $a>0$.

(2) 级数 $\sum\limits_{n=1}^{\infty}(-1)^n\cdot\dfrac{1}{n^a}\cdot f\left(\dfrac{1}{n}\right)$ 收敛, 当且仅当 $a>-1$.

2. 假设 $g(x)\in C^\infty(-2,2),g(0)=0,\alpha>0$, 试证: 级数$\sum\limits_{n=1}^{\infty}(-1)^n\cdot g\left(\dfrac{1}{n^\alpha}\right)$收敛.

例 158　试证：级数 $\sum\limits_{n=2}^{\infty}\dfrac{1}{n^{\alpha}\cdot(\ln n)^{\beta}}$ 是收敛的，当且仅当 $\alpha>1$，或 $\alpha=1$ 但 $\beta>1$.

分析　让题中级数同 p- 级数作比较. 具体地，当 $\alpha\neq1$ 时，使用正项级数比较判别法的极限形式来完成证明；当 $\alpha=1$ 时，使用正项级数的柯西积分判别法来完成证明.

证明　(1) 当 $\alpha>1$ 时，选取一个实数 α_0 使 $\alpha>\alpha_0>1$，此时，p- 级数 $\sum\limits_{n=2}^{\infty}\dfrac{1}{n^{\alpha_0}}$ 收敛. 另有

$$\lim_{n\to\infty}\frac{\dfrac{1}{n^{\alpha}\cdot(\ln n)^{\beta}}}{\dfrac{1}{n^{\alpha_0}}}=\lim_{n\to\infty}\frac{1}{n^{\alpha-\alpha_0}\cdot(\ln n)^{\beta}}=0,$$

故由比较判别法极限形式知，当 $\alpha>1$ 时，级数 $\sum\limits_{n=2}^{\infty}\dfrac{1}{n^{\alpha}\cdot(\ln n)^{\beta}}$ 收敛.

(2) 当 $\alpha<1$ 时，选取一个实数 α_1 使 $\alpha<\alpha_1<1$，此时，p- 级数 $\sum\limits_{n=2}^{\infty}\dfrac{1}{n^{\alpha_1}}$ 发散. 另有

$$\lim_{n\to\infty}\frac{\dfrac{1}{n^{\alpha}\cdot(\ln n)^{\beta}}}{\dfrac{1}{n^{\alpha_1}}}=\lim_{n\to\infty}\frac{n^{\alpha_1-\alpha}}{(\ln n)^{\beta}}=+\infty,$$

故由比较判别法极限形式知，当 $\alpha<1$ 时，级数 $\sum\limits_{n=2}^{\infty}\dfrac{1}{n^{\alpha}\cdot(\ln n)^{\beta}}$ 发散.

(3) 当 $\alpha=1,\beta\leqslant0$ 时，$\dfrac{1}{n\cdot(\ln n)^{\beta}}\geqslant\dfrac{1}{n}$，而级数 $\sum\limits_{n=2}^{\infty}\dfrac{1}{n}$ 发散，故当 $\alpha=1,\beta\leqslant0$ 时，级数 $\sum\limits_{n=2}^{\infty}\dfrac{1}{n^{\alpha}\cdot(\ln n)^{\beta}}$ 发散.

当 $\alpha=1,\beta>0$ 时，级数 $\sum\limits_{n=2}^{\infty}\dfrac{1}{n\cdot(\ln n)^{\beta}}$ 与积分 $\displaystyle\int_2^{+\infty}\frac{1}{x(\ln x)^{\beta}}\mathrm{d}x=\int_{\ln2}^{+\infty}\frac{1}{t^{\beta}}\mathrm{d}t$ 同敛散. 此时，仅当 $\beta>1$ 时才收敛.

综合上述 (1),(2),(3) 三种情况，题中结论成立.

例 159　(正项级数比较判别法的比值形式)

设有两个正项级数 $\sum\limits_{n=1}^{\infty}a_n$ 和 $\sum\limits_{n=1}^{\infty}b_n$，满足 $a_n,\ b_n>0$，且从某项起有 $\dfrac{a_{n+1}}{a_n}\leqslant$

$\dfrac{b_{n+1}}{b_n}$. 试证：若 $\sum\limits_{n=1}^{\infty} b_n$ 收敛, 则 $\sum\limits_{n=1}^{\infty} a_n$ 也收敛；若 $\sum\limits_{n=1}^{\infty} a_n$ 发散, 则 $\sum\limits_{n=1}^{\infty} b_n$ 必发散.

证明 由于改变级数的有限项, 不会改变级数的敛散性, 因此不妨设从第一项起有

$$\frac{a_{n+1}}{a_n} \leqslant \frac{b_{n+1}}{b_n} \quad \left(\Longleftrightarrow \frac{a_{n+1}}{b_{n+1}} \leqslant \frac{a_n}{b_n}\right).$$

若令正数 $p=\dfrac{a_1}{b_1}$, 则有

$$\frac{a_n}{b_n} \leqslant \frac{a_{n-1}}{b_{n-1}} \leqslant \cdots \leqslant \frac{a_2}{b_2} \leqslant \frac{a_1}{b_1} = p \implies a_n \leqslant p \cdot b_n \quad (n=1,2,\cdots),$$

从上述最后一个不等式就可推知题中所需结论.

例 160 (拉阿伯 (Raabe) 判别法) 设正项级数 $\sum\limits_{n=1}^{\infty} u_n$ 的通项 $u_n>0$, 那么:

(1) 如果从某项起有 $n\left(\dfrac{u_n}{u_{n+1}}-1\right) \geqslant \gamma > 1$, 则 $\sum\limits_{n=1}^{\infty} u_n$ 收敛.

(2) 如果从某项起有 $n\left(\dfrac{u_n}{u_{n+1}}-1\right) \leqslant 1$, 则 $\sum\limits_{n=1}^{\infty} u_n$ 发散.

分析 利用正项级数比较判别法的比值形式, 让正项级数 $\sum\limits_{n=1}^{\infty} u_n$ 同 p- 级数作比较.

证明 (1) 选取一个实数 a 满足 $\gamma > a > 1$, 并记 $v_n=\dfrac{1}{n^a}$, 则 $\sum\limits_{n=1}^{\infty} v_n$ 收敛, 且 $\gamma - a > 0$. 有

$$\frac{v_n}{v_{n+1}} = \frac{\dfrac{1}{n^a}}{\dfrac{1}{(n+1)^a}} = \left(1+\frac{1}{n}\right)^a = 1 + a\cdot\frac{1}{n} + o\left(\frac{1}{n}\right) \quad (n\to\infty).$$

另由题中条件, 从某项起 $\dfrac{u_n}{u_{n+1}} \geqslant 1+\gamma\cdot\dfrac{1}{n}$, 故从该项起

$$\begin{aligned}\frac{u_n}{u_{n+1}} - \frac{v_n}{v_{n+1}} &\geqslant \left(1+\gamma\cdot\frac{1}{n}\right) - \left[1+a\cdot\frac{1}{n}+o\left(\frac{1}{n}\right)\right] \\ &= (\gamma-a)\cdot\frac{1}{n} - o\left(\frac{1}{n}\right) \\ &= \frac{1}{n}\cdot[(\gamma-a)-o(1)] \quad (n\to\infty).\end{aligned}$$

由数列极限的保序性, 当 n 足够大时, $(\gamma-a)-o(1)$ 取正值, 因而, 当 n 足够大时, 有

$$\frac{u_n}{u_{n+1}}-\frac{v_n}{v_{n+1}}>0\Longleftrightarrow\frac{u_{n+1}}{u_n}<\frac{v_{n+1}}{v_n},$$

利用比较判别法的比值形式, 即知级数 $\sum\limits_{n=1}^{\infty}u_n$ 收敛.

(2) 由题中条件, 从某项起

$$\frac{u_n}{u_{n+1}}\leqslant 1+\frac{1}{n}=\frac{n+1}{n}=\frac{\frac{1}{n}}{\frac{1}{n+1}}\quad\Longleftrightarrow\quad\frac{u_{n+1}}{u_n}\geqslant\frac{\frac{1}{n+1}}{\frac{1}{n}},$$

而级数 $\sum\limits_{n=1}^{\infty}\frac{1}{n}$ 是发散的, 故利用比较判别法的比值形式, 即知级数 $\sum\limits_{n=1}^{\infty}u_n$ 发散.

例 161　(Gauss 判别法) 设正项级数 $\sum\limits_{n=1}^{\infty}a_n$ 满足

$$\frac{a_n}{a_{n+1}}=1+\frac{1}{n}+\frac{\beta}{n\ln n}+o\left(\frac{1}{n\ln n}\right)\quad(n\to+\infty),$$

则当 $\beta>1$ 时, 级数收敛; $\beta<1$ 时, 级数发散.

证明　当 $\beta>1$ 时, 取 $\alpha\in(1,\beta)$ 并令 $b_n=\frac{1}{n\ln^\alpha n}$. 由 Cauchy 积分判别法知 $\sum\limits_{n=1}^{\infty}b_n$ 收敛. 且

$$\frac{b_n}{b_{n+1}}=\left(1+\frac{1}{n}\right)\left(1+\frac{\ln\left(1+\frac{1}{n}\right)}{\ln n}\right)^{\alpha}=1+\frac{1}{n}+\frac{\alpha}{n\ln n}+o\left(\frac{1}{n\ln n}\right),$$

由 $\alpha<\beta$ 知, 当 n 充分大时, $\frac{b_n}{b_{n+1}}<1+\frac{1}{n}+\frac{\beta}{n\ln n}+o\left(\frac{1}{n\ln n}\right)=\frac{a_n}{a_{n+1}}$, 即 $\frac{a_{n+1}}{a_n}<\frac{b_{n+1}}{b_n}$.

由正项级数比较判别法的比值形式知, $\sum\limits_{n=1}^{\infty}a_n$ 收敛.

当 $\beta<1$ 时, 取 $\alpha\in(\beta,1)$, 并取 $b_n=\frac{1}{n\ln^\alpha n}$. 由 Cauchy 积分判别法知 $\sum\limits_{n=1}^{\infty}b_n$

发散. 类似可得 $\dfrac{a_{n+1}}{a_n} > \dfrac{b_{n+1}}{b_n}$. 若 $\sum\limits_{n=1}^{\infty} a_n$ 收敛, 则由正项级数比较判别法的比值形式知,$\sum\limits_{n=1}^{\infty} b_n = \sum\limits_{n=1}^{\infty} \dfrac{1}{n\ln^{\alpha} n}$ 收敛, 这与 $\alpha < 1$ 矛盾. 故 $\beta < 1$ 时，级数发散.

注记 本质上, 柯西根值判别法与达朗贝尔比值判别法, 来自于将一个正项级数同正项几何级数做比较; 拉阿伯判别法是将一个正项级数同 p- 级数做比较; 而高斯判别法是将正项级数同级数 $\sum\limits_{n=2}^{\infty} \dfrac{1}{n(\ln n)^{\beta}}$ 进行比较.

例 162 (库默尔 (Kummer) 判别法) 设有正数数项级数 $\sum\limits_{n=1}^{\infty} a_n$ 以及正数列 $\{b_n\}_{n=1}^{\infty}$, 满足 $\sum\limits_{n=1}^{\infty} \dfrac{1}{b_n}$ 发散, 那么:

(1) 如果存在 $\delta > 0$, 使得当 n 足够大时, $b_n - b_{n+1} \cdot \dfrac{a_{n+1}}{a_n} \geqslant \delta$, 则级数 $\sum\limits_{n=1}^{\infty} a_n$ 收敛.

(2) 如果当 n 足够大时, $b_n - b_{n+1} \cdot \dfrac{a_{n+1}}{a_n} \leqslant 0$, 则级数 $\sum\limits_{n=1}^{\infty} a_n$ 发散.

证明 (1) 不妨设从第一项起, $b_n a_n - b_{n+1} a_{n+1} \geqslant \delta a_n$ (> 0), 因而 $\{b_n a_n\}_{n=1}^{\infty}$ 是一个严格单调递减的正数列, 由部分和有界性判别法, 级数 $\sum\limits_{n=1}^{\infty} (b_n a_n - b_{n+1} a_{n+1})$ 收敛. 现在利用不等式 $b_n a_n - b_{n+1} a_{n+1} \geqslant \delta a_n$, 并利用比较判别法, 推知级数 $\sum\limits_{n=1}^{\infty} a_n$ 自身收敛.

(2) 当 n 足够大时, $b_n - b_{n+1} \cdot \dfrac{a_{n+1}}{a_n} \leqslant 0 \Longrightarrow \dfrac{b_n}{b_{n+1}} \leqslant \dfrac{a_{n+1}}{a_n} \Longrightarrow \dfrac{\frac{1}{b_{n+1}}}{\frac{1}{b_n}} \leqslant \dfrac{a_{n+1}}{a_n}$.

利用 $\sum\limits_{n=1}^{\infty} \dfrac{1}{b_n}$ 发散, 即从正项级数比较判别法的比值形式推知级数 $\sum\limits_{n=1}^{\infty} a_n$ 发散.

注记 在库默尔判别法中, 令所有 $b_n = 1$, 就推出柯西根值判别法与达朗贝尔比值判别法; 令 $b_n = n, n = 1, 2, \cdots$, 就可得到一个与拉阿伯判别法等效的判别法.

例 163 设正项级数 $\sum\limits_{n=1}^{\infty} a_n$ 收敛, 证明: 存在收敛的正项级数 $\sum\limits_{n=1}^{\infty} b_n$, 使得 $\lim\limits_{n\to\infty} \dfrac{a_n}{b_n} = 0$.

证明 设 $\sum\limits_{n=1}^{\infty} a_n = S$, 令 $S_n = \sum\limits_{k=1}^{n} a_k$, $S_0 = 0$, $\beta_n = S - S_{n-1}$, 则 $\beta_n > 0$, 且单

调递减趋于零 $\lim\limits_{n\to\infty}\beta_n=0$. $\beta_n-\beta_{n+1}=S_n-S_{n-1}=a_n$.

令 $b_n=\sqrt{\beta_n}-\sqrt{\beta_{n+1}}$, 则 $b_n>0$, 且

$$\sum_{k=1}^{n}b_k=\sqrt{\beta_1}-\sqrt{\beta_{n+1}}\to\sqrt{\beta_1}\qquad(n\to\infty),$$

即正项级数 $\sum\limits_{n=1}^{\infty}b_n$ 收敛.

$$\frac{a_n}{b_n}=\frac{a_n}{\sqrt{\beta_n}-\sqrt{\beta_{n+1}}}=\frac{a_n(\sqrt{\beta_n}+\sqrt{\beta_{n+1}})}{\beta_n-\beta_{n+1}}=\sqrt{\beta_n}+\sqrt{\beta_{n+1}}\to 0\qquad(n\to\infty).$$

注记　此例说明对于收敛的正项级数，不存在收敛速度最慢的级数.

例 164　设正项级数 $\sum\limits_{n=1}^{\infty}a_n$ 的通项 $a_n>0$, 并记部分和 $S_n=\sum\limits_{k=1}^{n}a_k$, 试证:

(1) 若 $\sum\limits_{n=1}^{\infty}a_n$ 收敛, 则对任意实数 p, 级数 $\sum\limits_{n=1}^{\infty}\frac{a_n}{S_n^p}=\sum\limits_{n=1}^{\infty}\frac{a_n}{(a_1+a_2+\cdots+a_n)^p}$ 也收敛.

(2) 若 $p>1$, 则无论 $\sum\limits_{n=1}^{\infty}a_n$ 收敛与否, 级数 $\sum\limits_{n=1}^{\infty}\frac{a_n}{S_n^p}$ 总是收敛的.

(3) 若 $p\leqslant 1$ 且级数 $\sum\limits_{n=1}^{\infty}a_n$ 发散, 则级数 $\sum\limits_{n=1}^{\infty}\frac{a_n}{S_n^p}$ 也发散.

分析　使用比较判别法来处理三个小题, 其中的 (2) 还特别采用柯西积分判别法的思想方法, 即让正项级数同非负函数的积分 (比如无穷区间的 p- 积分) 作比较.

证明　记

$$b_n=\frac{a_n}{(a_1+a_2+\cdots+a_n)^p}=\frac{a_n}{S_n^p}=\frac{S_n-S_{n-1}}{S_n^p}\quad(n=1,2,\cdots).$$

(1) 假设级数 $\sum\limits_{n=1}^{\infty}a_n$ 收敛到 $S\ (>0)$, 则有限极限 $\lim\limits_{n\to\infty}\frac{a_n}{b_n}=\lim\limits_{n\to\infty}S_n^p=S^p>0$. 从正项级数比较判别法的极限形式, 便知级数 $\sum\limits_{n=1}^{\infty}b_n$ 与 $\sum\limits_{n=1}^{\infty}a_n$ 一同收敛.

(2) 当 $p>1$ 时, 有收敛的 p- 积分 $I=\int_{a_1}^{+\infty}\frac{1}{x^p}\mathrm{d}x$, 并由积分的保序性得

$$b_n=\frac{S_n-S_{n-1}}{S_n^p}<I_n=\int_{S_{n-1}}^{S_n}\frac{1}{x^p}\mathrm{d}x\quad(n=2,3,\cdots).$$

由于正项级数 $\sum_{n=2}^{\infty} I_n$ 的部分和总是小于 I, 故 $\sum_{n=2}^{\infty} I_n$ 收敛. 由上式以及比较判别法推知级数 $\sum_{n=1}^{\infty} b_n$ 也收敛. 总之, 当 $p>1$ 时, 级数 $\sum_{n=1}^{\infty} \frac{a_n}{S_n^p}$ 总是收敛的.

(3) 假设 $p \leqslant 1$ 且级数 $\sum_{n=1}^{\infty} a_n$ 发散, 则当 n 足够大时,

$$S_n > 1, \quad \text{且} \quad \frac{a_n}{S_n^p} \geqslant \frac{a_n}{S_n}.$$

因而由比较判别法, 只需要证明当 $\sum_{n=1}^{\infty} a_n$ 发散时, 级数 $\sum_{n=1}^{\infty} \frac{a_n}{S_n}$ 也发散, 即可完成对结论 (3) 的证明. 下证此.

实际上, 当 $\sum_{n=1}^{\infty} a_n$ 发散时, 其部分和 S_n 发散到 $+\infty$, 因而对任给的自然数 n, 存在足够大的自然数 q, 使得

$$\sum_{k=n+1}^{n+q} \frac{a_k}{S_k} \geqslant \frac{1}{S_{n+q}} \cdot \sum_{k=n+1}^{n+q} a_k = \frac{S_{n+q}-S_n}{S_{n+q}} = 1 - \frac{S_n}{S_{n+q}} > \frac{1}{2},$$

故由柯西收敛准则推知, 级数 $\sum_{n=1}^{\infty} \frac{a_n}{S_n}$ 发散. 总之, 当 $p \leqslant 1$ 且级数 $\sum_{n=1}^{\infty} a_n$ 发散时, 级数 $\sum_{n=1}^{\infty} \frac{a_n}{S_n^p}$ 也发散.

例 165 设 $\{a_n\}$ 是单调递增的正数列, 函数 $f(x)$ 在 $[a_1,+\infty)$ 大于零且单调递增, 又

$$\int_{a_1}^{+\infty} \frac{1}{xf(x)} \mathrm{d}x < +\infty.$$

(1) 求证: 级数 $\sum_{n=1}^{\infty} \frac{a_{n+1}-a_n}{a_{n+1}f(a_{n+1})}$ 收敛.

(2) 求证: 级数 $\sum_{n=1}^{\infty} \frac{a_{n+1}-a_n}{a_{n+1}f(a_n)}$ 收敛.

证明 (1) 由已知条件可设 $\int_{a_1}^{+\infty} \frac{1}{xf(x)} \mathrm{d}x < +\infty < M$, 因此

$$\begin{aligned}\sum_{n=1}^{m} \frac{a_{n+1}-a_n}{a_{n+1}f(a_{n+1})} &= \sum_{n=1}^{m} \int_{a_n}^{a_{n+1}} \frac{1}{a_{n+1}f(a_{n+1})} \mathrm{d}x \\ &\leqslant \sum_{n=1}^{m} \int_{a_n}^{a_{n+1}} \frac{1}{xf(x)} \mathrm{d}x = \int_{a_1}^{a_{n+1}} \frac{1}{xf(x)} \mathrm{d}x < M.\end{aligned}$$

因此级数 $\sum_{n=1}^{\infty}\frac{a_{n+1}-a_n}{a_{n+1}f(a_{n+1})}$ 收敛.

(2) 由于

$$\begin{aligned}\sum_{n=1}^{m}\frac{a_{n+1}-a_n}{a_{n+1}f(a_n)}&=\sum_{n=1}^{m}\frac{a_{n+1}-a_n}{a_{n+1}}\left(\frac{1}{f(a_{n+1})}+\frac{1}{f(a_n)}-\frac{1}{f(a_{n+1})}\right)\\&=\sum_{n=1}^{m}\frac{a_{n+1}-a_n}{a_{n+1}f(a_{n+1})}+\sum_{n=1}^{m}\frac{a_{n+1}-a_n}{a_{n+1}}\left(\frac{1}{f(a_n)}-\frac{1}{f(a_{n+1})}\right)\\&\leqslant M+\sum_{n=1}^{m}\left(\frac{1}{f(a_{n+1})}+\frac{1}{f(a_n)}-\frac{1}{f(a_{n+1})}\right)\leqslant M+\frac{1}{f(a_1)}.\end{aligned}$$

故级数 $\sum_{n=1}^{\infty}\frac{a_{n+1}-a_n}{a_{n+1}f(a_n)}$ 收敛.

例 166 设 $u_n=\int_0^1\frac{\mathrm{d}t}{(1+t^4)^n}\ (n\geqslant 1)$.

(1) 证明数列 $\{u_n\}$ 收敛, 并求极限 $\lim\limits_{n\to\infty}u_n$;

(2) 证明级数 $\sum_{n=1}^{\infty}(-1)^n u_n$ 条件收敛;

(3) 证明当 $p\geqslant 1$ 时级数 $\sum_{n=1}^{\infty}\frac{u_n}{n^p}$ 收敛.

证明 (1) 对 $\forall\varepsilon>0$, 取 $0<a<\frac{\varepsilon}{2}$, 有

$$u_n=\int_0^a\frac{\mathrm{d}t}{(1+t^4)^n}+\int_a^1\frac{\mathrm{d}t}{(1+t^4)^n}<a+\frac{1-a}{(1+a^4)^n}<a+\frac{1}{(1+a^4)^n},$$

由于当 $n\to\infty$ 时, $\frac{1}{(1+a^4)^n}\to 0$, 所以 $\exists n\in\mathbb{Z}^+$, 当 $n>N$ 时,

$$u_n=\int_a^1\frac{\mathrm{d}t}{(1+t^4)^n}<\frac{\varepsilon}{2}.$$

从而有

$$0<u_n<a+\frac{1}{(1+a^4)^n}<\frac{\varepsilon}{2}+\frac{\varepsilon}{2}<\varepsilon.$$

即 $\lim\limits_{n\to\infty}u_n=0$.

(2) 显然有

$$0<u_{n+1}=\int_0^1\frac{\mathrm{d}t}{(1+t^4)^{n+1}}\leqslant\int_0^1\frac{\mathrm{d}t}{(1+t^4)^n}=u_n,$$

即 $\{u_n\}$ 单调递减, 又趋于 0, 故由莱布尼茨判别法知级数 $\sum\limits_{n=1}^{\infty}(-1)^n u_n$ 收敛. 另一方面, 当 $n\geqslant 2$ 时,

$$u_n=\int_0^1\frac{\mathrm{d}t}{(1+t^4)^n}\geqslant\int_0^1\frac{\mathrm{d}t}{(1+t)^n}=\frac{1}{n-1}(1-2^{1-n}),$$

由于 $\sum\limits_{n=2}^{\infty}\frac{1}{n-1}$ 发散, $\sum\limits_{n=1}^{\infty}\frac{1}{(n-1)2^{n-1}}$ 收敛, 所以 $\sum\limits_{n=2}^{\infty}\frac{1}{n-1}(1-2^{1-n})$ 发散, 从而 $\sum\limits_{n=1}^{\infty}u_n$ 发散. 因此 $\sum\limits_{n=1}^{\infty}(-1)^n u_n$ 条件收敛.

(3) 当 $p\geqslant 1$ 时, $\frac{u_n}{n^p}\leqslant\frac{u_n}{n}$.

$$\begin{aligned}u_n=\int_0^1\frac{\mathrm{d}t}{(1+t^4)^n}&=\frac{t}{(1+t^4)^n}\bigg|_0^1+n\int_0^1\frac{4t^4}{(1+t^4)^{n+1}}\mathrm{d}t\\&=\frac{1}{2^n}+4n(u_n-u_{n+1}),\end{aligned}$$

所以

$$\sum_{n=1}^{\infty}\frac{u_n}{n}=\sum_{n=1}^{\infty}\frac{1}{n2^n}+4\sum_{n=1}^{\infty}(u_n-u_{n+1})=\sum_{n=1}^{\infty}\frac{1}{n2^n}+4u_1$$

因此 $\sum\limits_{n=1}^{\infty}\frac{u_n}{n}$ 收敛, 由正项级数的比较判别法知级数 $\sum\limits_{n=1}^{\infty}\frac{u_n}{n^p}$ 收敛.

例 167 已知常数 q 满足 $0<q<1$, 正数列 $\{x_n\}_{n=1}^{\infty}$ 满足

$$0<x_1<1,\quad 0<x_{n+1}\leqslant x_n-x_n^{2-q}\quad(n=1,2,\cdots),$$

试证: 级数 $\sum\limits_{n=1}^{\infty}x_n$ 收敛.

证明 证法 1 (使用伯努利 (Bernoulli) 不等式: 当 $0<q<1,-1<t\neq 0$ 时, $(1+t)^q<1+qt$)

由已知易知 $\{x_n\}_{n=1}^{\infty}$ 严格单调递减, 并有 $0<x_n<1,x_{n+1}\leqslant x_n(1-x_n^{1-q})$, 或

$$x_{n+1}^q\leqslant x_n^q(1-x_n^{1-q})^q<x_n^q(1-qx_n^{1-q})=x_n^q-qx_n\Longrightarrow qx_n<x_n^q-x_{n+1}^q\quad(n=1,2,\cdots).$$

因而, $q\cdot\sum\limits_{k=1}^{n}x_k<\sum\limits_{k=1}^{n}(x_k^q-x_{k+1}^q)=x_1^q-x_{n+1}^q<x_1^q,n=1,2,\cdots$, 从部分和有界性判别法知, 级数 $\sum\limits_{n=1}^{\infty}x_n$ 收敛.

证法 2　(利用 $0<q<1$, 并让正项级数 $\sum\limits_{n=1}^{\infty}x_n$ 同收敛的瑕 p- 积分 $\int_0^1\dfrac{1}{t^{1-q}}\mathrm{d}t$ 作比较)

$\{x_n\}_{n=1}^{\infty}$ 严格单调递减, 并有 $0<x_n<1$, $x_n^{2-q}\leqslant x_n-x_{n+1}$, 由积分的保序性知

$$x_n\leqslant\frac{1}{x_n^{1-q}}\cdot(x_n-x_{n+1})<\int_{x_{n+1}}^{x_n}\frac{1}{t^{1-q}}\mathrm{d}t\quad(n=1,2,\cdots).$$

利用比较判别法, 从级数 $\sum\limits_{n=1}^{\infty}\int_{x_{n+1}}^{x_n}\dfrac{1}{t^{1-q}}\mathrm{d}t$ 收敛, 就推知级数 $\sum\limits_{n=1}^{\infty}x_n$ 也收敛.

例 168　已知 $0<a_1<a_2, a_n=a_{n-1}+a_{n-2}, n=3,4,\cdots$, 试证: 级数 $\sum\limits_{n=1}^{\infty}\dfrac{1}{a_n}$ 收敛.

证明　易见, 正数列 $\{a_n\}_{n=1}^{\infty}$ 严格单调递增, 且当 $n=3,4,\cdots$ 时, 可先后证得

$$a_{n-1}>\frac{1}{2}a_n,\quad a_{n+1}=a_n+a_{n-1}>a_n+\frac{1}{2}a_n=\frac{3}{2}a_n,\quad 即\quad \frac{\dfrac{1}{a_{n+1}}}{\dfrac{1}{a_n}}=\frac{a_n}{a_{n+1}}<\frac{2}{3}.$$

从上述最后一式以及达朗贝尔比值判别法推知, 级数 $\sum\limits_{n=1}^{\infty}\dfrac{1}{a_n}$ 收敛.

例 169　(1) 设级数 $\sum\limits_{n=1}^{\infty}a_n$ 绝对收敛, 而数列 $\{r_n\}_{n=1}^{\infty}$ 趋于零, 试证:

$$\lim_{n\to\infty}(a_1r_n+a_2r_{n-1}+\cdots+a_{n-1}r_2+a_nr_1)=0.$$

(2) 设级数 $\sum\limits_{n=1}^{\infty}a_n$ 绝对收敛并收敛到 A, 级数 $\sum\limits_{n=1}^{\infty}b_n$ 收敛到 B, 试证: 它们的柯西乘积级数 $\sum\limits_{n=1}^{\infty}c_n$ 收敛到 AB, 其中 $c_n=a_1b_n+a_2b_{n-1}+\cdots+a_{n-1}b_2+a_nb_1, n=1,2,\cdots$.

证明　(1) 由题中条件, 存在正常数 M, 使得 $\sum\limits_{n=1}^{\infty}|a_n|\leqslant M$, 且 $|r_n|\leqslant M, n=1,2,\cdots$.

对任给的正数 ε, 存在足够大的正整数 k 使得下述两条皆成立 (其中的①来自于级数的柯西收敛准则, ②来自于 $\lim\limits_{n\to\infty}r_n=0$):

① $n \geqslant k$ 时, 对所有正整数 p 都有 $\sum\limits_{i=n+1}^{n+p} |a_i| < \varepsilon$.

② 当 $n \geqslant k$ 时, $|r_n| < \varepsilon$.

故当 $n \geqslant 2k$ 时, $n+1-k > k$ 且

$$\begin{aligned}
&|a_1 r_n + a_2 r_{n-1} + \cdots + a_{n-1} r_2 + a_n r_1| \\
&\leqslant (|a_1 r_n| + |a_2 r_{n-1}| + \cdots + |a_k r_{n+1-k}|) \\
&\quad + (|a_{k+1} r_{n+1-k-1}| + |a_{k+2} r_{n+1-k-2}| + \cdots + |a_{n-1} r_2| + |a_n r_1|) \\
&\leqslant (|a_1| + |a_2| + \cdots + |a_k|)\varepsilon + (|a_{k+1}| + |a_{k+2}| + \cdots + |a_{n-1}| + |a_n|)M \\
&\leqslant M\varepsilon + \varepsilon M = 2M\varepsilon,
\end{aligned}$$

即得

$$\lim_{n\to\infty} (a_1 r_n + a_2 r_{n-1} + \cdots + a_{n-1} r_2 + a_n r_1) = 0.$$

(2) 记部分和 $B_n = \sum\limits_{i=1}^{n} b_i$, 余和 $r_n = B - B_n = \sum\limits_{i=n+1}^{\infty} b_i$, 有 $B_n = B - r_n$, $\lim\limits_{n\to\infty} r_n = 0$, 并可算得柯西乘积级数的部分和

$$\begin{aligned}
C_n &= \sum_{i=1}^{n} c_i = a_1 B_n + a_2 B_{n-1} + \cdots + a_{n-1} B_2 + a_n B_1 \\
&= a_1(B - r_n) + a_2(B - r_{n-1}) + \cdots + a_{n-1}(B - r_2) + a_n(B - r_1) \\
&= (a_1 + a_2 + \cdots + a_{n-1} + a_n)B - (a_1 r_n + a_2 r_{n-1} + \cdots + a_{n-1} r_2 + a_n r_1),
\end{aligned}$$

利用 (1) 的现成结论, 便从上式推出 $\lim\limits_{n\to\infty} C_n = AB$, 也就是级数 $\sum\limits_{n=1}^{\infty} c_n$ 收敛到 AB.

例 170 对 $p > 0$, 记级数 $S : \sum\limits_{n=1}^{\infty} \dfrac{(-1)^{[\sqrt{n}]}}{n^p}$, 试证 S 是收敛的, 当且仅当 $p > \dfrac{1}{2}$.

证明 将 S 同号的相邻有限项结合在一起, 形成与 S 同敛散的新级数 $S' : \sum\limits_{n=1}^{\infty} (-1)^n b_n$, 其中 b_n 满足

$$\frac{2n+1}{(n+1)^{2p}} < b_n = \frac{1}{(n^2)^p} + \frac{1}{(n^2+1)^p} + \frac{1}{(n^2+2)^p} + \cdots + \frac{1}{(n^2+2n)^p}$$

$$=\sum_{k=n^2}^{n^2+2n}\frac{1}{k^p}<\frac{2n+1}{n^{2p}},$$

即

$$a_n=\frac{2n+1}{(n+1)^{2p}}<b_n<c_n=\frac{2n+1}{n^{2p}}\quad (n=1,2,\cdots).$$

(1) 当 $p\leqslant\dfrac{1}{2}$ 时, 由上式以及夹逼定理知, $\lim\limits_{n\to\infty}b_n=0$ 不成立, 故 S 与 S' 皆发散.

(2) 当 $p>\dfrac{1}{2}$ 时, S' 的通项

$$(-1)^nb_n=(-1)^n(b_n-c_n)+(-1)^nc_n=(-1)^n(b_n-c_n)+(-1)^n\frac{2}{n^{2p-1}}+(-1)^n\frac{1}{n^{2p}}.$$

由于级数 $\sum\limits_{n=1}^{\infty}(-1)^nc_n$ 可被分拆为两个莱布尼茨级数之和, 因而它收敛.

另一方面, 由绝对值的估计

$$|(-1)^n(b_n-c_n)|<c_n-a_n=\frac{2n+1}{(n+1)^{2p}}\cdot\left[\left(1+\frac{1}{n}\right)^{2p}-1\right]\sim\frac{4p}{n^{2p}}\quad (n\to\infty),$$

利用 $2p>1$ 以及正项级数比较判别法, 推知级数 $\sum\limits_{n=1}^{\infty}(-1)^n(b_n-c_n)$ 绝对收敛, 故由收敛级数的线性性, 当 $p>\dfrac{1}{2}$ 时, S 与 S' 皆收敛.

总之, 级数 $\sum\limits_{n=1}^{\infty}\dfrac{(-1)^{[\sqrt{n}]}}{n^p}$ 是收敛的, 当且仅当 $p>\dfrac{1}{2}$.

注记 (1) 类似可证, 级数 $\sum\limits_{n=1}^{\infty}\dfrac{(-1)^{[\sqrt[k]{n}]}}{n^p}$ 是收敛的, 当且仅当 $p>\dfrac{k-1}{k},k=1,2,\cdots$.

(2) 在讨论一个级数 $\sum\limits_{n=1}^{\infty}x_n$ 的敛散性时, 可构造与 x_n 很接近的 x'_n, 使得级数 $\sum\limits_{n=1}^{\infty}(x_n-x'_n)$ 收敛, 这样原问题就转化为讨论级数 $\sum\limits_{n=1}^{\infty}x'_n$ 的敛散性, 这是一个重要而常用的方法.

小　结

1. 数项级数收敛 (以及绝对收敛与条件收敛) 的定义.

2. 正项级数敛散判别法:

部分和有界性判别法、比较判别法、柯西根值判别法、达朗贝尔比值判别法、柯西积分判别法.

3. 一般级数敛散判别法:

莱布尼茨判别法、柯西收敛准则、魏尔斯特拉斯判别法、乘积项级数的狄利克雷判别法与阿贝尔判别法.

(后三个判别法都是从柯西收敛准则推得的, 其中, 后两个判别法的证明还用到阿贝尔分部求和式及其估算.)

7.2　函数项级数

知识要点

◇ 基本概念与性质

1. 函数列的收敛性

(1) 设有定义在实数集 I_0 中的一列函数 $\{f_n(x)\}_{n=1}^{\infty}$, 称 I_0 是函数列 $\{f_n(x)\}_{n=1}^{\infty}$ 的**定义域**, 称 I_0 的子集

$$I=\left\{t\in I_0\middle|\{f_n(t)\}_{n=1}^{\infty}\text{收敛}\right\}$$

是函数列 $\{f_n(x)\}_{n=1}^{\infty}$ 的**收敛域**.

当 x 在 I 中变化时, 极限值 $\lim\limits_{n\to\infty} f_n(x)$ 依 x 的变化而变化, 记为 $f(x)$, 称它是该函数列的**极限函数**；此时, 称函数列 $\{f_n(x)\}_{n=1}^{\infty}$ **在 I 中逐点收敛**到 $f(x)$, 即

$$\lim_{n\to\infty} f_n(x) = f(x) \quad (x\in I).$$

(2) 设函数列 $\{f_n(x)\}_{n=1}^{\infty}$ 与函数 $f(x)$ 在数集 I 中有定义, 如果对于任给 $\varepsilon>0$, 存在一个仅与 ε 有关的正整数 $N(\varepsilon)$, 使得当 $n>N(\varepsilon)$ 时, 不等式 $|f_n(x)-f(x)|<\varepsilon$ 对所有的 $x\in I$ 都成立, 则称函数列 $\{f_n(x)\}_{n=1}^{\infty}$ **在 I 中一致收敛**于 $f(x)$.

(3) 如果函数列 $\{f_n(x)\}_{n=1}^{\infty}$ 在区间 I 中有定义, 并在 I 的任何有界闭子区间上都是一致收敛的, 则称函数列 $\{f_n(x)\}_{n=1}^{\infty}$ **在区间 I 中内闭一致收敛**.

2. 函数项级数的收敛性

设函数项级数 $\sum\limits_{n=1}^{\infty} u_n(x)$ 的通项 $u_n(x)$ 在数集 I_0 中有定义, 则其部分和函数列 $\left\{S_n(x)=\sum\limits_{k=1}^{n} u_k(x)\right\}_{n=1}^{\infty}$ 在 I_0 中也有定义.

(1) 称部分和函数列 $\{S_n(x)\}_{n=1}^{\infty}$ 的收敛域和极限函数分别是上述**函数项级数的收敛域**与**和函数**.

(2) 若部分和函数列 $\{S_n(x)\}_{n=1}^{\infty}$ 在区间 I 中逐点收敛 (内闭一致收敛, 一致收敛), 那么称上述**函数项级数在区间 I 中逐点收敛** (**内闭一致收敛**, **一致收敛**).

(3) 设函数项级数 $\sum\limits_{n=1}^{\infty} u_n(x)$ 在区间 I 中逐点收敛到 $S(x)$, 则级数 $\sum\limits_{n=1}^{\infty} u_n(x)$ 在 I 中一致收敛的充分必要条件是它的余和函数列 $\{r_n(x)\}_{n=1}^{\infty}$ 在区间 I 中一致收敛于零, 其中余和

$$r_n(x) = S(x)-S_n(x) = \sum_{k=n+1}^{\infty} u_k(x) \quad (x\in I).$$

(4) 假设函数项级数 $\sum\limits_{n=1}^{\infty} u_n(x)$ 在区间 $I=I_1\cup I_2$ 中有定义, 则级数 $\sum\limits_{n=1}^{\infty} u_n(x)$ 在 I 中是一致收敛的, 当且仅当它在 I_k 中都一致收敛, $k=1,2$.

◇ **函数项级数一致收敛的判别法** (关于函数列的一致收敛性有对应的判别法)

1. 柯西收敛准则

函数项级数 $\sum\limits_{n=1}^{\infty}u_n(x)$ 在区间 I 中一致收敛的充分必要条件为：对任给 $\varepsilon>0$, 存在一个仅与 ε 有关的正整数 $N(\varepsilon)$, 使得当 $n>N(\varepsilon)$ 时, 不等式

$$|S_{n+p}(x)-S_n(x)|=\left|\sum_{k=n+1}^{n+p}u_k(x)\right|<\varepsilon$$

对所有的正整数 p 和每个 $x\in I$ 都成立.

推论 1 函数项级数一致收敛的必要条件: 若 $\sum\limits_{n=1}^{\infty}u_n(x)$ 在 I 中一致收敛, 则其通项 $u_n(x)$ 在 I 中一致收敛于零 $(n\to\infty)$.

推论 2 设函数项级数 $\sum\limits_{n=1}^{\infty}u_n(x)$ 在开区间 (a,b) 内有定义, 其通项 $u_n(x)$ 在右端点 b 处的左极限都存在有限. 又若数项级数 $\sum\limits_{n=1}^{\infty}u_n(b-0)$ 发散, 那么函数项级数 $\sum\limits_{n=1}^{\infty}u_n(x)$ 在开区间 (a,b) 内非一致收敛 (关于左端点有对应的结论; 允许 $a=-\infty$ 或 $b=+\infty$).

2. 魏尔斯特拉斯判别法

设函数项级数 $\sum\limits_{n=1}^{\infty}u_n(x)$ 与非负函数项级数 $\sum\limits_{n=1}^{\infty}p_n(x)$ 在 I 中都有定义, 如果从某项起, 不等式 $|u_n(x)|\leqslant p_n(x)$ 对所有 $x\in I$ 成立, 且 $\sum\limits_{n=1}^{\infty}p_n(x)$ 在 I 中一致收敛, 则级数 $\sum\limits_{n=1}^{\infty}u_n(x)$ 在 I 中也一致收敛.

(在上述判别法中, 将 $\sum\limits_{n=1}^{\infty}p_n(x)$ 换写为收敛的正项级数, 显然判别法仍成立.)

3. 狄利克雷判别法

乘积函数项级数 $\sum\limits_{n=1}^{\infty}a_n(x)b_n(x)$ 在 I 上一致收敛, 如果它满足以下两条：

(1) 级数 $\sum\limits_{n=1}^{\infty}a_n(x)$ 的部分和函数列 $\{S_n(x)\}_{n=1}^{\infty}$ 在 I 上一致有界, 即存在一

个与 n 和 x 均无关的常数 $M>0$, 使得 $|S_n(x)|\leqslant M$ 对所有正整数 n 和 $x\in I$ 都成立.

(2) 函数列 $\{b_n(x)\}_{n=1}^{\infty}$ 对于每个 $x\in I$ 都是单调的, 并且在 I 上一致趋于零.

4. 阿贝尔判别法

乘积函数项级数 $\sum\limits_{n=1}^{\infty}a_n(x)b_n(x)$ 在 I 上一致收敛, 如果它满足以下两条:

(1) 级数 $\sum\limits_{n=1}^{\infty}a_n(x)$ 在 I 上一致收敛.

(2) 函数列 $\{b_n(x)\}_{n=1}^{\infty}$ 对于每个 $x\in I$ 都是单调的, 并且在 I 上一致有界.

◇ 函数项级数一致收敛的性质

1. 连续性 (逐项求极限)

如果函数项级数 $\sum\limits_{n=1}^{\infty}u_n(x)$ 在区间 I 中一致收敛于 $S(x)$, 并且通项 $u_n(x)$ 都在 I 中的点 x_0 处连续, 则和函数 $S(x)$ 也在 I 中的点 x_0 处连续, 即可逐项求极限

$$\lim_{x\to x_0}S(x)=\lim_{x\to x_0}\left(\sum_{n=1}^{\infty}u_n(x)\right)=\sum_{n=1}^{\infty}\left(\lim_{x\to x_0}u_n(x)\right).$$

2. 可积性 (逐项求积分)

如果函数项级数 $\sum\limits_{n=1}^{\infty}u_n(x)$ 的通项在区间 I 中均连续, 且 $\sum\limits_{n=1}^{\infty}u_n(x)$ 在区间 I 中内闭一致收敛于 $S(x)$, 则和函数 $S(x)$ 在 I 中亦连续, 并可逐项求积分, 即

$$\text{对}\forall a,b\in I,\text{有}\int_a^b S(x)\mathrm{d}x=\int_a^b\Big(\sum_{n=1}^{\infty}u_n(x)\Big)\mathrm{d}x=\sum_{n=1}^{\infty}\int_a^b u_n(x)\mathrm{d}x.$$

3. 可微性 (逐项求导)

如果函数项级数 $\sum\limits_{n=1}^{\infty}u_n(x)$ 在区间 I 中逐点收敛于 $S(x)$, 其通项 $u_n(x)$ 在 I 中都有连续的导数 $u_n'(x)$, 并且导函数项级数 $\sum\limits_{n=1}^{\infty}u_n'(x)$ 在区间 I 中内闭一致收

敛, 则和函数 $S(x)$ 在 I 中亦有连续的导数, 并且可逐项求导, 即

$$S'(x)=\left[\sum_{n=1}^{\infty}u_n(x)\right]'=\sum_{n=1}^{\infty}u_n'(x)\quad(x\in I).$$

注记 (关于逐项求任意阶导) 设函数项级数 $\sum\limits_{n=1}^{\infty}u_n(x)$ 在区间 I 中逐点收敛于 $S(x)$, 而通项 $u_n(x)\in C^{\infty}(I), n=1,2,\cdots$. 如果各阶导函数级数 $\sum\limits_{n=1}^{\infty}u_n^{(k)}(x)$ 在区间 I 中皆内闭一致收敛, $k=1,2,\cdots$, 那么和函数 $S(x)\in C^{\infty}(I)$, 并可逐项求任意阶导, 即

$$S^{(k)}(x)=\left(\sum_{n=1}^{\infty}u_n(x)\right)^{(k)}=\sum_{n=1}^{\infty}u_n^{(k)}(x)\quad(x\in I,k=1,2,\cdots).$$

4. 端点处的单侧极限 (允许下述开区间是无界的, 即允许 $a=-\infty$ 或 $b=+\infty$)

设函数项级数 $\sum\limits_{n=1}^{\infty}u_n(x)$ 在开区间 (a,b) 中一致收敛于 $S(x)$, 其通项 $u_n(x)$ 在右端点 b 处的左极限存在且有限, 那么数项级数 $\sum\limits_{n=1}^{\infty}\left(\lim\limits_{x\to b^-}u_n(x)\right)$ 收敛, 且和函数 $S(x)$ 在 b 处的左极限也存在且有限, 并可逐项求极限, 即

$$\lim_{x\to b^-}S(x)=\lim_{x\to b^-}\left(\sum_{n=1}^{\infty}u_n(x)\right)=\sum_{n=1}^{\infty}\left(\lim_{x\to b^-}u_n(x)\right).$$

(关于左端点 a 也有相应的结论.)

精 选 例 题

例 171 试求下列函数项级数的收敛域:

(1) $\sum\limits_{n=1}^{\infty}\dfrac{x^n}{2^{\sqrt{n}}}$; (2) $\sum\limits_{n=1}^{\infty}\dfrac{x^{3n}}{\sqrt{n}}$; (3) $\sum\limits_{n=1}^{\infty}\dfrac{\cos nx}{n^x}$; (4) $\sum\limits_{n=1}^{\infty}\dfrac{\sin nx}{x^n}$ $(x\neq 0)$.

解 以下简要说明.

(1) 由柯西根值判别法知, 当 $|x|>1$ 时, 级数发散; 当 $|x|<1$ 时, 级数收敛. 当 $x=1$ 时, 由柯西积分判别法 (例 145(4)) 知, 级数 $\sum\limits_{n=1}^{\infty}\dfrac{1}{2^{\sqrt{n}}}$ 收敛. 故其收敛域为 $|x|\leqslant 1$.

(2) 由达朗贝尔比值判别法知, 当 $|x|>1$ 时, 级数发散; 当 $|x|<1$ 时, 级数收敛. 另外, 当 $x=1$ 时, $\sum_{n=1}^{\infty}\frac{1}{\sqrt{n}}$ 发散; 当 $x=-1$ 时, $\sum_{n=1}^{\infty}\frac{(-1)^n}{\sqrt{n}}$ 收敛. 故其收敛域为 $-1\leqslant x<1$.

(3) 当 $x>1$ 时, 从魏尔斯特拉斯判别法知, 级数绝对收敛; 当 $0<x\leqslant 1$ 时, 从狄利克雷判别法知, 级数收敛; 当 $x\leqslant 0$ 时, 其通项不趋于零, 级数发散. 故其收敛域为 $x>0$.

(4) 由 $\left|\frac{\sin nx}{x^n}\right|\leqslant\frac{1}{|x|^n}$, 当 $|x|>1$ 时, 从魏尔斯特拉斯判别法知, 级数绝对收敛; 当 $0<|x|\leqslant 1$ 时, 其通项不趋于零, 级数发散. 故其收敛域为 $|x|>1$.

例 172　已知常数 $p>0$, 试证: 函数列 $\left\{\frac{x^p}{(1+x)^n}\right\}_{n=1}^{\infty}$ 与 $\left\{\frac{x^p}{\mathrm{e}^{nx}}\right\}_{n=1}^{\infty}$ 在 $x>0$ 时都一致趋于零.

证明　利用 $x>0$ 时 $\mathrm{e}^x>1+x$, 以及伯努利不等式, 推得当 $n>p$ 时, 对所有 $x>0$ 都有

$$0<\frac{x^p}{\mathrm{e}^{nx}}<\frac{x^p}{(1+x)^n}=\left(\frac{x}{(1+x)^{\frac{n}{p}}}\right)^p<\left(\frac{x}{1+\frac{n}{p}\cdot x}\right)^p<\left(\frac{x}{\frac{n}{p}\cdot x}\right)^p=\frac{p^p}{n^p},$$

故从数列极限 $\lim\limits_{n\to\infty}\frac{p^p}{n^p}=0$, 就可推知题中两函数列在 $x>0$ 时都一致趋于零.

例 173　讨论下述函数项级数在 x 的指定区间上的一致收敛性.

(1) $\sum_{n=0}^{\infty}\frac{x}{\mathrm{e}^{nx}}, x>0$.

(2) $\sum_{n=0}^{\infty}\frac{x}{(1+x)^n}, x\geqslant\delta>0$.

(3) $\sum_{n=0}^{\infty}\frac{x^b}{(1+x)^n}, b>1, x>0$.

(4) $\sum_{n=0}^{\infty}\frac{(-1)^n x}{(1+x)^n}, x>0$.

(5) $\sum_{n=2}^{\infty}\frac{x\cdot\mathrm{e}^{-nx}}{\ln^2 n}, x>0$.

(6) $\sum_{n=1}^{\infty}\frac{\sin x\cos nx}{\ln(x+n)}, x>0$.

解　(1) 余和 $r_{n+1}(x)=\sum_{k=n+1}^{\infty}\frac{x}{\mathrm{e}^{kx}}=\frac{x}{(\mathrm{e}^x-1)\cdot\mathrm{e}^{nx}}$ 在 $x=0$ 处的右极限为 1. 故余和函数列在 $x>0$ 中不一致趋于零 $(n\to\infty)$, 因而级数 (1) 在 $x>0$ 中不一致收敛.

(2) 由于余和 $r_{n+1}(x)=\sum\limits_{k=n+1}^{\infty}\dfrac{x}{(1+x)^k}=\dfrac{1}{(1+x)^n}$ 在 $x\geqslant\delta$ 中一致趋于零 $(n\to\infty)$, 因而级数 (2) 在 $x\geqslant\delta$ 中一致收敛 $(\delta>0)$.

(3) 类似上例, 当 $n>b,x>0$ 时, 由伯努利不等式, 通项

$$u_n(x)=\frac{x^b}{(1+x)^n}=\left(\frac{x}{(1+x)^{\frac{n}{b}}}\right)^b<\left(\frac{x}{1+\dfrac{n}{b}\cdot x}\right)^b<\left(\frac{x}{\dfrac{n}{b}\cdot x}\right)^b=\frac{b^b}{n^b},$$

故由 p- 级数的敛散性以及魏尔斯特拉斯判别法知, 级数 (3) 在 $x>0$ 中一致收敛.

(4) 数项级数 $\sum\limits_{n=0}^{\infty}(-1)^n$ 的部分和有界; 另外, 当 $n\geqslant 2,x>0$ 时, 有 $\dfrac{x}{(1+x)^n}<\dfrac{1}{n}$, 故函数列 $\left\{\dfrac{x}{(1+x)^n}\right\}_{n=1}^{\infty}$ 在区间 $(0,+\infty)$ 中单调递减并一致趋于零, 由狄利克雷判别法知, 级数 (4) 在 $x>0$ 中一致收敛.

(5) 当 $n\geqslant 2,x>0$ 时, $\dfrac{x}{(1+x)^n}<\dfrac{1}{n}$, 因而通项

$$u_n(x)=\frac{x\cdot \mathrm{e}^{-nx}}{\ln^2 n}=\frac{x}{(\mathrm{e}^x)^n\cdot\ln^2 n}<\frac{x}{(1+x)^n\cdot\ln^2 n}<\frac{1}{n\cdot\ln^2 n},$$

故由级数 $\sum\limits_{n=2}^{\infty}\dfrac{1}{n\cdot\ln^2 n}$ 收敛及魏尔斯特拉斯判别法知, 级数 (5) 在 $x>0$ 中一致收敛.

(6)

$$\left|\sum_{k=1}^{n}\sin x\cos kx\right|=\left|\cos\frac{x}{2}\left[\sin\left(n+\frac{1}{2}\right)x-\sin\frac{x}{2}\right]\right|\leqslant 2,$$

而函数列 $\left\{\dfrac{1}{\ln(x+n)}\right\}_{n=1}^{\infty}$ 在区间 $(0,+\infty)$ 中单调递减并一致趋于零. 因而, 由狄利克雷判别法知, 级数 (6) 在 $x>0$ 中一致收敛.

思考题 1. 设有函数项级数 $\sum\limits_{n=1}^{\infty}\dfrac{(1-x)x^n}{1-x^{2n}}\sin nx$, 试按如下两步去证明级数在区间 $[0,1)$ 中是一致收敛的.

(1) 用魏尔斯特拉斯判别法, 证明级数在区间 $\left[0,\dfrac{1}{2}\right]$ 中是一致收敛的.

(2) 用狄利克雷判别法, 证明级数在区间 $\left(\dfrac{1}{2},1\right)$ 中也是一致收敛的.

2. 假设参数 $p>0,q>0$, 试证：级数 $\sum\limits_{n=1}^{\infty}\dfrac{n^p\sin nx}{n^q+\ln n}=\sum\limits_{n=1}^{\infty}u_n(x)$ 在区间 $(0,\pi)$ 上一致收敛 $\Longleftrightarrow q-p>1$.

(第 2 题的部分提示 $\Longrightarrow$ 利用柯西收敛准则, 具体地利用 $\lim\limits_{n\to\infty}\sum\limits_{k=n+1}^{2n}u_k\left(\dfrac{1}{2n}\right)=0$; $\Longleftarrow$ 利用魏尔斯特拉斯判别法.)

例 174　试证: 黎曼 ζ- 函数 $\zeta(x)=\sum\limits_{n=1}^{\infty}\dfrac{1}{n^x}$ 在开区间 $I=(1,+\infty)$ 内具有任意阶导数, 并可逐项求任意阶导.

证明　题中级数在 I 内逐点收敛是显然的, 问题的关键是证明各阶导函数级数

$$\sum_{n=1}^{\infty}(n^{-x})^{(k)}=\sum_{n=1}^{\infty}(-\ln n)^k\cdot n^{-x}\quad(k=1,2,\cdots),$$

在区间 I 中都是内闭一致收敛的. 实际上, 当 $x\geqslant a>1$ 时,

$$|(n^{-x})^{(k)}|=(\ln n)^k\cdot n^{-x}\leqslant\frac{(\ln n)^k}{n^a}\quad(n=1,2,\cdots),$$

而 $a>1$ 时, 正项级数 $\sum\limits_{n=1}^{\infty}\dfrac{(\ln n)^k}{n^a}$ 收敛, 故从魏尔斯特拉斯判别法知, 当 $a>1$ 时, k 阶导函数级数 $\sum\limits_{n=1}^{\infty}(n^{-x})^{(k)}$ 在区间 $[a,+\infty)$ 中一致收敛,$k=1,2,\cdots$.

综上, 级数 $\sum\limits_{n=1}^{\infty}(n^{-x})^{(k)}$ 在区间 $(1,+\infty)$ 中是内闭一致收敛的,$k=1,2,\cdots$. 因而黎曼 ζ- 函数 $\zeta(x)$ 在开区间 $I=(1,+\infty)$ 内具有任意阶导数, 并可逐项求任意阶导, 即

$$\zeta^{(k)}(x)=\left(\sum_{n=1}^{\infty}\frac{1}{n^x}\right)^{(k)}=\sum_{n=1}^{\infty}\left(\frac{1}{n^x}\right)^{(k)}=\sum_{n=1}^{\infty}(-\ln n)^k\cdot\frac{1}{n^x},\quad x\in I,\quad k=1,2,\cdots.$$

例 175　设 $f_0(x)\in C[a,b]$, $f_n(x)=\int_a^x f_{n-1}(t)\mathrm{d}t(n\in\mathbb{N},x\in[a,b])$. 证明:

(1) 函数项级数 $\sum\limits_{n=1}^{\infty}f_n(x)$ 在 $[a,b]$ 上一致收敛.

(2) $\sum\limits_{n=1}^{\infty}f_n(x)$ 的和函数 $S(x)=\int_a^x \mathrm{e}^{x-t}f_0(t)\mathrm{d}t(x\in[a,b])$.

证明　(1) 由 $f_0(x)\in C[a,b]$ 知, 存在 $M>0$ 使得对任意 $x\in[a,b]$ 有 $|f(x)|<M$. 由数学归纳可证明 $|f_n(x)|<\dfrac{M(x-a)^n}{n!}(x\in[a,b])$. 关键从 n 推导 $n+1$ 的情

形如下:

$$|f_{n+1}(x)|\leqslant \int_a^x |f_n(t)|\mathrm{d}t\leqslant \int_a^x \frac{M(t-a)^n}{n!}\mathrm{d}t = \frac{M(x-a)^{n+1}}{(n+1)!}.$$

进一步, $|f_n(x)| < \dfrac{M(x-a)^n}{n!}\leqslant \dfrac{M(b-a)^n}{n!}(x\in[a,b])$. 由达朗贝尔比值判别法知 $\sum\limits_{n=1}^{\infty}\dfrac{M(b-a)^n}{n!}$ 收敛. 由 Weierstrass 判别法知, $\sum\limits_{n=1}^{\infty} f_n(x)$ 在 $[a,b]$ 上一致收敛.

(2) 对任意 $x\in[a,b]$, $\sum\limits_{n=1}^{\infty} f_n'(x) = \sum\limits_{n=1}^{\infty} f_{n-1}(x) = \sum\limits_{n=0}^{\infty} f_n(x)$, 所以 $\sum\limits_{n=1}^{\infty} f_n'(x)$ 在 $[a,b]$ 上一致收敛. 由一致收敛级数和函数的可微性知

$$S'(x) = \sum_{n=1}^{\infty} f_n'(x) = \sum_{n=1}^{\infty} f_n(x) + f_0(x) = S(x) + f_0(x)$$

且 $S(a)=0$. 解关于 $S(x)$ 的定解问题得

$$S(x) = \int_a^x \mathrm{e}^{x-t} f_0(t)\mathrm{d}t.$$

例 176 (迪尼 (Dini) 定理) 设有定义在有界闭区间 $I=[a,b]$ 上的一列连续函数 $\{f_n(x)\}_{n=1}^{\infty}$, 若它在 I 中逐点单调地收敛到一个连续函数 $f(x)$, 那么该函数列在闭区间 I 上一致收敛.

证明 (此定理来自于实数的连续性公理, 下面仅给出证明提要)

记非负连续函数 $g_n(x)=|f_n(x)-f(x)|$, 那么在题中条件下函数列 $\{g_n(x)\}_{n=1}^{\infty}$ 在 I 中逐点单调递减地收敛到零, 而题中结论等价于 $\{g_n(x)\}_{n=1}^{\infty}$ 在闭区间 I 上一致收敛于零.

设 ε 是任给的一个正数. 对任意 $t\in I$, 可选定一个正整数 $n(t)$ 和以 t 为中心的一个开区间 $U(t)$, 使得当 $n\geqslant n(t)$, 且 $x\in U(t)\cap I$ 时, $0\leqslant g_n(x)<\varepsilon$. 由闭区间的有限覆盖定理, 存在 I 中有限个点 $t_1,t_2,\cdots,t_k$, 使得 $\bigcup\limits_{i=1}^{k} U(t_i)\supset I$. 现在令

$$N_\varepsilon = \max\{n(t_1),n(t_2),\cdots,n(t_k)\},$$

那么易验证, 当 $n\geqslant N_\varepsilon$ 时, 对所有 $x\in I$ 都有 $0\leqslant g_n(x)<\varepsilon$, 这便完成所需证明.

例 177 设 $\{u_n(x)\}_{n=1}^{\infty}$ 是定义在开区间 (a,b) 内的一列非负连续函数, 积分 $\int_a^b u_n(x)\mathrm{d}x$ 皆存在有限, 且函数项级数 $\sum\limits_{n=1}^{\infty} u_n(x)$ 在开区间 (a,b) 中逐点收

敛到连续函数 $S(x)$, 试证: 积分 $\int_a^b S(x)\mathrm{d}x$ 存在有限的充分必要条件是级数 $\sum_{n=1}^{\infty}\int_a^b u_n(x)\mathrm{d}x$ 收敛, 并且收敛时可逐项积分,

$$\int_a^b S(x)\mathrm{d}x=\int_a^b\Big(\sum_{n=1}^{\infty}u_n(x)\Big)\mathrm{d}x$$
$$=\sum_{n=1}^{\infty}\int_a^b u_n(x)\mathrm{d}x\quad(\text{允许}a=-\infty \text{ 或 } b=+\infty).$$

证明　(提要) 令 $S_n(x)=\sum_{k=1}^{n}u_k(x)$, 则非负连续函数列 $\{S_n(x)\}_{n=1}^{\infty}$ 在开区间 (a,b) 中逐点单调递增地收敛到非负连续函数 $S(x)$. 由前一例题中的迪尼定理, 函数列 $\{S_n(x)\}_{n=1}^{\infty}$ 在开区间 (a,b) 中内闭一致收敛到 $S(x)$.

(1) 假设积分 $\int_a^b S(x)\mathrm{d}x$ 存在有限, 并记 $\int_a^b S(x)\mathrm{d}x=M$. 从 $S_n(x)\leqslant S(x)$, 推知 $\int_a^b S_n(x)\mathrm{d}x\leqslant M$, 因而 M 是单调递增数列 $\left\{\int_a^b S_n(x)\mathrm{d}x\right\}_{n=1}^{\infty}$ 的上界, 进而由部分和有界性判别法推知正项级数 $\sum_{n=1}^{\infty}\int_a^b u_n(x)\mathrm{d}x$ 收敛, 且 $\sum_{n=1}^{\infty}\int_a^b u_n(x)\mathrm{d}x\leqslant\int_a^b S(x)\mathrm{d}x$.

(2) 假设级数 $\sum_{n=1}^{\infty}\int_a^b u_n(x)\mathrm{d}x$ 收敛, 并记 $\sum_{n=1}^{\infty}\int_a^b u_n(x)\mathrm{d}x=L$. 此时对任给的 (a,b) 的有界闭区间 I, 利用上述内闭一致收敛性有

$$\int_I S(x)\mathrm{d}x=\sum_{n=1}^{\infty}\int_I u_n(x)\mathrm{d}x\leqslant\sum_{n=1}^{\infty}\int_a^b u_n(x)\mathrm{d}x=L,\quad \text{即}\quad \int_I S(x)\mathrm{d}x\leqslant L,$$

由部分积分有界性判别法推知, 非负连续函数积分 $\int_a^b S(x)\mathrm{d}x$ 存在有限, 且 $\int_a^b S(x)\mathrm{d}x\leqslant\sum_{n=1}^{\infty}\int_a^b u_n(x)\mathrm{d}x$.

综合上述 (1),(2) 题中结论成立 (该例结论涉及逐项积分的较为实用情形).

小　结

1. 正确理解并掌握如下几个概念:

(1) 函数项级数的定义域、收敛域与和函数.

(2) 函数项级数在数集 I 中逐点收敛.

(3) 函数项级数在数集 I 中一致收敛.

(4) 函数项级数在区间 I 中内闭一致收敛.

2. 函数项级数一致收敛的判别法: 柯西收敛准则、魏尔斯特拉斯判别法、狄利克雷判别法、阿贝尔判别法.

3. 掌握一致收敛的函数项级数的性质, 即清楚在怎样的充分条件下, 可对函数项级数施行如下运算: (1) 逐项求极限;(2) 逐项求积分;(3) 逐项求导数.

7.3 幂级数与泰勒级数展开

知 识 要 点

◇ 幂级数的收敛半径, 收敛区间与收敛域

1. 阿贝尔定理

如果幂级数 $\sum\limits_{n=0}^{\infty}a_n(x-x_0)^n$ 在点 $x_1\neq x_0$ 处收敛, 则当 $|x-x_0|<|x_1-x_0|$ 时, 幂级数绝对收敛; 反之, 若该幂级数在点 x_2 处发散, 则当 $|x-x_0|>|x_2-x_0|$ 时, 幂级数发散.

2. 收敛半径

记 $R=\sup\left\{|t|\ \middle|\ \sum\limits_{n=0}^{\infty}a_n(x-x_0)^n\text{在}x-x_0=t\text{处收敛}\right\}\geqslant 0$, 则 $\sum\limits_{n=0}^{\infty}a_n(x-x_0)^n$ 在开区间 (x_0-R,x_0+R) 内绝对收敛; 对所有满足 $|x-x_0|>R$ 的 x 它都发散 (可能 $R=+\infty$ 或 $R=0$). 称 R 为该幂级数的**收敛半径**, 开区间 (x_0-R,x_0+R) 为该幂级数的**收敛区间**. 由于在其收敛区间的端点处可能收敛, 因此幂级数的**收

敛域可能比其收敛区间多出一个或两个端点.

3. 收敛半径的算法 (达朗贝尔比值算法或柯西根值算法)

设从某项起幂级数 $\sum\limits_{n=0}^{\infty} a_n(x-x_0)^n$ 的所有系数 $a_n \neq 0$, 如果成立极限 $\lim\limits_{n\to\infty}\left|\dfrac{a_{n+1}}{a_n}\right| = L$, 或者 $\lim\limits_{n\to\infty}\sqrt[n]{|a_n|} = L$, 那么:

(1) 当 L 有限且 $L>0$ 时, 幂级数的收敛半径 $R=1/L$.

(2) 当 $L=0$ 时, 幂级数的收敛半径 $R=+\infty$.

(3) 当 $L=+\infty$ 时, 幂级数的收敛半径 $R=0$.

◇ **幂级数及其和函数的性质**

1. 在收敛区间内的性质

设幂级数 $\sum\limits_{n=0}^{\infty} a_n x^n$ 的收敛区间为 $(-R,R)$, 那么:

(1) 幂级数 $\sum\limits_{n=0}^{\infty} a_n x^n$ 在其收敛区间 $(-R,R)$ **内闭一致收敛**.

(2) 幂级数的和函数 $S(x)$ 在收敛区间 $(-R,R)$ 内是**连续**的, 即对 $\forall x_0 \in (-R,R)$, 有

$$\lim_{x\to x_0} S(x) = \lim_{x\to x_0}\sum_{n=0}^{\infty} a_n x^n = \sum_{n=0}^{\infty}\lim_{x\to x_0} a_n x^n = \sum_{n=0}^{\infty} a_n x_0^n = S(x_0).$$

(3) 其和函数 $S(x)$ 在区间 $(-R,R)$ 内**可导**, 并可**逐项求导**, 即当 $x\in(-R,R)$ 时, 有

$$S'(x) = \left(\sum_{n=0}^{\infty} a_n x^n\right)' = \sum_{n=0}^{\infty}(a_n x^n)' = \sum_{n=1}^{\infty} n a_n x^{n-1},$$

逐项求导后所得幂级数与原幂级数具有相同的收敛半径 R, 故 $S(x)\in C^{\infty}(-R,R)$.

(4) 对任意 $x\in(-R,R)$, 有如下**逐项积分**公式:

$$\int_0^x S(t)\mathrm{d}t = \int_0^x \left(\sum_{n=0}^{\infty} a_n t^n\right)\mathrm{d}t = \sum_{n=0}^{\infty}\int_0^x a_n t^n \mathrm{d}t = \sum_{n=0}^{\infty}\frac{a_n}{n+1}x^{n+1},$$

逐项积分后所得幂级数与原幂级数具有相同的收敛半径 R.

2. 幂级数的运算

设幂级数 $\sum\limits_{n=0}^{\infty} a_n x^n$ 和 $\sum\limits_{n=0}^{\infty} b_n x^n$ 的收敛半径分别为 R_1, R_2, 令 $R=\min\{R_1, R_2\}$, 那么:

(1) $\sum\limits_{n=0}^{\infty} a_n x^n \pm \sum\limits_{n=0}^{\infty} b_n x^n = \sum\limits_{n=0}^{\infty} (a_n \pm b_n) x^n, x \in (-R, R)$.

(2) $\left(\sum\limits_{n=0}^{\infty} a_n x^n\right) \cdot \left(\sum\limits_{n=0}^{\infty} b_n x^n\right) = \sum\limits_{n=0}^{\infty} c_n x^n, x \in (-R, R)$, 其中 $c_n = \sum\limits_{k=0}^{n} a_k b_{n-k}$.

(3) 当 $b_0 \neq 0$ 时, 在 $x=0$ 的某开邻域 $(-\delta, \delta)$ 内有 (这里的 δ 满足 $0<\delta \leqslant R$)

$$\sum_{n=0}^{\infty} b_n x^n \neq 0, \quad 且 \frac{\sum\limits_{n=0}^{\infty} a_n x^n}{\sum\limits_{n=0}^{\infty} b_n x^n} = \sum_{n=0}^{\infty} d_n x^n,$$

其中的系数满足 $\sum\limits_{k=0}^{n} b_k d_{n-k} = a_n, n=0,1,2,\cdots$, 并可利用前述式组逐项算出 d_n.

3. 阿贝尔第二定理 (幂级数的和函数在其收敛区间端点的单侧连续性)

设幂级数 $\sum\limits_{n=0}^{\infty} a_n x^n$ 的收敛半径 R 是有限正数, 且它在右端点 $x=R$ 处收敛, 那么该幂级数在右半闭区间 $[0, R]$ 上一致收敛, 因而其和函数 $S(x)$ 在 $x=R$ 处左连续.

(关于左端点 $x=-R$ 有对应结论.)

◇ 函数的泰勒级数展开

1. 定义

设函数 $f(x)$ 在点 x_0 处有任意阶的导数, 称幂级数 $\sum\limits_{n=0}^{\infty} \frac{f^{(n)}(x_0)}{n!}(x-x_0)^n$ 为函数 $f(x)$ 在点 x_0 处的泰勒级数. 记为

$$f(x) \sim \sum_{n=0}^{\infty} \frac{f^{(n)}(x_0)}{n!}(x-x_0)^n.$$

特别地, 当 $x_0=0$ 时, 称相应的幂级数为函数 $f(x)$ 的麦克劳林级数.

2. 函数 $f(x)$ 可展成泰勒级数的充分条件

若函数 $f(x)$ 的各阶导数在开区间 $J=(x_0-R,\ x_0+R)$ 上一致有界, 则函数 $f(x)$ 在区间 J 内可展成泰勒级数, 即

$$f(x)=\sum_{n=0}^{\infty}\frac{f^{(n)}(x_0)}{n!}(x-x_0)^n \quad (x\in(x_0-R,\ x_0+R)).$$

3. 若干常见函数的麦克劳林级数展开式

(1) $\mathrm{e}^x=\sum\limits_{n=0}^{\infty}\frac{x^n}{n!}=1+x+\frac{x^2}{2!}+\cdots+\frac{x^n}{n!}+\cdots,\ -\infty<x<+\infty.$

(2) $\sin x=x-\frac{x^3}{3!}+\cdots+(-1)^{n-1}\frac{x^{2n-1}}{(2n-1)!}+\cdots,\ -\infty<x<+\infty.$

(3) $\cos x=1-\frac{x^2}{2!}+\cdots+(-1)^{n-1}\frac{x^{2n-2}}{(2n-2)!}+\cdots,\ -\infty<x<+\infty.$

(4) $\frac{1}{1-x}=1+x+x^2+x^3+\cdots=\sum\limits_{n=0}^{\infty}x^n,\ -1<x<1.$

(5) $\frac{1}{1+x}=1-x+x^2-x^3+\cdots=\sum\limits_{n=0}^{\infty}(-1)^n x^n,\ -1<x<1.$

(6) $\ln(1+x)=\sum\limits_{n=1}^{\infty}(-1)^{n-1}\cdot\frac{x^n}{n},\ -1<x\leqslant 1.$

(7) $\arctan x=\sum\limits_{n=0}^{\infty}(-1)^n\frac{x^{2n+1}}{2n+1},\ -1\leqslant x\leqslant 1.$

(8) $(1+x)^\alpha=\sum\limits_{n=0}^{\infty}\binom{\alpha}{n}x^n=1+\alpha x+\cdots+\frac{\alpha(\alpha-1)\cdots(\alpha-n+1)}{n!}x^n+\cdots,$ $|x|<1.$

$\alpha=\frac{1}{2}$ 时, $\sqrt{1+x}=1+\frac{1}{2}x+\sum\limits_{n=2}^{\infty}(-1)^{n-1}\frac{(2n-3)!!}{(2n)!!}x^n,\ -1\leqslant x\leqslant 1.$

$\alpha=-\frac{1}{2}$ 时, $\frac{1}{\sqrt{1+x}}=1+\sum\limits_{n=1}^{\infty}(-1)^n\frac{(2n-1)!!}{(2n)!!}x^n,\ -1<x\leqslant 1.$

(9) $\arcsin x = x + \sum_{n=1}^{\infty} \frac{(2n-1)!!}{(2n)!!} \cdot \frac{x^{2n+1}}{2n+1}$, $-1 \leqslant x \leqslant 1$.

4. 两个公式

(1) 沃利斯 (Wallis) 公式:

$$\lim_{n\to\infty} \frac{1}{n}\left[\frac{(2n)!!}{(2n-1)!!}\right]^2 = \pi \quad 或 \quad \frac{(2n)!!}{(2n-1)!!} \sim \sqrt{\pi n} \quad (n \to \infty).$$

(2) 斯特林 (Stirling) 公式: 任给正整数 n, $\exists \theta_n, t_n \in (0,1)$, 使得

$$n! = \sqrt{2\pi n}\left(\frac{n}{\mathrm{e}}\right)^n \mathrm{e}^{\frac{\theta_n}{12n}},$$

或更为精细地

$$n! = \sqrt{2\pi n}\left(\frac{n}{\mathrm{e}}\right)^n \mathrm{e}^{\frac{1}{12n} - \frac{t_n}{360n^3}}.$$

一般地, 关于 Γ 函数也有: 任给正实数 x,$\exists \theta_x \in (0,1)$, 使得

$$\Gamma(x+1) = \sqrt{2\pi x}\left(\frac{x}{\mathrm{e}}\right)^x \mathrm{e}^{\frac{\theta_x}{12x}}.$$

精选例题

例 178 用阿贝尔定理和收敛半径及收敛区间的定义, 容易验证下述这些结论.

(1) 假设 k 是一个正整数, 则幂级数 $\sum_{n=k}^{\infty} a_n x^n, \sum_{n=0}^{\infty} a_n x^{n+k}, \sum_{n=0}^{\infty} |a_n| x^n, \sum_{n=0}^{\infty} (3+2\sin n) a_n x^n$ 等的收敛半径皆与幂级数 $\sum_{n=0}^{\infty} a_n x^n$ 的收敛半径相同.

(2) 若幂级数 $\sum_{n=0}^{\infty} a_n x^n$ 在点 x_0 处收敛, 在点 $-x_0$ 处发散, 那么其收敛半径 $R = |x_0|$.

(3) 若幂级数 $\sum_{n=0}^{\infty} a_n x^n$ 在点 x_0 处条件收敛, 则其收敛半径 $R = |x_0|$.

(4) 设有中心点在 $x_0 = 4$ 处的幂级数 $\sum_{n=0}^{\infty} a_n (x-4)^n$. 若它在点 $x_1 = 1$ 处条件收敛, 那么其收敛半径为 $R = |x_1 - x_0| = |1-4| = 3$, 收敛区间为 $(x_0 - R, x_0 + R) = (4-3, 4+3) = (1,7)$, 因而该幂级数在点 $x = 6$ 处绝对收敛, 在 $x = 0$ 处发散.

例 179 试求下列幂级数的收敛半径, 收敛区间和收敛域:

(1) $\sum\limits_{n=0}^{\infty}(\sqrt{n+2}-\sqrt{n})x^n$;　　(2) $\sum\limits_{n=0}^{\infty}\dfrac{3+(-1)^n}{3^n+(-2)^n}x^n$;

(3) $\sum\limits_{n=1}^{\infty}\dfrac{8^n x^{3n}}{n^2+3n}$;　　(4) $\sum\limits_{n=1}^{\infty}\dfrac{2+\cos n}{3+\ln n}(x-4)^{5n}$.

解 下面仅给出简要解答.

(1) $L=\lim\limits_{n\to\infty}\left|\dfrac{a_{n+1}}{a_n}\right|=\lim\limits_{n\to\infty}\dfrac{\sqrt{n+3}-\sqrt{n+1}}{\sqrt{n+2}-\sqrt{n}}=\lim\limits_{n\to\infty}\dfrac{\sqrt{n+2}+\sqrt{n}}{\sqrt{n+3}+\sqrt{n+1}}=1$, 故幂级数 (1) 的收敛半径 $R=\dfrac{1}{L}=1$, 收敛区间为 $(-1,1)$. 而级数 $\sum\limits_{n=0}^{\infty}(\sqrt{n+2}-\sqrt{n})=\sum\limits_{n=0}^{\infty}\dfrac{2}{\sqrt{n+2}+\sqrt{n}}$ 发散, 级数 $\sum\limits_{n=0}^{\infty}\dfrac{2(-1)^n}{\sqrt{n+2}+\sqrt{n}}$ 收敛, 故收敛域为 $[-1,1)$.

(2) 此题不能用比值算法, 而必须用根值算法, 有

$$L=\lim_{n\to\infty}\sqrt[n]{|a_n|}=\lim_{n\to\infty}\sqrt[n]{\frac{3+(-1)^n}{3^n+(-2)^n}}=\frac{1}{3},$$

故幂级数 (2) 的收敛半径 $R=\dfrac{1}{L}=3$, 收敛区间为 $(-3,3)$, 而 $|x|=3$ 时级数发散, 故收敛域为 $(-3,3)$.

(3) $\lim\limits_{n\to\infty}\left|\dfrac{u_{n+1}(x)}{u_n(x)}\right|=|8x^3|$, 故由正项级数的达朗贝尔比值判别法, 当 $|x|<\dfrac{1}{2}$ 时, 原级数收敛; 当 $|x|>\dfrac{1}{2}$ 时, 原级数发散. 故幂级数 (3) 的收敛半径 $R=\dfrac{1}{2}$, 收敛区间为 $\left(-\dfrac{1}{2},\dfrac{1}{2}\right)$. 而 $|x|=\dfrac{1}{2}$ 时, 即级数 $\sum\limits_{n=1}^{\infty}\dfrac{1}{n^2+3n}$ 与级数 $\sum\limits_{n=1}^{\infty}\dfrac{(-1)^{3n}}{n^2+3n}$ 都收敛, 故收敛域为 $\left[-\dfrac{1}{2},\dfrac{1}{2}\right]$.

(4) $\lim\limits_{n\to\infty}\sqrt[n]{|u_n(x)|}=|x-4|^5$, 故由正项级数的柯西根值判别法, 当 $|x-4|<1$ 时, 原级数收敛; 当 $|x-4|>1$ 时, 原级数发散. 故幂级数 (4) 的收敛半径 $R=1$, 收敛区间为 $(3,5)$.

当 $x=3$ 时,

$$\sum_{n=1}^{\infty}\frac{2+\cos n}{3+\ln n}(-1)^n=2\sum_{n=1}^{\infty}\frac{(-1)^n}{3+\ln n}+\sum_{n=1}^{\infty}\frac{\cos[n(1+\pi)]}{3+\ln n};$$

由狄利克雷判别法, 上式右端的两个级数皆收敛, 因而级数 $\sum\limits_{n=1}^{\infty}\dfrac{2+\cos n}{3+\ln n}(-1)^n$ 收敛.

当 $x=5$ 时, $\dfrac{2+\cos n}{3+\ln n}\geqslant\dfrac{1}{3+\ln n}$, 由正项级数的比较判别法, 级数 $\sum\limits_{n=1}^{\infty}\dfrac{2+\cos n}{3+\ln n}$ 发散, 故收敛域为 $[3,5)$.

例 180 求下列幂级数在收敛区间内的和函数:

(1) $\sum\limits_{n=1}^{\infty}nx^n$; (2) $\sum\limits_{n=1}^{\infty}n^2x^n$; (3) $\sum\limits_{n=1}^{\infty}n^3x^n$; (4) $\sum\limits_{n=1}^{\infty}\dfrac{x^n}{n}$; (5) $\sum\limits_{n=2}^{\infty}\dfrac{x^n}{n^2-n}$.

解 显见这五个幂级数的收敛半径皆为 1, 收敛区间皆为 $(-1,1)$. 当 $|x|<1$ 时,

(1) $\sum\limits_{n=1}^{\infty}nx^n=x\sum\limits_{n=1}^{\infty}nx^{n-1}=x\sum\limits_{n=1}^{\infty}(x^n)'=x\left(\sum\limits_{n=1}^{\infty}x^n\right)'=x\left(\dfrac{1}{1-x}-1\right)'=\dfrac{x}{(1-x)^2}$.

(2) $\sum\limits_{n=1}^{\infty}n^2x^n=x\sum\limits_{n=1}^{\infty}(nx^n)'=x\left(\sum\limits_{n=1}^{\infty}nx^n\right)'=x\left(\dfrac{x}{(1-x)^2}\right)'=\dfrac{x(1+x)}{(1-x)^3}$.

(3) $\sum\limits_{n=1}^{\infty}n^3x^n=x\sum\limits_{n=1}^{\infty}(n^2x^n)'=x\left(\sum\limits_{n=1}^{\infty}n^2x^n\right)'=x\left(\dfrac{x(1+x)}{(1-x)^3}\right)'=\dfrac{x(x^2+4x+1)}{(1-x)^4}$.

(4) $\sum\limits_{n=1}^{\infty}\dfrac{x^n}{n}=\sum\limits_{n=1}^{\infty}\int_0^x t^{n-1}\mathrm{d}t=\int_0^x\left(\sum\limits_{n=1}^{\infty}t^{n-1}\right)\mathrm{d}t=\int_0^x\dfrac{1}{1-t}\mathrm{d}t=-\ln(1-x)$.

(5) 解法 1 (利用一次逐项积分并利用第 (4) 题的结论)

$$\begin{aligned}\sum_{n=2}^{\infty}\frac{x^n}{n^2-n}&=\sum_{n=2}^{\infty}\int_0^x\frac{t^{n-1}}{n-1}\mathrm{d}t=\int_0^x\left(\sum_{n=2}^{\infty}\frac{t^{n-1}}{n-1}\right)\mathrm{d}t\\&=\int_0^x-\ln(1-t)\mathrm{d}t=x+(1-x)\ln(1-x).\end{aligned}$$

解法 2 (利用拆项法及第 (4) 题的结论)

$$\begin{aligned}\sum_{n=2}^{\infty}\frac{x^n}{n^2-n}&=\sum_{n=2}^{\infty}\frac{x^n}{n-1}-\sum_{n=2}^{\infty}\frac{x^n}{n}\\&=\left(x\sum_{n=1}^{\infty}\frac{x^n}{n}\right)-\left(-x+\sum_{n=1}^{\infty}\frac{x^n}{n}\right)=x+(1-x)\ln(1-x).\end{aligned}$$

解法 3 (对幂级数求二阶导, 然后再反过来求两次积分下限为零的积分)

令 $S(x)=\sum\limits_{n=2}^{\infty}\dfrac{x^n}{n^2-n}$, 那么

$$S'(x)=\sum_{n=2}^{\infty}\frac{x^{n-1}}{n-1},\quad S''(x)=\sum_{n=2}^{\infty}x^{n-2}=\frac{1}{1-x}\quad(|x|<1).$$

有 $S(0)=S'(0)=0$, 因而

$$S'(x)=S'(0)+\int_0^x S''(t)\mathrm{d}t=\int_0^x \frac{1}{1-t}\mathrm{d}t=-\ln(1-x),$$
$$S(x)=S(0)+\int_0^x S'(t)\mathrm{d}t=\int_0^x -\ln(1-t)\mathrm{d}t=x+(1-x)\ln(1-x).$$

易见, 第 (1),(2),(3) 题的收敛域为 $(-1,1)$, 第 (4) 题的收敛域为 $[-1,1)$, 而第 (5) 题的收敛域为 $[-1,1]$.

类似第 (5) 题解法 3 (求二阶导之后, 再反过来求两次积分), 读者还可证明

$$\sum_{n=1}^{\infty}\frac{(-1)^{n-1}}{n(2n-1)}x^{2n}=2x\arctan x-\ln(1+x^2)\quad(-1\leqslant x\leqslant 1).$$

注记　对于幂级数求和:

(1) 可以利用幂级数的加法、乘法、复合等运算; 如

$$\sum_{n=0}^{\infty}\left(1+\frac{1}{n!}\right)x^n=\sum_{n=0}^{\infty}x^n+\sum_{n=0}^{\infty}\frac{x^n}{n!}=\frac{1}{1-x}+\mathrm{e}^x\quad(x\in(-1,1));$$
$$\sum_{n=1}^{\infty}\left(1+\frac{1}{2!}+\cdots+\frac{1}{n!}\right)x^n=\left(\sum_{n=0}^{\infty}x^n\right)\cdot\left(\sum_{n=0}^{\infty}\frac{x^n}{n!}\right)-\sum_{n=0}^{\infty}x^n$$
$$=\frac{\mathrm{e}^x-1}{1-x}\quad(x\in(-1,1));$$
$$\sum_{n=1}^{\infty}\frac{x^{3n}}{n!}=\sum_{n=1}^{\infty}\frac{(x^3)^n}{n!}=\mathrm{e}^{x^3}-1.$$

(2) 可利用幂级数在其收敛区间内的性质, 即可逐项求导与逐项积分, 将问题转化为已知的常见函数的麦克劳林展开式, 有时还需要对幂级数的通项实施拆项法.

(3) 利用未知和函数满足的微分方程, 求解和函数.

例 181　求幂级数 $\sum\limits_{n=0}^{\infty}\frac{x^{4n}}{(4n)!}$ 的收敛域及其和函数 $S(x)$.

分析　可先寻求和函数所满足的微分方程, 然后解微分方程; 另一个方法是对幂级数的通项施行初等处理, 包括使用拆项法.

解　解法 1　由达朗贝尔比值判别法, 易知其收敛域为 $(-\infty,+\infty)$. 用逐项求导公式, 导出和函数 $S(x)$ 满足的微分方程及相应初值条件:

$$S^{(4)}(x)=S(x),\quad S(0)=1,\quad S'(0)=S''(0)=S'''(0)=0.$$

方程 $S^{(4)}(x)=S(x)$ 的通解为 $S(x)=c_1\mathrm{ch}x+c_2\mathrm{sh}x+c_3\cos x+c_4\sin x$, 再由初值条件得

$$S(x)=\frac{1}{2}(\mathrm{ch}x+\cos x),\quad 或\quad S(x)=\frac{1}{4}(\mathrm{e}^x+\mathrm{e}^{-x}+2\cos x)\quad(-\infty<x<+\infty).$$

解法 2 利用拆项法, 化为已知的常见函数的麦克劳林展开式, 有

$$\sum_{n=0}^{\infty}\frac{x^{2n}}{(2n)!}=\frac{1}{2}\sum_{n=0}^{\infty}\frac{x^n}{n!}+\frac{1}{2}\sum_{n=0}^{\infty}\frac{(-1)^nx^n}{n!}=\frac{1}{2}\mathrm{e}^x+\frac{1}{2}\mathrm{e}^{-x}\quad(-\infty<x<+\infty),$$

$$\begin{aligned}\sum_{n=0}^{\infty}\frac{x^{4n}}{(4n)!}&=\frac{1}{2}\sum_{n=0}^{\infty}\frac{x^{2n}}{(2n)!}+\frac{1}{2}\sum_{n=0}^{\infty}\frac{(-1)^nx^{2n}}{(2n)!}=\frac{1}{2}\sum_{n=0}^{\infty}\frac{x^{2n}}{(2n)!}+\frac{1}{2}\cos x\\&=\frac{1}{4}\mathrm{e}^x+\frac{1}{4}\mathrm{e}^{-x}+\frac{1}{2}\cos x.\end{aligned}$$

用此例的解法 1, 读者还可证得

$$\sum_{n=0}^{\infty}\frac{x^{3n}}{(3n)!}=\frac{1}{3}\mathrm{e}^x+\frac{2}{3}\mathrm{e}^{-\frac{1}{2}x}\cos\frac{\sqrt{3}}{2}x\quad(-\infty<x<+\infty).$$

例 182 求下列数项级数的和:

(1) $\displaystyle\sum_{n=0}^{\infty}\frac{1}{(2n+1)3^n}$; (2) $\displaystyle\sum_{n=0}^{\infty}\frac{(n+1)^3}{(-1)^n\cdot n!}$; (3) $\displaystyle\sum_{n=0}^{\infty}\frac{(n+1)^3\cdot 2^n}{n!}$.

分析 将数项级数视为某幂级数在其某个收敛点所对应的特殊级数, 这样问题便化为求幂级数在其收敛域中的和函数, 最后计算和函数在该收敛点的值.

解 (1) $\displaystyle\sum_{n=0}^{\infty}\frac{1}{(2n+1)3^n}=\sqrt{3}\cdot\sum_{n=0}^{\infty}\frac{1}{2n+1}\cdot\left(\frac{1}{\sqrt{3}}\right)^{2n+1}$, 又当 $-1<x<1$ 时, 有

$$\begin{aligned}\sum_{n=0}^{\infty}\frac{1}{2n+1}\cdot x^{2n+1}&=\sum_{n=0}^{\infty}\int_0^x t^{2n}\mathrm{d}t=\int_0^x\left(\sum_{n=0}^{\infty}t^{2n}\right)\mathrm{d}t\\&=\int_0^x\frac{1}{1-t^2}\mathrm{d}t=\frac{1}{2}\int_0^x\left(\frac{1}{1-t}+\frac{1}{1+t}\right)\mathrm{d}t=\frac{1}{2}\ln\frac{1+x}{1-x}.\end{aligned}$$

故

$$\sum_{n=0}^{\infty}\frac{1}{(2n+1)3^n}=\sqrt{3}\cdot\sum_{n=0}^{\infty}\frac{1}{2n+1}\cdot\left(\frac{1}{\sqrt{3}}\right)^{2n+1}=\frac{\sqrt{3}}{2}\cdot\ln\frac{1+\dfrac{1}{\sqrt{3}}}{1-\dfrac{1}{\sqrt{3}}}$$

$$= \frac{\sqrt{3}}{2} \cdot \ln \frac{\sqrt{3}+1}{\sqrt{3}-1}.$$

下面对 (2),(3) 进行求解. 首先, 对于任意正整数 k, 容易验证

$$\sum_{n=0}^{\infty} \frac{n(n-1)\cdots(n-k+1)}{n!} x^n = \sum_{n=k}^{\infty} \frac{n(n-1)\cdots(n-k+1)}{n!} x^n$$

$$= x^k \cdot \sum_{n=k}^{\infty} \frac{1}{(n-k)!} x^{n-k} = x^k \cdot \sum_{m=0}^{\infty} \frac{1}{m!} x^m$$

$$= x^k \cdot \mathrm{e}^x \quad (-\infty < x < +\infty).$$

另外有三次多项式的拆项 $(n+1)^3 = n(n-1)(n-2)+6n(n-1)+7n+1$, 因而

$$\sum_{n=0}^{\infty} \frac{(n+1)^3}{n!} x^n = \sum_{n=0}^{\infty} \frac{n(n-1)(n-2)+6n(n-1)+7n+1}{n!} x^n$$

$$= (x^3+6x^2+7x+1) \cdot \mathrm{e}^x.$$

利用上述结论, 数项级数 (2),(3) 的解分别为

(2)

$$\sum_{n=0}^{\infty} \frac{(n+1)^3}{(-1)^n \cdot n!} = \sum_{n=0}^{\infty} \frac{(n+1)^3}{n!} (-1)^n$$

$$= [(-1)^3+6(-1)^2+7(-1)+1] \cdot \mathrm{e}^{-1} = \frac{-1}{\mathrm{e}},$$

(3) $\displaystyle\sum_{n=0}^{\infty} \frac{(n+1)^3 \cdot 2^n}{n!} = (2^3+6 \cdot 2^2+7 \cdot 2+1) \cdot \mathrm{e}^2 = 47 \cdot \mathrm{e}^2.$

利用求解 (2),(3) 的方法, 类似可得: 当 $-\infty < x < +\infty$ 时,

$$\sum_{n=0}^{\infty} \frac{(n-1)^3}{n!} x^n = \sum_{n=0}^{\infty} \frac{n(n-1)(n-2)+n-1}{n!} x^n = (x^3+x-1) \cdot \mathrm{e}^x.$$

例 183　求函数项级数 $\displaystyle\sum_{n=1}^{\infty} \left(\tan \frac{1}{n}\right) \cdot \ln^n(1-x^3)$ 的定义域 D 和收敛域 I.

解　函数 $\ln(1-x^3)$ 的定义域为 $(-\infty,1)$, 因而题中级数的定义域为 $D = (-\infty,1)$.

幂级数 $\displaystyle\sum_{n=1}^{\infty} \left(\tan \frac{1}{n}\right) \cdot t^n$ 的收敛域为 $[-1,1)$, 所以题中级数的收敛域 I 由下式刻画,

$$-1 \leqslant \ln(1-x^3) < 1 \Longleftrightarrow \frac{1}{\mathrm{e}} \leqslant 1-x^3 < \mathrm{e} \Longleftrightarrow \sqrt[3]{1-\mathrm{e}} < x \leqslant \sqrt[3]{1-\frac{1}{\mathrm{e}}}.$$

总之, 题中函数项级数的定义域 $D=(-\infty,1)$, 收敛域 $I=\left(-\sqrt[3]{e-1},\sqrt[3]{1-\frac{1}{e}}\right]$.

例 184 求下列函数的麦克劳林展开式, 并指明展开式的成立范围.

(1) $\ln(-2x^2+x+1)$; (2) $\sin x\cos^2 x$; (3) $\arctan\dfrac{a+x}{a-x}, a>0$;

(4) $\dfrac{e^{x^3}-1}{x^2}$; (5) $F(x)=\begin{cases}\dfrac{1}{x}\displaystyle\int_0^x\left(\dfrac{\sin t}{t}\right)^2\mathrm{d}t & (x\neq 0),\\ 1 & (x=0).\end{cases}$

解 下面仅给出简要解答.

(1)

$$\begin{aligned}\ln(-2x^2+x+1)&=\ln[(1-x)(1+2x)]=\ln(1-x)+\ln(1+2x)\\&=-\sum_{n=1}^{\infty}\frac{x^n}{n}+\sum_{n=1}^{\infty}\frac{(-1)^{n-1}(2x)^n}{n}\\&=-\sum_{n=1}^{\infty}[1+(-2)^n]\cdot\frac{x^n}{n}\quad\left(-\frac{1}{2}<x\leqslant\frac{1}{2}\right).\end{aligned}$$

(2)

$$\begin{aligned}\sin x\cos^2 x&=\frac{1}{2}\sin 2x\cos x=\frac{1}{4}(\sin 3x+\sin x)\\&=\frac{1}{4}\sum_{n=1}^{\infty}(-1)^{n-1}\frac{(3x)^{2n-1}}{(2n-1)!}+\frac{1}{4}\sum_{n=1}^{\infty}(-1)^{n-1}\frac{x^{2n-1}}{(2n-1)!}\\&=\frac{1}{4}\sum_{n=1}^{\infty}(-1)^{n-1}\frac{(1+3^{2n-1})x^{2n-1}}{(2n-1)!}\quad(-\infty<x<+\infty).\end{aligned}$$

(3) 令 $f(x)=\arctan\dfrac{a+x}{a-x}$, 则当 $|x|<a$ 时,

$$f'(x)=\frac{a}{a^2+x^2}=\frac{1}{a}\cdot\frac{1}{1+\left(\frac{x}{a}\right)^2}=\frac{1}{a}\sum_{n=0}^{\infty}(-1)^n\left(\frac{x}{a}\right)^{2n},$$

并有

$$\begin{aligned}\arctan\frac{a+x}{a-x}&=f(x)=f(0)+\int_0^x f'(t)\mathrm{d}t\\&=\frac{\pi}{4}+\frac{1}{a}\sum_{n=0}^{\infty}\int_0^x(-1)^n\left(\frac{t}{a}\right)^{2n}\mathrm{d}t\end{aligned}$$

$$= \frac{\pi}{4} + \sum_{n=0}^{\infty} \frac{(-1)^n x^{2n+1}}{(2n+1)a^{2n+1}} \quad (-a \leqslant x < a).$$

(4) 令 $g(x) = \dfrac{\mathrm{e}^{x^3}-1}{x^2}$, 补充定义函数值 $g(0)=0$, 则 $g(x) \in C^{\infty}(-\infty,+\infty)$. 从而有

$$\frac{\mathrm{e}^{x^3}-1}{x^2} = \frac{1}{x^2} \cdot \sum_{n=1}^{\infty} \frac{x^{3n}}{n!} = \sum_{n=1}^{\infty} \frac{x^{3n-2}}{n!} \quad (-\infty < x < +\infty).$$

(5) 注意到 $\lim\limits_{x\to 0} F(x) = \lim\limits_{x\to 0} \dfrac{1}{x}\displaystyle\int_0^x \left(\frac{\sin t}{t}\right)^2 \mathrm{d}t = \lim\limits_{t\to 0}\left(\frac{\sin t}{t}\right)^2 = 1 = F(0)$, 且

$$\left(\frac{\sin t}{t}\right)^2 = \frac{1-\cos(2t)}{2t^2} = \frac{1}{2t^2}\sum_{n=1}^{\infty}\frac{(-1)^{n-1}2^{2n}}{(2n)!}t^{2n} = \sum_{n=1}^{\infty}\frac{(-1)^{n-1}2^{2n-1}}{(2n)!}t^{2n-2},$$

则当 $x \neq 0$ 时, $F(x)$ 的幂级数为

$$F(x) = \frac{1}{x}\int_0^x \left(\frac{\sin t}{t}\right)^2 \mathrm{d}t = \frac{1}{x}\sum_{n=1}^{\infty}\int_0^x \frac{(-1)^{n-1}2^{2n-1}}{(2n)!}t^{2n-2}\mathrm{d}t$$
$$= \sum_{n=1}^{\infty}\frac{(-1)^{n-1}2^{2n-1}}{(2n)!\cdot(2n-1)}x^{2n-2}.$$

由幂级数的连续性 $F(0) = \displaystyle\sum_{n=1}^{\infty}\frac{(-1)^{n-1}2^{2n-1}}{(2n)!\cdot(2n-1)}x^{2n-2}\Big|_{x=0} = 1$, 即得 $F(x)$ 的幂级数为

$$F(x) = \sum_{n=1}^{\infty}\frac{(-1)^{n-1}2^{2n-1}}{(2n)!\cdot(2n-1)}x^{2n-2} \quad (-\infty < x < +\infty).$$

注记 求函数的麦克劳林展开式常用的方法是: (1) 对函数施行初等处理 (包括拆项法), 将问题转化为已知常见函数的麦克劳林展开式;(2) 先求其导函数的展开式, 然后再利用逐项积分的办法算出函数自身的展开式, 即利用 $f(x) = f(x_0) + \displaystyle\int_{x_0}^{x} f'(t)\mathrm{d}t$ (这里, x_0 是泰勒级数的收敛区间的中心).

思考题 补充定义 $f(0)=1$ 后, 函数 $f(x) = \dfrac{1+x^2}{x}\arctan x$ 在区间 $(-\infty,+\infty)$ 上连续, 试证: 当 $-1 \leqslant x \leqslant 1$ 时, $\dfrac{1+x^2}{x}\arctan x = 1 + 2\displaystyle\sum_{n=1}^{\infty}\frac{(-1)^{n-1}}{4n^2-1}x^{2n}$.

例 185 设实数 r, c 满足 $c \geqslant -1$, 试证: 幂级数 $\displaystyle\sum_{n=2}^{\infty}(n+c)^r a_n x^n$ 的收敛半径 R' 与幂级数 $\displaystyle\sum_{n=2}^{\infty} a_n x^n$ 的收敛半径 R 相等.

证明 先证, 如果 $\sum_{n=2}^{\infty} a_n x^n$ 在 $x_0 \neq 0$ 处收敛, 那么当 $|x| < |x_0|$ 时, 级数 $\sum_{n=2}^{\infty} (n+c)^r a_n x^n$ 必收敛, 即 $R' \geqslant R$. 下证此结论.

设 $\sum_{n=2}^{\infty} a_n x^n$ 在 $x_0 \neq 0$ 处收敛, 则存在常数 $M > 0$ 使 $|a_n x_0^n| \leqslant M, n = 2, 3, \cdots$, 因而当 $|x| < |x_0|$ 时, $|(n+c)^r a_n x^n| = \left|(n+c)^r \left(\dfrac{x}{x_0}\right)^n\right| \cdot |a_n x_0^n| \leqslant M \cdot (n+c)^r \cdot \left|\dfrac{x}{x_0}\right|^n, n = 2, 3, \cdots$. 由正项级数的达朗贝尔比值判法知, 级数 $\sum_{n=2}^{\infty} M \cdot (n+c)^r \cdot \left|\dfrac{x}{x_0}\right|^n$ 收敛, 再由魏尔斯特拉斯判法知, 级数 $\sum_{n=2}^{\infty} (n+c)^r a_n x^n$ 收敛 $(|x| < |x_0|)$, 故有 $R' \geqslant R$.

另一方面, 若令 $A_n = (n+c)^r a_n$, 则 $a_n = (n+c)^{-r} A_n, n = 2, 3, \cdots$, 因而利用上述结论, 同时也得到 $R \geqslant R'$. 故 $R' = R$, 原题中结论成立.

(该例结论蕴含: 逐项求导或逐项积分不改变幂级数的收敛半径.)

例 186 设 $\sum_{n=0}^{\infty} a_n$ 是一个发散的正项级数, $S_n = \sum_{k=0}^{n} a_k$, 满足 $\lim_{n\to\infty} \dfrac{a_n}{S_n} = 0$, 试证: 幂级数 $\sum_{n=0}^{\infty} a_n x^n$ 的收敛半径 $R = 1$.

证明 由条件得

$$\lim_{n\to\infty} \frac{S_n}{S_{n+1}} = \lim_{n\to\infty} \left(1 - \frac{a_{n+1}}{S_{n+1}}\right) = 1, \quad \lim_{n\to\infty} \frac{S_{n+1}}{S_n} = 1,$$

故幂级数 $\sum_{n=0}^{\infty} S_n x^n$ 的收敛半径等于 1.

当 $0 \leqslant x < 1$ 时, $\sum_{n=0}^{\infty} S_n x^n$ 收敛, 且 $0 \leqslant a_n x^n \leqslant S_n x^n$, 故由正项级数的比较判别法知, $\sum_{n=0}^{\infty} a_n x^n$ 收敛 $(0 \leqslant x < 1)$, 因而 $\sum_{n=0}^{\infty} a_n x^n$ 的收敛半径 $R \geqslant 1$; 再由条件, $\sum_{n=0}^{\infty} a_n x^n$ 在 $x = 1$ 处发散, 故 $R \leqslant 1$. 故幂级数 $\sum_{n=0}^{\infty} a_n x^n$ 的收敛半径 $R = 1$.

例 187 设幂级数 $\sum_{n=0}^{\infty} a_n x^n$ 的收敛半径 $R = 1$, 试证: 幂级数 $\sum_{n=0}^{\infty} (a_0 + a_1 +$

$\cdots+a_n)x^n=\sum\limits_{n=0}^{\infty}S_nx^n$ 的收敛半径 $R'=1$.

证明　当 $|x|<1$ 时, 由绝对收敛级数乘积的分配律得

$$\left(\sum_{n=0}^{\infty}x^n\right)\cdot\left(\sum_{n=0}^{\infty}a_nx^n\right)=\sum_{n=0}^{\infty}\left(\sum_{k=0}^{n}a_kx^k\cdot x^{n-k}\right)$$
$$=\sum_{n=0}^{\infty}(a_0+a_1+\cdots+a_n)x^n=\sum_{n=0}^{\infty}S_nx^n,$$

故知 $\sum\limits_{n=0}^{\infty}S_nx^n$ 的收敛半径 $R'\geqslant 1$.

另一方面易见, 当 $|x|<R'$ 时,

$$\left(\sum_{n=0}^{\infty}S_nx^n\right)-x\left(\sum_{n=0}^{\infty}S_nx^n\right)=a_0+\left(\sum_{n=1}^{\infty}S_nx^n\right)-\left(\sum_{n=1}^{\infty}S_{n-1}x^n\right)=\sum_{n=0}^{\infty}a_nx^n,$$

因而 $\sum\limits_{n=0}^{\infty}a_nx^n$ 的收敛半径 $R\geqslant R'$, 即 $1\geqslant R'$.

故 $\sum\limits_{n=0}^{\infty}S_nx^n$ 的收敛半径 $R'=1$.

例 188　设三个数项级数 $\sum\limits_{n=0}^{\infty}a_n,\sum\limits_{n=0}^{\infty}b_n,\sum\limits_{n=0}^{\infty}c_n$ 皆收敛, 其中 $c_n=\sum\limits_{k=0}^{n}a_kb_{n-k},n=0,1,2\cdots$. 试证:

$$\left(\sum_{n=0}^{\infty}a_n\right)\cdot\left(\sum_{n=0}^{\infty}b_n\right)=\sum_{n=0}^{\infty}c_n.$$

证明　由已知, 三个幂级数 $\sum\limits_{n=0}^{\infty}a_nx^n,\sum\limits_{n=0}^{\infty}b_nx^n,\sum\limits_{n=0}^{\infty}c_nx^n$ 的收敛半径皆大于或等于 1, 且它们的和函数皆在点 $x=1$ 处左连续 (无论 $x=1$ 是其收敛区间的内点还是右端点都如此. 当是右端点时, 利用阿贝尔第二定理来保证点 $x=1$ 处的左连续性).

当 $|x|<1$ 时, 由绝对收敛级数乘积的分配律得

$$\left(\sum_{n=0}^{\infty}a_nx^n\right)\cdot\left(\sum_{n=0}^{\infty}b_nx^n\right)=\sum_{n=0}^{\infty}c_nx^n,$$

上式中, 令 $x\to 1^-$, 并利用 $x=1$ 处的左连续性, 即得所需结论.

思考题 假设 $a_n \geqslant 0$, 幂级数 $S(x)=\sum\limits_{n=0}^{\infty} a_n x^n$ 的收敛半径 R 为有限正数, 并有 $x=R$ 处的左极限 $\lim\limits_{x\to R^-} S(x)=s$, 试证明正项级数 $\sum\limits_{n=0}^{\infty} a_n R^n$ 收敛, 且其和为 s.

(**提示** 证明 s 是正项级数 $\sum\limits_{n=0}^{\infty} a_n R^n$ 的部分和的上界, 然后使用阿贝尔第二定理……)

例 189 设幂级数 $S(x)=\sum\limits_{n=0}^{\infty} a_n x^n$ 的收敛半径 R 是有限正数, 且数项级数 $\sum\limits_{n=0}^{\infty} \dfrac{a_n}{n+1} R^{n+1}$ 收敛, 试证:

$$\int_0^R S(x)\mathrm{d}x=\sum_{n=0}^{\infty} \frac{a_n}{n+1} R^{n+1}.$$

(关于左端点 $x=-R$ 也有对应结论; 在收敛区间有界的条件下, 幂级数在其收敛区间的左半区间或右半区间可逐项积分, 只要逐项积分之后的数项级数收敛即可.)

证明 由于幂级数 $\sum\limits_{n=0}^{\infty} \dfrac{a_n}{n+1} x^{n+1}$ 与 $\sum\limits_{n=0}^{\infty} a_n x^n$ 的收敛半径相同, 因而 $\sum\limits_{n=0}^{\infty} \dfrac{a_n}{n+1} x^{n+1}$ 的收敛半径也是 R, 且由题中条件以及阿贝尔第二定理, 幂级数 $\sum\limits_{n=0}^{\infty} \dfrac{a_n}{n+1} x^{n+1}$ 的和函数在其收敛区间右端点 $x=R$ 处左连续.

积分 $\int_0^R S(x)\mathrm{d}x$ 可能是黎曼积分, 也可能是瑕积分 ($x=R$ 是瑕点), 但左极限

$$\lim_{t\to R^-} \int_0^t S(x)\mathrm{d}x=\lim_{t\to R^-} \sum_{n=0}^{\infty} \frac{a_n}{n+1} t^{n+1}=\sum_{n=0}^{\infty} \frac{a_n}{n+1} R^{n+1}$$

存在 (在幂级数收敛区间的内闭区间可逐项积分), 因而积分 $\int_0^R S(x)\mathrm{d}x$ 总存在, 并有

$$\int_0^R S(x)\mathrm{d}x=\lim_{t\to R^-} \int_0^t S(x)\mathrm{d}x=\sum_{n=0}^{\infty} \frac{a_n}{n+1} R^{n+1}.$$

例 190 记幂级数表示的函数 $S(x)=\sum\limits_{n=1}^{\infty} \dfrac{x^n}{n^2}, -1\leqslant x\leqslant 1$, 试证: 当 $0<x<1$

时,

$$S(x)+S(1-x)+\ln x\cdot\ln(1-x)=S(1).$$

分析　定义在区间上的可导函数是常值函数, 当且仅当其导函数恒为零.

证明　下面限制在 $0<x<1$ 条件下讨论问题. 令 $F(x)=S(x)+S(1-x)+\ln x\cdot\ln(1-x)$, 有

$$S'(x)=\sum_{n=1}^{\infty}\left(\frac{x^n}{n^2}\right)'=\sum_{n=1}^{\infty}\frac{x^{n-1}}{n}=\frac{-1}{x}\ln(1-x),$$
$$S'(1-x)=\frac{-1}{1-x}\ln x,$$

因而

$$F'(x)=S'(x)-S'(1-x)+\frac{1}{x}\cdot\ln(1-x)-\frac{1}{1-x}\cdot\ln x=0\quad(0<x<1),$$

故可设 $F(x)=S(x)+S(1-x)+\ln x\cdot\ln(1-x)$ 在开区间 $(0,1)$ 内是一个取值为 C 的常值函数. 前式中令 $x\to1^-$, 并利用阿贝尔第二定理推知 $C=S(1-0)=S(1)$.

总之, 当 $0<x<1$ 时, $S(x)+S(1-x)+\ln x\cdot\ln(1-x)=S(1)$.

例 191　下述 (2),(3) 中的计算除用到函数的广义幂级数展开式外, 还用到如后一般结论——如果定义在区间中的非负连续函数项级数, 在该区间中逐点收敛到一个连续函数, 那么对其和函数可施行逐项积分, 只要级数通项的积分值均存在有限即可 (见 7.2 节的例题).

(1) 假设实常数 $r>-1$, 对自然数 n 用归纳法并用到分部积分法, 便可证明

$$\int_0^1 x^r\ln^n x\mathrm{d}x=\frac{(-1)^n n!}{(r+1)^{n+1}}\quad(n=0,1,2,\cdots);$$

(2)

$$\int_0^1 x^{-x}\mathrm{d}x=\int_0^1\mathrm{e}^{-x\ln x}\mathrm{d}x=\int_0^1\Big(\sum_{n=0}^{\infty}\frac{(-1)^n x^n\ln^n x}{n!}\Big)\mathrm{d}x$$
$$=\sum_{n=0}^{\infty}\int_0^1\frac{(-1)^n x^n\ln^n x}{n!}\mathrm{d}x=\sum_{n=0}^{\infty}\frac{1}{(n+1)^{n+1}}$$
$$=\sum_{n=1}^{\infty}\frac{1}{n^n}\quad(\text{其中用到 (1)});$$

(3)

$$\begin{aligned}\int_0^{+\infty}\frac{x}{e^x-1}dx&=\int_0^{+\infty}\frac{xe^{-x}}{1-e^{-x}}dx=\int_0^{+\infty}\left(xe^{-x}\sum_{n=0}^{\infty}e^{-nx}\right)dx\\&=\int_0^{+\infty}\left(\sum_{n=1}^{\infty}xe^{-nx}\right)dx=\sum_{n=1}^{\infty}\int_0^{+\infty}xe^{-nx}dx\\&=\sum_{n=1}^{\infty}\frac{1}{n^2}\quad\left(=\frac{\pi^2}{6}\right).\end{aligned}$$

其中, $\int_0^{+\infty}xe^{-nx}dx=\int_0^{+\infty}xd\left(\frac{-e^{-nx}}{n}\right)=\frac{1}{n^2}$, 来自于分部积分法.

例 192 从斯特林公式 $\left(n!=\sqrt{2\pi n}\left(\frac{n}{e}\right)^n e^{\frac{\theta_n}{12n}},0<\theta_n<1,n=1,2,\cdots\right)$ 出发, 可直接地得到: 当 $n\to\infty$ 时, $n!\sim\sqrt{2\pi n}\left(\frac{n}{e}\right)^n$, 进一步还推得 $\sqrt[n]{n!}\sim\frac{n}{e}$.

小 结

1. 用达朗贝尔比值算法或柯西根值算法确定幂级数的收敛半径, 进而确定其收敛区间, 其收敛域仍是一个区间, 但可能比其收敛区间多出一至两个端点.

2. 幂级数在其收敛区间内绝对收敛、内闭一致收敛, 并可逐项进行微分、积分运算而不改变收敛半径. 利用这些性质求幂级数的和.

3. 用常见函数的麦克劳林展开式, 或用幂级数的运算性质, 求函数在某一点的泰勒展开式.

4. 以幂级数为工具, 计算某些数项级数的和.

第 8 章　含参变量积分

8.1　广义积分收敛的判别法则

知识要点

◇ 无穷积分收敛的判别法则

1. 柯西收敛准则

设 $f(x)$ 在 $[a,+\infty)$ 上连续, 则无穷积分 $\int_a^{+\infty} f(x)\mathrm{d}x$ 收敛的充分必要条件是: 对 $\forall\, \varepsilon > 0$, $\exists\, B = B(\varepsilon) > a$, 使得当 b_1, $b_2 > B$ 时, 有

$$\left|\int_{b_1}^{b_2} f(x)\mathrm{d}x\right| < \varepsilon.$$

2. 绝对收敛蕴含收敛

设 $f(x)$ 在 $[a,+\infty)$ 上连续, 且积分 $\int_a^{+\infty} |f(x)|\mathrm{d}x$ 收敛, 则无穷积分 $\int_a^{+\infty} f(x)\mathrm{d}x$ 收敛.

3. 有界判别法

设 $f(x)$ 是 $[a,+\infty)$ 上的非负连续函数, 则无穷积分 $\int_a^{+\infty} f(x)\mathrm{d}x$ 收敛的充分必要条件是: 存在 $M > 0$, 使得对任意 $b \geqslant a$, 都有 $\int_a^b f(x)\mathrm{d}x \leqslant M$.

4. 比较判别法及其极限形式

(1) 设 $f(x)$ 和 $g(x)$ 在 $[a,+\infty)$ 上连续, 且对充分大的 x 满足不等式 $0 \leqslant f(x) \leqslant g(x)$, 那么:

① 若 $\int_a^{+\infty} g(x)\mathrm{d}x$ 收敛, 则 $\int_a^{+\infty} f(x)\mathrm{d}x$ 也收敛.

② 若 $\int_a^{+\infty} f(x)\mathrm{d}x$ 发散, 则 $\int_a^{+\infty} g(x)\mathrm{d}x$ 也发散.

(2) 设 $f(x)$ 和 $g(x)$ 是 $[a,+\infty)$ 上的非负连续函数, 且有极限关系 $\lim\limits_{x\to+\infty}\dfrac{f(x)}{g(x)}=k$, 那么:

① 当 $0<k<+\infty$ 时, 积分 $\int_a^{+\infty} f(x)\mathrm{d}x$ 和 $\int_a^{+\infty} g(x)\mathrm{d}x$ 同敛散.

② 当 $k=0$, 并且积分 $\int_a^{+\infty} g(x)\mathrm{d}x$ 收敛时, $\int_a^{+\infty} f(x)\mathrm{d}x$ 也收敛.

③ 当 $k=+\infty$, 并且积分 $\int_a^{+\infty} g(x)\mathrm{d}x$ 发散时, $\int_a^{+\infty} f(x)\mathrm{d}x$ 也发散.

5. 狄利克雷判别法

设函数 $f(x)$ 和 $g(x)$ 在无穷区间 $[a,\ +\infty)$ 上连续, 并且它们满足以下两个条件:

(1) 存在 $M>0$, 使得对任意对 $b\in[a,\ +\infty)$, $\left|\int_a^b f(x)\mathrm{d}x\right| \leqslant M$.

(2) $g(x)$ 在 $[a,\ +\infty)$ 上单调, 且 $\lim\limits_{x\to+\infty} g(x)=0$.

那么积分 $\int_a^{+\infty} f(x)g(x)\mathrm{d}x$ 收敛.

6. 阿贝尔判别法

设函数 $f(x)$ 和 $g(x)$ 在无穷区间 $[a,\ +\infty)$ 上连续, 并且它们满足以下两个条件:

(1) 积分 $\int_a^{+\infty} f(x)\mathrm{d}x$ 收敛.

(2) $g(x)$ 在 $[a,\ +\infty)$ 上单调有界.

那么积分 $\int_a^{+\infty} f(x)g(x)\mathrm{d}x$ 收敛.

◇ 有界区间上无界函数的广义积分收敛判别法

1. 柯西收敛准则

设 $f(x)$ 在 $(a,b]$ 上连续, a 为 $f(x)$ 的瑕点, 则积分 $\int_a^b f(x)\mathrm{d}x$ 收敛的充分必要条件是: 对 $\forall\ \varepsilon>0$, $\exists\ \delta=\delta(\varepsilon)>0$, 只要 $0<\delta'<\delta$, $0<\delta''<\delta$, 就有

$$\left|\int_{a+\delta'}^{a+\delta''} f(x)\mathrm{d}x\right|<\varepsilon.$$

2. 绝对收敛蕴含收敛

设 $f(x)$ 在 $(a,b]$ 上连续, a 为 $f(x)$ 的瑕点 (指积分的瑕点), 且积分 $\int_a^b |f(x)|\mathrm{d}x$ 收敛, 则积分 $\int_a^b f(x)\mathrm{d}x$ 收敛.

3. 比较判别法及其极限形式

(1) 设 $f(x)$ 和 $g(x)$ 在 $(a,b]$ 上连续, a 为它们的瑕点, 且对充分接近 a 的 x $(x>a)$ 满足不等式 $0\leqslant f(x)\leqslant g(x)$, 那么:

① 若 $\int_a^b g(x)\mathrm{d}x$ 收敛, 则 $\int_a^b f(x)\mathrm{d}x$ 也收敛.

② 若 $\int_a^b f(x)\mathrm{d}x$ 发散, 则 $\int_a^b g(x)\mathrm{d}x$ 也发散.

(2) 设 $f(x)$ 和 $g(x)$ 是 $(a,b]$ 上的非负连续函数, a 为它们的瑕点, 且有极限关系 $\lim\limits_{x\to a^+}\dfrac{f(x)}{g(x)}=k$, 那么:

① 当 $0<k<+\infty$ 时, 积分 $\int_a^b f(x)\mathrm{d}x$ 和 $\int_a^b g(x)\mathrm{d}x$ 同敛散.

② 当 $k=0$, 并且积分 $\int_a^b g(x)\mathrm{d}x$ 收敛时, $\int_a^b f(x)\mathrm{d}x$ 也收敛.

③ 当 $k=+\infty$, 并且积分 $\int_a^b g(x)\mathrm{d}x$ 发散时, $\int_a^b f(x)\mathrm{d}x$ 也发散.

注记　瑕积分也有相应的有界判别法、狄利克雷判别法和阿贝尔判别法. 有兴趣的读者可以试着写一写.

◇ 几个常用积分的敛散性

(1) p- 积分 $\int_a^{+\infty}\dfrac{1}{x^p}\mathrm{d}x$ $(a>0)$, 当 $p>1$ 时收敛; 当 $p\leqslant 1$ 时发散.

(2) p- 积分 $\int_a^b \dfrac{1}{(x-a)^p}\mathrm{d}x=\int_a^b\dfrac{1}{(b-x)^p}\mathrm{d}x$ $(a<b)$, 当 $p<1$ 时收敛; 当 $p\geqslant 1$ 时发散.

(3) $\int_a^{+\infty}\frac{\sin x}{x^p}\mathrm{d}x$ 和 $\int_a^{+\infty}\frac{\cos x}{x^p}\mathrm{d}x\ (a>0)$, 当 $0<p\leqslant 1$ 时条件收敛; 当 $p>1$ 时绝对收敛; 当 $p\leqslant 0$ 时发散.

精选例题

例 193 判断下列广义积分的敛散性:

(1) $\int_1^{+\infty}\frac{x\ln x}{(x^2-1)^{\frac{3}{2}}}\mathrm{d}x$; (2) $\int_0^{+\infty}\frac{x^{\alpha-1}}{1+x}\mathrm{d}x$;

(3) $\int_0^{\frac{\pi}{2}}\frac{\ln\sin x}{\sqrt{x}}\mathrm{d}x$; (4) $\int_0^{+\infty}\frac{\sin x\mathrm{d}x}{\sqrt{x^3}\cdot\sqrt[3]{1-x}}$.

解 (1) 因为

$$\lim_{x\to 1^+}\frac{x\ln x}{(x^2-1)^{\frac{3}{2}}}=\lim_{x\to 1^+}\frac{x(x-1)}{(x^2-1)^{\frac{3}{2}}}=\infty,$$

故 $x=1$ 为瑕点, 并有

$$\int_1^{+\infty}\frac{x\ln x}{(x^2-1)^{\frac{3}{2}}}\mathrm{d}x=\int_1^2\frac{x\ln x}{(x^2-1)^{\frac{3}{2}}}\mathrm{d}x+\int_2^{+\infty}\frac{x\ln x}{(x^2-1)^{\frac{3}{2}}}\mathrm{d}x.$$

当 $x\to 1^+$ 时, $\frac{x\ln x}{(x^2-1)^{\frac{3}{2}}}\sim\frac{1}{2\sqrt{2(x-1)}}$, 而 $\int_1^2\frac{1}{\sqrt{x-1}}$ 收敛, 故 $\int_1^2\frac{x\ln x}{(x^2-1)^{\frac{3}{2}}}\mathrm{d}x$ 收敛.

又因为

$$\lim_{x\to+\infty}\frac{\ln x}{\sqrt{x}}=0,$$

故当 x 充分大时有 $\ln x<\sqrt{x}$, 以及

$$0\leqslant\frac{x\ln x}{(x^2-1)^{\frac{3}{2}}}\leqslant\frac{x\sqrt{x}}{(x^2-1)^{\frac{3}{2}}}.$$

而

$$\frac{x\sqrt{x}}{(x^2-1)^{\frac{3}{2}}}\sim\frac{1}{x^{\frac{3}{2}}}\quad(x\to+\infty),$$

由 $\int_2^{+\infty}\frac{1}{x^{\frac{3}{2}}}\mathrm{d}x$ 收敛, 知 $\int_2^{+\infty}\frac{x\ln x}{(x^2-1)^{\frac{3}{2}}}\mathrm{d}x$ 收敛, 故原积分收敛.

(2) 由于

$$\int_0^{+\infty}\frac{x^{\alpha-1}}{1+x}\mathrm{d}x=\int_0^1\frac{\mathrm{d}x}{x^{1-\alpha}(1+x)}+\int_1^{+\infty}\frac{\mathrm{d}x}{x^{1-\alpha}(1+x)}.$$

当 $x\to 0^+$ 时, $\dfrac{1}{x^{1-\alpha}(1+x)}\sim\dfrac{1}{x^{1-\alpha}}$, 而 $\displaystyle\int_0^1\frac{\mathrm{d}x}{x^{1-\alpha}}$ 当且仅当 $1-\alpha<1$, 即 $\alpha>0$ 时收敛, 故积分 $\displaystyle\int_0^1\frac{\mathrm{d}x}{x^{1-\alpha}(1+x)}$ 当且仅当 $\alpha>0$ 时收敛.

当 $x\to+\infty$ 时, $\dfrac{1}{x^{1-\alpha}(1+x)}\sim\dfrac{1}{x^{2-\alpha}}$, 而 $\displaystyle\int_1^{+\infty}\frac{\mathrm{d}x}{x^{2-\alpha}}$ 当且仅当 $2-\alpha>1$, 即 $\alpha<1$ 时收敛, 故积分 $\displaystyle\int_1^{+\infty}\frac{\mathrm{d}x}{x^{1-\alpha}(1+x)}$ 当且仅当 $\alpha<1$ 时收敛.

综上, 当且仅当 $0<\alpha<1$ 时原积分收敛.

(3) $x=0$ 为瑕点. 又因为

$$\lim_{x\to 0^+}x^{\frac{1}{4}}\ln\sin x=0,$$

故当正数 x 充分小时 $|x^{\frac{1}{4}}\ln\sin x|<1$, 即

$$\frac{|\ln\sin x|}{\sqrt{x}}<\frac{1}{x^{\frac{3}{4}}},$$

而 $\displaystyle\int_0^{\frac{\pi}{2}}\frac{\mathrm{d}x}{x^{\frac{3}{4}}}$ 收敛, 故 $\displaystyle\int_0^{\frac{\pi}{2}}\frac{\ln\sin x}{\sqrt{x}}\mathrm{d}x$ 收敛, 所以原积分绝对收敛.

(4) 0, 1 为瑕点, 故将原积分按区间分为四个广义积分之和

$$\int_0^{+\infty}\frac{\sin x\mathrm{d}x}{\sqrt{x^3}\cdot\sqrt[3]{1-x}}=\int_0^{\frac{1}{2}}\frac{\sin x\mathrm{d}x}{\sqrt{x^3}\cdot\sqrt[3]{1-x}}+\int_{\frac{1}{2}}^1\frac{\sin x\mathrm{d}x}{\sqrt{x^3}\cdot\sqrt[3]{1-x}}+\int_1^2\frac{\sin x\mathrm{d}x}{\sqrt{x^3}\cdot\sqrt[3]{1-x}}+\int_2^{+\infty}\frac{\sin x\mathrm{d}x}{\sqrt{x^3}\cdot\sqrt[3]{1-x}}.$$

当 $x\to 0^+$ 时,

$$\frac{\sin x}{\sqrt{x^3}\cdot\sqrt[3]{1-x}}\sim\frac{1}{\sqrt{x}},$$

又 $\displaystyle\int_0^{\frac{1}{2}}\frac{\mathrm{d}x}{\sqrt{x}}$ 收敛, 故 $\displaystyle\int_0^{\frac{1}{2}}\frac{\sin x\mathrm{d}x}{\sqrt{x^3}\cdot\sqrt[3]{1-x}}$ 收敛.

当 $x\to 1$ 时,

$$\frac{\sin x}{\sqrt{x^3}\cdot\sqrt[3]{1-x}}\sim\frac{\sin 1}{\sqrt[3]{1-x}},$$

又 $\int_{\frac{1}{2}}^{1}\frac{\sin 1}{\sqrt[3]{1-x}}\mathrm{d}x$ 与 $\int_{1}^{2}\frac{\sin 1}{\sqrt[3]{1-x}}\mathrm{d}x$ 收敛, 故 $\int_{\frac{1}{2}}^{1}\frac{\sin x\mathrm{d}x}{\sqrt{x^3}\cdot\sqrt[3]{1-x}}$ 与 $\int_{1}^{2}\frac{\sin x\mathrm{d}x}{\sqrt{x^3}\cdot\sqrt[3]{1-x}}$ 收敛.

当 x 充分大时,

$$\left|\frac{\sin x}{\sqrt{x^3}\cdot\sqrt[3]{1-x}}\right|\leqslant\frac{1}{x^{\frac{3}{2}}},$$

又 $\int_{2}^{+\infty}\frac{1}{x^{\frac{3}{2}}}\mathrm{d}x$ 收敛, 故 $\int_{2}^{+\infty}\frac{\sin x\mathrm{d}x}{\sqrt{x^3}\cdot\sqrt[3]{1-x}}$ 收敛.

综上, 四个广义积分都收敛, 所以原积分收敛.

例 194 研究下列积分的条件收敛性与绝对收敛性:

(1) $\int_{0}^{+\infty}\frac{\cos(2x+1)}{\sqrt{x}\cdot\sqrt[3]{x^2+1}}\mathrm{d}x$; (2) $\int_{0}^{+\infty}\frac{\sin\frac{1}{x}}{x\sqrt{x}}\mathrm{d}x$.

解 (1) $x=0$ 为瑕点, 故

$$\int_{0}^{+\infty}\frac{\cos(2x+1)}{\sqrt{x}\cdot\sqrt[3]{x^2+1}}\mathrm{d}x=\int_{0}^{1}\frac{\cos(2x+1)}{\sqrt{x}\cdot\sqrt[3]{x^2+1}}\mathrm{d}x+\int_{1}^{+\infty}\frac{\cos(2x+1)}{\sqrt{x}\cdot\sqrt[3]{x^2+1}}\mathrm{d}x.$$

当 $x\to 0^+$ 时,

$$\left|\frac{\cos(2x+1)}{\sqrt{x}\cdot\sqrt[3]{x^2+1}}\right|\leqslant\left|\frac{1}{\sqrt{x}\cdot\sqrt[3]{x^2+1}}\right|\sim\frac{1}{\sqrt{x}}.$$

又 $\int_{0}^{1}\frac{1}{\sqrt{x}}\mathrm{d}x$ 收敛, 故 $\int_{0}^{1}\frac{\cos(2x+1)}{\sqrt{x}\cdot\sqrt[3]{x^2+1}}\mathrm{d}x$ 绝对收敛.

当 $x\to+\infty$ 时,

$$\left|\frac{\cos(2x+1)}{\sqrt{x}\cdot\sqrt[3]{x^2+1}}\right|\leqslant\left|\frac{1}{\sqrt{x}\cdot\sqrt[3]{x^2+1}}\right|\sim\frac{1}{x^{\frac{7}{6}}}.$$

又 $\int_{1}^{+\infty}\frac{1}{x^{\frac{7}{6}}}\mathrm{d}x$ 收敛, 故 $\int_{1}^{+\infty}\frac{\cos(2x+1)}{\sqrt{x}\cdot\sqrt[3]{x^2+1}}\mathrm{d}x$ 绝对收敛.

所以原积分绝对收敛.

(2) 令 $\frac{1}{x}=t$, 则

$$\int_{0}^{+\infty}\frac{\sin\frac{1}{x}}{x\sqrt{x}}\mathrm{d}x=\int_{0}^{+\infty}\frac{\sin t}{\sqrt{t}}\mathrm{d}t=\int_{0}^{1}\frac{\sin t}{\sqrt{t}}\mathrm{d}t+\int_{1}^{+\infty}\frac{\sin t}{\sqrt{t}}\mathrm{d}t.$$

注意: 对于右边的积分, 0 不是瑕点, $\int_{0}^{1}\frac{\sin t}{\sqrt{t}}\mathrm{d}t$ 是黎曼积分. 对 $\forall A>1$, $\int_{1}^{A}\sin t\mathrm{d}t$ 有界, $\frac{1}{\sqrt{t}}$ 在 $[1,+\infty)$ 单调减且 $\lim\limits_{t\to+\infty}\frac{1}{\sqrt{t}}=0$, 故由狄利克雷判别法, 积分

$\int_1^{+\infty}\frac{\sin t}{\sqrt{t}}\mathrm{d}t$ 收敛. 另外, 当 $t\geqslant 1$ 时,

$$\int_1^{+\infty}\frac{|\sin t|}{\sqrt{t}}\mathrm{d}t\geqslant\int_1^{+\infty}\frac{\sin^2 t}{\sqrt{t}}\mathrm{d}t=\frac{1}{2}\left(\int_1^{+\infty}\frac{1}{\sqrt{t}}\mathrm{d}t-\int_1^{+\infty}\frac{\cos 2t}{\sqrt{t}}\mathrm{d}t\right).$$

由 $\int_1^{+\infty}\frac{1}{\sqrt{t}}\mathrm{d}t$ 发散及 $\int_1^{+\infty}\frac{\cos 2t}{\sqrt{t}}\mathrm{d}t$ 收敛, 知 $\int_1^{+\infty}\frac{\sin^2 t}{\sqrt{t}}\mathrm{d}t$ 发散, 则 $\int_1^{+\infty}\frac{|\sin t|}{\sqrt{t}}\mathrm{d}t$ 发散, 故原积分条件收敛.

例 195 设 $f(x)$ 是 $[a,+\infty)$ 上非负单调递减的函数, 则 $\int_a^{+\infty}f(x)\mathrm{d}x$ 和 $\int_a^{+\infty}f(x)\sin^2 x\mathrm{d}x$ 同敛散. 由此证明积分

$$\int_1^{+\infty}\frac{\sin^2 x}{x}\mathrm{d}x,\quad \int_2^{+\infty}\frac{\sin^2 x}{x\ln x}\mathrm{d}x$$

发散.

证明 因 $f(x)$ 是 $[a,+\infty)$ 上非负单调递减的函数, 故可令 $\lim\limits_{x\to+\infty}f(x)=b\geqslant 0$.

当 $b>0$ 时, 对 $\forall B\in(a,+\infty)$ 有

$$\int_a^B f(x)\mathrm{d}x\geqslant\int_a^B f(x)\sin^2 x\mathrm{d}x\geqslant\int_a^B b\sin^2 x\mathrm{d}x,$$

上式中令 $B\to+\infty$, 即知 $\int_a^{+\infty}f(x)\mathrm{d}x$ 与 $\int_a^{+\infty}f(x)\sin^2 x\mathrm{d}x$ 同发散.

当 $b=0$ 时,

$$\int_a^{+\infty}f(x)\mathrm{d}x=2\int_a^{+\infty}f(x)\sin^2 x\mathrm{d}x+\int_a^{+\infty}f(x)\cos 2x\mathrm{d}x,$$

对 $\forall\ A>a$, $\int_a^A\cos 2x\mathrm{d}x$ 有界, $f(x)$ 单调, 且 $\lim\limits_{x\to+\infty}f(x)=0$, 由狄利克雷判别法知 $\int_a^{+\infty}f(x)\cos 2x\mathrm{d}x$ 收敛, 所以 $\int_a^{+\infty}f(x)\mathrm{d}x$ 与 $\int_a^{+\infty}f(x)\sin^2 x\mathrm{d}x$ 同敛散.

例如, 因为 $\int_1^{+\infty}\frac{1}{x}\mathrm{d}x$, $\int_2^{+\infty}\frac{1}{x\ln x}\mathrm{d}x$ 发散, 所以 $\int_1^{+\infty}\frac{\sin^2 x}{x}\mathrm{d}x$ 与 $\int_2^{+\infty}\frac{\sin^2 x}{x\ln x}\mathrm{d}x$ 也发散.

例 196 计算瑕积分 $I=\int_0^{\frac{\pi}{2}}\ln\sin x\mathrm{d}x=\int_0^{\frac{\pi}{2}}\ln\cos x\mathrm{d}x$ 的值.

解 由积分的线性变换计算得

$$\begin{aligned}I=\int_0^{\frac{\pi}{2}}\ln\left(2\sin\frac{x}{2}\cos\frac{x}{2}\right)\mathrm{d}x&=\frac{\pi}{2}\ln 2+\int_0^{\frac{\pi}{2}}\ln\sin\frac{x}{2}\mathrm{d}x+\int_0^{\frac{\pi}{2}}\ln\cos\frac{x}{2}\mathrm{d}x\\&=\frac{\pi}{2}\ln 2+2\int_0^{\frac{\pi}{4}}\ln\sin t\mathrm{d}t+2\int_0^{\frac{\pi}{4}}\ln\cos t\mathrm{d}t\end{aligned}$$

$$= \frac{\pi}{2}\ln 2 + 2\int_0^{\frac{\pi}{4}} \ln\sin t\mathrm{d}t + 2\int_{\frac{\pi}{4}}^{\frac{\pi}{2}} \ln\sin t\mathrm{d}t$$
$$= \frac{\pi}{2}\ln 2 + 2\int_0^{\frac{\pi}{2}} \ln\sin t\mathrm{d}t = \frac{\pi}{2}\ln 2 + 2I,$$

所以得 $I = -\frac{\pi}{2}\ln 2$.

小　结

本节主要是介绍广义积分的敛散性的判别.

8.2　含参变量常义积分

知识要点

◇ 基本概念

设二元函数 $f(x,u)$ 在有界闭区域 D: $a \leqslant x \leqslant b$, $\alpha \leqslant u \leqslant \beta$ 上连续, 称积分 $\int_a^b f(x,u)\mathrm{d}x$ 为**含参变量常义积分**, 其中 u 称为参变量.

若积分限也依赖于参变量, 即变限含参常义积分 $\psi(u) = \int_{a(u)}^{b(u)} f(x,u)\mathrm{d}x$.

◇ 含参变量常义积分的性质

1. 连续性

(1) 设二元函数 $f(x,u)$ 在矩形区域 D: $a \leqslant x \leqslant b$, $\alpha \leqslant u \leqslant \beta$ 上连续, 则函数 $\varphi(u) = \int_a^b f(x,u)\mathrm{d}x$ 在 $[\alpha,\ \beta]$ 上连续, 即对任意 $u_0 \in [\alpha,\ \beta]$, 有

$$\lim_{u\to u_0}\int_a^b f(x,u)\mathrm{d}x = \int_a^b f(x,u_0)\mathrm{d}x = \int_a^b \lim_{u\to u_0} f(x,u)\mathrm{d}x,$$

即可以交换极限运算与积分运算的顺序, 或称在积分号下求极限.

(2) 设二元函数 $f(x,u)$ 在矩形区域 $D: a \leqslant x \leqslant b,\ \alpha \leqslant u \leqslant \beta$ 上连续, 函数 $a(u)$ 和 $b(u)$ 在 $[\alpha,\ \beta]$ 上连续, 并且 $a \leqslant a(u) \leqslant b,\ a \leqslant b(u) \leqslant b$, 则函数 $\psi(u) = \int_{a(u)}^{b(u)} f(x,u)\mathrm{d}x$ 在 $[\alpha,\ \beta]$ 上连续, 即对任意 $u_0 \in [\alpha,\ \beta]$, 有

$$\lim_{u\to u_0}\int_{a(u)}^{b(u)} f(x,u)\mathrm{d}x = \int_{a(u_0)}^{b(u_0)} f(x,u_0)\mathrm{d}x.$$

当 u_0 在区间端点时, 极限为单侧极限.

2. 可积性

设二元函数 $f(x,u)$ 在矩形区域 $D: a \leqslant x \leqslant b,\ \alpha \leqslant u \leqslant \beta$ 上连续, 则函数 $\varphi(u)$ 在 $[\alpha,\ \beta]$ 上可积, 并且

$$\int_\alpha^\beta \left[\int_a^b f(x,u)\mathrm{d}x\right]\mathrm{d}u = \int_a^b \left[\int_\alpha^\beta f(x,u)\mathrm{d}u\right]\mathrm{d}x,$$

即可以交换两个积分运算的顺序.

3. 可微性

(1) 如果函数 $f(x,u)$ 在区域 D 上连续, 且在 D 上对变量 u 有连续的偏导数, 则函数 $\varphi(u)$ 在 $[\alpha,\ \beta]$ 上可导, 并且

$$\varphi'(u) = \int_a^b \frac{\partial f(x,u)}{\partial u}\mathrm{d}x,$$

即可以交换求导运算与积分运算的顺序, 或称在积分号下求导.

(2) 如果函数 $f(x,u)$ 在区域 D 上连续, 且在 D 上对变量 u 有连续的偏导数, 函数 $a(u)$ 和 $b(u)$ 在 $[\alpha,\ \beta]$ 上都可导, 并且 $a \leqslant a(u) \leqslant b, a \leqslant b(u) \leqslant b$, 则函数 $\psi(u)$ 在 $[\alpha,\ \beta]$ 上可导, 并且

$$\psi'(u) = \int_{a(u)}^{b(u)} \frac{\partial f(x,u)}{\partial u}\mathrm{d}x + f(b(u),u)b'(u) - f(a(u),u)a'(u).$$

精选例题

例 197 对以下含参变量积分求极限:

(1) 已知 $F(\alpha)=\int_{-1}^{1}\mathrm{e}^{\sqrt{x^2+\alpha^2}}\mathrm{d}x$, 求 $\lim\limits_{\alpha\to 0}F(\alpha)$.

(2) 已知 $G(u)=\int_{\sin u}^{\cos u}\dfrac{1}{1+(1+u)x^2}\mathrm{d}x$, 求 $\lim\limits_{u\to 0}G(u)$.

解 (1) 由含参变量常义积分的连续性, 知 $F(\alpha)$ 在 $\alpha=0$ 连续, 故

$$\lim_{\alpha\to 0}F(\alpha)=F(0)=\int_{-1}^{1}\mathrm{e}^{\sqrt{x^2}}\mathrm{d}x=2\int_0^1\mathrm{e}^x\mathrm{d}x=2(\mathrm{e}-1).$$

(2) 由含参变量常义积分的连续性, 知 $G(u)$ 在 $u=0$ 连续, 故

$$\lim_{u\to 0}G(u)=G(0)=\int_0^1\frac{1}{1+x^2}\mathrm{d}x=\frac{\pi}{4}.$$

例 198 对以下含参变量积分求导:

(1) 设 $y(x)=\int_x^{x^2}\sin(x-t)^2\mathrm{d}t$, 求 $y'(x)$.

(2) 设 $F(\alpha)=\int_0^{\alpha}f(x+\alpha,x-\alpha)\mathrm{d}x$, 其中 $f(x,u)$ 有连续的偏导数, 求 $F'(\alpha)$.

(3) 设 $I(u)=\int_{\sin u}^{\cos u}\mathrm{e}^{(x^2+xu)}\mathrm{d}x$, 求 $I'(0)$.

解 (1)

$$\begin{aligned}y'(x)&=\int_x^{x^2}\cos(x-t)^2\cdot 2(x-t)\mathrm{d}t+\sin(x-x^2)^2\cdot 2x\\&=-\sin(x-t)^2\Big|_x^{x^2}+2x\sin(x-x^2)^2\\&=(2x-1)\sin(x-x^2)^2.\end{aligned}$$

(2)

$$\begin{aligned}F'(\alpha)&=\int_0^{\alpha}\frac{\partial}{\partial\alpha}f(x+\alpha,x-\alpha)\mathrm{d}x+f(2\alpha,0)\\&=\int_0^{\alpha}[f_1'(x+\alpha,x-\alpha)-f_2'(x+\alpha,x-\alpha)]\mathrm{d}x+f(2\alpha,0),\end{aligned}$$

故 $f'(\alpha)$ 还可表示为

$$\begin{aligned}F'(\alpha)&=2\int_0^{\alpha}f_1'(x+\alpha,x-\alpha)\mathrm{d}x-\int_0^{\alpha}\frac{\partial}{\partial x}f(x+\alpha,x-\alpha)\mathrm{d}x+f(2\alpha,0)\\&=2\int_0^{\alpha}f_1'(x+\alpha,x-\alpha)\mathrm{d}x-f(x+\alpha,x-\alpha)\Big|_{x=0}^{x=\alpha}+f(2\alpha,0)\\&=2\int_0^{\alpha}f_1'(x+\alpha,x-\alpha)\mathrm{d}x+f(\alpha,-\alpha).\end{aligned}$$

(3)

$$I'(u)=\int_{\sin u}^{\cos u}x\mathrm{e}^{(x^2+xu)}\mathrm{d}x-\sin u\mathrm{e}^{(\cos^2 u+u\cos u)}-\cos u\mathrm{e}^{(\sin^2 u+u\sin u)},$$

故

$$I'(0)=\int_0^1 x\mathrm{e}^{x^2}\mathrm{d}x-1=\frac{\mathrm{e}-3}{2}.$$

例 199　计算下列积分:

(1) $\displaystyle\int_0^{\frac{\pi}{2}}\ln(a^2\sin^2 x+b^2\cos^2 x)\mathrm{d}x,\quad a>0,\ b>0.$

(2) $\displaystyle\int_0^{\pi}\ln(1-2a\cos x+a^2)\mathrm{d}x,\quad |a|\neq 1.$

(3) $\displaystyle\int_0^{\frac{\pi}{2}}\ln\frac{1+\alpha\cos x}{1-\alpha\cos x}\cdot\frac{1}{\cos x}\mathrm{d}x,\quad |\alpha|<1.$

解　(1) 记

$$F(u)=\int_0^{\frac{\pi}{2}}\ln(a^2\sin^2 x+u^2\cos^2 x)\mathrm{d}x.$$

由于 $\ln(a^2\sin^2 x+u^2\cos^2 x)$ 及其关于 u 的偏导数 $\dfrac{2u\cos^2 x}{a^2\sin^2 x+u^2\cos^2 x}$ 都在区域

$$D:0\leqslant x\leqslant\frac{\pi}{2},\quad u>0$$

上连续, 由含参变量常义积分的求导性质, 当 $u>0$ 时, 有

$$\begin{aligned}F'(u)&=\int_0^{\frac{\pi}{2}}\frac{2u\cos^2 x}{a^2\sin^2 x+u^2\cos^2 x}\mathrm{d}x\\&=\int_0^{\frac{\pi}{2}}\frac{2u}{a^2\tan^2 x+u^2}\mathrm{d}x\quad(\text{令}t=\tan x)\\&=\int_0^{+\infty}\frac{2u}{(a^2t^2+u^2)(1+t^2)}\mathrm{d}t\end{aligned}$$

$$= \frac{2u}{u^2-a^2}\int_0^{+\infty}\left(\frac{1}{1+t^2}-\frac{a^2}{a^2t^2+u^2}\right)\mathrm{d}t = \frac{\pi}{u+a}.$$

故

$$F(b)-F(a)=\int_a^b F'(u)\mathrm{d}u=\pi\int_a^b\frac{1}{u+a}\mathrm{d}u=\pi\ln(b+a)-\pi\ln(2a).$$

又 $F(a)=\pi\ln a$, 故所求的积分为 $F(b)=\pi\ln\frac{a+b}{2}$.

(2) 记 $F(u)=\int_0^{\pi}\ln(1-2u\cos x+u^2)\mathrm{d}x$, 则 $F(0)=0$.

被积函数 $\ln(1-2u\cos x+u^2)$ 及其关于 u 的偏导数 $\dfrac{-2\cos x+2u}{1-2u\cos x+u^2}$ 都在区域 $D:0\leqslant x\leqslant\pi,\ -1<u<1$ 上连续, 由含参变量常义积分的求导性质, 有

$$\begin{aligned}F'(u)&=\int_0^{\pi}\frac{-2\cos x+2u}{1-2u\cos x+u^2}\mathrm{d}x \quad (\text{令} -1<u<1,\ u\neq 0)\\&=\frac{1}{u}\int_0^{\pi}\left(1+\frac{u^2-1}{1-2u\cos x+u^2}\right)\mathrm{d}x\\&=\frac{\pi}{u}+\frac{u^2-1}{u}\int_0^{\pi}\frac{1}{1-2u\cos x+u^2}\mathrm{d}x,\end{aligned}$$

作变换 $t=\tan\frac{x}{2}$, 可得

$$\begin{aligned}\int_0^{\pi}\frac{1}{1-2u\cos x+u^2}\mathrm{d}x&=\int_0^{+\infty}\frac{2\mathrm{d}t}{(1+u)^2t^2+(1-u)^2}\\&=\frac{2}{1-u^2}\arctan\frac{1+u}{1-u}t\Big|_0^{+\infty}=\frac{\pi}{1-u^2},\end{aligned}$$

因而

$$F'(u)=0 \quad (-1<u<1,u\neq 0),$$
$$F'(0)=-2\int_0^{\pi}\cos x\mathrm{d}x=0.$$

因此对所有 $|u|<1$ 都有 $F'(u)=0$. 从而 $F(u)=C$, 由 $F(0)=0$ 得 $C=0$, 即

$$F(a)=0 \quad (|a|<1).$$

当 $|a|>1$ 时, $\frac{1}{|a|}<1$, 因而

$$F(a)=\int_0^{\pi}\ln(1-2a\cos x+a^2)\mathrm{d}x=\int_0^{\pi}\ln a^2\left(1-\frac{2}{a}\cos x+\frac{1}{a^2}\right)\mathrm{d}x$$

$$= 2\pi\ln|a| + \int_0^{\pi}\ln\left(1-\frac{2}{a}\cos x+\frac{1}{a^2}\right)dx = 2\pi\ln|a|.$$

注记　当 $|a|=1$ 时, $\int_0^{\pi}\ln(1-2a\cos x+a^2)dx$ 是瑕积分, 并可算得 $F(a)=0$.

(3) 记

$$F(\alpha)=\int_0^{\frac{\pi}{2}}\ln\frac{1+\alpha\cos x}{1-\alpha\cos x}\cdot\frac{1}{\cos x}dx \quad (-1<\alpha<1).$$

因为

$$\frac{\ln(1+\alpha\cos x)}{\cos x}-\frac{\ln(1-\alpha\cos x)}{\cos x}=\int_{-\alpha}^{\alpha}\frac{dy}{1+y\cos x},$$

且对 $\forall\alpha\in(-1,1)$, 函数 $\dfrac{1}{1+y\cos x}$ 在 $\left[0,\dfrac{\pi}{2}\right]\times[-\alpha,\alpha]$ 上连续, 所以交换积分次序得

$$F(\alpha)=\int_{-\alpha}^{\alpha}dy\int_0^{\frac{\pi}{2}}\frac{dx}{1+y\cos x}=\int_{-\alpha}^{\alpha}dy\int_0^{\frac{\pi}{2}}\frac{1-y\cos x}{1-y^2\cos^2 x}dx$$

$$=\int_{-\alpha}^{\alpha}dy\int_0^{\frac{\pi}{2}}\frac{1}{1-y^2\cos^2 x}dx=2\int_0^{\alpha}dy\int_0^{+\infty}\frac{du}{u^2+(1-y^2)} \quad (u=\tan x)$$

$$=\pi\int_0^{\alpha}\frac{dy}{\sqrt{1-y^2}}=\pi\arcsin\alpha.$$

其中用到 $\varphi(y)=\int_0^{\frac{\pi}{2}}\frac{y\cos x}{1-y^2\cos^2 x}dx$ 是关于 y 的奇函数, 积分 $\int_{-\alpha}^{\alpha}\varphi(y)dy$ 为 0.

注记　若直接求 $\varphi(u)=\int_a^b f(x,u)dx$ 有困难, 常采用以下两种方法:

(1) 先求 $\varphi'(u)$, 由含参变量常义积分的微分性质即先求 $\int_a^b f'_u(x,u)dx$, 然后再对 u 积分, 即利用 $\varphi(u)=\varphi(u_0)+\int_{u_0}^{u}\varphi'(t)dt$, 求出 $\varphi(u)$.

(2) 因 $f(x,u)$ 表示为积分形式, 从而将 $\varphi(u)$ 表示为累次积分, 由含参变量常义积分的积分性质再交换积分次序求 $\varphi(u)$.

例 200　设 $f(x,y)=\dfrac{y^2-x^2}{(x^2+y^2)^2}$, 证明

$$\int_0^1 dy\int_0^1 f(x,y)dx \neq \int_0^1 dx\int_0^1 f(x,y)dy.$$

证明　当 $(x,y)\neq(0,0)$ 时,

$$\frac{\partial}{\partial x}\left(\frac{x}{x^2+y^2}\right)=\frac{y^2-x^2}{(x^2+y^2)^2}=\frac{\partial}{\partial y}\left(\frac{-y}{x^2+y^2}\right),$$

所以

$$\int_0^1 \mathrm{d}y \int_0^1 \frac{y^2-x^2}{(x^2+y^2)^2}\mathrm{d}x = \int_0^1 \left(\frac{x}{x^2+y^2}\bigg|_{x=0}^{x=1}\right)\mathrm{d}y = \int_0^1 \frac{1}{1+y^2}\mathrm{d}y = \frac{\pi}{4},$$

$$\int_0^1 \mathrm{d}x \int_0^1 \frac{y^2-x^2}{(x^2+y^2)^2}\mathrm{d}y = \int_0^1 \left(\frac{-y}{x^2+y^2}\bigg|_{y=0}^{y=1}\right)\mathrm{d}x = -\int_0^1 \frac{1}{1+x^2}\mathrm{d}y = -\frac{\pi}{4}.$$

从而不等式成立.

注记 由于本题被积函数 $f(x,y)=\dfrac{y^2-x^2}{(x^2+y^2)^2}$ 在点 (0,0) 处不连续, 不满足含参变量常义积分性质, 故积分号不能交换.

小　　结

1. 利用含参变量常义积分的连续性求极限.
2. 利用含参变量常义积分的可微性求导.
3. 利用含参变量常义积分的微分性质或积分性质求含参变量常义积分.

8.3 含参变量广义积分

知识要点

◇ **基本概念**

1. 含参变量广义积分的收敛

设函数 $f(x,u)$ 在区域 $D=[a,\ +\infty)\times I$ 上连续, 如果对于任意固定的 $u\in I$, 广义积分 $\displaystyle\int_a^{+\infty} f(x,u)\mathrm{d}x$ 都收敛, 则它就确定了区间 I 上的一个函数

$$\varphi(u)=\int_a^{+\infty} f(x,u)\mathrm{d}x \quad (u\in I).$$

此时称含参变量广义积分 $\displaystyle\int_a^{+\infty} f(x,u)\mathrm{d}x$ 在区间 I 上逐点收敛或在 I 上收敛.

2. 含参变量广义积分的一致收敛

如果对任给的 $\varepsilon>0$, 存在一个 $B=B(\varepsilon)>a$, 使得当 $b>B$ 时, 不等式

$$\left|\int_a^b f(x,u)\mathrm{d}x-\int_a^{+\infty} f(x,u)\mathrm{d}x\right|=\left|\int_b^{+\infty} f(x,u)\mathrm{d}x\right|<\varepsilon$$

对所有的 $u\in I$ 都成立, 则称含参变量广义积分 $\int_a^{+\infty} f(x,u)\mathrm{d}x$ 在区间 I 上**一致收敛**.

如果 $\int_a^{+\infty} f(x,u)\mathrm{d}x$ 在区间 I 的任何有界闭子区间上一致收敛, 则称它在 I 中**内闭一致收敛**.

◇ 含参变量广义积分的一致收敛的判别法

1. 柯西收敛准则

含参变量广义积分 $\int_a^{+\infty} f(x,u)\mathrm{d}x$ 在 I 上一致收敛的充分必要条件为: 对任给的 $\varepsilon>0$, 存在一个仅与 ε 有关的实数 $B=B(\varepsilon)>a$, 使得当 $b_1,b_2>B$ 时, 不等式 $\left|\int_{b_1}^{b_2} f(x,u)\mathrm{d}x\right|<\varepsilon$ 对所有的 $u\in I$ 都成立.

2. 魏尔斯特拉斯判别法

设函数 $f(x,u)$ 在区域 $D=[a,\ +\infty)\times I$ 上连续, 如果存在一个 $[a,+\infty)$ 上的连续函数 $p(x)$, 使得对充分大的 x 以及所有的 $u\in I$, 都有

$$|f(x,u)|\leqslant p(x),$$

且积分 $\int_a^{+\infty} p(x)\mathrm{d}x$ 收敛, 则含参变量广义积分 $\int_a^{+\infty} f(x,u)\mathrm{d}x$ 在 I 上一致收敛.

3. 狄利克雷判别法

设函数 $f(x,u)$ 和 $g(x,u)$ 在区域 $D=[a,\ +\infty)\times I$ 上连续, 且满足以下两个条件:

(1) 积分 $\int_a^b f(x,u)\mathrm{d}x$ 关于 b 和 u 一致有界, 即存在一个与 b 和 u 均无关的常数 K, 使得 $\left|\int_a^b f(x,u)\mathrm{d}x\right|\leqslant K$ 对任意 $b>a$ 和所有 $u\in I$ 成立.

(2) 函数 $g(x,u)$ 对于每个 $u\in I$ 关于 x 是单调的, 并且当 $x\to+\infty$ 时, $g(x,u)$ 关于 u 在 I 上一致趋于零.

那么含参变量广义积分 $\int_a^{+\infty} f(x,u)g(x,u)\mathrm{d}x$ 在 I 上一致收敛.

4. 阿贝尔判别法

设函数 $f(x,u)$ 和 $g(x,u)$ 在区域 $D=[a,\ +\infty)\times I$ 上连续, 且满足以下两个条件:

(1) 积分 $\int_a^{+\infty} f(x,u)\mathrm{d}x$ 在 I 上一致收敛.

(2) 函数 $g(x,u)$ 对于每个 $u\in I$ 关于 x 是单调的, 并且 $g(x,u)$ 关于 u 在 I 上一致有界.

那么含参变量广义积分 $\int_a^{+\infty} f(x,u)g(x,u)\mathrm{d}x$ 在 I 上一致收敛.

◇ 一致收敛含参变量广义积分的性质

1. 连续性

设函数 $f(x,u)$ 在区域 $D=[a,\ +\infty)\times I$ 上连续, 且含参变量广义积分 $\int_a^{+\infty} f(x,u)\mathrm{d}x$ 在区间 I 上内闭一致收敛, 则函数 $\varphi(u)$ 在 I 上连续, 即对任意 $u_0\in I$, 有极限关系

$$\lim_{u\to u_0}\int_a^{+\infty} f(x,u)\mathrm{d}x=\int_a^{+\infty} f(x,u_0)\mathrm{d}x=\int_a^{+\infty}\lim_{u\to u_0} f(x,u)\mathrm{d}x,$$

即可以交换极限运算与积分运算的顺序.

2. 可积性

(1) 设函数 $f(x,u)$ 在区域 $D=[a,\ +\infty)\times[\alpha,\ \beta]$ 上连续, 且含参变量广义积分 $\int_a^{+\infty} f(x,u)\mathrm{d}x$ 在有界闭区间 $[\alpha,\ \beta]$ 上一致收敛, 则函数 $\varphi(u)$ 在 $[\alpha,\ \beta]$ 上可积, 并有

$$\int_\alpha^\beta \varphi(u)\mathrm{d}u=\int_\alpha^\beta\left[\int_a^{+\infty} f(x,u)\mathrm{d}x\right]\mathrm{d}u=\int_a^{+\infty}\left[\int_\alpha^\beta f(x,u)\mathrm{d}u\right]\mathrm{d}x,$$

即可以交换两个积分运算的顺序.

(2) 如果函数 $f(x,u)$ 满足下列条件:

① 函数 $f(x,u)$ 在区域 $D=[a,+\infty)\times[\alpha,+\infty)$ 上连续.

② 含参变量广义积分 $\int_a^{+\infty} f(x,u)\mathrm{d}x$ 在无穷区间 $[\alpha,+\infty)$ 上内闭一致收敛, 而积分 $\int_\alpha^{+\infty} f(x,u)\mathrm{d}u$ 在无穷区间 $[a,+\infty)$ 上内闭一致收敛.

③ 下列两个积分

$$\int_a^{+\infty}\left(\int_\alpha^{+\infty}|f(x,u)|\mathrm{d}u\right)\mathrm{d}x,\quad \int_\alpha^{+\infty}\left(\int_a^{+\infty}|f(x,u)|\mathrm{d}x\right)\mathrm{d}u$$

之中至少有一个存在.

那么下列两个积分

$$\int_a^{+\infty}\left(\int_\alpha^{+\infty}f(x,u)\mathrm{d}u\right)\mathrm{d}x,\quad \int_\alpha^{+\infty}\left(\int_a^{+\infty}f(x,u)\mathrm{d}x\right)\mathrm{d}u$$

都存在, 而且相等, 即

$$\int_a^{+\infty}\left(\int_\alpha^{+\infty}f(x,u)\mathrm{d}u\right)\mathrm{d}x=\int_\alpha^{+\infty}\left(\int_a^{+\infty}f(x,u)\mathrm{d}x\right)\mathrm{d}u,$$

也即可以交换两个无穷积分的运算顺序.

3. 可微性

设函数 $f(x,u)$ 满足下列条件:

① 函数 $f(x,u)$ 和 $\dfrac{\partial f(x,u)}{\partial u}$ 在区域 $D=[a,+\infty)\times I$ 上连续.

② 含参变量广义积分 $\int_a^{+\infty} f(x,u)\mathrm{d}x$ 在 I 上收敛.

③ 含参变量广义积分 $\int_a^{+\infty} \dfrac{\partial f(x,u)}{\partial u}\mathrm{d}x$ 在 I 上内闭一致收敛.

那么函数 $\varphi(u)$ 在 I 上可导, 并且

$$\varphi'(u)=\int_a^{+\infty}\frac{\partial f(x,u)}{\partial u}\mathrm{d}x\quad(u\in I),$$

即可以交换求导运算与积分运算的顺序.

精选例题

例 201 研究下列积分在指定区间上的一致收敛性:

(1) $\int_0^{+\infty}\alpha\mathrm{e}^{-\alpha x}\mathrm{d}x\ (0<a\leqslant\alpha\leqslant b)$;　　(2) $\int_0^{+\infty}\alpha\mathrm{e}^{-\alpha x}\mathrm{d}x\ (0\leqslant\alpha<+\infty)$;

(3) $\int_0^{+\infty}\dfrac{x\sin x^3}{1+x^p}\mathrm{d}x\ (0\leqslant p<+\infty)$.

解 (1) 解法 1　因 $\alpha\mathrm{e}^{-\alpha x}\leqslant b\mathrm{e}^{-ax}$, 而 $\int_0^{+\infty}b\mathrm{e}^{-ax}\mathrm{d}x$ 收敛, 故由魏尔斯特拉斯判别法知, $\int_0^{+\infty}\alpha\mathrm{e}^{-\alpha x}\mathrm{d}x$ 在 $0<a\leqslant\alpha\leqslant b$ 上一致收敛.

解法 2　用定义. 因 $\alpha\geqslant a>0$, 所以

$$\int_A^{+\infty}\alpha\mathrm{e}^{-\alpha x}\mathrm{d}x=\mathrm{e}^{-\alpha A}\leqslant\mathrm{e}^{-aA}.$$

故对 $\forall\varepsilon>0$, 不妨设 $\varepsilon<1$, 取 $A_0>-\dfrac{\ln\varepsilon}{a}$, 则当 $A>A_0$ 时,

$$\left|\int_A^{+\infty}\alpha\mathrm{e}^{-\alpha x}\mathrm{d}x\right|\leqslant\mathrm{e}^{-aA}<\mathrm{e}^{-aA_0}<\varepsilon,$$

对 $0<a\leqslant\alpha\leqslant b$ 都成立. 由一致收敛的定义, $\int_0^{+\infty}\alpha\mathrm{e}^{-\alpha x}\mathrm{d}x$ 在 $[a,b]$ 上一致收敛.

(2) 解法 1　由于

$$\varphi(\alpha)=\int_0^{+\infty}\alpha\mathrm{e}^{-\alpha x}\mathrm{d}x=\begin{cases}0 & (\alpha=0),\\ 1 & (\alpha>0),\end{cases}$$

在 $\alpha=0$ 处不连续, 而 $f(x,\alpha)=\alpha\mathrm{e}^{-\alpha x}$ 在 $0\leqslant x<+\infty$, $0\leqslant\alpha<+\infty$ 中连续, 由一致收敛广义积分的连续性质, 推得 $\int_0^{+\infty}\alpha\mathrm{e}^{-\alpha x}\mathrm{d}x$ 在 $0\leqslant\alpha<+\infty$ 上不一致收敛.

解法 2　根据不一致收敛的定义. 取 $\varepsilon_0=\dfrac{1}{4}$,对任意 $A_0>0$,取 $A_1>A_0$及 $\alpha_0=\dfrac{1}{A_1}\in(0,+\infty)$,有

$$\left|\int_{A_1}^{+\infty}\alpha_0\mathrm{e}^{-\alpha_0 x}\mathrm{d}x\right|=\mathrm{e}^{-\alpha_0 A_1}=\mathrm{e}^{-1}>\varepsilon_0,$$

所以 $\int_0^{+\infty}\alpha\mathrm{e}^{-\alpha x}\mathrm{d}x$ 在 $[0,+\infty)$ 上不一致收敛.

(3) 令 $x^3=t$, 然后由狄利克雷判别法知, 与 p 无关的积分

$$\int_0^{+\infty}x\sin x^3\mathrm{d}x=\frac{1}{3}\int_0^{+\infty}\frac{\sin t}{\sqrt[3]{t}}\mathrm{d}t$$

是收敛的. 又 $\dfrac{1}{1+x^p}$ 关于 x 单调, 且当 $x\geqslant 0$ 时关于 $p\geqslant 0$ 一致有界 $\left(0<\dfrac{1}{1+x^p}\leqslant 1\right)$, 所以由含参变量广义积分一致收敛的阿贝尔判别法知, $\displaystyle\int_0^{+\infty}\frac{x\sin x^3}{1+x^p}\mathrm{d}x$ 在 $[0,+\infty)$ 上一致收敛.

例 202　计算下列含参变量积分:

(1) $I(\alpha)=\displaystyle\int_0^{+\infty}\frac{\arctan\alpha x}{x(1+x^2)}\mathrm{d}x\quad(\alpha>0)$.

(2) $I(\alpha)=\displaystyle\int_0^{+\infty}\frac{1-\mathrm{e}^{-\alpha x}}{x\mathrm{e}^x}\mathrm{d}x\quad(\alpha>-1)$.

(3) $I(\alpha)=\displaystyle\int_0^{+\infty}\left(\frac{1-\mathrm{e}^{-\alpha x}}{x}\right)^2\mathrm{d}x\quad(\alpha>0)$.

解　(1) 解法 1　因为

$$\frac{\arctan\alpha x}{x}=\int_0^{\alpha}\frac{1}{1+x^2u^2}\mathrm{d}u,$$

故

$$I(\alpha)=\int_0^{+\infty}\mathrm{d}x\int_0^{\alpha}\frac{1}{(1+x^2u^2)(1+x^2)}\mathrm{d}u.$$

又 $\dfrac{1}{(1+x^2u^2)(1+x^2)}$ 在 $0\leqslant x<+\infty,\ 0\leqslant u\leqslant\alpha$ 上连续, 且由比较判别法, 积分

$$\int_0^{+\infty}\frac{1}{(1+x^2u^2)(1+x^2)}\mathrm{d}x$$

关于 u 在 $[0,\alpha]$ 上一致收敛, 故由含参变量广义积分的积分性质, 交换积分次序得

$$\begin{aligned}I(\alpha)&=\int_0^{\alpha}\mathrm{d}u\int_0^{+\infty}\frac{1}{(1+x^2u^2)(1+x^2)}\mathrm{d}x\\&=\int_0^{\alpha}\frac{\mathrm{d}u}{1-u^2}\left(\int_0^{+\infty}\frac{1}{1+x^2}\mathrm{d}x-\int_0^{+\infty}\frac{u^2}{1+x^2u^2}\mathrm{d}x\right)\\&=\frac{\pi}{2}\int_0^{\alpha}\frac{1-u}{1-u^2}\mathrm{d}u=\frac{\pi}{2}\ln(1+\alpha).\end{aligned}$$

解法 2　记 $f(x,\alpha)=\dfrac{\arctan\alpha x}{x(1+x^2)}$, 因为 $f(x,\alpha)$ 及 $f'_\alpha(x,\alpha)=\dfrac{1}{(1+\alpha^2x^2)(1+x^2)}$ 在 $[0,+\infty)^2$ 上连续, 且 $I(\alpha)$ 在 $[0,+\infty)$ 上收敛, $I(0)=0$, 又对 $\alpha\geqslant 0$ 有

$$\int_0^{+\infty}\frac{1}{(1+\alpha^2x^2)(1+x^2)}\mathrm{d}x=\frac{1}{1-\alpha^2}\left(\int_0^{+\infty}\frac{1}{1+x^2}\mathrm{d}x-\int_0^{+\infty}\frac{\alpha^2}{1+x^2\alpha^2}\mathrm{d}x\right)$$

$$=\frac{\pi}{2}\frac{1}{1+\alpha},$$

且 $\int_0^{+\infty}\frac{1}{(1+x^2\alpha^2)(1+x^2)}\mathrm{d}x$ 在 $[0,+\infty)$ 上一致收敛, 由含参变量广义积分的求导性质, 得

$$\begin{aligned}I'(\alpha)&=\frac{\mathrm{d}}{\mathrm{d}\alpha}\int_0^{+\infty}f(x,\alpha)\mathrm{d}x=\int_0^{+\infty}\frac{\partial f(x,\alpha)}{\partial\alpha}\mathrm{d}x\\&=\int_0^{+\infty}\frac{1}{(1+\alpha^2x^2)(1+x^2)}\mathrm{d}x=\frac{\pi}{2}\frac{1}{1+\alpha}.\end{aligned}$$

故

$$I(\alpha)=\int_0^{\alpha}I'(\alpha)\mathrm{d}\alpha+I(0)=\int_0^{\alpha}\frac{\pi}{2}\frac{1}{1+\alpha}\mathrm{d}\alpha+I(0)=\frac{\pi}{2}\ln(1+\alpha).$$

(2) 解法 1 因为

$$\frac{1-\mathrm{e}^{-\alpha x}}{x\mathrm{e}^{x}}=\int_0^{\alpha}\mathrm{e}^{-(u+1)x}\mathrm{d}u,$$

故

$$I(\alpha)=\int_0^{+\infty}\mathrm{d}x\int_0^{\alpha}\mathrm{e}^{-(u+1)x}\mathrm{d}u.$$

又 $\mathrm{e}^{-(u+1)x}$ 在 $0\leqslant x<+\infty$, $u>-1$ 上连续, 且 $\int_0^{+\infty}\mathrm{e}^{-(u+1)x}\mathrm{d}x$ 在 $u>-1$ 上内闭一致收敛, 由含参变量广义积分的积分性质, 当 $\alpha>-1$ 时,

$$I(\alpha)=\int_0^{\alpha}\mathrm{d}u\int_0^{+\infty}\mathrm{e}^{-(u+1)x}\mathrm{d}x=\int_0^{\alpha}\frac{1}{u+1}\mathrm{d}u=\ln(1+\alpha).$$

解法 2 显然 $I(0)=0$, 又

$$\int_0^{+\infty}\left(\frac{1-\mathrm{e}^{-\alpha x}}{x\mathrm{e}^{x}}\right)'_{\alpha}\mathrm{d}x=\int_0^{+\infty}\mathrm{e}^{-(\alpha+1)x}\mathrm{d}x=\frac{1}{\alpha+1}\quad(\alpha>-1),$$

因 $\frac{1-\mathrm{e}^{-\alpha x}}{x\mathrm{e}^{x}}$ 与 $\mathrm{e}^{-(\alpha+1)x}$ 在 $0\leqslant x<+\infty$, $\alpha>-1$ 上连续, $I(\alpha)$ 在 $\alpha>-1$ 上收敛, 而 $\int_0^{+\infty}\mathrm{e}^{-(\alpha+1)x}\mathrm{d}x$ 在 $(-1,+\infty)$ 上内闭一致收敛, 由含参变量广义积分的求导性质, $I(\alpha)$ 在 $\alpha>-1$ 上可导, 且

$$I'(\alpha)=\int_0^{+\infty}\left(\frac{1-\mathrm{e}^{-\alpha x}}{x\mathrm{e}^{x}}\right)'_{\alpha}\mathrm{d}x=\frac{1}{\alpha+1},$$

因而

$$I(\alpha)=\int_0^\alpha I'(\alpha)\mathrm{d}\alpha+I(0)=\int_0^\alpha \frac{1}{1+\alpha}\mathrm{d}\alpha+I(0)=\ln(1+\alpha).$$

(3) 先分部积分

$$\begin{aligned}I(\alpha)&=-\int_0^{+\infty}(1-\mathrm{e}^{-\alpha x})^2\mathrm{d}\frac{1}{x}\\&=-\frac{1}{x}(1-\mathrm{e}^{-\alpha x})^2\Big|_0^{+\infty}+2\alpha\int_0^{+\infty}\frac{(1-\mathrm{e}^{-\alpha x})\mathrm{e}^{-\alpha x}}{x}\mathrm{d}x\\&=2\alpha\int_0^{+\infty}\frac{\mathrm{e}^{-\alpha x}-\mathrm{e}^{-2\alpha x}}{x}\mathrm{d}x\\&=2\alpha\int_0^{+\infty}\mathrm{d}x\int_\alpha^{2\alpha}\mathrm{e}^{-ux}\mathrm{d}u.\end{aligned}$$

由于 e^{-ux} 在 $0\leqslant x<+\infty$, $\alpha\leqslant u\leqslant 2\alpha$ $(\alpha>0)$ 上连续, 且 $\int_0^{+\infty}\mathrm{e}^{-ux}\mathrm{d}x$ 在 $[\alpha,2\alpha]$ 上一致收敛, 故上面积分可交换次序, 所以

$$I(\alpha)=2\alpha\int_\alpha^{2\alpha}\mathrm{d}u\int_0^{+\infty}\mathrm{e}^{-ux}\mathrm{d}x=2\alpha\int_a^{2a}\frac{1}{u}\mathrm{d}u=2\alpha\ln 2.$$

注记 第 (3) 题也可用第 (1), (2) 题的解法 2 的方法求解. 若直接求 $I(u)=\int_a^{+\infty}f(x,u)\mathrm{d}x$ 有困难, 常采用以下两种方法:

(1) 把 $f(x,u)$ 表示为积分形式, 从而把 $I(u)$ 视为累次积分, 由含参变量广义积分的积分性质, 再交换积分次序求积分.

(2) 先求 $I'(u)$, 由含参变量广义积分的微分性质, 先求 $\int_a^{+\infty}f'_u(x,u)\mathrm{d}x$, 然后再对 u 积分, 由 $I(u)=\int_{u_0}^u I'(u)\mathrm{d}u+I(u_0)$ 求出 $I(u)$.

小　结

1. 研究含参变量广义积分在指定区间上的一致收敛性.
2. 利用含参变量广义积分的微分性质或积分性质求含参变量广义积分.

8.4 含参变量积分的应用

知识要点

◇ 几个重要的广义积分

1. 狄利克雷积分

$$\int_0^{+\infty}\frac{\sin x}{x}\mathrm{d}x=\frac{\pi}{2}.$$

2. 概率积分

$$\int_0^{+\infty}\mathrm{e}^{-x^2}\mathrm{d}x=\frac{\sqrt{\pi}}{2}.$$

3. 拉普拉斯积分

$$\int_0^{+\infty}\frac{\cos\beta x}{\alpha^2+x^2}\mathrm{d}x=\frac{\pi}{2\alpha}\mathrm{e}^{-\alpha\beta}\quad(\alpha>0,\ \beta\geqslant 0),$$

$$\int_0^{+\infty}\frac{x\sin\beta x}{\alpha^2+x^2}\mathrm{d}x=\frac{\pi}{2}\mathrm{e}^{-\alpha\beta}\quad(\alpha>0,\ \beta>0).$$

4. 菲涅耳 (Fresnel) 积分

$$\int_0^{+\infty}\sin x^2\mathrm{d}x=\int_0^{+\infty}\cos x^2\mathrm{d}x=\frac{1}{2}\sqrt{\frac{\pi}{2}}.$$

◇ 欧拉积分

1. Γ 函数

(1) 定义:

$\Gamma(x)=\int_0^{+\infty}t^{x-1}\mathrm{e}^{-t}\mathrm{d}t\ (x>0)$, 称为 Γ 函数.

(2) 连续性:

Γ 函数在区间 $(0,\ +\infty)$ 上连续.

(3) 递推公式：

当 $x>0$ 时, 有 $\Gamma(x+1)=x\Gamma(x)$. 特别地,

$$\Gamma(1)=1,\quad \Gamma(n+1)=n!,$$
$$\Gamma\left(\frac{1}{2}\right)=\sqrt{\pi},\quad \Gamma\left(n+\frac{1}{2}\right)=\frac{(2n-1)!!}{2^n}\sqrt{\pi}.$$

(4) 余元公式：

$$\Gamma(x)\Gamma(1-x)=\frac{\pi}{\sin\pi x}\quad (0<x<1).$$

2. B 函数

(1) 定义：

$B(x,y)=\int_0^1 t^{x-1}(1-t)^{y-1}\mathrm{d}t\ (x>0,y>0)$, 称为 B 函数. B 函数的无穷积分表示为

$$B(x,y)=\int_0^{+\infty}\frac{z^{y-1}}{(1+z)^{x+y}}\mathrm{d}z\quad (x,y>0).$$

(2) 连续性:

B 函数在第一象限 $x,y>0$ 内连续.

(3) 递推公式:

$$B(x+1,y)=\frac{x}{x+y}B(x,y);\quad B(x,y+1)=\frac{y}{x+y}B(x,y);$$
$$B(x+1,y+1)=\frac{xy}{(x+y)(x+y+1)}B(x,y).$$

(4) 勒让德 (Legendre) 加倍公式:

$$\Gamma(2x)=\frac{2^{2x-1}}{\sqrt{\pi}}\Gamma(x)\Gamma\left(x+\frac{1}{2}\right)\quad (x>0).$$

3. Γ 函数与 B 函数的关系

$$B(x,y)=\frac{\Gamma(x)\Gamma(y)}{\Gamma(x+y)}\quad (x,y>0).$$

特别地, 有

$$B(x,y)=B(y,x)\quad (x,y>0)\quad (B\text{函数的对称性}).$$
$$B(n,m)=\frac{(m-1)!(n-1)!}{(m+n-1)!}\quad (m,n\in\mathbb{N}).$$

精选例题

例 203 利用 $\int_0^{+\infty}\frac{\sin x}{x}\mathrm{d}x=\frac{\pi}{2}$, 计算 $\int_0^{+\infty}\frac{\sin^4 x}{x^2}\mathrm{d}x$.

解

$$\begin{aligned}\int_0^{+\infty}\frac{\sin^4 x}{x^2}\mathrm{d}x&=-\frac{\sin^4 x}{x}\Big|_0^{+\infty}+\int_0^{+\infty}\frac{4\sin^3 x\cos x}{x}\mathrm{d}x\\&=\int_0^{+\infty}\frac{(1-\cos 2x)\sin 2x}{x}\mathrm{d}x\\&=\int_0^{+\infty}\frac{\sin 2x}{x}\mathrm{d}x-\int_0^{+\infty}\frac{\sin 4x}{2x}\mathrm{d}x=\frac{\pi}{2}-\frac{\pi}{4}=\frac{\pi}{4}.\end{aligned}$$

思考题 计算 $\int_0^{+\infty}\frac{\sin^2 x}{x^2}\mathrm{d}x$. $\left(答案: \frac{\pi}{2}.\right)$

例 204 计算下列广义积分:

(1) $\int_0^{+\infty}t^{-\frac{1}{2}}\mathrm{e}^{-\alpha t}\mathrm{d}t,\alpha>0$;

(2) $\int_0^{+\infty}x^{2n+1}\mathrm{e}^{-x^2}\mathrm{d}x,n\in\mathbb{N}$;

(3) $\int_0^{\frac{\pi}{2}}\tan^\alpha x\mathrm{d}x,|\alpha|<1$;

(4) $\int_0^1(\ln x)^n\mathrm{d}x,n\in\mathbb{N}$;

(5) $\int_0^{+\infty}\frac{2x^2}{(1+x^2)^3}\mathrm{d}x$;

(6) $\int_a^b(x-a)^2\left(\frac{b-x}{x-a}\right)^p\mathrm{d}x,0<p<1$.

解 (1) 令 $\alpha t=x$, 则有

$$\int_0^{+\infty}t^{-\frac{1}{2}}\mathrm{e}^{-\alpha t}\mathrm{d}t=\frac{1}{\sqrt{\alpha}}\int_0^{+\infty}x^{-\frac{1}{2}}\mathrm{e}^{-x}\mathrm{d}x=\frac{\Gamma\left(\frac{1}{2}\right)}{\sqrt{\alpha}}=\sqrt{\frac{\pi}{\alpha}}.$$

(2) 令 $x^2=t$, 则有

$$\int_0^{+\infty}x^{2n+1}\mathrm{e}^{-x^2}\mathrm{d}x=\frac{1}{2}\int_0^{+\infty}t^n\mathrm{e}^{-t}\mathrm{d}t=\frac{1}{2}\Gamma(n+1)=\frac{n!}{2}.$$

(3) 令 $\tan x=t$, 利用 B 函数的无穷积分表示, 并利用余元公式有

$$\begin{aligned}\int_0^{\frac{\pi}{2}}\tan^\alpha x\mathrm{d}x&=\int_0^{+\infty}\frac{t^\alpha}{1+t^2}\mathrm{d}t\quad(令t^2=u)\\&=\frac{1}{2}\int_0^{+\infty}\frac{u^{\frac{\alpha}{2}-\frac{1}{2}}}{1+u}\mathrm{d}u=\frac{1}{2}B\left(\frac{\alpha}{2}+\frac{1}{2},\frac{1}{2}-\frac{\alpha}{2}\right)\end{aligned}$$

$$=\frac{1}{2}\frac{\pi}{\sin\left(\frac{\alpha}{2}+\frac{1}{2}\right)\pi}=\frac{\pi}{2\cos\frac{\alpha\pi}{2}}.$$

(4) 令 $\ln x=-t$, 则有

$$\int_0^1(\ln x)^n\mathrm{d}x=\int_0^{+\infty}(-1)^nt^n\mathrm{e}^{-t}\mathrm{d}t=(-1)^n\Gamma(n+1)=(-1)^nn!.$$

(5) 令 $x^2=y$, 则有

$$\int_0^{+\infty}\frac{2x^2}{(1+x^2)^3}\mathrm{d}x=\int_0^{+\infty}\frac{y^{\frac{3}{2}-1}}{(1+y)^3}\mathrm{d}y=B\left(\frac{3}{2},\frac{3}{2}\right)=\frac{\Gamma\left(\frac{3}{2}\right)\Gamma\left(\frac{3}{2}\right)}{\Gamma(3)}=\frac{\pi}{8}.$$

(6) 利用变量代换 $t=\dfrac{x-a}{b-a}$, 使 $[a,b]\to[0,1]$, 故有

$$\begin{aligned}\int_a^b(x-a)^2\left(\frac{b-x}{x-a}\right)^p\mathrm{d}x&=(b-a)^3\int_0^1t^{2-p}(1-t)^p\mathrm{d}t\\&=(b-a)^3B(3-p,1+p)\\&=(b-a)^3\frac{\Gamma(3-p)\Gamma(1+p)}{\Gamma(4)}\\&=\frac{p(2-p)(1-p)(b-a)^3}{6}\Gamma(1-p)\Gamma(p)\\&=\frac{p(2-p)(1-p)(b-a)^3}{6}\frac{\pi}{\sin p\pi}.\end{aligned}$$

注记　计算一些广义积分, 可通过对广义积分作变量代换化为欧拉积分, 再利用欧拉积分的递推公式或其他公式, 求得广义积分值.

例 205　计算下列极限:

(1) $\lim\limits_{n\to\infty}\displaystyle\int_0^{+\infty}\frac{1+x^n}{1+x^{2n}}\mathrm{d}x$;　(2) $\lim\limits_{n\to\infty}\displaystyle\int_0^{+\infty}x^2\mathrm{e}^{-x^{2n}}\mathrm{d}x$.

解　(1) 令 $x^{2n}=t$, 则有

$$\begin{aligned}\int_0^{+\infty}\frac{1+x^n}{1+x^{2n}}\mathrm{d}x&=\int_0^{+\infty}\frac{1+\sqrt{t}}{1+t}\frac{1}{2n}t^{\frac{1}{2n}-1}\mathrm{d}t\\&=\frac{1}{2n}\left(\int_0^{+\infty}\frac{t^{\frac{1}{2n}-1}}{1+t}\mathrm{d}t+\int_0^{+\infty}\frac{t^{\frac{1}{2n}-\frac{1}{2}}}{1+t}\mathrm{d}t\right)\\&=\frac{1}{2n}\left[B\left(\frac{1}{2n},1-\frac{1}{2n}\right)+B\left(\frac{1}{2n}+\frac{1}{2},\frac{1}{2}-\frac{1}{2n}\right)\right]\end{aligned}$$

$$= \frac{1}{2n}\left[\frac{\pi}{\sin\frac{\pi}{2n}} + \frac{\pi}{\sin\left(\frac{1}{2n}+\frac{1}{2}\right)\pi}\right] = \frac{\frac{\pi}{2n}}{\sin\frac{\pi}{2n}} + \frac{\frac{\pi}{2n}}{\cos\frac{\pi}{2n}}.$$

故

$$\lim_{n\to\infty}\int_0^{+\infty}\frac{1+x^n}{1+x^{2n}}\mathrm{d}x = \lim_{n\to\infty}\left(\frac{\frac{\pi}{2n}}{\sin\frac{\pi}{2n}} + \frac{\frac{\pi}{2n}}{\cos\frac{\pi}{2n}}\right) = 1.$$

(2) 令 $x^{2n}=t$, 则当 $n\geqslant 2$ 时, 有

$$\int_0^{+\infty} x^2\mathrm{e}^{-x^{2n}}\mathrm{d}x = \frac{1}{2n}\int_0^{+\infty} t^{\frac{3}{2n}-1}\mathrm{e}^{-t}\mathrm{d}t = \frac{1}{2n}\Gamma\left(\frac{3}{2n}\right) = \frac{1}{3}\Gamma\left(\frac{3}{2n}+1\right).$$

又 $\Gamma(x)$ 在 $(0,+\infty)$ 上连续, 故

$$\lim_{n\to\infty}\int_0^{+\infty} x^2\mathrm{e}^{-x^{2n}}\mathrm{d}x = \frac{1}{3}\lim_{n\to\infty}\Gamma\left(\frac{3}{2n}+1\right) = \frac{1}{3}\Gamma(1) = \frac{1}{3}.$$

例 206 试求曲线 $x^n+y^n=a^n$ 当 $x>0,y>0,n>0$ 时所围成平面图形的面积.

解 所围成平面图形的面积为

$$S = \int_0^a y(x)\mathrm{d}x = \int_0^a (a^n-x^n)^{\frac{1}{n}}\mathrm{d}x = a^2\int_0^a \left[1-\left(\frac{x}{a}\right)^n\right]^{\frac{1}{n}}\mathrm{d}\left(\frac{x}{a}\right)$$

$$\xlongequal{(\frac{x}{a})^n=t} \frac{a^2}{n}\int_0^1 t^{\frac{1}{n}-1}(1-t)^{\frac{1}{n}}\mathrm{d}t = \frac{a^2}{n}B\left(\frac{1}{n},\frac{1}{n}+1\right) = \frac{a^2}{2n}\frac{\Gamma^2\left(\frac{1}{n}\right)}{\Gamma\left(\frac{2}{n}\right)}.$$

例 207 设曲线 L 的极坐标方程为 $r^m=a^m\cos m\theta$, 其中 $a,m>0$.

(1) 求其一支所围区域的面积 S;

(2) 求这一支的弧长 ℓ.

解 当 θ 从 $-\frac{\pi}{2m}$ 变到 $\frac{\pi}{2m}$, 形成 L 的一支曲线. $\cos m\theta$ 是 θ 的偶函数, 故极轴上下区域对称, 且面积相等

$$S = 2\cdot\frac{1}{2}\int_0^{\frac{\pi}{2m}} r^2(\theta)\mathrm{d}\theta = \int_0^{\frac{\pi}{2m}} a^2(\cos m\theta)^{\frac{2}{m}}\mathrm{d}\theta$$

$$\xlongequal{m\theta=\varphi} \frac{a^2}{m}\int_0^{\frac{\pi}{2}}\cos^{\frac{2}{m}}\varphi\mathrm{d}\varphi = \frac{a^2}{2m}B\left(\frac{1}{2},\frac{1}{m}+\frac{1}{2}\right) = \frac{a^2\sqrt{\pi}}{2}\frac{\Gamma(\frac{1}{m}+\frac{1}{2})}{\Gamma(\frac{1}{m})}.$$

$$\ell = 2\int_0^{\frac{\pi}{2m}}\sqrt{r^2(\theta)+r'^2(\theta)}\mathrm{d}\theta = 2a\int_0^{\frac{\pi}{2m}}(\cos m\theta)^{\frac{1}{m}-1}\mathrm{d}\theta$$

$$\xlongequal{m\theta=\varphi} \frac{2a}{m}\int_0^{\frac{\pi}{2}}\cos^{\frac{1}{m}-1}\varphi\mathrm{d}\varphi = \frac{a}{m}B(\frac{1}{2},\frac{1}{2m}) = \frac{a\sqrt{\pi}}{m}\frac{\Gamma(\frac{1}{2m})}{\Gamma(\frac{1}{2m}+\frac{1}{2})}.$$

例 208　设 $f(x)=\sum\limits_{n=0}^{\infty}a_nx^n\quad(|x|<+\infty,a_n>0)$, $\sum\limits_{n=0}^{\infty}a_nn!$ 收敛, 证明

$$\int_0^{+\infty}\mathrm{e}^{-x}f(x)\,\mathrm{d}x=\sum_{n=0}^{\infty}a_nn!\ .$$

证明　$\int_0^{+\infty}\mathrm{e}^{-x}f(x)\,\mathrm{d}x=\int_0^{+\infty}\left(\sum\limits_{n=0}^{\infty}a_nx^n\mathrm{e}^{-x}\right)\,\mathrm{d}x$. 当 $x>0$ 时,

$$\mathrm{e}^x>\frac{x^n}{n!}\Longrightarrow x^n\mathrm{e}^{-x}<n!\Longrightarrow a_nx^n\mathrm{e}^{-x}<a_nn!,$$

由于 $\sum\limits_{n=0}^{\infty}a_nn!$ 收敛, 由函数项级数一致收敛的魏尔斯特拉斯判别法, 级数 $\sum\limits_{n=0}^{\infty}a_nx^n\mathrm{e}^{-x}$ 在 $[0,+\infty)$ 上一致收敛. 所以对任意给定的 $A>0$,

$$\int_0^A\left(\sum_{n=0}^{\infty}a_nx^n\mathrm{e}^{-x}\right)\,\mathrm{d}x=\sum_{n=0}^{\infty}\int_0^A a_nx^n\mathrm{e}^{-x}\,\mathrm{d}x=\sum_{n=0}^{\infty}u_n(A),$$

因为 $0\leqslant u_n(A)\leqslant\int_0^{+\infty}a_nx^n\mathrm{e}^{-x}\,\mathrm{d}x=a_n\Gamma(n+1)=a_nn!$, 由魏尔斯特拉斯判别法, 级数 $\sum\limits_{n=0}^{\infty}u_n(A)$ 在 $A\geqslant0$ 上一致收敛. 所以 $\lim\limits_{A\to+\infty}\sum\limits_{n=0}^{\infty}u_n(A)=\sum\limits_{n=0}^{\infty}\lim\limits_{A\to+\infty}u_n(A)$,

即
$$\int_0^{+\infty}\left(\sum_{n=0}^{\infty}a_nx^n\mathrm{e}^{-x}\right)\,\mathrm{d}x=\sum_{n=0}^{\infty}\int_0^{+\infty}a_nx^n\mathrm{e}^{-x}\,\mathrm{d}x=\sum_{n=0}^{\infty}a_nn!\ .$$

小　结

本节主要是含参变量积分的应用. 重点是利用狄利克雷积分、概率积分及欧拉积分计算一些广义积分 (包括广义含参变量积分) 及极限. 一般是把广义积分进行分部积分或变量代换化为以上积分的形式, 利用狄利克雷积分、概率积分或欧拉积分的递推式、其他公式, 求得广义积分值或极限.

第 9 章　傅里叶分析

9.1　周期函数的傅里叶级数

知 识 要 点

◇ **傅里叶 (Fourier) 级数的几种形式**

$\left(\text{半周期 } l>0, \text{圆频率 } \omega=\dfrac{\pi}{l}; l=\pi \text{ 是常用情形.}\right)$

1. 正交系

三角函数系 $\{1,\cos\omega x,\sin\omega x,\cdots,\cos n\omega x,\sin n\omega x,\cdots\}$ 是区间 $[-l,l]$ 上的正交系.

2. 傅里叶级数的定义

设 $f(x)$ 是一个定义在 $(-\infty,+\infty)$ 上的以 $2l$ 为周期的周期函数, $f(x)$ 在 $[-l,l]$ 上可积 (或广义可积并广义绝对可积), 称下式右端是函数 $f(x)$ 所对应的以 $2l$ 为周期的**傅里叶级数**, 记为

$$f(x)\sim\frac{a_0}{2}+\sum_{n=1}^{\infty}(a_n\cos n\omega x+b_n\sin n\omega x),$$

其中**傅里叶系数**

$$a_n=\frac{1}{l}\int_{-l}^{l}f(t)\cos n\omega t\mathrm{d}t\quad(n=0,1,2,\cdots),$$

$$b_n=\frac{1}{l}\int_{-l}^{l}f(t)\sin n\omega t\mathrm{d}t \quad (n=1,2,\cdots).$$

还可写成

$$f(x)\sim\frac{1}{2l}\int_{-l}^{l}f(t)\mathrm{d}t+\frac{1}{l}\sum_{n=1}^{\infty}\int_{-l}^{l}f(t)\cos n\omega(x-t)\mathrm{d}t.$$

3. 余弦级数和正弦级数

当 $f(x)$ 是周期为 $2l$ 的偶函数时, $b_n=0,\ n=1,2,\cdots$, 这时, $f(x)$ 的傅里叶级数只含余弦项, 称为**余弦级数**, 即

$$f(x)\sim\frac{a_0}{2}+\sum_{n=1}^{\infty}a_n\cos n\omega x,$$

其中

$$a_n=\frac{2}{l}\int_{0}^{l}f(t)\cos n\omega t\mathrm{d}t \quad (n=0,1,2,\cdots).$$

当 $f(x)$ 是周期为 $2l$ 的奇函数时, $a_n=0, n=0,1,2,\cdots$, 这时, $f(x)$ 的傅里叶级数只含正弦项, 称为**正弦级数**, 即

$$f(x)\sim\sum_{n=1}^{\infty}b_n\sin n\omega x,$$

其中

$$b_n=\frac{2}{l}\int_{0}^{l}f(t)\sin n\omega t\mathrm{d}t \quad (n=1,2,\cdots).$$

4. 定义在有限区间上的傅里叶级数

(1) 一般地, 对于定义在有限区间 $[a,\ b]$ 上的函数 $f(x)$, 可以作周期为 $2l=b-a$ 的**周期开拓**, 则有傅里叶级数展开

$$f(x)\sim\frac{a_0}{2}+\sum_{n=1}^{\infty}\left(a_n\cos\frac{2n\pi}{b-a}x+b_n\sin\frac{2n\pi}{b-a}x\right),$$

其中

$$a_n=\frac{2}{b-a}\int_{a}^{b}f(x)\cos\frac{2n\pi}{b-a}x\mathrm{d}x \quad (n=0,1,2,\cdots),$$
$$b_n=\frac{2}{b-a}\int_{a}^{b}f(x)\sin\frac{2n\pi}{b-a}x\mathrm{d}x \quad (n=1,2,\cdots).$$

(2) 设函数 $f(x)$ 定义在区间 $[0,l]$ 上, 欲将 $f(x)$ 展开为周期为 $2l$ 的傅里叶级数, 常常将 $f(x)$ 先作**奇延拓**或**偶延拓**, 得 $[-l,l]$ 上的奇函数 $f_1(x)$ 或偶函数 $f_2(x)$, 再作周期为 $2l$ 的**周期开拓**, 限制在 $[0,l]$ 就分别得到 $f(x)$ 的正弦级数与余弦级数

$$f(x)\sim\sum_{n=1}^{\infty}b_n\sin n\omega x\quad(0\leqslant x\leqslant l),$$
$$f(x)\sim\frac{a_0}{2}+\sum_{n=1}^{\infty}a_n\cos n\omega x\quad(0\leqslant x\leqslant l).$$

其中

$$b_n=\frac{2}{l}\int_0^l f(x)\sin n\omega x\mathrm{d}x\quad(n=1,2,\cdots),$$
$$a_n=\frac{2}{l}\int_0^l f(x)\cos n\omega x\mathrm{d}x\quad(n=0,1,2,\cdots).$$

5. 傅里叶级数的复数形式

函数 $f(x)$ 的以 $2l$ 为周期的傅里叶级数的复数形式为

$$f(x)\sim\sum_{n=-\infty}^{+\infty}F_n\mathrm{e}^{\mathrm{i}n\omega x},$$

其中

$$F_n=\frac{1}{2l}\int_{-l}^{l}f(t)\mathrm{e}^{-\mathrm{i}n\omega t}\mathrm{d}t.$$

◇ 傅里叶级数的性质

称函数 $g(x)$ 在区间 $[a,b]$ 上是**逐段光滑**的, 如果 $g(x)$ 没有第二类间断点并存在区间 $[a,b]$ 的一个分割:$x_0=a<x_1<\cdots<x_{n-1}<x_n=b$, 使得函数

$$g_i(x)=\begin{cases}g(x_{i-1}+0) & (x=x_{i-1}),\\ g(x) & (x_{i-1}<x<x_i),\\ g(x_i-0) & (x=x_i)\end{cases}$$

在子闭区间 $[x_{i-1},x_i]$ 上是 C^1 的, 其中 $i=1,2,\cdots,n$.

1. 傅里叶级数的狄利克雷收敛定理

设以 $2l$ 为周期的函数 $f(x)$ 在区间 $[-l,l]$ 上逐段光滑, 那么:

(1) 它的傅里叶级数在整个数轴上收敛于 $\dfrac{f(x+0)+f(x-0)}{2}$, 即收敛于函数 $f(x)$ 在点 x 处的左右极限的平均值. 特别地, 在 $f(x)$ 的每个连续点处收敛于 $f(x)$ 自身.

(2) 进一步, 如果 $f(x)$ 在整个数轴上处处连续, 则其傅里叶级数的绝对值级数在整个数轴上一致收敛, 因而其傅里叶级数在整个数轴上一致收敛于 $f(x)$.

2. 帕塞瓦尔 (Parseval) 等式

设 $f(x)$ 在区间 $[-l,\ l]$ 上可积且平方可积, 并且

$$f(x)\sim \frac{a_0}{2}+\sum_{n=1}^{\infty}(a_n\cos n\omega x+b_n\sin n\omega x),$$

则有帕塞瓦尔等式

$$\frac{a_0^2}{2}+\sum_{n=1}^{\infty}(a_n^2+b_n^2)=\frac{1}{l}\int_{-l}^{l}f^2(x)\mathrm{d}x.$$

推论 1 设 $f(x)$ 在区间 $[-l,\ l]$ 上可积且平方可积, 则其傅里叶系数 a_n 和 b_n 满足以下条件:

(1) 级数 $\displaystyle\sum_{n=1}^{\infty}\frac{|a_n|+|b_n|}{n}$ 收敛.

(2) 极限关系 $\lim\limits_{n\to\infty}a_n=\lim\limits_{n\to\infty}b_n=0$ 成立.

推论 2 (推广形式的帕塞瓦尔等式) 设 $f(x)$ 和 $g(x)$ 都在区间 $[-l,\ l]$ 上可积且平方可积, $\{a_n\}$ 和 $\{b_n\}$ 是 $f(x)$ 的傅里叶系数, 而 $\{\alpha_n\}$ 和 $\{\beta_n\}$ 是 $g(x)$ 的傅里叶系数, 则成立

$$\frac{1}{l}\int_{-l}^{l}f(x)g(x)\mathrm{d}x=\frac{a_0\alpha_0}{2}+\sum_{n=1}^{\infty}(a_n\alpha_n+b_n\beta_n).$$

3. 傅里叶级数的逐项积分

设定义在 $(-\infty,+\infty)$ 上以 $2l$ 为周期的函数 $f(x)$, 在区间 $[-l,l]$ 上可积又平方可积, 并且

$$f(x)\sim \frac{a_0}{2}+\sum_{n=1}^{\infty}(a_n\cos n\omega x+b_n\sin n\omega x),$$

那么对任意两个实数 a,b, 成立如下逐项积分式

$$\int_a^b f(t)\mathrm{d}t=\int_a^b \frac{a_0}{2}\mathrm{d}t+\sum_{n=1}^{\infty}\int_a^b (a_n\cos n\omega t+b_n\sin n\omega t)\mathrm{d}t.$$

特别地, 对于任意 $x\in(-l,\ l)$, 有

$$\int_0^x \left[f(t)-\frac{a_0}{2}\right]\mathrm{d}t=\sum_{n=1}^{\infty}\frac{b_n}{n\omega}+\sum_{n=1}^{\infty}\left(-\frac{b_n}{n\omega}\cos n\omega x+\frac{a_n}{n\omega}\sin n\omega x\right),$$

且上式右端第二个级数的绝对值级数是一致收敛的.

◇ **附注　广义傅里叶级数**

用 $L^2[a,b]$ 表示在区间 $[a,b]$ 上有定义并且可积又平方可积的函数全体形成的集合.

若 $L^2[a,b]$ 中的一列函数 $\{\varphi_n(x)\}_{n=1}^{\infty}$ 满足

$$\int_a^b \varphi_m(x)\varphi_n(x)\mathrm{d}x=\begin{cases}0 & (m\neq n),\\ 1 & (m=n),\end{cases}$$

则称 $\{\varphi_n(x)\}_{n=1}^{\infty}$ 为 $L^2[a,b]$ 中的一个**规范正交系** (将 “1” 换写为 “>0”, 则为正交系).

设 $\{\varphi_n(x)\}_{n=1}^{\infty}$ 是 $L^2[a,b]$ 中的一个规范正交系, $f(x)\in L^2[a,b]$, 称级数 $\sum\limits_{n=1}^{\infty}a_n\varphi_n(x)$ 是函数 $f(x)$ 在前述 φ- 系下的广义傅里叶级数, 其中的系数 $a_n=\int_a^b f(t)\varphi_n(t)\mathrm{d}t$, 记成

$$f(x)\sim\sum_{n=1}^{\infty}a_n\varphi_n(x)\quad(a\leqslant x\leqslant b).$$

性质　(1) 在所有形如 $T_n(x)=\sum\limits_{k=1}^{n}A_k\varphi_k(x)$ 的 n 项式中, 当 A_i 取成广义傅里叶级数系数 a_i 时 $(i=1,2,\cdots,n)$, 可使得平方平均偏差 $\Delta_n=\int_a^b[f(x)-T_n(x)]^2\mathrm{d}x$ 取得其最小值 $\delta_n=\int_a^b f^2(x)\mathrm{d}x-\sum\limits_{k=1}^{n}a_k^2$, $n=1,2,\cdots$.

(2) 作为 (1) 的推论, 数项级数 $\sum_{n=1}^{\infty}a_n^2$ 收敛, 且有贝塞尔 (Bessel) 不等式 $\sum_{n=1}^{\infty}a_n^2\leqslant\int_a^b f^2(x)\mathrm{d}x$ 成立.

定义　设 $\{\varphi_n(x)\}_{n=1}^{\infty}$ 是 $L^2[a,b]$ 中的一个规范正交系. 若对任意 $f(x)\in L^2[a,b]$, 均成立等式 $\sum_{n=1}^{\infty}a_n^2=\int_a^b f^2(x)\mathrm{d}x$, 则称 $\{\varphi_n(x)\}_{n=1}^{\infty}$ 是 $L^2[a,b]$ 中的一个**完备的规范正交系**, 其中 a_n 是函数 $f(x)$ 在前述 φ- 系下的广义傅里叶级数系数.

精选例题

例 209　设 $f(x)=x^2,\ x\in[0,\pi]$,

(1) 将 $f(x)$ 展成以 π 为周期的傅里叶级数.

(2) 将 $f(x)$ 展成以 2π 为周期的余弦级数.

(3) 将 $f(x)$ 展成以 2π 为周期的正弦级数. 并说明它们的收敛情况.

解　(1) $f(x)$ 在 $[0,\pi]$ 上连续, $f(0)\neq f(\pi)$, 故 $f(x)$ 以 π 为周期开拓后所成的函数在 $x=0,\pi$ 上不连续, 其傅里叶系数为

$$\begin{aligned}
a_0&=\frac{2}{\pi}\int_0^{\pi}x^2\mathrm{d}x=\frac{2}{3}\pi^2,\\
a_n&=\frac{2}{\pi}\int_0^{\pi}x^2\cos 2nx\mathrm{d}x=\frac{1}{n^2}\quad(n=1,2,\cdots),\\
b_n&=\frac{2}{\pi}\int_0^{\pi}x^2\sin 2nx\mathrm{d}x=-\frac{\pi}{n}\quad(n=1,2,\cdots).
\end{aligned}$$

于是, 由狄利克雷收敛定理,

$$f(x)\sim\frac{1}{3}\pi^2+\sum_{n=1}^{\infty}\left(\frac{1}{n^2}\cos 2nx-\frac{\pi}{n}\sin 2nx\right)=\begin{cases}x^2 & (x\in(0,\pi)),\\ \dfrac{\pi^2}{2} & (x=0,\ x=\pi).\end{cases}$$

(2) 将 $f(x)$ 偶延拓, 使其在 $[-\pi,\pi]$ 上为偶函数, 这时 $f(x)$ 的傅里叶级数为余弦级数, 且

$$a_0=\frac{2}{\pi}\int_0^{\pi}x^2\mathrm{d}x=\frac{2}{3}\pi^2,$$

$$a_n=\frac{2}{\pi}\int_0^{\pi}x^2\cos nx\mathrm{d}x=\frac{4(-1)^n}{n^2}\quad(n=1,2,\cdots).$$

于是, 由狄利克雷收敛定理, $f(x)$ 的傅里叶级数在 $[0,\pi]$ 上一致收敛到自身, 即

$$x^2=\frac{1}{3}\pi^2+4\sum_{n=1}^{\infty}\frac{(-1)^n}{n^2}\cos nx\quad(0\leqslant x\leqslant\pi).$$

(3) 将 $f(x)$ 奇延拓, 使其在 $[-\pi,\pi]$ 上为奇函数, 这时 $f(x)$ 的傅里叶级数为正弦级数, 且

$$b_n=\frac{2}{\pi}\int_0^{\pi}x^2\sin nx\mathrm{d}x=\frac{2\pi}{n}(-1)^{n-1}+\frac{4}{\pi n^3}[(-1)^n-1]\quad(n=1,2,\cdots).$$

于是, 由狄利克雷收敛定理,

$$x^2=\sum_{n=1}^{\infty}\left\{\frac{2\pi}{n}(-1)^{n-1}+\frac{4}{\pi n^3}[(-1)^n-1]\right\}\sin nx\quad(0\leqslant x<\pi).$$

当 $x=\pi$ 时, 其正弦级数收敛于 0.

注记 由此题可知, 由于要求不同, 所得 $f(x)$ 的傅里叶展开式各不相同, 但由于满足狄利克雷收敛定理的条件, 在开区间 $(0,\pi)$ 上它们都收敛于 $f(x)$.

例 210 试将函数 $f(x)=\begin{cases}0, & 1\leqslant x<2,\\ x-2, & 2\leqslant x<3,\end{cases}$ 展开为以 2 为周期的傅里叶级数, 并求数项级数 $\displaystyle\sum_{n=1}^{\infty}\frac{1}{n^2}, \sum_{n=1}^{\infty}\frac{1}{n^4}$ 的和.

解 (1) 将 $f(x)$ 以 2 为周期开拓至全 x 轴上, 开拓之后的新函数不妨记为 $F(x)$ $\left(\text{属半周期 } l=1, \text{圆频率 } \omega=\frac{\pi}{l}=\pi \text{ 的情形}\right)$.

$$a_0=\frac{1}{l}\int_{-l}^{l}F(t)\mathrm{d}t=\int_{-1}^{1}F(t)\mathrm{d}t=\int_1^3 f(t)\mathrm{d}t=\int_2^3(t-2)\mathrm{d}t=\frac{1}{2},$$

$$a_n=\frac{1}{l}\int_{-l}^{l}F(t)\cos n\omega t\mathrm{d}t=\int_1^3 f(t)\cos n\pi t\mathrm{d}t=\int_2^3(t-2)\cos n\pi t\mathrm{d}t=\frac{(-1)^n-1}{n^2\pi^2},$$

$$b_n=\frac{1}{l}\int_{-l}^{l}F(t)\sin n\omega t\mathrm{d}t=\int_1^3 f(t)\sin n\pi t\mathrm{d}t=\int_2^3(t-2)\sin n\pi t\mathrm{d}t=\frac{(-1)^{n-1}}{n\pi},$$

其中, $n=1,2,\cdots$.

由傅里叶级数的狄利克雷收敛定理, 当 $1<x<3$ 时,

$$f(x)=\frac{1}{4}+\sum_{n=1}^{\infty}\left[\frac{(-1)^n-1}{n^2\pi^2}\cos n\pi x+\frac{(-1)^{n-1}}{n\pi}\sin n\pi x\right];$$

当 x 是奇数时, $f(x)$ 的傅里叶级数收敛到 $\frac{1}{2}[F(1-0)+F(1+0)]=\frac{1}{2}(1+0)=\frac{1}{2}$.

(2) 在 $f(x)$ 的傅里叶级数展开式中, 令 $x=2$, 计算得

$$\sum_{n=1}^{\infty}\frac{1}{(2n-1)^2}=\frac{\pi^2}{8},$$

因而

$$S=\sum_{n=1}^{\infty}\frac{1}{n^2}=\sum_{k=1}^{\infty}\frac{1}{(2k-1)^2}+\sum_{k=1}^{\infty}\frac{1}{(2k)^2}=\frac{\pi^2}{8}+\frac{1}{4}S,$$

即得

$$S=\sum_{n=1}^{\infty}\frac{1}{n^2}=\frac{\pi^2}{6}.$$

(3) 由帕塞瓦尔等式得

$$\begin{aligned}\frac{1}{2}\left(\frac{1}{2}\right)^2+\sum_{k=1}^{\infty}\frac{4}{(2k-1)^4\pi^4}+\sum_{n=1}^{\infty}\frac{1}{n^2\pi^2}&=\frac{1}{l}\int_{-l}^{l}F^2(x)\mathrm{d}x\\&=\int_1^3 f^2(x)\mathrm{d}x=\int_2^3(x-2)^2\mathrm{d}x=\frac{1}{3},\end{aligned}$$

再用上面的结论, 化简得

$$\sum_{k=1}^{\infty}\frac{1}{(2k-1)^4}=\frac{\pi^4}{4}\cdot\frac{1}{24}=\frac{\pi^4}{96}.$$

故

$$S'=\sum_{n=1}^{\infty}\frac{1}{n^4}=\sum_{k=1}^{\infty}\frac{1}{(2k-1)^4}+\sum_{k=1}^{\infty}\frac{1}{(2k)^4}=\sum_{k=1}^{\infty}\frac{1}{(2k-1)^4}+\frac{1}{16}S',$$

即

$$S'=\sum_{n=1}^{\infty}\frac{1}{n^4}=\frac{16}{15}\cdot\sum_{k=1}^{\infty}\frac{1}{(2k-1)^4}=\frac{16}{15}\cdot\frac{\pi^4}{96}=\frac{\pi^4}{90}.$$

例 211　设有定义在区间 $(0,\pi)$ 上取值为 1 的常值函数, 试求其以 2π 为周期的正弦级数, 并求如下两个数项级数之和: $S_1=\sum_{n=0}^{\infty}(-1)^n\cdot\frac{1}{2n+1}$, $S_2=\sum_{n=0}^{\infty}\frac{1}{(2n+1)^2}$.

解 (1) 将题中常值函数奇延拓至 $(-\pi,0)\cup(0,\pi)$ 中, 再延拓至区间 $[-\pi,\pi]$ 中, 延拓后的新函数在 $-\pi,0,\pi$ 三点处的函数值不妨取为零 (它们的取值实际对傅里叶级数系数的计算没有影响), 即原问题转化为求奇函数

$$f(x)=\begin{cases}1 & (0<x<\pi),\\ 0 & (x=0,-\pi \text{ 或 } \pi),\\ -1 & (-\pi<x<0)\end{cases}$$

的以 2π 为周期的傅里叶级数. 余弦项的系数 $a_n=0,n=0,1,\cdots$, 而正弦项的系数

$$\begin{aligned}b_n&=\frac{2}{\pi}\int_0^{\pi}f(t)\sin nt\mathrm{d}t=\frac{2}{\pi}\int_0^{\pi}\sin nt\mathrm{d}t\\&=\frac{2}{\pi}\cdot\frac{1-\cos n\pi}{n}=\begin{cases}0 & (n=2k),\\ \dfrac{4}{\pi(2k-1)} & (n=2k-1),\end{cases}\end{aligned}$$

$k=1,2,\cdots$. 由狄利克雷收敛定理, 因而奇函数 $f(x)$ 的以 2π 为周期的傅里叶级数为

$$f(x)=\frac{4}{\pi}\sum_{k=1}^{\infty}\frac{\sin(2k-1)x}{2k-1}=\frac{4}{\pi}\sum_{n=0}^{\infty}\frac{\sin(2n+1)x}{2n+1}\quad(x\in[-\pi,\pi]).$$

特别地, 得到

$$1=\frac{4}{\pi}\sum_{n=0}^{\infty}\frac{\sin(2n+1)x}{2n+1}\quad(0<x<\pi).$$

(2) 在上式中令 $x=\dfrac{\pi}{2}$, 便推得 $S_1=\displaystyle\sum_{n=0}^{\infty}(-1)^n\cdot\frac{1}{2n+1}=\frac{\pi}{4}$.

(3) 对函数 $f(x)$ 及其傅里叶级数展开式使用帕塞瓦尔等式, 有

$$\frac{16}{\pi^2}\cdot S_2=\frac{16}{\pi^2}\cdot\sum_{n=0}^{\infty}\frac{1}{(2n+1)^2}=\frac{1}{\pi}\int_{-\pi}^{\pi}f^2(x)\mathrm{d}x=\frac{1}{\pi}\int_{-\pi}^{\pi}1\mathrm{d}x=2,$$

进而推知

$$S_2=\sum_{n=0}^{\infty}\frac{1}{(2n+1)^2}=\frac{\pi^2}{8}.$$

例 212 证明等式

$$\sum_{n=0}^{\infty}\frac{\cos(2n+1)\pi x}{(2n+1)^2}=\frac{\pi^2}{8}-\frac{\pi^2}{4}|x|\quad(x\in[-1,1]),$$

并求数项级数 $\sum\limits_{n=0}^{\infty}\dfrac{1}{(2n+1)^2}$ 与 $\sum\limits_{n=1}^{\infty}\dfrac{1}{n^2}$ 的和.

分析 观察所证等式, 左边是一个三角级数, 右边是初等函数 $\dfrac{\pi^2}{8}-\dfrac{\pi^2}{4}|x|$, 在区间 $[-1,1]$ 上是偶函数. 若从等式左边证到右边, 看作是函数项级数的求和问题, 很难求解. 但反过来, 从等式右端出发去证明, 就是函数的傅里叶级数展开问题, 且是求偶函数 $f(x)=|x|$ 的余弦级数.

证明 问题可看作函数 $f(x)=|x|$ 在区间 $[-1,1]$ 上展开傅里叶级数, 由于它是偶函数, 其傅里叶系数为

$$\begin{aligned}
&b_n=0 \quad (n=1,2,\cdots),\\
&a_0=2\int_0^1 x\mathrm{d}x=1,\\
&a_n=2\int_0^1 x\cos n\pi x\mathrm{d}x=\frac{2[(-1)^n-1]}{n^2\pi^2} \quad (n=1,2,\cdots).
\end{aligned}$$

因 $|x|$ 在区间 $[-1,1]$ 上连续, 故其傅里叶展开式为

$$\frac{1}{2}+\sum_{n=1}^{\infty}\frac{2[(-1)^n-1]}{n^2\pi^2}\cos n\pi x=\frac{1}{2}-\sum_{n=0}^{\infty}\frac{4\cos(2n+1)\pi x}{(2n+1)^2\pi^2}=|x| \quad (x\in[-1,1]).$$

即得等式

$$\sum_{n=0}^{\infty}\frac{\cos(2n+1)\pi x}{(2n+1)^2}=\frac{\pi^2}{8}-\frac{\pi^2}{4}|x| \quad (x\in[-1,1]),$$

在上述等式中令 $x=0$, 即得数项级数 $\sum\limits_{n=0}^{\infty}\dfrac{1}{(2n+1)^2}=\dfrac{\pi^2}{8}$. 因有

$$\sum_{n=1}^{\infty}\frac{1}{n^2}=\sum_{n=0}^{\infty}\frac{1}{(2n+1)^2}+\sum_{n=1}^{\infty}\frac{1}{(2n)^2}=\sum_{n=0}^{\infty}\frac{1}{(2n+1)^2}+\frac{1}{4}\sum_{n=1}^{\infty}\frac{1}{n^2},$$

故

$$\sum_{n=1}^{\infty}\frac{1}{n^2}=\frac{4}{3}\sum_{n=0}^{\infty}\frac{1}{(2n+1)^2}=\frac{\pi^2}{6}.$$

例 213 设 $f(x)$ 是以 2π 为周期的逐段光滑的连续函数, $a_0,a_n,b_n,n=1,2,\cdots$, 为其傅里叶系数, 求卷积函数 $F(x)=\dfrac{1}{\pi}\displaystyle\int_{-\pi}^{\pi}f(t)f(x+t)\mathrm{d}t$ 的傅里叶系数 $A_0,A_n,B_n,n=1,2,\cdots$. 利用所得结果, 证明关于连续周期函数的帕塞瓦尔等式.

解 易见 $F(x)$ 也是以 2π 为周期的连续函数,

$$A_0=\frac{1}{\pi}\int_{-\pi}^{\pi}F(x)\mathrm{d}x=\frac{1}{\pi}\int_{-\pi}^{\pi}\left[\frac{1}{\pi}\int_{-\pi}^{\pi}f(t)f(x+t)\mathrm{d}t\right]\mathrm{d}x$$
$$=\frac{1}{\pi}\int_{-\pi}^{\pi}f(t)\left[\frac{1}{\pi}\int_{-\pi}^{\pi}f(x+t)\mathrm{d}x\right]\mathrm{d}t,$$

由于

$$\frac{1}{\pi}\int_{-\pi}^{\pi}f(x+t)\mathrm{d}x=\frac{1}{\pi}\int_{-\pi-t}^{\pi-t}f(x+t)\mathrm{d}x=\frac{1}{\pi}\int_{-\pi}^{\pi}f(u)\mathrm{d}u=a_0,$$

故

$$A_0=\frac{a_0}{\pi}\int_{-\pi}^{\pi}f(t)\mathrm{d}t=a_0^2,$$
$$A_n=\frac{1}{\pi}\int_{-\pi}^{\pi}\left[\frac{1}{\pi}\int_{-\pi}^{\pi}f(t)f(x+t)\mathrm{d}t\right]\cos nx\mathrm{d}x$$
$$=\frac{1}{\pi}\int_{-\pi}^{\pi}f(t)\left[\frac{1}{\pi}\int_{-\pi}^{\pi}f(x+t)\cos nx\mathrm{d}x\right]\mathrm{d}t.$$

由于

$$\frac{1}{\pi}\int_{-\pi}^{\pi}f(x+t)\cos nx\mathrm{d}x=\frac{1}{\pi}\int_{-\pi-t}^{\pi-t}f(x+t)\cos nx\mathrm{d}x$$
$$=\frac{1}{\pi}\int_{-\pi}^{\pi}f(u)\cos n(u-t)\mathrm{d}u$$
$$=\frac{1}{\pi}\int_{-\pi}^{\pi}f(u)(\cos nu\cdot\cos nt+\sin nu\cdot\sin nt)\mathrm{d}u$$
$$=a_n\cos nt+b_n\sin nt,$$

故

$$A_n=\frac{1}{\pi}\int_{-\pi}^{\pi}f(t)(a_n\cos nt+b_n\sin nt)\mathrm{d}t=a_n^2+b_n^2,$$
$$B_n=\frac{1}{\pi}\int_{-\pi}^{\pi}\left[\frac{1}{\pi}\int_{-\pi}^{\pi}f(t)f(x+t)\mathrm{d}t\right]\sin nx\mathrm{d}x$$
$$=\frac{1}{\pi}\int_{-\pi}^{\pi}f(t)\left[\frac{1}{\pi}\int_{-\pi}^{\pi}f(x+t)\sin nx\mathrm{d}x\right]\mathrm{d}t.$$

类似地, 可得

$$\frac{1}{\pi}\int_{-\pi}^{\pi}f(x+t)\sin nx\mathrm{d}x=\frac{1}{\pi}\int_{-\pi}^{\pi}f(u)\sin n(u-t)\mathrm{d}u$$

$$= \frac{1}{\pi}\int_{-\pi}^{\pi} f(u)(\sin nu \cdot \cos nt - \cos nu \cdot \sin nt)\mathrm{d}u$$

$$= b_n \cos nt - a_n \sin nt,$$

故

$$B_n = \frac{1}{\pi}\int_{-\pi}^{\pi} f(t)(b_n \cos nt - a_n \sin nt)\mathrm{d}t = b_n a_n - a_n b_n = 0.$$

于是, 由狄利克雷收敛定理, $F(x)$ 的傅里叶级数一致收敛到自身, 即

$$\frac{a_0^2}{2} + \sum_{n=1}^{\infty}(a_n^2 + b_n^2)\cos nx = F(x) \quad (-\pi < x < \pi).$$

令 $x = 0$, 有

$$F(0) = \frac{1}{\pi}\int_{-\pi}^{\pi} f^2(t)\mathrm{d}t = \frac{a_0^2}{2} + \sum_{n=1}^{\infty}(a_n^2 + b_n^2).$$

这正是帕塞瓦尔等式.

例 214 常数 a 满足 $0 < a < 1$. 在偶函数 $\cos ax$ $(-\pi \leqslant x \leqslant \pi)$ 的傅里叶余弦级数展开式

$$\cos ax = \frac{\sin a\pi}{\pi}\left[\frac{1}{a} + \sum_{n=1}^{\infty}(-1)^n\left(\frac{1}{a+n} + \frac{1}{a-n}\right)\cos nx\right] \quad (-\pi \leqslant x \leqslant \pi)$$

中, 令 $x = 0$ 就得到数项级数之和

$$\frac{1}{a} + \sum_{n=1}^{\infty}(-1)^n\left(\frac{1}{a+n} + \frac{1}{a-n}\right) = \frac{\pi}{\sin a\pi},$$

试在此基础上提供 Γ 函数余元公式的简要证明, 即证明 $\Gamma(a)\Gamma(1-a) = \dfrac{\pi}{\sin \pi a}$.

证明 (假设 $x \geqslant 0$, 常数 r 满足 $-1 < r < 0$. 在收敛域有界的条件下, 广义幂级数 $\sum\limits_{n=1}^{\infty} a_n x^{r+n}$ 在其收敛域可逐项积分, 只要逐项积分之后的数项级数收敛即可, 这条结论的证明与幂级数的对应结论类似, 见 7.3 节例题)

$$\Gamma(a)\Gamma(1-a) = B(a, 1-a) = \int_0^{+\infty} \frac{y^{a-1}}{1+y}\mathrm{d}y = \int_0^1 \frac{y^{a-1}}{1+y}\mathrm{d}y + \int_1^{+\infty} \frac{y^{a-1}}{1+y}\mathrm{d}y$$

$$= \int_0^1 \frac{y^{a-1}}{1+y}\mathrm{d}y + \int_0^1 \frac{z^{-a}}{1+z}\mathrm{d}z \quad (\text{第二个积分来自于倒代换}\, y = z^{-1})$$

$$= \int_0^1 \left(\sum_{n=0}^{\infty}(-1)^n y^{a-1+n}\right)\mathrm{d}y + \int_0^1 \left(\sum_{n=0}^{\infty}(-1)^n z^{-a+n}\right)\mathrm{d}z$$

$$
\begin{aligned}
&=\sum_{n=0}^{\infty}\int_0^1(-1)^n y^{a-1+n}\mathrm{d}y+\sum_{n=0}^{\infty}\int_0^1(-1)^n z^{-a+n}\mathrm{d}z\\
&=\sum_{n=0}^{\infty}(-1)^n\frac{1}{a+n}+\sum_{n=0}^{\infty}(-1)^n\frac{1}{1-a+n}\\
&=\frac{1}{a}+\sum_{n=1}^{\infty}(-1)^n\frac{1}{a+n}+\sum_{n=0}^{\infty}(-1)^{n+1}\frac{1}{a-(n+1)}\\
&=\frac{1}{a}+\sum_{n=1}^{\infty}(-1)^n\left(\frac{1}{a+n}+\frac{1}{a-n}\right)=\frac{\pi}{\sin a\pi}.
\end{aligned}
$$

小　结

1. 掌握周期函数及有限区间上函数的傅里叶级数系数的求法, 并写出相应傅里叶级数.

2. 根据狄利克雷收敛定理准确写出和函数. 若周期函数在一个基本单位周期上可积并逐段光滑, 那么其傅里叶级数在整个数轴上任意一点处都收敛于该函数左右极限的平均值.

3. 利用傅里叶展开式及帕塞瓦尔等式求某些数项级数的和.

9.2 傅里叶积分与傅里叶变换

知识要点

◇ **傅里叶积分**

1. 傅里叶积分的定义

设函数 $f(x)$ 在 $(-\infty,+\infty)$ 上绝对可积, 称下式右端是函数 $f(x)$ 所对应的傅

里叶积分, 记为

$$f(x) \sim \frac{1}{\pi}\int_0^{+\infty} \mathrm{d}\lambda \int_{-\infty}^{+\infty} f(t)\cos\lambda(x-t)\mathrm{d}t,$$

或

$$f(x) \sim \int_0^{+\infty} [A(\lambda)\cos\lambda x + B(\lambda)\sin\lambda x]\mathrm{d}\lambda,$$

其中

$$A(\lambda) = \frac{1}{\pi}\int_{-\infty}^{+\infty} f(t)\cos\lambda t\mathrm{d}t, \quad B(\lambda) = \frac{1}{\pi}\int_{-\infty}^{+\infty} f(t)\sin\lambda t\mathrm{d}t.$$

2. 关于傅里叶积分的狄利克雷收敛定理

设函数 $f(x)$ 在整个数轴上绝对可积, 在任何有界闭区间上逐段光滑, 则对任意实数 x, 函数 $f(x)$ 所对应的傅里叶积分必收敛于它在该点左右极限的平均值, 即

$$\frac{1}{\pi}\int_0^{+\infty} \mathrm{d}\lambda \int_{-\infty}^{+\infty} f(t)\cos\lambda(x-t)\mathrm{d}t = \frac{f(x+0)+f(x-0)}{2} \quad (-\infty < x < +\infty).$$

3. 傅里叶积分的复数形式

函数 $f(x)$ 所对应的傅里叶积分的复数形式为

$$f(x) \sim \frac{1}{2\pi}\int_{-\infty}^{+\infty} \mathrm{e}^{\mathrm{i}\lambda x}\mathrm{d}\lambda \int_{-\infty}^{+\infty} f(t)\mathrm{e}^{-\mathrm{i}\lambda t}\mathrm{d}t.$$

◇ 傅里叶变换与傅里叶逆变换

1. 定义

称函数 $F(\lambda) = \int_{-\infty}^{+\infty} f(x)\mathrm{e}^{-\mathrm{i}\lambda x}\mathrm{d}x$ 为函数 $f(x)$ 的**傅里叶变换**或**像函数**, 记为 $F = \mathcal{F}[f]$; 而函数 $f(x) = \frac{1}{2\pi}\int_{-\infty}^{+\infty} F(\lambda)\mathrm{e}^{\mathrm{i}\lambda x}\mathrm{d}\lambda$ 为函数 $F(\lambda)$ 的**傅里叶逆变换**或**本函数**, 记为 $f = \mathcal{F}^{-1}[F]$.

函数的傅里叶积分复数形式实际上是一个累次积分, 把排在后面的积分称为傅里叶变换, 排在前面的积分称为傅里叶逆变换; 把两个结合起来看, 就是函数的傅里叶反演公式.

2. 余弦变换与正弦变换

(1) 若函数 $f(x)$ 是偶函数, 则 $f(x)$ 的傅里叶变换为

$$F(\lambda)=2\int_0^{+\infty} f(t)\cos\lambda t\mathrm{d}t,$$

称它为 $f(x)$ 的**傅里叶余弦变换**; 其逆变换公式为

$$f(x)=\frac{1}{\pi}\int_0^{+\infty} F(\lambda)\cos\lambda x\mathrm{d}\lambda.$$

(2) 若函数 $f(x)$ 是奇函数, 则 $f(x)$ 的傅里叶变换为

$$F(\lambda)=2\int_0^{+\infty} f(t)\sin\lambda t\mathrm{d}t,$$

称它为 $f(x)$ 的**傅里叶正弦变换**; 其逆变换公式为

$$f(x)=\frac{1}{\pi}\int_0^{+\infty} F(\lambda)\sin\lambda x\mathrm{d}\lambda.$$

◇ **傅里叶变换的性质**

(假设下述变换, 作为积分, 均存在; 用 $\overline{z}$ 表示 z 的复共轭.)

1. 共轭性

$$\mathcal{F}^{-1}[f]=\frac{1}{2\pi}\cdot\overline{\mathcal{F}[f]},\quad \mathcal{F}[f(-x)]=\overline{\mathcal{F}[f(x)]}.$$

2. 线性性

$$\mathcal{F}[c_1f_1+c_2f_2]=c_1\mathcal{F}[f_1]+c_2\mathcal{F}[f_2].$$

3. 频移特性和时移特性

记 $\mathcal{F}[f(x)]=F(\lambda)$, 那么 $\mathcal{F}[f(x)\mathrm{e}^{-\mathrm{i}\lambda_0 x}]=F(\lambda+\lambda_0)$.

4. 导函数的傅里叶变换

若函数极限 $f(\pm\infty)=0$, 那么 $\mathcal{F}[f'(x)]=\mathrm{i}\lambda\mathcal{F}[f(x)]$.

5. 像函数的导数

$$F'(\lambda)=\mathcal{F}[-\mathrm{i}xf(x)](\lambda).$$

6. 卷积的傅里叶变换

设函数 $f(x)$ 和 $g(x)$ 在整个实轴上可积并绝对可积, 则称含参变量积分 $\int_{-\infty}^{+\infty}f(x-t)g(t)\mathrm{d}t$ 为函数 $f(x)$ 和 $g(x)$ 的卷积, 记为 $f*g$. 有结论——卷积 $f*g$ 也在 $(-\infty,+\infty)$ 上可积并绝对可积, 并有

$$\mathcal{F}[f*g]=\mathcal{F}[f]\cdot\mathcal{F}[g].$$

7. 帕塞瓦尔等式

设函数 $f(x)$ 在整个实轴上可积且平方可积, 则

$$\int_{-\infty}^{+\infty}|f(x)|^2\mathrm{d}x=\frac{1}{2\pi}\int_{-\infty}^{+\infty}|F(\lambda)|^2\mathrm{d}\lambda,$$

其中 $F(\lambda)$ 是 $f(x)$ 的傅里叶变换.

精 选 例 题

例 215 p 是一个正常数, 并设函数 $f_p(x)=\begin{cases}\dfrac{1}{2p}, & |x|\leqslant p,\\ 0, & |x|>p.\end{cases}$ 试求 $f_p(x)$ 的傅里叶变换以及傅里叶反演公式.

解 $f_p(x)$ 是一个偶函数, 其傅里叶变换及逆变换皆是余弦变换 (仅系数不同), 即

$$F_p(\lambda)=2\int_0^{+\infty}f_p(x)\cos\lambda x\mathrm{d}x=2\int_0^p\frac{1}{2p}\cos\lambda x\mathrm{d}x=\begin{cases}\dfrac{\sin p\lambda}{p\lambda} & (\lambda\neq 0),\\ 1 & (\lambda=0).\end{cases}$$

$$\frac{1}{\pi}\int_0^{+\infty}F_p(\lambda)\cos\lambda x\mathrm{d}\lambda=\frac{1}{\pi}\int_0^{+\infty}\frac{\sin p\lambda}{p\lambda}\cdot\cos\lambda x\mathrm{d}\lambda=\begin{cases}f_p(x) & (|x|<p),\\ \dfrac{1}{4p} & (|x|=p),\\ 0 & (|x|>p).\end{cases}$$

例 216 已知积分方程

$$\int_0^{+\infty} g(t)\cos xt\mathrm{d}t=\begin{cases}\cos x & \left(|x|\leqslant\dfrac{\pi}{2}\right),\\ 0 & \left(|x|>\dfrac{\pi}{2}\right).\end{cases}$$

求 $g(x)$.

分析 方程中的广义积分与余弦变换及逆变换公式相差一个系数, 当凑成余弦变换时, 则 $g(x)$ 便是像原函数; 当凑成余弦逆变换公式时, 则 $g(x)$ 为已知函数的傅里叶变换, 即像函数.

解 解法 1 由已知令

$$F(x)=2\int_0^{+\infty} g(t)\cos xt\mathrm{d}t=\begin{cases}2\cos x & \left(|x|\leqslant\dfrac{\pi}{2}\right),\\ 0 & \left(|x|>\dfrac{\pi}{2}\right).\end{cases}$$

则 $F(x)$ 为 $g(t)$ 的余弦变换, $g(t)$ 便是像原函数, 故

$$g(x)=\frac{1}{\pi}\int_0^{+\infty}F(\lambda)\cos\lambda x\mathrm{d}\lambda=\frac{2}{\pi}\int_0^{\frac{\pi}{2}}\cos\lambda\cos\lambda x\mathrm{d}\lambda=\frac{2\cos\dfrac{\pi}{2}x}{\pi(1-x^2)}.$$

解法 2 由已知令

$$f(x)=\frac{1}{\pi}\int_0^{+\infty} g(t)\cos xt\mathrm{d}t=\begin{cases}\dfrac{1}{\pi}\cos x & \left(|x|\leqslant\dfrac{\pi}{2}\right),\\ 0 & \left(|x|>\dfrac{\pi}{2}\right).\end{cases}$$

则 $g(t)$ 为 $f(x)$ 的余弦变换, 故

$$g(\lambda)=2\int_0^{+\infty}f(x)\cos\lambda x\mathrm{d}x=\frac{2}{\pi}\int_0^{\frac{\pi}{2}}\cos x\cos\lambda x\mathrm{d}x=\frac{2\cos\dfrac{\pi}{2}\lambda}{\pi(1-\lambda^2)}.$$

即

$$g(x)=\frac{2\cos\dfrac{\pi}{2}x}{\pi(1-x^2)}.$$

例 217 已知 $\displaystyle\int_0^{+\infty}x^{u-1}\sin x\mathrm{d}x=\Gamma(u)\sin\frac{\pi u}{2},\int_0^{+\infty}x^{u-1}\cos x\mathrm{d}x=\Gamma(u)\cos\frac{\pi u}{2},0<u<1$. 求函数 $f(x)=x^{-a}(x>0)$ 的傅里叶正弦变换以及正弦反演公式, 其中常数 a 满足 $0<a<1$.

分析 关于傅里叶积分的狄利克雷收敛定理在下述 (1),(2) 并立条件下仍然成立.(1) 函数 $f(x)$ 在任何有限区间上可积并绝对可积 (允许在瑕积分意义下); (2) 存在 $M>0$, $f(x)$ 分别在区间 $(-\infty,-M]$ 与 $[M,+\infty)$ 上都是单调的, 且 $\lim\limits_{x\to\infty} f(x)=0$.

解 函数 $f(x)=x^{-a}$ $(x,\lambda>0)$ 的傅里叶正弦变换为

$$\begin{aligned}F(\lambda)&=2\int_0^{+\infty} f(x)\sin\lambda x\mathrm{d}x=2\int_0^{+\infty} x^{-a}\sin\lambda x\mathrm{d}x\\&=2\Gamma(1-a)\cos\frac{\pi a}{2}\cdot\lambda^{a-1},\end{aligned}$$

其正弦反演公式 $(x>0)$ 为

$$\begin{aligned}x^{-a}=f(x)&=\frac{1}{\pi}\int_0^{+\infty} F(\lambda)\sin\lambda x\mathrm{d}\lambda\\&=\frac{1}{\pi}\cdot 2\Gamma(1-a)\cos\frac{\pi a}{2}\int_0^{+\infty}\lambda^{a-1}\cdot\sin\lambda x\mathrm{d}\lambda\\&=\frac{1}{\pi}\cdot 2\Gamma(1-a)\cos\frac{\pi a}{2}\cdot\Gamma(a)\sin\frac{\pi a}{2}\cdot x^{-a}.\end{aligned}$$

由上述反演公式, 立得 Γ 函数的余元公式

$$\Gamma(a)\Gamma(1-a)=\frac{\pi}{\sin a\pi}\quad(0<a<1).$$

例 218 利用傅里叶变换证明

$$\int_0^{+\infty}\frac{\sin\alpha\cos\alpha x}{\alpha}\mathrm{d}\alpha=\begin{cases}\dfrac{\pi}{2} & (|x|<1),\\ \dfrac{\pi}{4} & (|x|=1),\\ 0 & (|x|>1).\end{cases}$$

证明 取

$$f(x)=\begin{cases}1 & (|x|<1),\\ 0 & (|x|>1).\end{cases}$$

$f(x)$ 为偶函数, 对它作傅里叶变换得

$$F(\lambda)=2\int_0^{+\infty} f(x)\cos\lambda x\mathrm{d}x=2\int_0^1\cos\lambda x\mathrm{d}x=\frac{2\sin\lambda}{\lambda},$$

再作反变换, 有

$$\frac{1}{\pi}\int_0^{+\infty}F(\lambda)\cos\lambda x\mathrm{d}\lambda=\frac{2}{\pi}\int_0^{+\infty}\frac{\sin\lambda\cos\lambda x}{\lambda}\mathrm{d}\lambda=\begin{cases}f(x) & (|x|\neq 1),\\ \dfrac{1}{2} & (|x|=1).\end{cases}$$

即证得

$$\int_0^{+\infty}\frac{\sin\alpha\cos\alpha x}{\alpha}\mathrm{d}\alpha=\begin{cases}\dfrac{\pi}{2} & (|x|<1),\\ \dfrac{\pi}{4} & (|x|=1),\\ 0 & (|x|>1).\end{cases}$$

特别地, 令 $x=0$, 即得狄利克雷积分

$$\int_0^{+\infty}\frac{\sin\alpha}{\alpha}\mathrm{d}\alpha=\int_0^{+\infty}\frac{\sin x}{x}\mathrm{d}x=\frac{\pi}{2}.$$

小　　结

1. 把定义在 $(-\infty,+\infty)$ 或 $(0,+\infty)$ 上的函数 $f(x)$ 表示成傅里叶积分, 或求傅里叶变换、正弦变换与余弦变换.

2. 利用傅里叶变换求某些积分方程的解.

3. 利用傅里叶变换求积分.